高维数据非负矩阵分解方法

管乃洋　陶大程　著

電子工業出版社
Publishing House of Electronics Industry
北京·BEIJING

图书在版编目（CIP）数据

高维数据非负矩阵分解方法 / 管乃洋，陶大程著. —北京：电子工业出版社，2023.1
ISBN 978-7-121-44771-6

Ⅰ. ①高… Ⅱ. ①管… ②陶… Ⅲ. ①非负矩阵—研究 Ⅳ. ①O151.21

中国版本图书馆 CIP 数据核字（2022）第 245904 号

责任编辑：刘小琳　　特约编辑：朱言
印　　刷：北京建宏印刷有限公司
装　　订：北京建宏印刷有限公司
出版发行：电子工业出版社
　　　　　北京市海淀区万寿路 173 信箱　　邮编：100036
开　　本：720×1000　1/16　印张：18.25　字数：300 千字　彩插：10
版　　次：2023 年 1 月第 1 版
印　　次：2025 年 3 月第 3 次印刷
定　　价：125.00 元

凡所购买电子工业出版社图书有缺损问题，请向购买书店调换。若书店售缺，请与本社发行部联系，联系及邮购电话：（010）88254888，88258888。

质量投诉请发邮件至 zlts@phei.com.cn，盗版侵权举报请发邮件至 dbqq@phei.com.cn。

本书咨询联系方式：liuxl@phei.com.cn；（010）88254538。

前　言

非负矩阵分解是 20 世纪 90 年代末兴起的数据降维方法，经过十几年的发展，已广泛应用于模式识别、数据挖掘和信息检索等领域。非负矩阵分解不同于经典的奇异值分解、正交三角分解和特征值分解等，其主要用于求解非负矩阵非负分解，即将非负矩阵分解成两个非负子矩阵的乘积。由于非负矩阵分解把数据表示成特征的“纯”加性叠加，这种数据表示方法天然地具有稀疏性，与人脑对信号的响应机制相一致，能够有效抑制信号噪声。同时，特征中不含任何负元素，符合真实世界的物理假设。因此，非负矩阵分解广泛应用于文本聚类、邮件监控、盲源信号分离、音频信号分析、人脸识别、图像标注、图像分割、光谱图像分析、基因微阵列数据分析等领域。近年来，非负矩阵分解引起越来越多的关注，分布在世界各地的研究机构都开展了非负矩阵分解的研究工作。相关的研究成果极大地推动了非负矩阵分解的发展，把非负矩阵分解的应用拓展到互联网、信息安全、遥感图像和数学模型求解等领域。因此，开展非负矩阵分解的研究具有重要的现实意义。

本书从模型的框架入手，建立系列非负矩阵分解模型的抽象数学框架，即非负块配准框架（Non-negative Patch Alignment Framework，NPAF），从统一的视角分析现有的非负矩阵分解模型，并用以开发新的非负矩阵分解模型。根据非负块配准框架分析，本书提出非负判别局部块配准模型（Non-negative Discriminative Locality Alignment，NDLA），弥补了经典非负矩阵分解模型的缺点，提高了非负矩阵分解模型的分类性能。为了弥补经典非负矩阵分解的优化算法收敛速度慢的缺点，本书提出在线搜索中利用牛顿法快速搜索步长，进而提出非负块配准框架的快速梯度下降（Fast Gradient Descent，FGD）算法。为了弥补经典非负最小二乘问题求解算法的缺点，本书利用最优梯度下降算法在无须线搜索的情况下以二阶收敛速度求解非负最小二乘问题，提出非负矩阵分解的高效求解算法，即 NeNMF 算法。在此基础上提出非负矩阵分解的高效求解算法，并开发非负块配准框架的最优梯度下降算法。为了弥补经典优化算法应用于流数据处理时计算开销过大的缺点，本书提出非负矩阵分解在线优化算法，利用健壮随机近似算法更新基矩阵，提出 OR-NMF 算法，提高在线优化算法的健壮性。本书的主要创新点包括以下几点。

（1）非负块配准框架。提出基于非负块配准的非负矩阵分解框架——非负块配准框架（NPAF）。自非负矩阵分解提出以后，研究人员提出多种改进模型。例如，利用局部视觉特征近似正交的特点，提出局部非负矩阵分解模型；利用流形学习技术，提出图正则非负矩阵分解模型以保持数据几何结构；利用 Fisher 判别技术，提出判别非负矩阵分解模型以引入标签信息。然而，这些非负矩阵分解模型是由研究人员根据各自的需求和经验而设计的，内在差异大，难以揭示和比较其模型性能，实际应用中给工程人员选择模型带来困难。本书基于块配准技术，建立非负块配准框架，从统一的角度理解已有非负矩阵分解模型，揭示其内在差异和共同特性，一方面指导工程人员选择模型，另一方面帮助研究人员开发新的非负矩阵分解模型。利用拉格朗日乘子法，提出乘法更新规则算法（Multiplicative Update Rule，MUR）优化非负块配准框架，并用辅助函数技术证明乘法更新规则算法的收敛性。该算法可用于求解非负块配准框架的大多数派生模型。

（2）非负判别局部块配准框架。根据非负块配准框架的分析，提出非负判别局部块配准框架。从非负块配准框架的角度出发，局部非负矩阵可分解为样本和基向量并分别建立由自身组成的样本块，在局部优化过程中保持数据的能量；图正则非负矩阵分解为样本建立由自身和有限最近邻组成的样本块，在局部优化过程中保持数据的几何结构，但是忽略样本判别信息；判别非负矩阵分解为样本和各类中心点建立样本块且样本块分别由所有同类样本和中心点组成，在局部优化过程中保持数据判别信息，但是由全部样本组成的样本块要求数据服从高斯分布。非负判别局部块配准模型弥补了已有非负矩阵分解模型的缺点，为每个样本建立两类样本块：类内块由同类样本中有限最近邻组成，局部优化过程中保持数据局部几何结构，放宽数据高斯分布假设；类间块由不同类样本中有限最近邻组成，局部优化过程中最大化类间边界，从而保持数据判别信息，提高非负矩阵分解的分类效果和健壮性。本书利用全局配准技术把两种局部优化过程映射到全局坐标系进行并把二者结合，套用非负块配准的乘法更新规则算法优化所提非负判别局部块配准模型。数值试验表明，非负判别局部块配准模型的分类效果优于其他非负矩阵分解算法。在有遮挡的情况下，其分类效果优于其他数据降维算法。

（3）非负块配准框架快速梯度下降算法。从梯度下降的角度改进非负块配准乘法更新规则算法，利用牛顿法实现快速线搜索，提出非负块配准框架的快速梯度下降（FGD）算法。快速线搜索沿着调整负梯度方向搜索最优步长，在不超出第一象限边界的情况下更新矩阵因子，大大提高了乘法更新规则的收敛速度。本书证明了快速梯度算法的收敛性。为了解决矩阵因子整体的最优步长可能退化为 1 的问题，本书为矩阵因子的列（或行）设置步长，用多变量牛顿法搜索步长向量，提出多步长快速梯度下降（Multi-variables FGD，MFGD）算法，并证明其收敛性。为了解决多变量牛顿法 Hessian 矩阵求逆开销大的问题，本书提出用伪牛顿法 L-BFGS 直接近似 Hessian 矩阵的逆与梯度的乘积，提出有限记忆快速梯度下降（Limited-memory FGD，L-FGD）算法。数值试验表明，FGD 算法的收敛速度比乘法更新规则快近 5 倍，MFGD 算法可以解决 FGD 步长退化的问题，L-FGD 算法可处理较大规模数据。

（4）非负矩阵分解最优梯度下降算法。通过分析非负矩阵分解优化子问题的性质，利用最优梯度下降算法交替更新矩阵因子，提出非负矩阵分解最优梯度下降算法。非负矩阵分解优化问题是 NP 难题，继乘法更新规则之后出现了非负最小二乘法、投影梯度法、伪牛顿法和 Active Set 方法等一系列方法。然而，乘法更新规则收敛速度慢且存在零元素问题；非负最小二乘法无法从理论上保证收敛性；投影梯度法的线搜索过程计算开销过高；伪牛顿法在求解过程中计算 Hessian 矩阵的逆，计算开销大且存在数值不稳定问题；Active Set 方法在矩阵不满秩时会出现数值问题。因此，非负矩阵分解的高效优化问题仍然是个开放性问题。本书将非负矩阵分解优化问题看成两个子问题，从数学上证明了每个子问题都是凸问题且其梯度是李普希兹连续的，从而利用最优梯度下降算法以 $O\left(1/k^2\right)$ 的收敛速度求解每个子问题，提出非负矩阵分解高效优化算法，即 NeNMF 算法，弥补了经典非负矩阵分解优化算法的缺点。通过分析非负块配准框架优化问题的子问题的性质，本书成功地将 NeNMF 算法用于优化非负块配准框架，提出非负块配准框架的最优梯度下降算法。数值试验表明，NeNMF 算法的收敛速度快于其他非负矩阵分解优化算法；基于 NeNMF 的非负块配准框架优化算法也快于常用的乘法更新规则算法等非负块配准框架优化算法。

（5）非负矩阵分解在线优化算法。提出非负矩阵分解在线优化（OR-NMF）算法，利用健壮随机近似算法以在线的方式更新基矩阵。非负矩阵分解在线优化算法的空间复杂度与样本维数和样本规模成正比，由于计算机内存容量的限制，因此难以满足流数据处理的需求。此外，新样本到达时，经典非负矩阵分解算法需要“重新启动”以更新分解结果，导致时间开销不断增加。因此，研究人员提出在线非负矩阵分解算法，利用新到达的样本更新分解结果，弥补经典非负矩阵分解算法时间复杂度高和空间复杂度高两个方面的缺陷。然而，已有的在线非负矩阵分解算法的收敛速度受噪声、矩阵不满秩等因素影响，存在数值不稳定的问题。本书提出在新样本到达时利用健壮随机近似算法以 $O\left(1/\sqrt{k}\right)$ 的收敛速度更新基矩阵，提高在线非负矩阵分解的健壮性。利用准鞅理论，本书证明了所介绍算法的收敛性。为了弥补空间复杂度过高的缺点，本书提出用缓冲池技术存储有限的历史样本，用新样本替换缓冲池中的旧样本以保证基矩阵引入最新的样本统计信息。图像标注试验表明，OR-NMF 算法可以更好地提取图像语义空间信息。

目 录

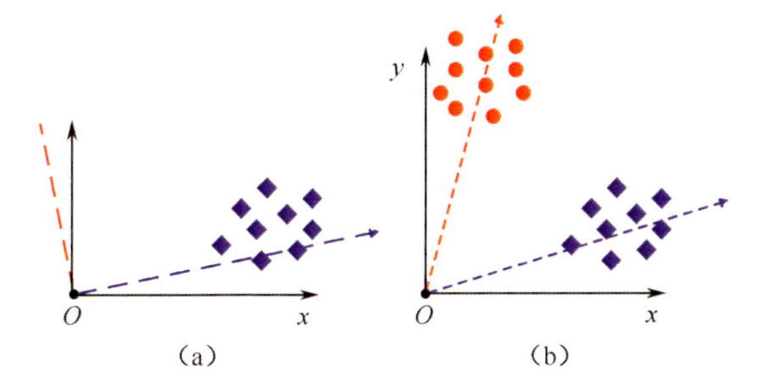

图 2.3　LSI 与 NMF 聚类中心示意图：（a）LSI；（b）NMF。

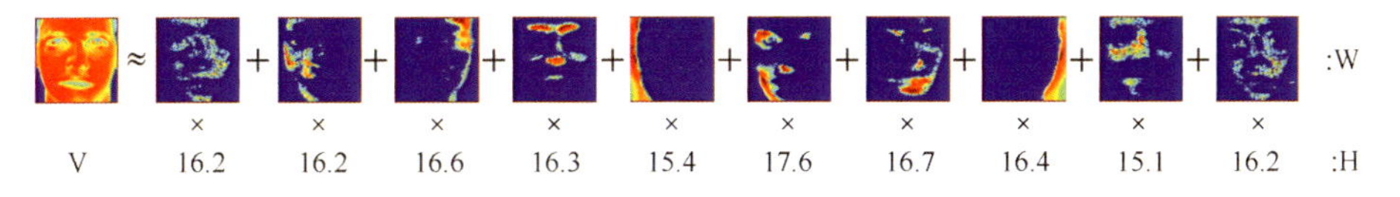

图 3.1　非负矩阵分解数据表示示例

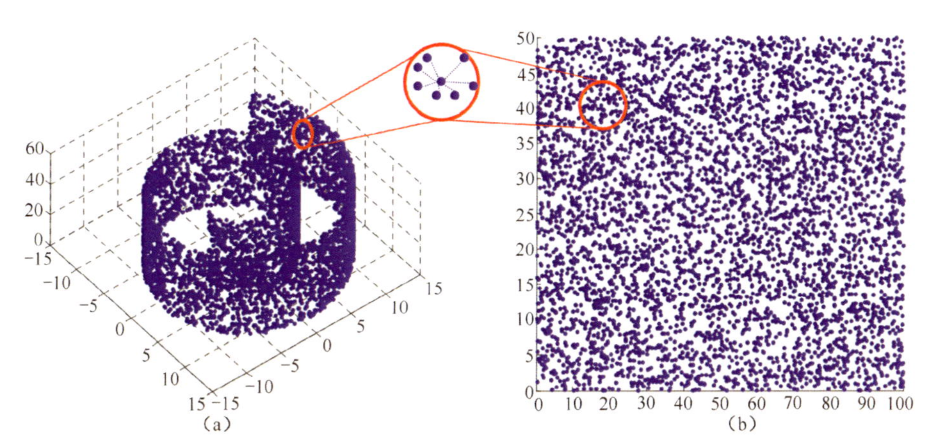

图 3.2　块配准模型示意图[253]：（a）三维空间样本；（b）二维空间坐标。

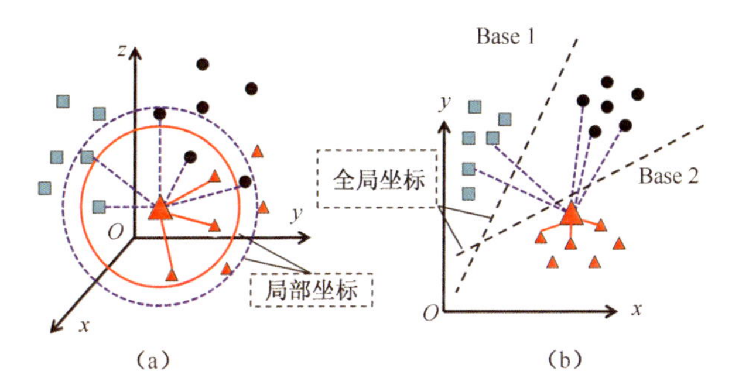

图 3.3　NPAF 示例：（a）三维空间的非负样本；（b）二维空间表示。

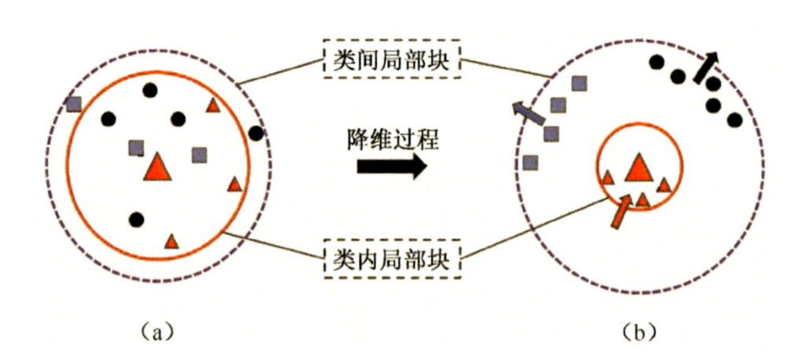

图 4.2　NDLA 降维过程示意图：（a）高维空间；（b）低维空间。

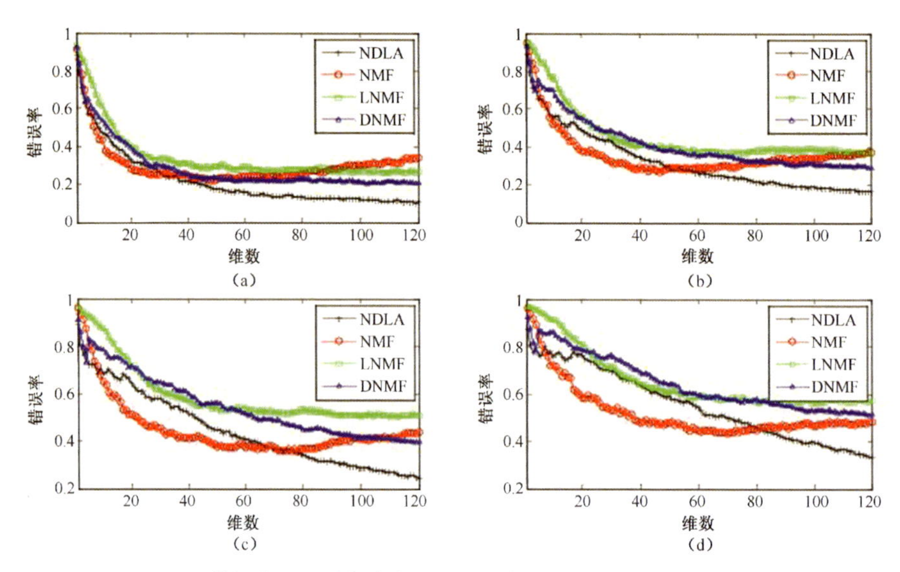

图 4.4　ORL 数据集的测试集在大小不同的遮挡块干扰下的平均分类错误率：

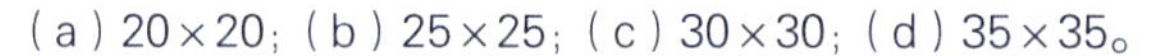

（a）20×20；（b）25×25；（c）30×30；（d）35×35。

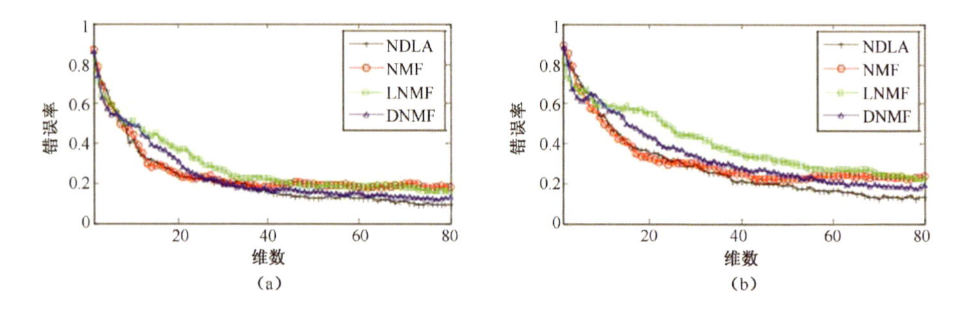

图 4.5　UMIST 数据集的测试集在大小不同的遮挡块干扰下的平均分类错误率：

（a）12×12；（b）14×14；（c）16×16；（d）18×18。

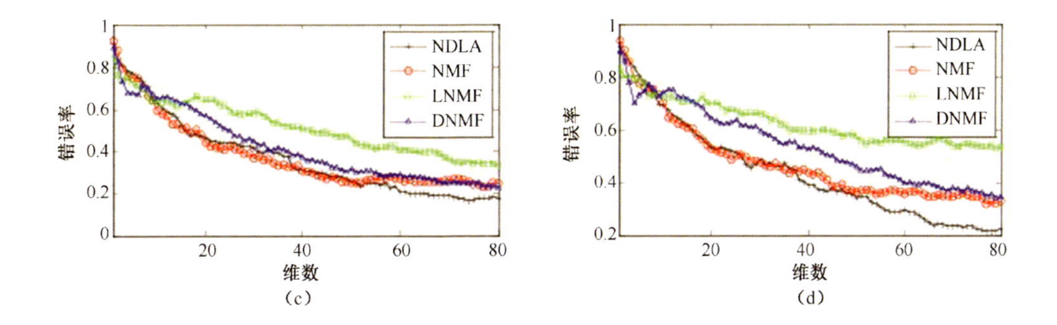

图 4.5　UMIST 数据集的测试集在大小不同的遮挡块干扰下的平均分类错误率：
（a）12×12；（b）14×14；（c）16×16；（d）18×18。（续）

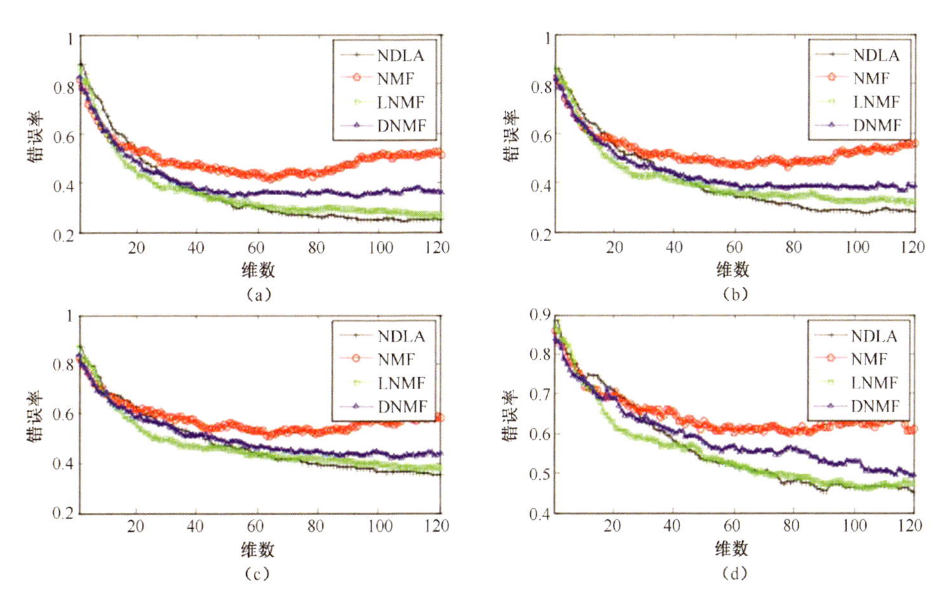

图 4.7　MNIST 数据集的测试集在大小不同的遮挡块干扰下的平均分类错误率：
（a）6×6；（b）8×8；（c）10×10；（d）12×12。

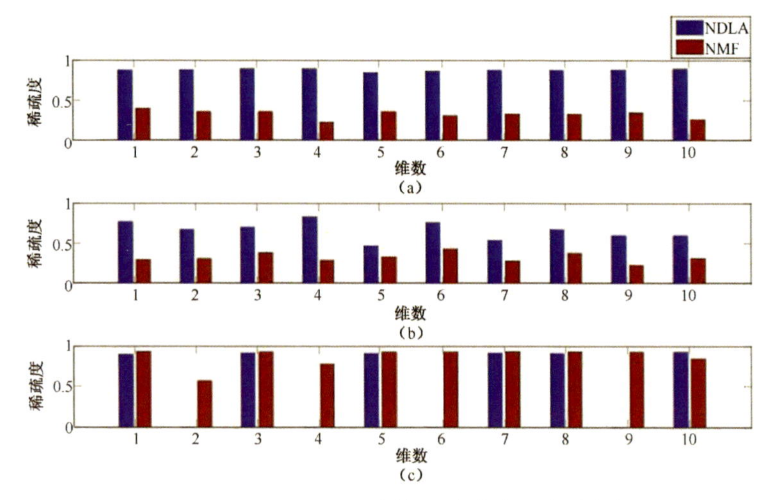

图 4.11 NDLA 和 NMF 的前 10 个基向量的稀疏度：

（a）ORL；（b）UMIST；（c）MNIST。

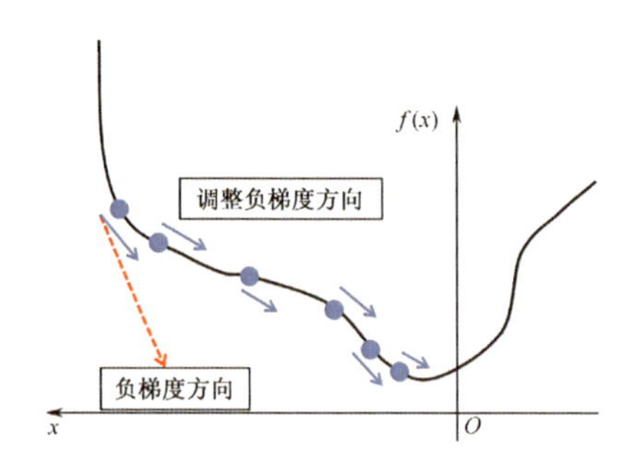

图 5.2 乘法更新规则和快速梯度下降算法的搜索路径示意图

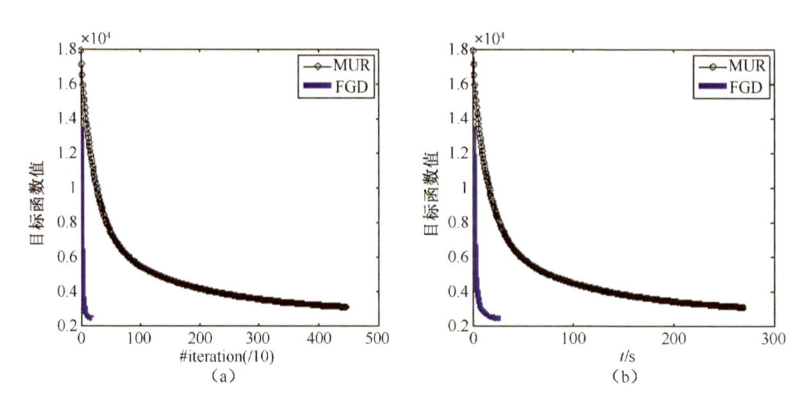

图 5.3 FGD 和 MUR 在 YALE 数据集上的测试结果比较

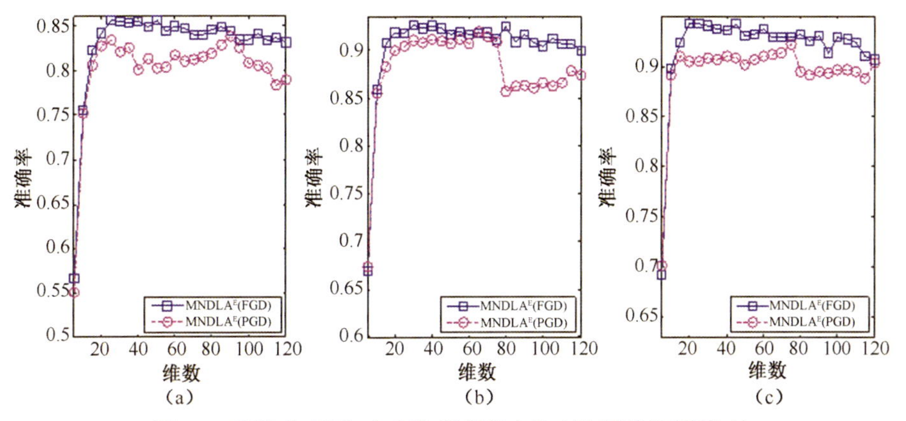

图 5.4　FGD 和 PGD 在 ORL 数据集上的人脸识别准确率比较

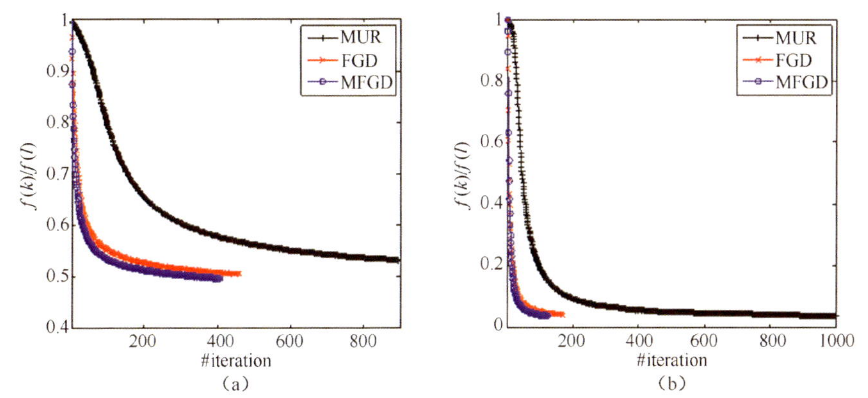

图 5.5　MFGD、FGD 和 MUR 求解不同模型的目标函数值：（a）NMF；（b）NDLA。

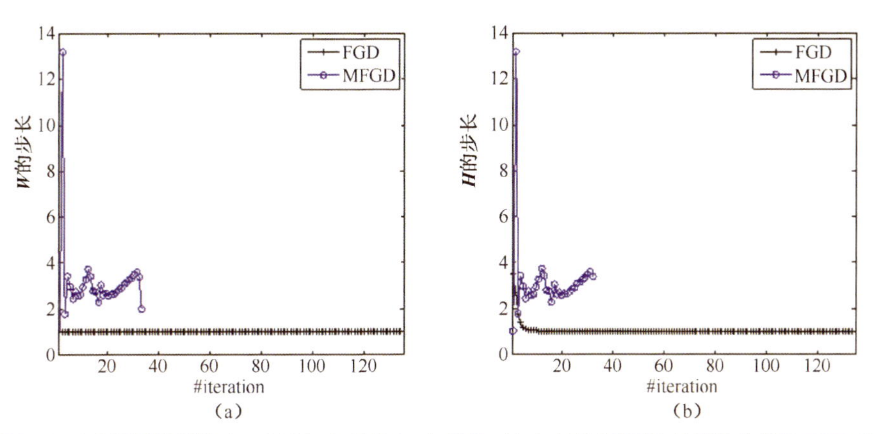

图 5.6　MNIST 数据集（r=300）上对应（a）W和（b）H的 MFGD 的平均步长和 FGD 的单步长变化情况。

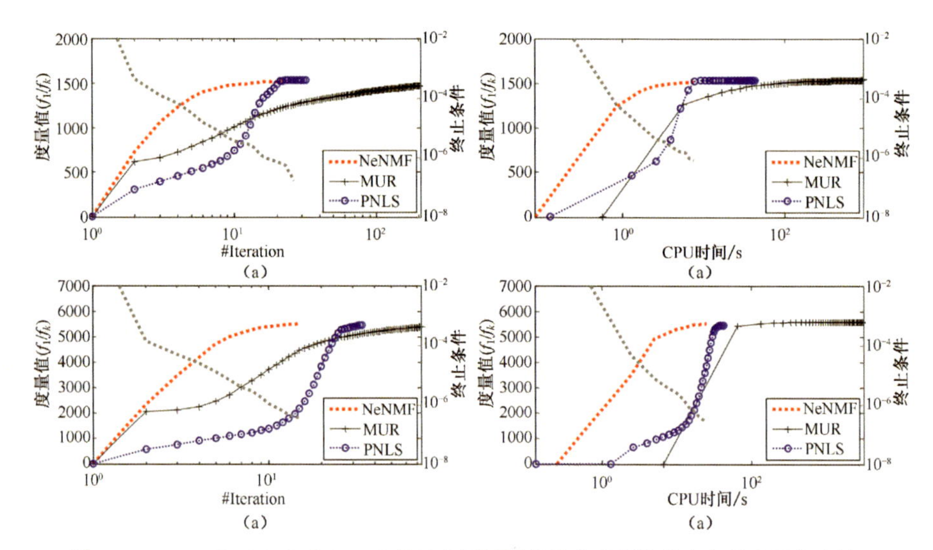

图 6.1　NeNMF、MUR 和 PNLS 算法在不同数据集上的平均终止条件度量值比较：

（a）Synthetic 1；（b）Synthetic 2；（c）Reuter-21578；（d）TDT-2。

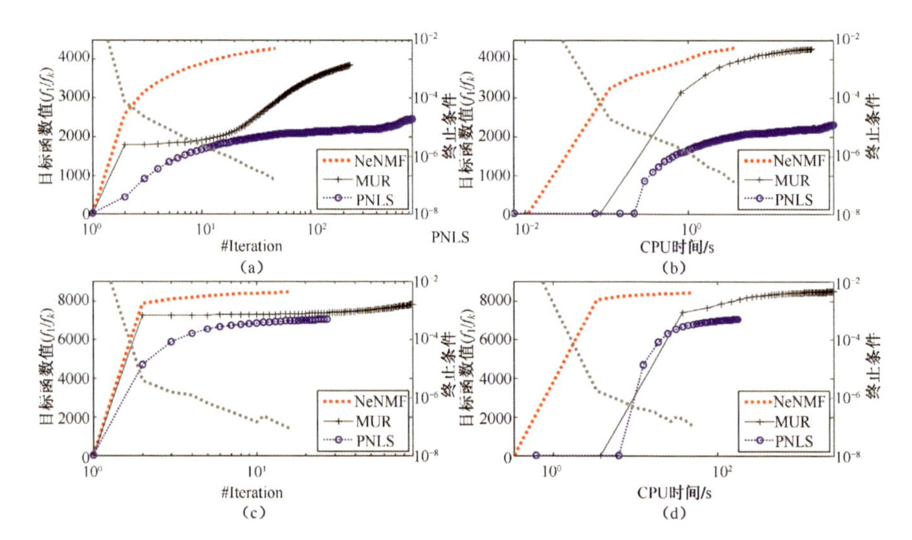

图 6.2　NeNMF、MUR 和 PNLS 算法在不同数据集上的平均目标函数值比较：

（a）Synthetic 1 数据集上的迭代次数；（b）Synthetic 1 数据集上的 CPU 时间；

（c）Synthetic 2 数据集上的迭代次数；（d）Synthetic 2 数据集上的 CPU 时间。

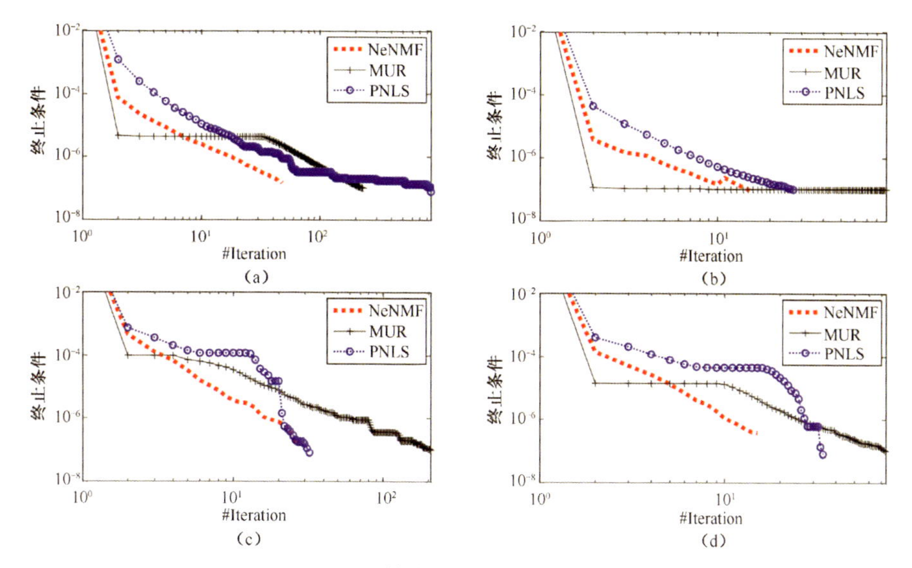

图 6.3　NeNMF、MUR 和 PNLS 算法在不同数据集上的平均终止条件度量值比较：

（a）Synthetic 1；（b）Synthetic 2；（c）Reuter-21578；（d）TDT-2。

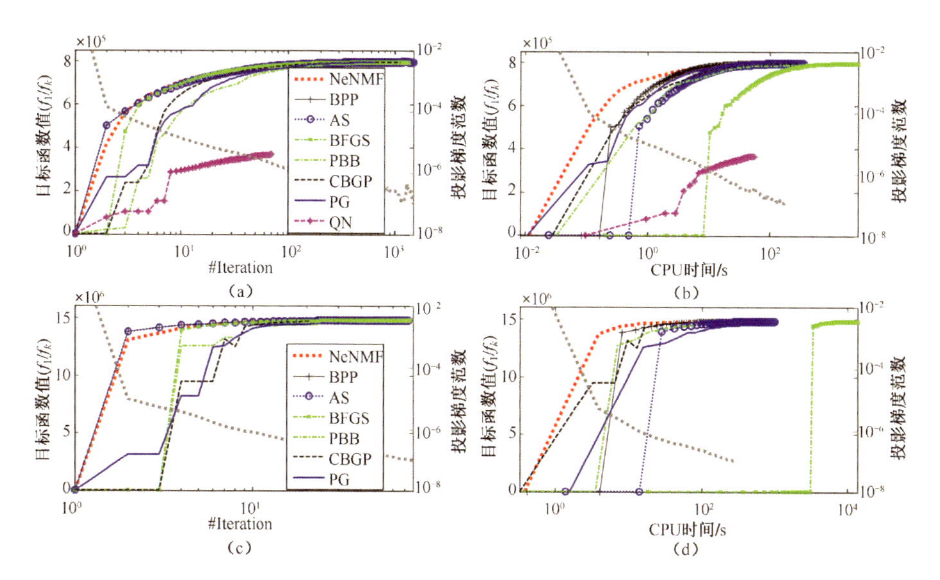

图 6.4　NeNMF 和基于 PG、AS 的 NMF 优化算法在合成数据集上的平均目标函数值比较：

（a）Synthetic 1 数据集上的迭代次数；（b）Synthetic 1 数据集上的 CPU 时间；

（c）Synthetic 2 数据集上的迭代次数；（d）Synthetic 2 数据集上的 CPU 时间。

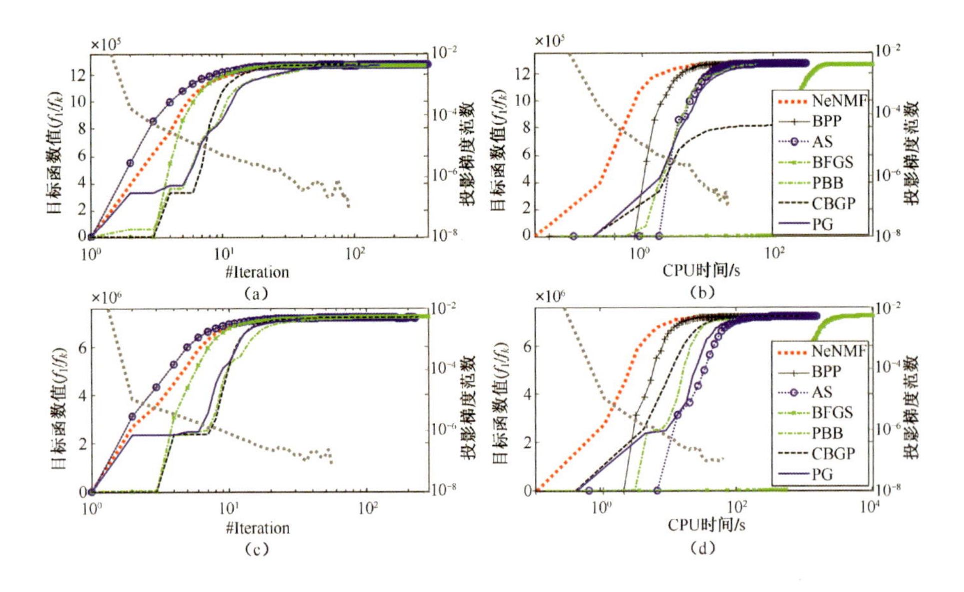

图 6.5　NeNMF 和基于 PG、AS 的 NMF 优化算法在真实世界数据集上的平均目标函数值比较：（a）Reuters-21578 数据集上的迭代次数；（b）Reuters-21578 数据集上的 CPU 时间；（c）TDT-2 数据集上的迭代次数；（d）TDT-2 数据集上的 CPU 时间。

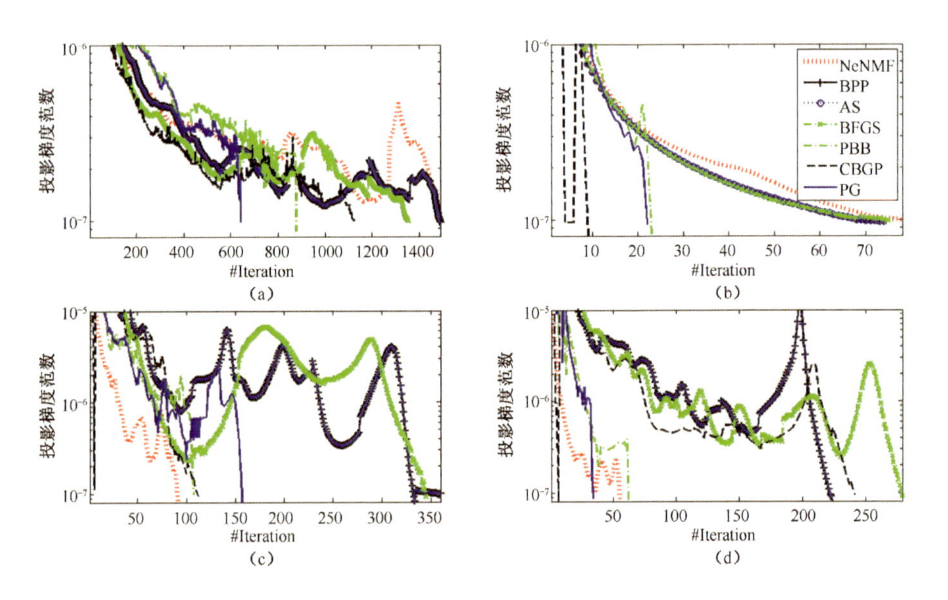

图 6.6　NeNMF 和基于 PG、AS 的算法在不同数据集上的平均投影梯度范数随迭代次数变化情况：（a）Synthetic 1；（b）Synthetic 2；（c）Reuter-21578；（d）TDT-2。

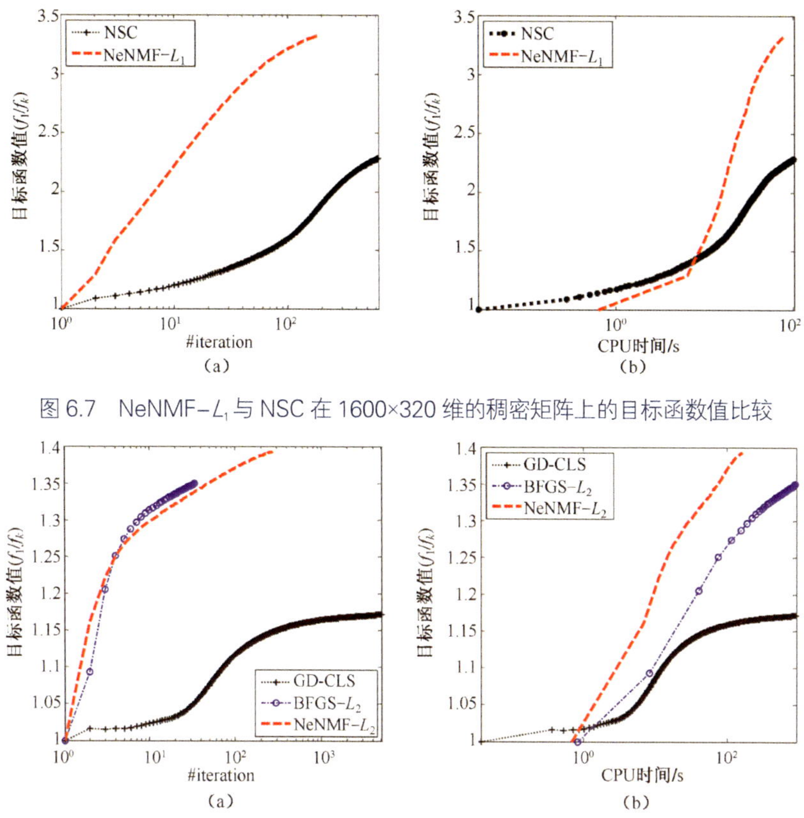

图 6.7 NeNMF-L_1 与 NSC 在 1600×320 维的稠密矩阵上的目标函数值比较

图 6.8 NeNMF-L_2 与 GD-CLS 和 BFGS-L_2 在 1600×320 维的稠密矩阵上的目标函数值比较：(a) 迭代次数；(b) CPU 时间。

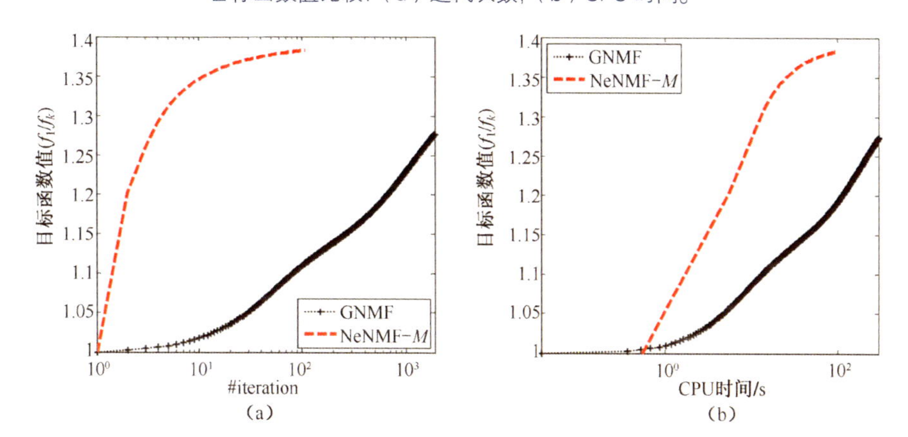

图 6.9 NeNMF-M 和 GNMF 在 1600×320 维的稠密矩阵上的目标函数值比较：(a) 迭代次数；(b) CPU 时间。

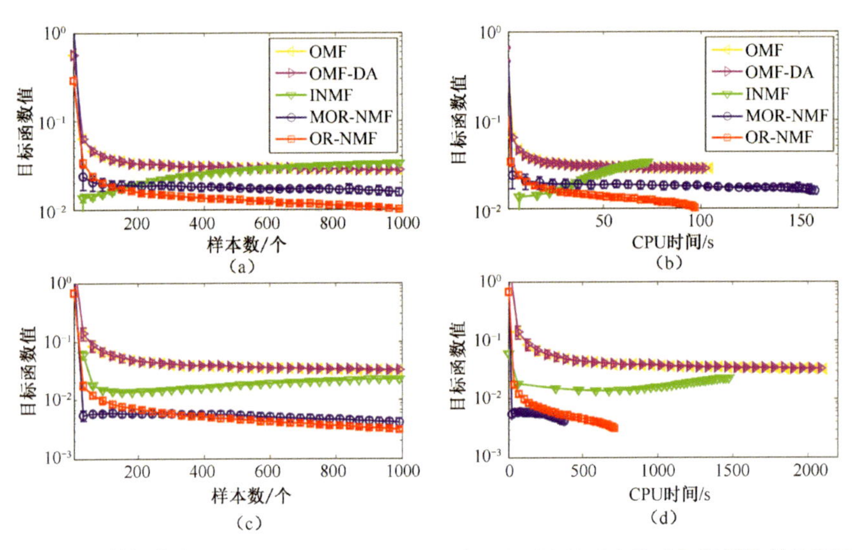

图 7.2　CBCL 数据集上 OR-NMF，MOR-NMF，OMF，OMF-DA 和 INMF 算法的目标函数值和 CPU 时间比较：（a）维数为 10；（b）维数为 10；（c）维数为 50；（d）维数为 50。

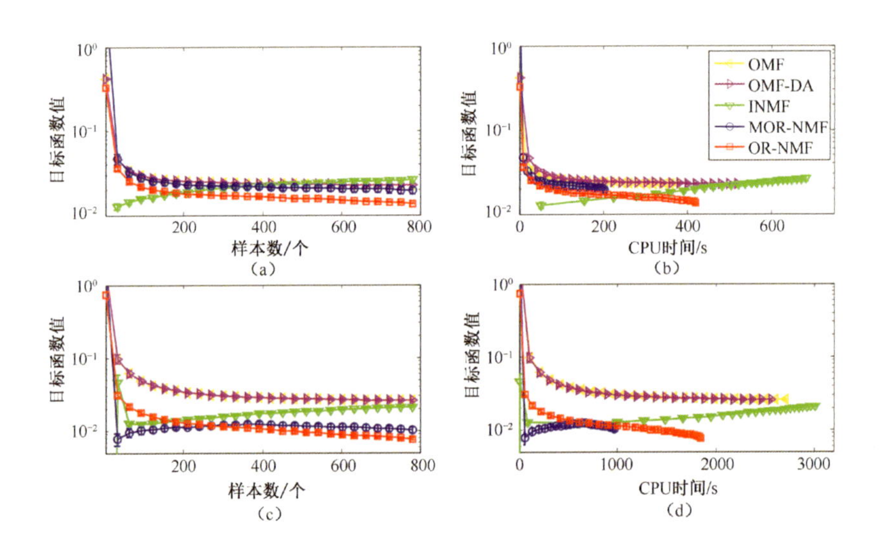

图 7.3　ORL 数据集上 OR-NMF，MOR-NMF，OMF，OMF-DA 和 INMF 算法的目标函数值和 CPU 时间比较：（a）维数为 10；（b）维数为 10；（c）维数为 50；（d）维数为 50。

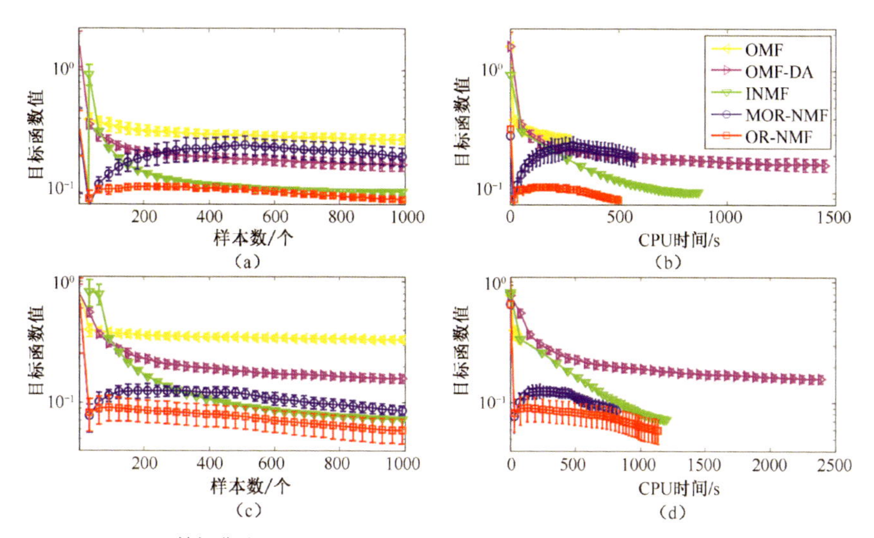

图 7.4　Corel 5K 数据集上 OR-NMF，MOR-NMF，OMF，OMF-DA 和 INMF 算法的目标函数值和 CPU 时间比较：维数分别为（a）50；（b）50；（c）80；（d）80。

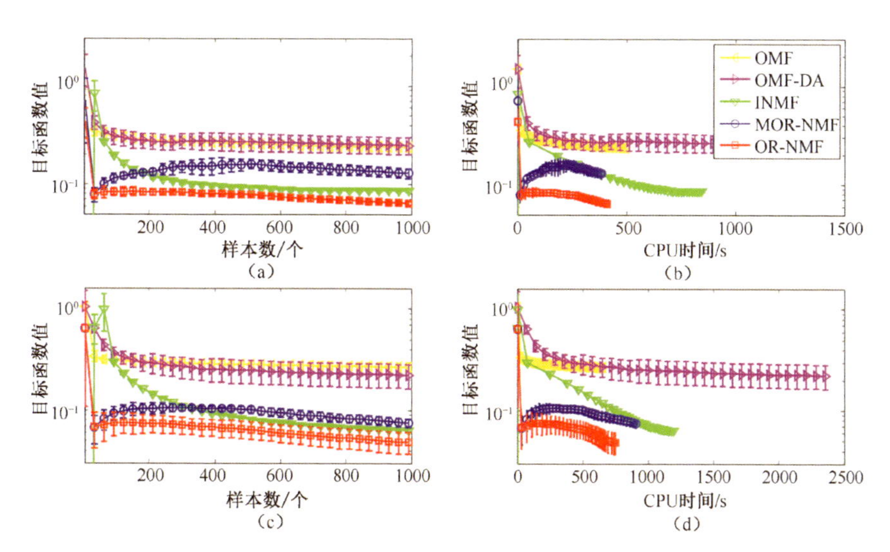

图 7.5　IAPR TC12 数据集上 OR-NMF，MOR-NMF，OMF，OMF-DA 和 INMF 算法的目标函数值和 CPU 时间比较：维数分别为（a）50；（b）50；（c）80；（d）80。

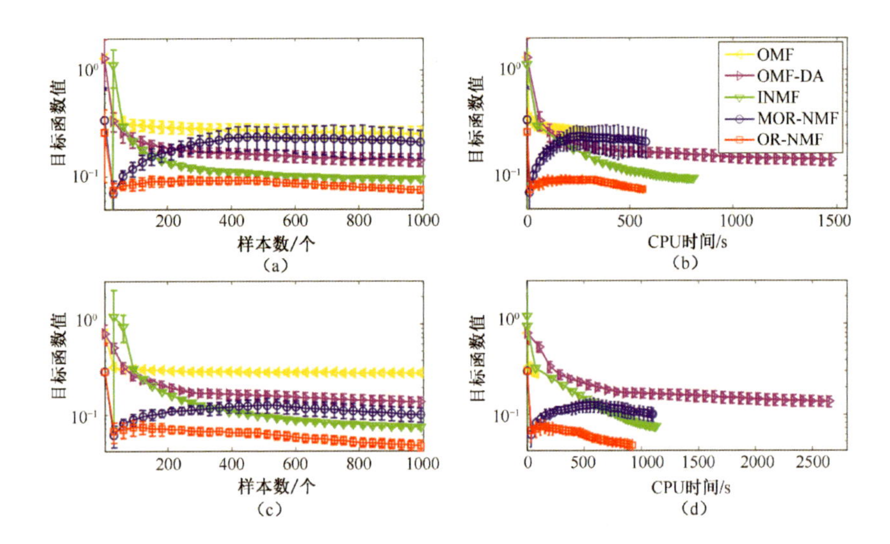

图 7.6　ESP Game 数据集上 OR-NMF，MOR-NMF，OMF，OMF-DA 和 INMF 算法的目标函数值和 CPU 时间比较：维数分别为（a）50；（b）50；（c）80；（d）80。

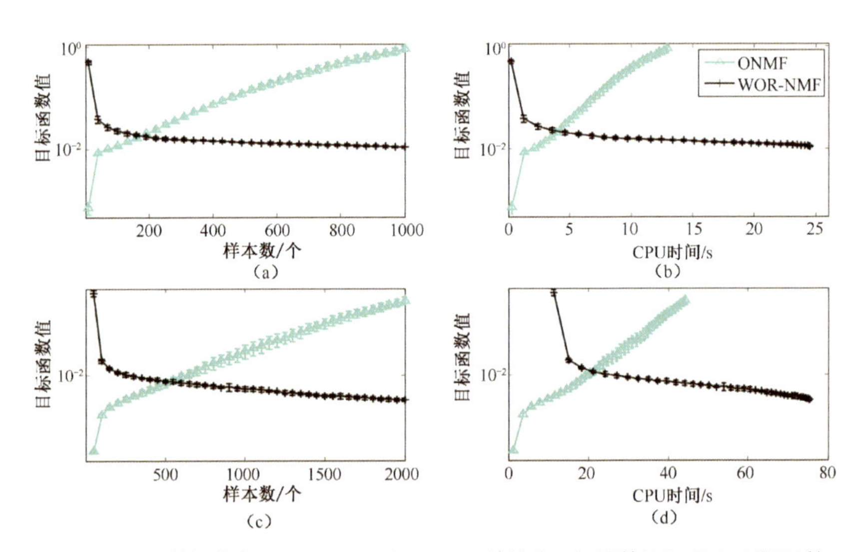

图 7.7　CBCL 数据集上 WOR-NMF 和 ONMF 算法的目标函数值和 CPU 时间比较：维数分别为（a）10；（b）10；（c）50；（d）50。

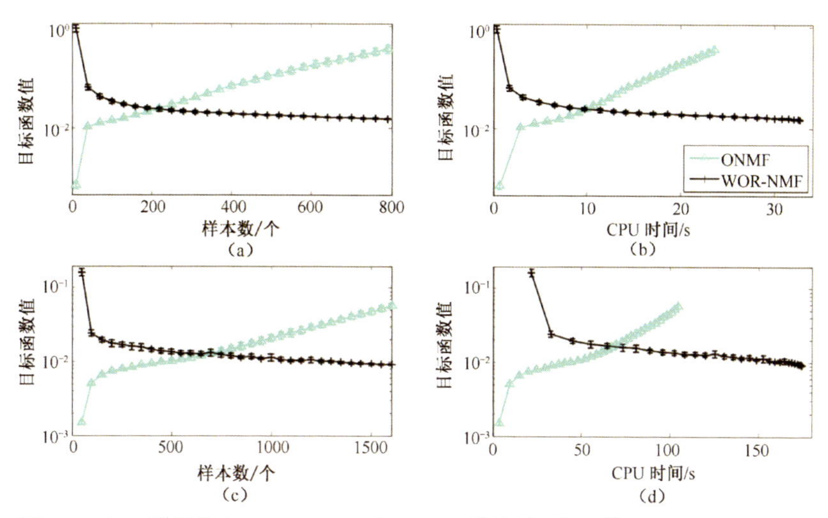

图 7.8　ORL 数据集上 WOR-NMF 和 ONMF 算法的目标函数值和 CPU 时间比较

维数分别为（a）10；（b）10；（c）50；（d）50。

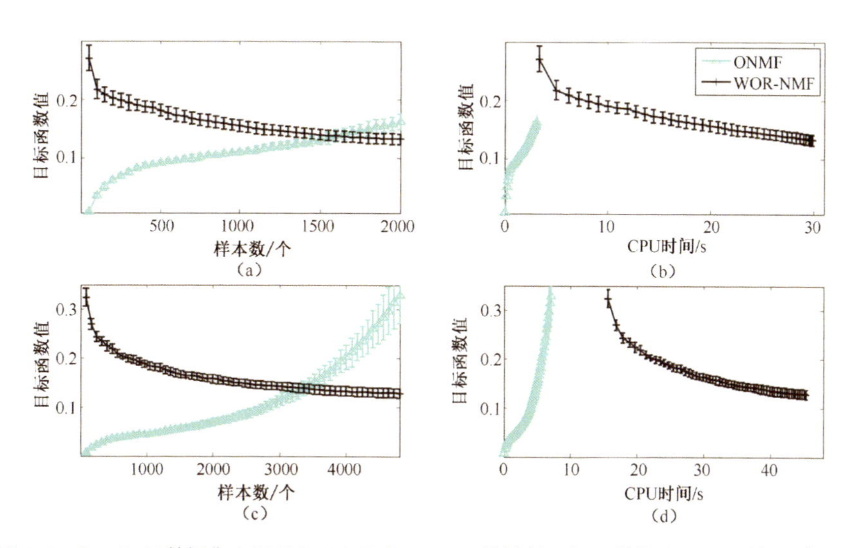

图 7.9　Corel 5K 数据集上 WOR-NMF 和 ONMF 算法的目标函数值和 CPU 时间比较：维数分别为（a）50；（b）50；（c）80；（d）80。

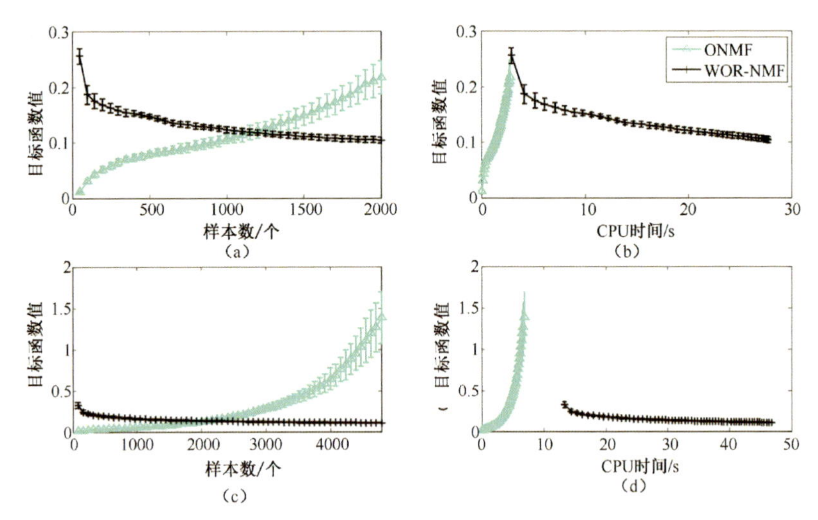

图 7.10　IAPR TC12 数据集上 WOR-NMF 和 ONMF 算法的目标函数值和 CPU 时间比较：维数分别为（a）50；（b）50；（c）80；（d）80。

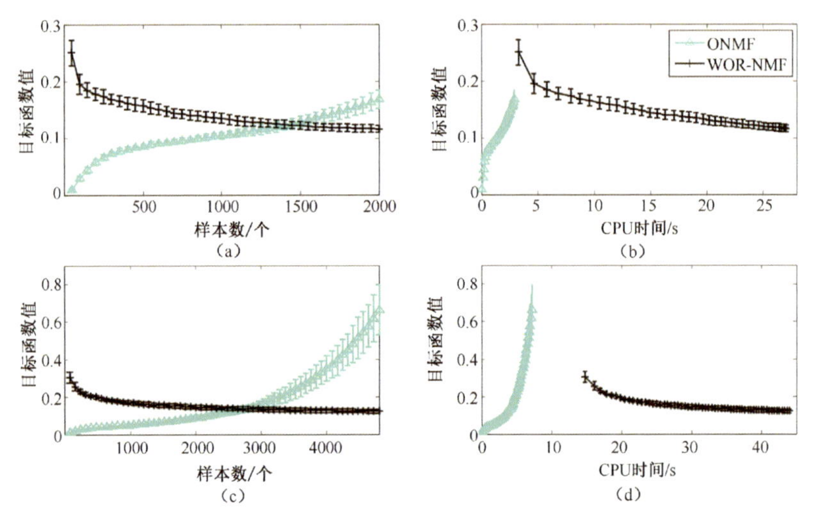

图 7.11　ESP Game 数据集上 WOR-NMF 和 ONMF 算法的目标函数值和 CPU 时间比较：维数分别为（a）50；（b）50；（c）80；（d）80。

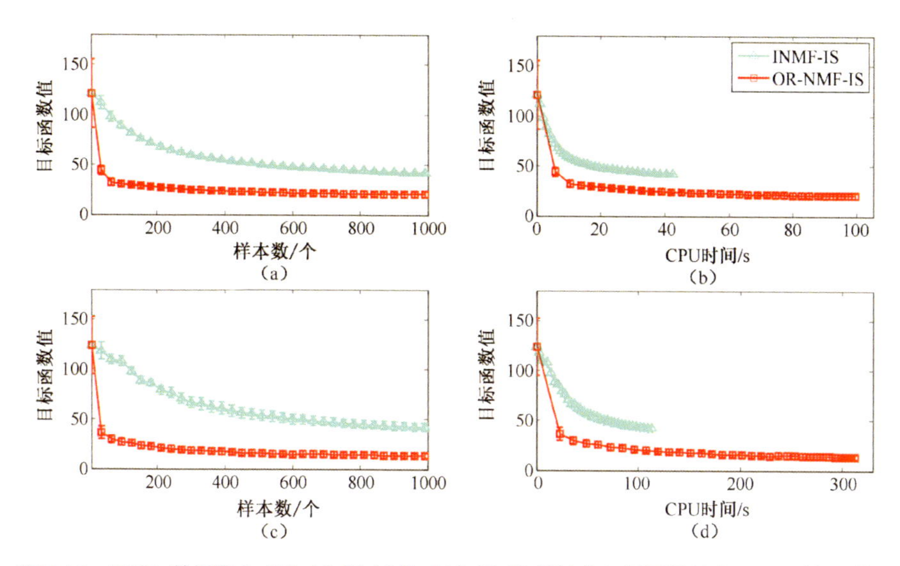

图 7.12　CBCL 数据集上 OR-NMF-IS 和 ONMF-IS 算法的目标函数值和 CPU 时间比较：维数分别为（a）10；（b）10；（c）50；（d）50。

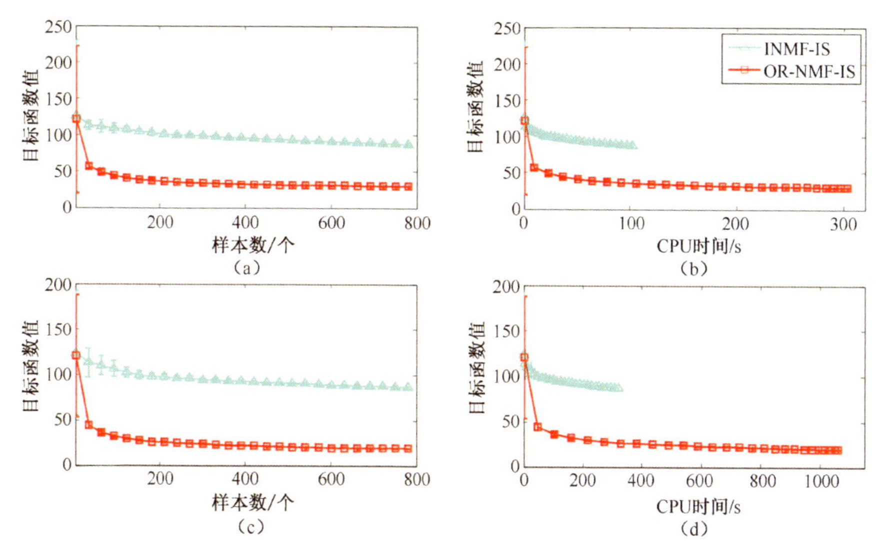

图 7.13　ORL 数据集上 OR-NMF-IS 和 ONMF-IS 算法的目标函数值和 CPU 时间比较：维数分别为（a）10；（b）10；（c）50；（d）50。

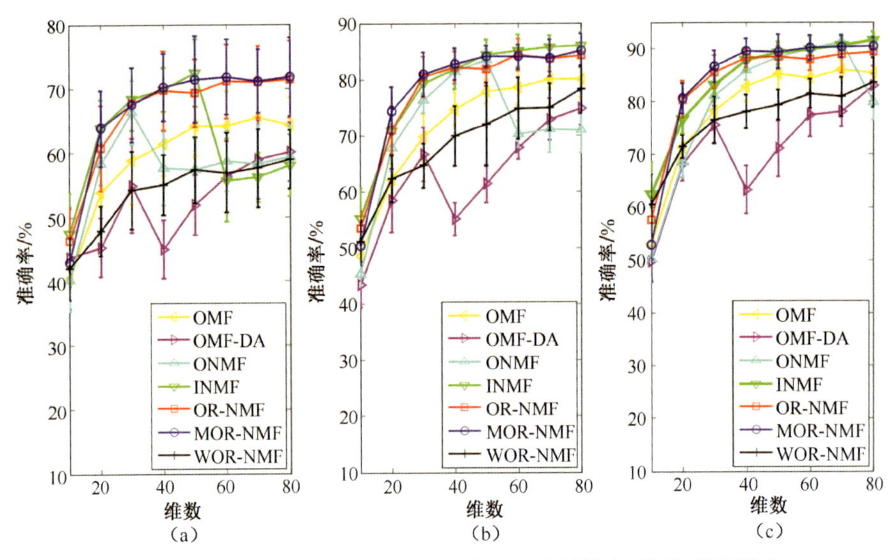

图 7.14 OR-NMF，OMF，ONMF 和 INMF 算法在 CBCL 数据集的三种划分下的识别准确率

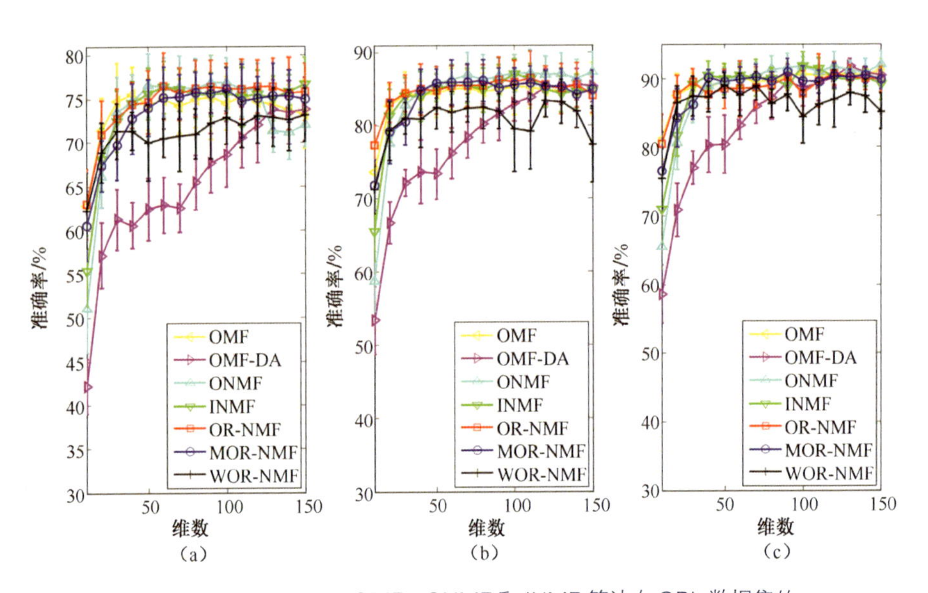

图 7.15 OR-NMF，OMF，ONMF 和 INMF 算法在 ORL 数据集的三种划分下的识别准确率

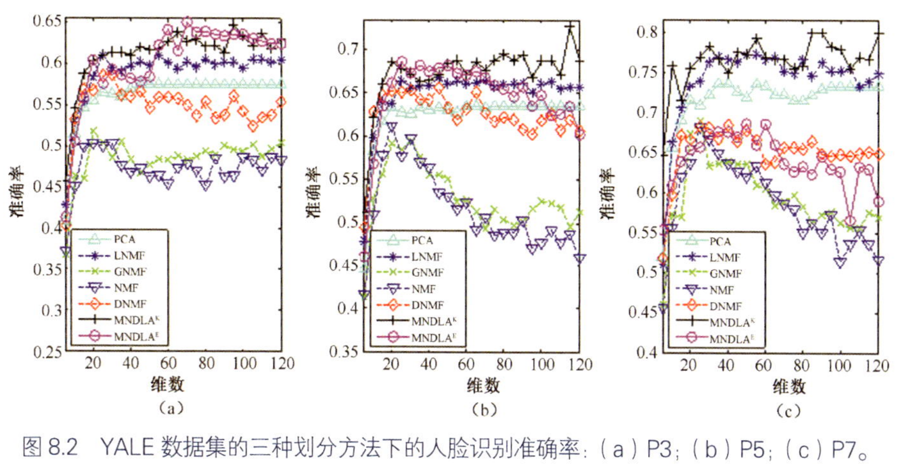

图 8.2　YALE 数据集的三种划分方法下的人脸识别准确率：(a) P3；(b) P5；(c) P7。

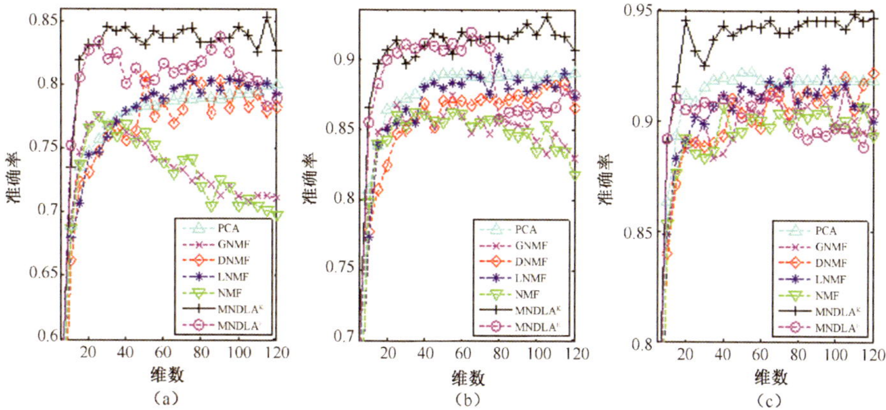

图 8.3　ORL 数据集的三种划分方法下的人脸识别准确率：(a) P3；(b) P5；(c) P7。

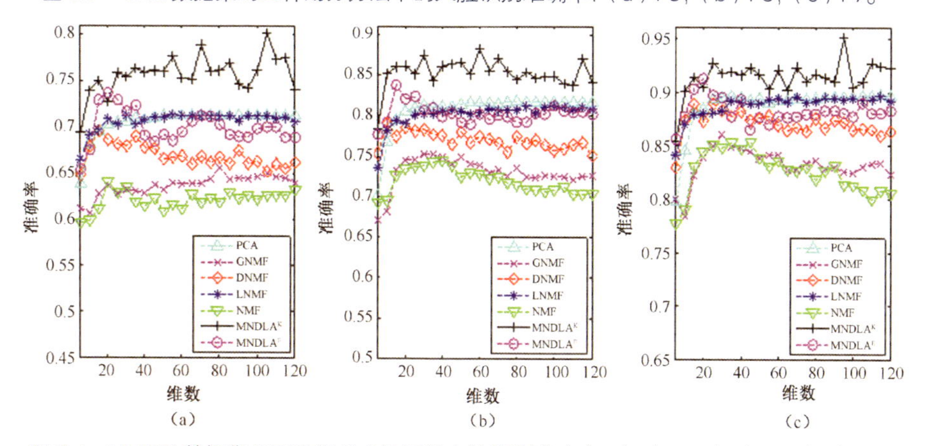

图 8.4　UMIST 数据集的三种划分方法下的人脸识别准确率：(a) P3；(b) P5；(c) P7。

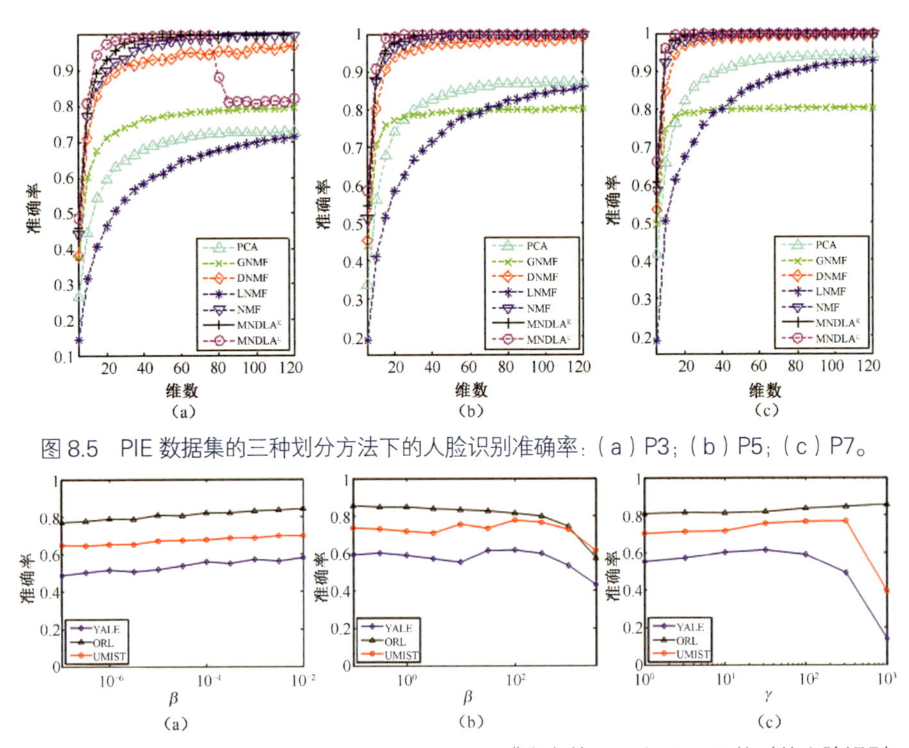

图 8.5 PIE 数据集的三种划分方法下的人脸识别准确率：（a）P3；（b）P5；（c）P7。

图 8.7 YALE、ORL 和 UMIST 数据集上 MNDLA^K 在参数 α、β 和 γ 取不同值时的人脸识别准确率：（a）α；（b）β；（c）γ。

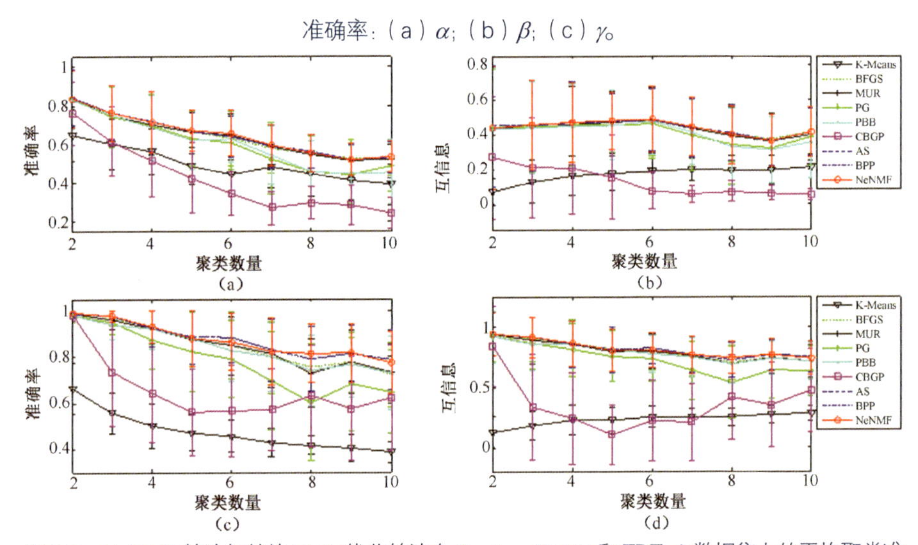

图 8.9 NeNMF 算法与其他 NMF 优化算法在 Reuter-21578 和 TDT-2 数据集上的平均聚类准确率和互信息比较：（a）Reuter-21578 数据集上的平均聚类准确率；（b）Reuter-21578 数据集上的互信息；（c）TDT-2 数据集上的平均聚类准确率；（d）TDT-2 数据集上的互信息。

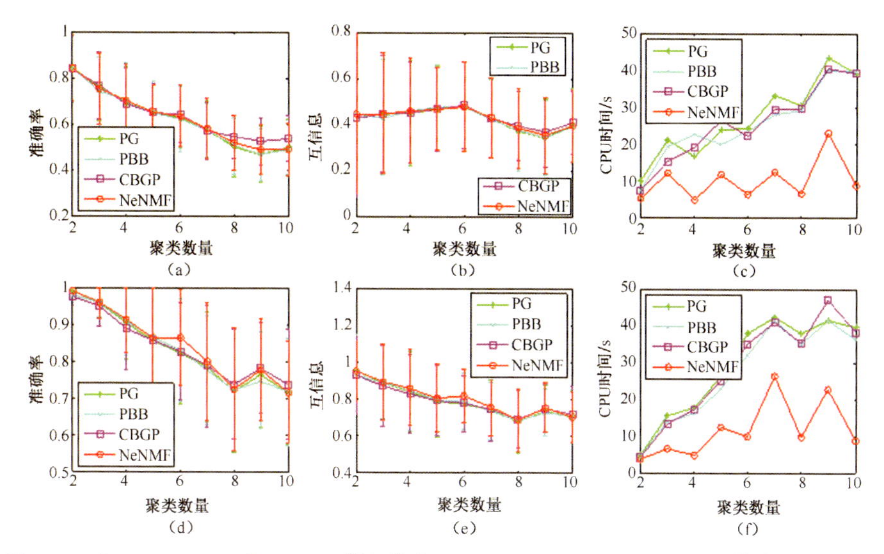

图 8.10　Reuter-21578 和 TDT-2 数据集上 NeNMF、PG、PBB 和 CBGP 算法在目标函数值相同时平均聚类准确率、互信息和 CPU 时间比较：(a) Reuter-21578 数据集上各算法平均聚类准确率；(b) Reuter-21578 数据集上各算法互信息；(c) Reuter-21578 数据集上各算法 CPU 时间；(d) TDT-2 数据集上各算法平均聚类准确率；(e) TDT-2 数据集上各算法互信息；(f) TDT-2 数据集上各算法 CPU 时间。

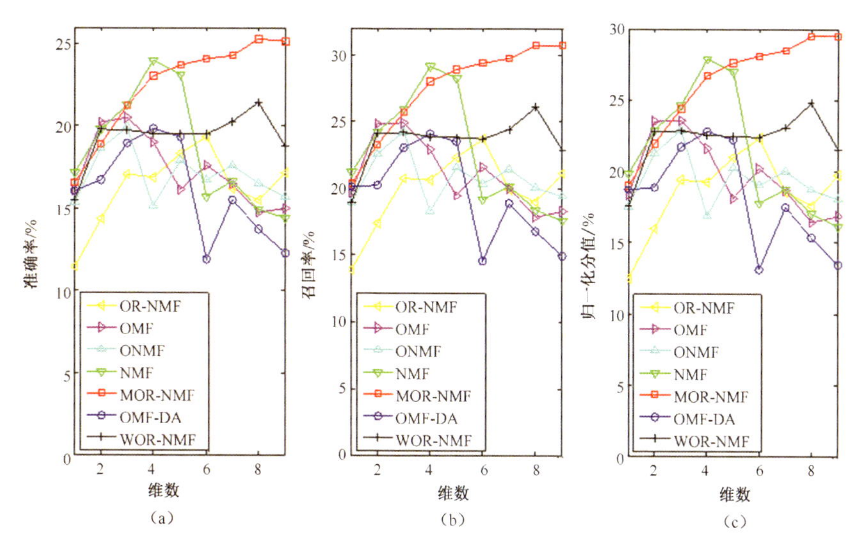

图 8.11　Corel 5K 数据集上 OR-NMF、MOR-NMF、WOR-NMF、ONMF、INMF、OMF 和 OMF-DA 算法的 AC、RC 和 NS 曲线：(a) AC 曲线；(b) RC 曲线；(c) NS 曲线。

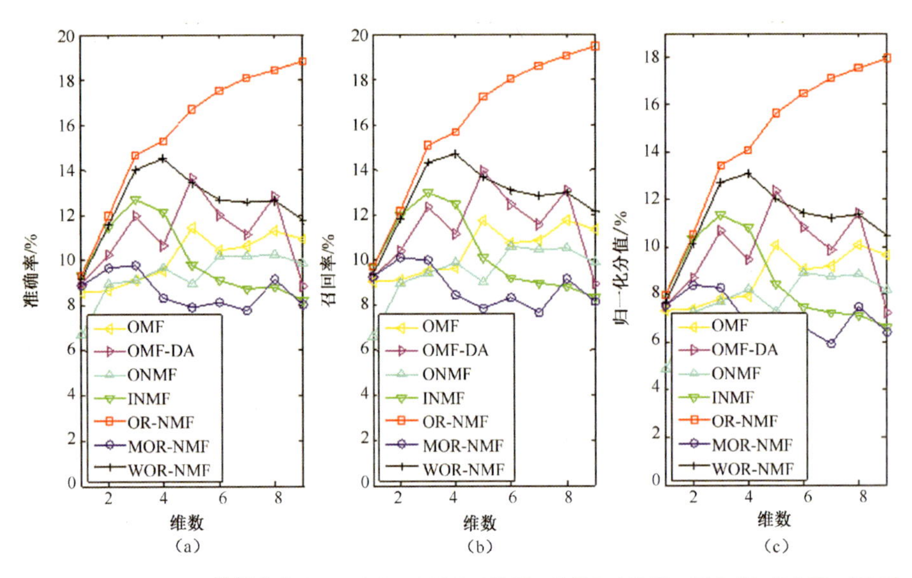

图 8.12　IAPR TC12 数据集上 OR-NMF、MOR-NMF、WOR-NMF、ONMF、INMF、OMF 和 OMF-DA 算法的 AC、RC 和 NS 曲线：(a) AC 曲线；(b) RC 曲线；(c) NS 曲线。

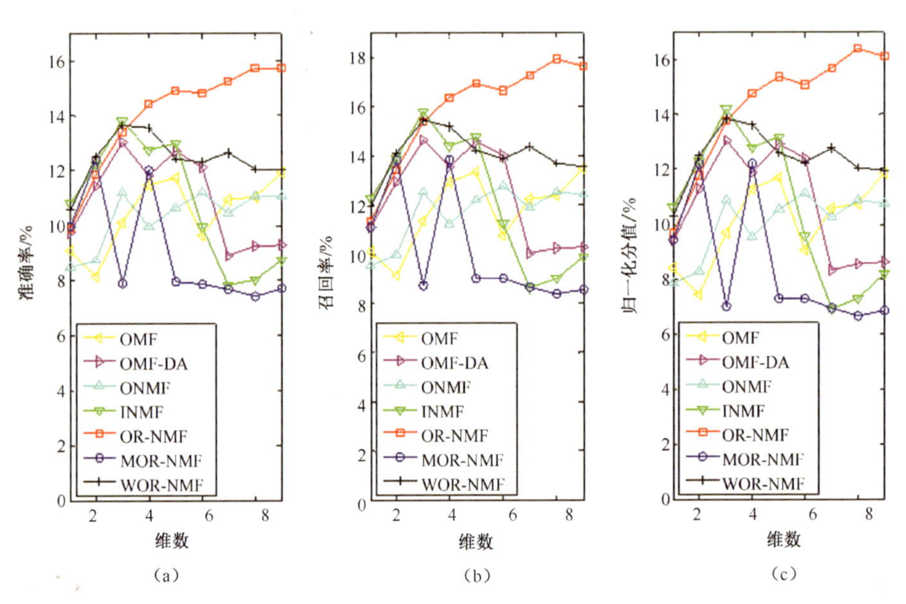

图 8.13　ESP Game 数据集上 OR-NMF、MOR-NMF、WOR-NMF、ONMF、INMF、OMF 和 OMF-DA 算法的 AC、RC 和 NS 曲线：(a) AC 曲线；(b) RC 曲线；(c) NS 曲线。

第1章

绪　论

1.1　本书研究背景及意义

半个多世纪以来，计算机科学和信息技术的发展，给人类社会的生产、生活带来了巨大的变化。人们在现实生活中常常会接触到各种各样的数据，如互联网的网页、数字电影的帧图像、数码相机拍摄的数字图像、监控录像的视频、电话和唱片的录音、汽车导航的数字地图、数字天气预报的气象数据和股票市场的行情分析数据等。随着航空航天技术的发展，人类接触到范围更加广阔的数据，如来自局部地区、全球甚至外太空的数据。这些数据极大地提高了人们的生活质量，同时也给人类认知世界提供了科学依据，在国民经济和国防建设中发挥了重要的作用。

随着数据采集技术、数据存储技术和数据管理技术的日趋成熟，人类获取和收集数据的能力得到了极大的提升。在众多领域，诸如经济、工程、生物、遥感、多媒体和航空航天，人们收集到越来越庞大的数据，如果缺乏有效的分析和处理手段，就无法挖掘出数据中隐含的知识和规则，无法对未来的发展趋势做出准确预测，导致人类无法理解和利用如此丰富的数据资源，造成极大的浪费。人类自身无法从直观上分析和纷繁复杂的、海量数据中蕴含的客观规律，必须借助智能分析手段。

随着信息技术的进步，无论是科学领域还是社会生活的其他方面收集到的数据都正朝着精确化和高维化的方向发展，例如机器人视觉、互联网信息检索、视频检索、三维模型分类与检索、基因微阵列数据分析和基于生物特征的身份识别等应用中，数据都呈现出维数高的特点。在一个典型的图像分类问题中，假设图像尺寸是 256×256，将图像像素值行或列排列成向量，那么向量的维数高达 65536 维。高维数据虽然能提供更为丰富和详细的信息，理论上可以帮助人类更加准确地认知世界，但是也给智能分析方法带来巨大困难。一方面，高维数据导致挖掘算法的计算量迅速上升；另一方面，维数的大幅度提升引发所谓维数危机[2]（Curse of Dimensionality），导致挖掘算法无法揭示数据中蕴含的知识。

现实世界中人们所获取的原始数据往往都是高维的，这些高维数据通常由潜在的多变量控制，例如人脸图像本质上可以由几个连续的变量如姿态、光照、表情来表示，难以直接被人理解、分析和处理。为了解决这一问题，首先要将数据映射到低维空间，然后对低维特征进行分析和处理，这种将高维数据映射到低维空间的过程称为数据降维（Dimensionality Reduction）。有效的数据降维技术能够从原始数据中挖掘出蕴含的内在结构和潜在的控制变量参数，不但可以消除数据间的冗余，简化数据，提高计算效率，而且能够去除噪声，改善数据质量，提高后续处理的效果。因此，数据降维已经成为机器学习和数据挖掘的重要课题，在很多应用中发挥重要作用。

数据降维有两种主要途径[3]：特征选择（Feature Selection）和特征提取（Feature Extraction）。特征选择是指在高维特征中选择具有代表性的特征，所选择的低维特征通常具有一定的物理意义。例如，蔬菜的特征包括品种、产地、价格、颜色、生产日期、运输成本、储存成本、营养成分等，人们在买菜时往往只关注品种、价格、生产日期和营养成分，该过程可以抽象成典型的特征选择过程。特征提取是指通过某种变换得到高维特征的更有意义的低维投影。通常情况下，在低维特征维数一致时特征提取比特征选择在后续分析中的效果好。本书讨论的数据降维算法属于特征提取，即通过学习得到低维空间的基，然后把高维数据投影到低维空间。

经过多年的努力，研究人员已经提出大量有效的数据降维算法。这些算法按照是否考虑样本标签信息，可分为无监督降维（Unsupervised Dimension Reduction）算法和有监督降维（Supervised Dimension Reduction）算法；按照所处理的数据分布性质不同，可分为线性降维（Linear Dimension Reduction）算法和非线性降维（Nonlinear Dimension Reduction）算法。线性降维算法假设数据采样自全局线性的高维空间，即各控制变量参数之间独立无关，典型的算法包括主成分分析[4]（Principal Component Analysis，PCA）、线性判别分析[5]（Fisher's Linear Discriminant Analysis，FLDA）和独立成分分析[6]（Indepent Component Analysis，ICA）。PCA 通过保留数据分布方差较大的若干主分量达到降维的目的，在数据服从高斯分布的情况下，利用了数据的二阶统计信息；FLDA 属于监督降维算法，它在数据服从同方差高斯分布的前提下，寻找 Fisher 判别信息最优的向量，使样本的类间散度最大而类内散度最小；ICA 将线性混合的信号分解成若干相互独立的分量，与 PCA 不同，ICA 可用于非高斯分布数据。这些线性降维算法可通过核方法[7]推广成非线性降维算法，如核主成分分析[8]（Kernel PCA，KPCA）、核独立成分分析[9]（Kernel ICA，KICA）和核 Fisher 判别分析[10]（Kernel Fisher Discriminant Analysis，KFDA），即把数据从原始非线性空间映射到更高维甚至无限维的特征空间，然后用线性方法对新的高维空间中的数据进行降维，这类方法的困难在于选择核函数的过程复杂。

非线性降维算法考虑数据中隐含的控制变量参数强相关的情况，目前流行的有基于流形的方法。基于流形的降维算法揭示数据中内在的非线性结构，寻找高维数据在低维空间的紧致嵌入。高维数据采样由少数几个隐含变量控制，基于流形的降维算法的思想非常直接。而且，心理学家认为人的认知过程是基于流形的和拓扑连续性的[11]，因此基于流形的降维思想与这一认知相一致。这些事实促使人们深入研究基于流形的降维算法，已经取得了大量研究成果，包括局部线性嵌入[12]（Local Linear Embedding，LLE）、ISOMAP[13]、线性嵌入[14]（Laplacian Eigenmaps，LE）、局部线性坐标变换[15]

（Locally Linear Coordination，LLC）、海森局部线性嵌入[16]（Hessian LLE，HLLE）、最大方差展开[17]（Maximum Variance Unfolding，MVU）、局部切空间比对[18]（Local Tangent Space Alignment，LTSA）和大相关分析[19]（Large Correlation Analysis，LCA）。为了解决“Out-of-Sample”问题，得到显式的投影函数，提出了若干线性化的算法，如近邻保持嵌入（Neighborhood Preserving Embedding，NPE）[20]、正交近邻保持投影（Orthogonal Neighborhood Preserving Projection，ONPP）[21]、局部保持投影（Locally Preserving Projection，LPP）[21]、线性化局部切空间比对（Linearized Local Tangent Space Alignment，LLTSA）[22]和线性化大相关分析（Linearized Large Correlation Analysis，LLCA）[18]。为了利用样本标签信息，开发出了基于流形的监督降维算法，如边际 Fisher 分析（Marginal Fisher Analysis，MFA）[23]和判别局部配准（Discriminantive Locality Alignment，DLA）[24]。为了分析非线性降维算法的本质差异和相同点，提出了若干理论框架模型，最具代表性的包括图嵌入模型（Graph Embedding，GE）[25]和块配准模型（Patch Alignment，PA）[1]。这些工作取得非常重要的成果，在若干领域得到广泛的应用。

表 1.1　数据降维算法分类

<table>
<tr><td>分类</td><td colspan="2">按数据符号分</td><td colspan="2">传统数据降维算法</td><td colspan="2">非负数据降维算法</td></tr>
<tr><td rowspan="5">按数据分布分</td><td colspan="2">按样本标签分</td><td>无监督</td><td>监督</td><td>无监督</td><td>监督</td></tr>
<tr><td colspan="2">线性</td><td>PCA、ICA</td><td>FLDA</td><td>NMF、LNMF</td><td>DNMF</td></tr>
<tr><td rowspan="3">非线性</td><td rowspan="2">流形学习</td><td>LEE、ISOMAP、LE、LLC、HLLE、MVU、LTSA、LCA</td><td rowspan="2">MFA、DLA</td><td rowspan="2">GNMF</td><td rowspan="2">NGE</td></tr>
<tr><td>NPE、ONPP、LPP LLTSA、LLCA</td></tr>
<tr><td>核方法</td><td>KPCA、KICA</td><td>KFDA</td><td></td><td></td></tr>
</table>

数据降维算法在手写体识别[26]、图像超分辨分析[27, 28]、步态分析[29]、医学图像分割[30]等领域有着广泛的应用。然而，传统的数据降维算法只考

虑了数据的分布性质，忽略了数据的符号性质。事实上，现实世界的大部分数据是非负的。例如，在图像处理和计算机视觉中，像素值是非负数据；彩色图像相当于三维的非负数据；视频相当于四维的非负数据，其中第四维是时间；网页、博客、微博的点击量、相互的链接次数是非负数据；在证券市场，股票、基金、期权、债券的交易量和交易员之间的交易次数等都是非负数据。而且在很多时候，只有非负的数据才有物理意义。例如，在股票分析应用中，由于概率分布是非负的，在降维过程中利用数据非负性质引入概率的概念，可为决策提供依据。因此，实际应用迫切需要对非负数据降维算法进行研究。表 1.1 列出传统数据降维算法和非负数据降维算法的分类情况，可见非负数据降维算法的研究刚刚起步，尚不成熟。

非负矩阵分解[31]是典型的非负数据降维算法，它把非负数据投影到由非负基向量张成的低维空间，且数据在低维空间的坐标是非负的。相对于传统降维算法，非负数据降维算法有两大优势：第一，由于低维空间坐标是非负的，数据被表示为基向量的加性叠加，所以基向量的能量分布相对集中，得到基于局部的数据表示，可以有效地抑制数据中的噪声；第二，由于基向量的能量相对集中，样本往往只需要少数几个维度的基即可表示，所以低维空间坐标中含有大量的零元素，得到天然的稀疏表示。例如，人脸图像的非负矩阵分解产生的基向量对应人脸的部分特征，即“额”“眉”“眼”“鼻”“口”等，意味着人脸图像采集时由这些部分控制，构成“姿态”“光照”“遮挡”“表情”等控制因素的补充，而这些因素恰好可由传统的基于流形的线性降维算法表征[12, 13]。因此，非负数据降维算法结合数据的分布性质和数据的非负性质，可能挖掘数据中蕴含的内在结构。目前已经开发出多种非负数据降维算法，如 LNMF[32]、DNMF[33]和 GNMF[34]等。然而，现有的非负数据降维算法都是研究人员根据具体任务和自身经验而设计的，缺乏统一的理论框架，难以认清问题的本质，而且有些非负数据降维算法得到的解受误差影响很大，给实际应用带来困难。因此，本书的目的就是深入研究和比较现有非负数据降维算法，提出统一的理论框架模型，用以分析现有非负数据降维算法之间的本质差异、设计新的非负数据降维算法，力求开发出稳健、高效的非负数据降维算法框架和新方法。

非负数据降维研究具有重要的应用价值和广阔的应用前景，本书提出的算法框架不是针对具体任务而设计的，因此对不同的非负数据降维问题具有统一的理论框架。除了所要讨论的非负数据降维问题，本书研究的方法可以很容易地推广到基于核方法的非线性非负数据降维问题。除了所要进行的人脸识别、文本挖掘、图像标注等应用，本书所介绍的算法框架还可以帮助设计适用于其他特定应用的非负数据降维算法的数学模型，如视频监控、医学图像分析、光谱数据分析、地质数据分析等。同时，本书研究的方法也可为其他信息处理领域的研究和发展提供借鉴，如地理信息系统、遥感图像处理等。

1.2 国内外研究现状

1.2.1 非负矩阵分解发展历史

非负矩阵分解[29]最早发表在 1999 年的 *Nature* 杂志上，Lee 和 Seung[36]给出了一个简单、实用且高效的乘法更新规则算法，非负矩阵分解迅速引起研究人员的广泛关注。如图 1.1 所示，有关非负矩阵分解的最初两篇文章的 ISI[1]引用次数呈逐年增长趋势。2001 年，Li 等人[32]为了提高非负矩阵分解的局部特征提取能力，改进非负矩阵分解算法。2004 年，Donoho 和 Stodden[34]讨论了非负矩阵分解算法提取局部特征的问题，指出仅考虑数据的非负性质和矩阵因子的非负约束不能保证提取局部特征。因此，非负矩阵分解算法在某些数据集上得到的数据表示不一定是稀疏的。Hoyer[35]分析了这一问题，结合稀疏编码的研究成果，提出显式地约束表示系数的稀疏性。

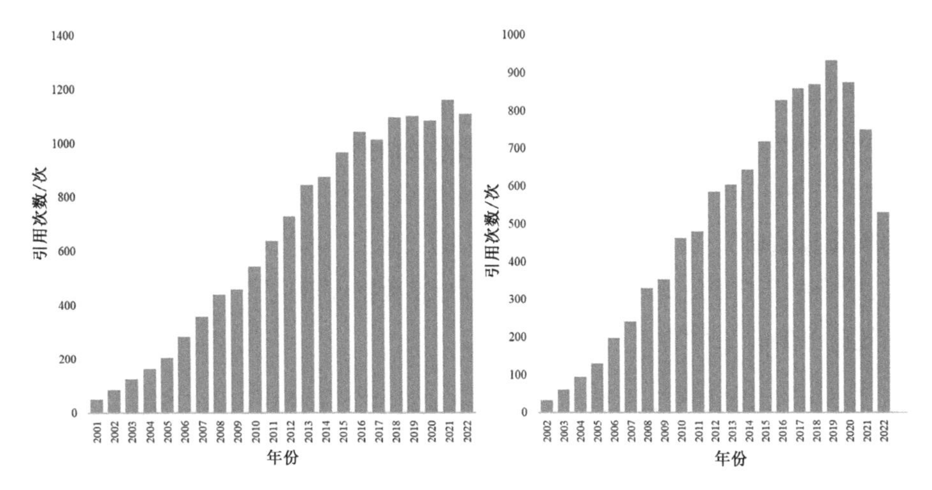

图 1.1 有关非负矩阵分解的最初两篇文章的 ISI 引用情况统计：

（a）文献[29]的引用情况；（b）文献[36]的引用情况。

从数据及其误差分布的角度看，非负矩阵分解虽然不像传统数据降维算法那样假设数据的分布结构，但是它通常假设数据及其误差的分布性质。假设数据服从泊松分布，得出用 Kullback-Leiblur 散度度量近似误差的非负矩阵分解算法[31]；假设数据中的误差服从高斯分布，得出用欧几里得距离度量近似误差的非负矩阵分解算法[38]。最近，Févotte 等人[37]假设数据中含有γ分布的乘性误差，得出用 Itakura-Saito 距离度量近似误差的非负矩阵分解算法；Cichocki 等人[38,39]使用带参数的α和$\alpha-\beta$距离度量数据与其重构数据的分布之间的距离，提出相应的非负矩阵分解算法。

从数据非负特性的角度看，非负矩阵分解得到的非负低维空间坐标可以认为是数据在低维空间各个方向（基向量对应的坐标轴）上出现的概率，因此若视所得到的非负基向量为聚类中心，则非负矩阵分解具有天然的聚类能力。事实上，Lee 和 Seung[29]从最开始就用文本聚类评估非负矩阵分解算法的有效性。Ding 等人[40,41]在这方面做了大量的工作，他们证明了非负矩阵分解扩展算法与若干聚类算法等价，揭示了数据非负特性带来的聚类优势。经过多年的发展，非负矩阵分解已经在文本聚类等领域得到广泛而成功的应用。

从计算复杂性的角度看，Vavasis[42]证明非负矩阵分解是 NP 难题，所以只存在近似算法。非负矩阵分解最典型的近似算法是乘法更新规则算法[38]，Lin[43]提出投影梯度法，最近 Kim 等人[44]又提出 Block Principal Pivoting（BPP）算法。虽然非负矩阵分解本身不是凸问题，但是其每个子问题是凸问题，可把凸优化领域的研究成果用于非负矩阵分解。因此，非负矩阵分解的优化算法研究仍然是十分活跃的领域。最近，随机规划方法[47, 48]和并行算法[49]被用于非负矩阵分解问题。面向流数据处理应用，还发展出在线非负矩阵分解算法[49-51]。

经过多年的研究，非负矩阵分解已成功应用于模式识别、信息检索、在线监控、图像处理、盲信号处理、生物与医学数据分析和谱数据分析等领域。从非负数据降维的角度看，Zafeiriou 等人[31]在非负低维空间寻找最优化 Fisher 判别信息，提出判别非负矩阵分解（Discriminative NMF，DNMF）。然而，无论是非负矩阵分解还是判别非负矩阵分解，它们都属于线性降维算法的范畴，因此在非线性数据上的应用效果不理想。2008 年，Cai 等人[50, 32]假设数据分布于流形上，考虑数据的非负特性，提出非线性非负数据降维算法，并将其成功应用于图像聚类应用中，引起了学术界的高度关注。经过近几年的飞速发展，非线性非负数据降维算法在理论和应用上都取得了一定成果，但是非负数据降维算法的研究目前仍然处于起步阶段，还有很多理论和应用问题亟待解决。

1.2.2 国内外研究机构

非负矩阵分解提出十多年来，已经取得了丰富的研究成果，它的应用已经拓展到信息数据处理的大多数领域，引起了国内外多家研究机构的高度关注。很多研究机构都取得了重要的研究成果，本书无法一一列举，只介绍较有代表性的研究机构所取得的成果。

国内方面，微软亚洲研究院是最早开展非负矩阵分解的研究机构，他们开展了非负矩阵分解基于局部的特征提取方面研究，并将研究成果应用于人脸识别等领域；浙江大学开展了非负矩阵分解在高光谱图像分析中的应用研究，进行了非线性非负数据降维方面的有益探索。

国外方面，美国贝尔试验室和美国剑桥大学最早开展非负矩阵分解的研究，他们主要是从认知科学的角度，分析数据非负特性在机器学习中的生理学和心理学依据；美国斯坦福大学开展了有关非负矩阵分解基于局部的数据表示的重要探索；美国田纳西大学阿灵顿分校最早开展非负矩阵分解聚类特性的理论研究，取得了丰硕的研究成果，奠定了非负矩阵分解在聚类领域的应用基础；美国佐治亚理工学院、田纳西大学奥斯汀分校在非负矩阵分解高效优化算法方面开展了研究工作；美国维克森林大学、韩国浦项理工大学开展了非负矩阵分解在医学图像分析中的应用研究；法国巴黎电信研究所开展非负矩阵分解在语音分析和音乐分析中的应用研究；日本 RIKEN 脑科学研究所在非负矩阵分解应用于信号处理方面做出了重要贡献，开发了 NMFLAB 软件包。

1.2.3 非负数据降维研究现状

非负矩阵分解[31]（NMF）是典型的非负数据降维算法，然而测试表明它在有些数据集上无法提取局部特征，失去了非负数据降维算法的优势。为了弥补这一缺点，Li 等人[30]提出局部非负矩阵分解算法（LNMF），LNMF 在最小化近似误差的同时在降维过程中引入三种先验知识：（1）受人脸中局部特征分布在不同位置的启发，引入基向量尽可能地正交的先验；（2）由于非负基向量的正交意味着同一维度只允许出现一个非零元素，可能产生无效的解，所以在基归一化的条件下最小化基向量的 L_2 范数，使基向量保持尽可能多的非零元；（3）最大化表示系数的 Tikhonov 罚分项以尽可能多地保持能量。通过引入三种先验，LNMF 在大多数数据集上都能得到基于局部的数据表示，充分利用数据的非负特性。然而，LNMF 要求基向量归一化，导致近似误差过大，在某些应用中对后续处理影响较大。另一方面，与 NMF 类似，LNMF 也属于线性算法，在非线性分布的数据中往往不能得到理想的降维效果。Cai 等人[32]结合利用数据非负特性和基于流形的非线性结构，提出图正则非负矩阵分解（GNMF），GNMF 在最小化近似误差的同时最小化样本与其有限最近邻之间的距离，从而在低维空间保持数据的几何结构。GNMF 规避了数据线性分布的假设，通过基于流形的方法挖掘数据非线性结构，解混潜在控制变量之间的关系，属于非线性非负数据降维算法。按照样本标签分，GNMF 与 NMF、LNMF 一样，都属于无监督非负数据降维算法。由于它们没有利用样本标签信息，可能导致所得到低维空间区分性较差，在分类应用中效果不理想。Zafeiriou 等人[31]结合 Fisher 判别信息和数据的非负特性，提出判别非负矩阵分解算法（DNMF）。DNMF 在最小化近似误差的同时最小化类内散度、最大化类间散度，使数据在低维空间具有较强的区分性。然而，DNMF 假设数据服从高斯分布，即数据采集是由相互独立的潜在变量控制的，属于线性降维算法。高斯分布假设的限制过于强，导致 DNMF 在不服从高斯分布的非线性数据中效果较差。根据上述分析，非负数据降维算法的研究存在许多挑战，现有非负数据降维算法亟待进一步深入研究，以发展出更加健壮、稳定的非负数据降维算法。

1.2.3.1 非负数据降维算法面临的挑战

虽然非负数据降维算法研究已经取得了一些成果，但是还有很多问题未能彻底解决：

（1）算法框架问题。非负数据降维算法各自存在不同的假设，限制条件各不相同。如果不能放宽这些条件，这些算法只能用于各自的领域，无法得到推广。这是因为它们是研究人员根据自身需要和经验设计的，既不能用于大多数情况，也无法分析它们相互之间的差异。算法框架从统一的角度分析各算法的数学模型，看清算法的本质差异和内在联系。如果能开发非负数据降维算法的理论框架，在框架的层面上对非负数据降维算法展开研究，那么研究成果能够很容易地推广到各应用领域。因此，本文主要讨论非负数据降维算法的算法框架问题。

（2）维数选择问题。与传统数据降维算法一致，非负数据降维算法也需要预先设定低维空间维数。在某些基于谱分解的传统数据降维算法（如 PCA）中，维数按照信号能量排序，研究人员通常可以按照能量高低依次抽取指定维数的向量。然而，在非负数据降维算法中，低维空间的维数是自由参数，无法用传统的方式确定。研究人员通常用交叉验证法选择合适的维数，Owen 和 Perry[51]提出二维交叉验证法，Kanagal 等人[52]发展了 Owen 方法，但是这些方法的计算开销巨大，未能很好地解决维数选择问题。

（3）邻域选择问题。在某些基于流形学习的非负数据降维算法（如 GNMF）中，构建邻接图时选择多少最近邻组成邻域是具有挑战性的问题。在流形学习领域，这个问题尚未得到解决。通常的做法是依靠经验或用交叉验证法设置邻域样本数量。

（4）高效优化问题。近年来，非负矩阵分解优化算法得到很大发展，但是这些算法推广到非负数据降维模型优化还有很多问题需要研究。目前，非负数据降维模型优化主要采用乘法更新规则算法，收敛速度慢，限制了非负数据降维算法的应用领域。因此，非负数据降维的高效优化算法是亟待解决的问题。本书在框架的层面上开展高效优化算法的研究，研究成果可推广到各种非负数据降维模型优化中。

1.2.3.2 非负数据降维算法框架研究现状

经过近几年的发展，研究人员指出有两类非负矩阵分解算法可视为非负数据降维算法框架：非负图嵌入模型 NGE[53]（Non-negative Graph Embedding）和图正则非负矩阵分解模型 GNMF[54]。

NGE 模型在样本集上构建两个邻接图，即内蕴图（Intrinsic Graph）和罚分图（Plenty Graph）表示数据的统计特性，通过优化基于图拉普拉斯的目标函数在低维空间揭示数据非线性分布结构。NGE 模型存在以下问题：

（1）NGE 模型认为各算法的区别在于内蕴图和罚分图的设计及其嵌入方式 [25]。因此，NGE 模型构建邻接图编码嵌入在非线性流形上的样本的空间位置关系，难以显式地刻画非线性非负数据降维的“全局非线性”性质。

（2）NGE 模型把低维空间强制分解成两个子空间，分别在两个子空间优化内蕴图和罚分图上所设计的目标函数。然后，把两个子空间的基向量和坐标排列分别组成低维空间的基向量和坐标。这种方法得到的低维空间一部分坐标轴只包含内蕴图上提取的非线性结构信息，另一部分坐标只包含罚分图上提取的非线性结构信息，因此在低维空间分布不均匀。

（3）NGE 模型用乘法更新规则算法求解，且每次迭代包含一个矩阵求逆运算，因此时间开销过大。

GNMF 模型结合非负矩阵分解和图拉普拉斯技术，通过构建邻接图在低维空间保持数据统计特性。样本标签信息[57, 58]可用于构建各种邻接图，将 GNMF 拓展成监督非负数据降维算法。GNMF 模型存在以下问题：

（1）GNMF 模型从图拉普拉斯的角度得到非负数据降维算法，并没有显式地给出理论框架。

（2）因为 GNMF 没有定义理论框架，所以其难以分析现有非负数据降维算法，更难以帮助设计新的算法。

（3）GNMF[56]的乘法更新规则用于优化基于图拉普拉斯的非负数据降维算法模型，收敛速度慢，且难以应用到其他非负数据降维模型优化。

1.3 本书主要工作

针对非负数据降维算法研究存在的问题，本书主要从以下 4 个方面进行研究：

（1）算法框架设计。提出基于块配准的非负矩阵分解框架，即非负块配准框架。从块配准框架入手，建立非负块配准框架，从统一的角度分析已有非负矩阵分解模型，揭示其内在差异和共同特性，指导工程人员选择模型，帮助研究人员开发新的非负数据降维模型。该算法用对应两类常用分布的 KL 和欧几里得距离度量近似误差，它们分别对应数据的泊松分布和误差的高斯分布。同时该算法利用拉格朗日乘子法，开发乘法更新规则算法优化非负块配准框架，并用辅助函数技术证明算法的收敛性。该算法可用于求解非负块配准框架的所有派生模型，包括标准的非负矩阵分解模型。

（2）高效优化算法。对于基于 KL 距离的非负块配准框架，从梯度下降的角度改进非负块配准框架乘法更新规则算法，利用牛顿法实现单步长快速线搜索。单步长快速线搜索沿着调整负梯度方向搜索最优步长，在不超出第一象限边界的情况下更新矩阵因子，大大提高乘法更新规则的收敛速度。为矩阵因子的列（或行）设置步长，用多变量牛顿法搜索步长向量，提出多步长快速线搜索方法，弥补了矩阵因子整体的单个最优步长可能为 1 的缺点。改进步长设置策略，提出平衡多步长快速线搜索，降低多变量牛顿法计算复杂度。利用单步长、多步长和平衡多步长快速线搜索，本书提出单步长、多步长和平衡多步长快速梯度下降算法，并利用凸函数的 Jesen 不等式证明它们的收敛性。对于基于欧几里得距离的非负块配准模型，通过分析子问题的性质，利用最优梯度法交替更新矩阵因子，提出非负块配准框架最优梯度法。从数学上证明了两个子问题都是凸问题且其梯度是李普希兹连续的，从而利用最优梯度法以 $O(1/k^2)$ 的收敛速度求解每个子问题，从而提出基于欧几里得距离的非负块配准框架高效优化算法。

（3）派生模型设计。根据非负块配准框架的分析结果，开发新的非负数据降维模型，即非负判别局部块配准模型。非负判别局部块配准模型为每个样本建立两类样本块：类内块由同类样本中有限最近邻组成，局部优化过程保持数据局部几何结构，放宽高斯分布假设；类间块由不同类样本中有限最近邻组成，局部优化过程最大化类间边界，从而保持数据判别信息。因此，非负判别局部块配准框架弥补了已有非负数据降维的缺点，其分类准确率较高、健壮性较强。利用全局配准技术把两种局部优化过程映射到全局坐标系进行，把二者结合，并套用非负块配准框架的乘法更新规则算法、快速梯度下降和最优梯度下降算法优化提出的非负判别局部块配准模型。

（4）在线优化算法。提出非负矩阵分解在线优化算法，利用健壮随机近似算法以在线的方式更新基矩阵。传统非负矩阵分解优化算法的空间复杂度与样本维数和样本规模成正比，由于计算机存储器容量的限制，难以满足流数据处理的需求。本书提出在新样本到达时利用健壮随机近似算法以 $O(1/\sqrt{k})$ 的收敛速度更新基矩阵，提高在线非负矩阵分解的健壮性。利用准鞅理论，证明了所提算法的收敛性。为了解决空间复杂度过高的问题，提出用缓冲池存储有限量的历史样本，用新样本替换缓冲池中的旧样本，以保证基矩阵引入最新的样本统计信息。

本书主要工作[1]及相互关系概括如图 1.2 所示，围绕非负块配准框架，开发了乘法更新规则、快速梯度下降和最优梯度下降算法，并用该框架设计了新的非负数据降维模型，即非负判别局部块配准。为了处理流数据，开发了非负块配准框架的在线优化算法。各优化算法是相互独立的，且各自的适用范围不同。乘法更新规则算法适用于大多数非负块配准框架派生模型，要求配准矩阵对称；快速梯度下降算法适用于大多数非负块配准框架派生模型，尤其适用于基于 KL 距离的非负块配准框架派生模型，要求配准矩阵半正定；最优梯度下降算法适用于基于欧几里得距离的非负块配准框架派生模型，要求配准矩阵半正定。非负块配准框架派生标准的非负矩阵分解。

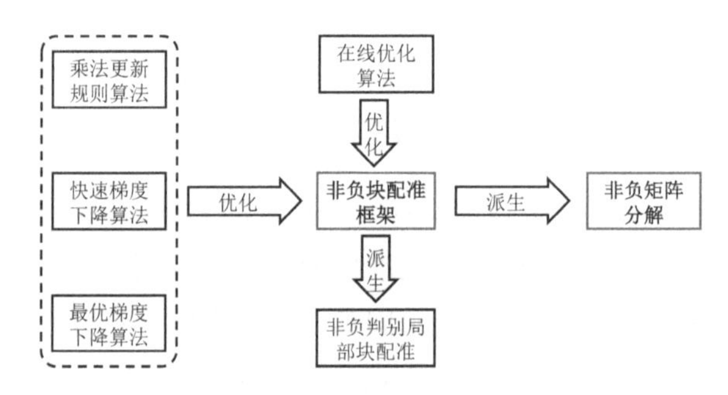

图 1.2　本书主要工作及相互关系

1.4　本书组织结构

本书后续章节的内容安排如下：

第 2 章全面分析非负矩阵分解领域的研究成果。介绍各种数据或误差分布导出的度量距离，以及基于这些度量距离的非负矩阵分解算法；概括

1　本书主要工作以作者在新加坡南洋理工大学留学期间所完成的工作为主体编写而成。

各种不同分解形式、处理不同数据类型的扩展模型；介绍非负矩阵分解的理论问题及已有解决方案；分析非负矩阵分解优化算法，比较它们的优劣及适用条件；最后介绍非负矩阵分解的应用领域。

第 3 章提出非负块配准框架。首先介绍块配准研究背景，然后提出理论框架模型。在此基础上，开发乘法更新规则算法优化非负块配准框架，完成收敛性证明。最后，利用非负块配准框架分析现有非负数据降维模型，设计新的非负数据降维模型。

第 4 章提出非负判别局部块配准模型。根据非负块配准模型的分析结果，设计新的适用于分类问题的非负判别局部块配准模型，利用 Minkovski 矩阵的性质得到数学性质良好的配准矩阵。给出流形学习角度的解释，并提出改进模型。

第 5 章提出非负块配准快速梯度下降法。通过分析乘法更新规则收敛速度慢的原因，为基于 KL 距离的非负块配准框架设计出基于牛顿法的快速线搜索，以及改进步长设置方案的多步长线搜索和平衡多步长线搜索，完成线搜索问题的凸性证明和收敛性证明。利用所提快速线搜索，开发快速梯度下降算法，并证明算法收敛性。

第 6 章提出非负块配准最优梯度法。首先分析基于欧几里得距离的非负矩阵分解子问题——NLS 问题的凸性和梯度的李普希兹连续性，利用最优梯度法高效求解 NLS 问题，完成收敛速度证明。然后，证明非负块配准框架优化子问题的凸性和梯度的李普希兹连续性，并将最优梯度法应用于基于欧几里得距离的非负块配准框架的优化算法。

第 7 章提出非负矩阵分解在线优化算法。将非负矩阵分解问题变换成随机规划问题，利用健壮随机近似算法更新基矩阵，提出健壮的在线优化算法，并利用准鞅理论完成算法收敛性证明。

第 8 章介绍非负矩阵分解的几个典型应用。将改进非负判别局部块配准用于人脸识别，将最优梯度法优化的非负矩阵分解用于文本聚类，将基于健壮随机近似的在线非负矩阵分解用于图像标注，分析它们的试验效果并验证其有效性。

第 2 章

02

非负矩阵分解基础

本章概括介绍非负矩阵分解模型、若干理论问题及优化算法，并介绍非负矩阵分解的应用领域。通过本章分析，读者可以了解非负矩阵分解领域的现状，以及其中存在的问题。

2.1 非负矩阵分解模型

给定 $m \times n$ 维的非负矩阵 $\boldsymbol{V}$，非负矩阵分解得到两个低维矩阵 $\boldsymbol{W} \in \mathbb{R}^{m \times r}$ 和 $\boldsymbol{H} \in \mathbb{R}^{r \times n}$，使其乘积近似 $\boldsymbol{V}$，即

$$\boldsymbol{V} \approx \boldsymbol{W}\boldsymbol{H}, \boldsymbol{W} \geqslant 0, \boldsymbol{H} \geqslant 0 \tag{2.1}$$

在模型式（2.1）中，低维维数 r 满足 $(m+n)r \ll mn$，这意味着 $\boldsymbol{W}$ 和 $\boldsymbol{H}$ 的存储开销远少于 $\boldsymbol{V}$，起到数据压缩的作用。

通常用 Kullback-Leiblur（KL）散度[1]和欧几里得距离度量 $\boldsymbol{V}$ 和 $\boldsymbol{WH}$ 之间的近似误差，其定义为

1 因为 $D_{\mathrm{KL}}(\boldsymbol{V}|\boldsymbol{WH})$ 不对称，即 $D_{\mathrm{KL}}(\boldsymbol{V}|\boldsymbol{WH}) \neq D_{\mathrm{KL}}(\boldsymbol{WH}|\boldsymbol{V})$，所以它并不是严格意义上的“距离”。

$$
\begin{aligned}
D_{\mathrm{KL}}(\boldsymbol{V}|\boldsymbol{WH}) &= \sum_{ij}\left(\boldsymbol{V}_{ij}\log\frac{\boldsymbol{V}_{ij}}{(\boldsymbol{WH})_{ij}} - \boldsymbol{V}_{ij} + (\boldsymbol{WH})_{ij}\right) \\
D_{\mathrm{EU}}(\boldsymbol{V}|\boldsymbol{WH}) &= \sum_{ij}\left(\boldsymbol{V}_{ij} - (\boldsymbol{WH})_{ij}\right)^2
\end{aligned} \tag{2.2}
$$

KL 散度和欧几里得距离的不同缘于非负矩阵分解对数据及其噪声分布假设的不同，2.1.1 节重点介绍各种相似度度量方法以及由它们得到的非负矩阵分解模型。

2.1.1 相似性度量

非负矩阵分解模型式(2.1)中，$\boldsymbol{V}$ 和 $\boldsymbol{WH}$ 之间的相似度可用 KL 散度、欧几里得距离、Itakura-Saito 距离、α 距离、β 距离、Csiszár 距离和 Bregman 距离度量，其中 KL 散度和欧几里得距离是最常用的度量方法。由于乘法更新规则是最常用的非负矩阵分解算法，本节给出每种距离度量得到的非负矩阵分解模型的乘法更新规则算法。

2.1.1.1 Kullback-Leiblur 散度

在非负矩阵分解模型式（2.1）中，Kullback-Leiblur（KL）散度和欧几里得距离是很常见的两种近似误差度量方法。Févotte 等人指出，基于 KL 散度的非负矩阵分解实际上是假设数据矩阵的元素 $\boldsymbol{V}_{ij}$ 服从期望为 $(\boldsymbol{WH})_{ij}$ 的泊松分布[1]。给定 $\boldsymbol{W}$ 和 $\boldsymbol{H}$，矩阵 $\boldsymbol{V}$ 的对数似然函数是

$$
\begin{aligned}
C_{\mathrm{ML,PS}}(\boldsymbol{W},\boldsymbol{H}) = \log p(X|\boldsymbol{W},\boldsymbol{H}) &= \sum_{ij}\log P_{\mathrm{PS}}(\boldsymbol{V}_{ij}|(\boldsymbol{WH})_{ij}) \\
&= \sum_{ij}(\boldsymbol{V}_{ij}\log(\boldsymbol{WH})_{ij} - (\boldsymbol{WH})_{ij} + \log \boldsymbol{V}_{ij}!)
\end{aligned} \tag{2.3}
$$

---

1 服从期望为 λ 的泊松分布的随机变量 x 的分布密度函数：$P_{\mathrm{PS}}(x|\lambda) = \exp(-\lambda)\lambda^x/x!$。

根据贝叶斯理论，后验概率模型 $\max C_{\mathrm{ML,PS}}(\boldsymbol{W},\boldsymbol{H})$ 等价于 $\min\sum_{ij}\left((\boldsymbol{WH})_{ij}-\boldsymbol{V}_{ij}-\boldsymbol{V}_{ij}\log(\boldsymbol{WH})_{ij}+\boldsymbol{V}_{ij}\log\boldsymbol{V}_{ij}\right)$，因此 Lee 和 Seung 用 KL 散度式（2.2）度量$\boldsymbol{V}$ 与$\boldsymbol{WH}$之间的近似误差，并给出乘法更新规则

$$\boldsymbol{H}_{ij}\leftarrow\boldsymbol{H}_{ij}\frac{\sum_k\boldsymbol{V}_{ki}\left(\dfrac{\boldsymbol{V}_{kj}}{\boldsymbol{WH}_{kj}}\right)}{\sum_l\boldsymbol{W}_{li}},\quad \boldsymbol{W}_{ij}\leftarrow\boldsymbol{W}_{ij}\frac{\sum_k\boldsymbol{H}_{jk}\left(\dfrac{\boldsymbol{V}_{ik}}{\boldsymbol{WH}_{ik}}\right)}{\sum_l\boldsymbol{H}_{jl}} \tag{2.4}$$

Ho 和 Vandooren 发现基于 KL 散度的非负矩阵分解保持行向量和列向量的和不变，即 $\forall i,\sum_j\boldsymbol{V}_{ij}=\sum_j(\boldsymbol{WH})_{ij}$ 且 $\forall j,\sum_i\boldsymbol{V}_{ij}=\sum_i(\boldsymbol{WH})_{ij}$ 。这一性质使非负矩阵分解成为求解各种数学模型的有力工具，如文献[1-3]用其求解隐马尔可夫模型。

因为 $D_{\mathrm{KL}}(\boldsymbol{V}|\boldsymbol{WH})$ 实际上是推广的 KL 散度（或称 Csiszár-I 距离，见 2.1.1.5 节），Yang 等人将近似矩阵归一化处理，用统计学意义的 KL 散度作为相似度度量

$$\mathrm{KL}(\boldsymbol{V}\,|\,\boldsymbol{WH})=\sum_{ij}\boldsymbol{V}_{ij}\log\frac{\boldsymbol{V}_{ij}}{(\boldsymbol{WH})_{ij}}+(\boldsymbol{WH})_{ij} \tag{2.5}$$

Yang 等人指出 KL 散度实际上可由γ距离定义，而 PLSA 算法的近似误差由γ距离度量，因此基于 KL 散度的非负矩阵分解更接近于 PLSA 算法。

2.1.1.2 欧几里得距离

假设数据中含有加性的高斯误差，即误差矩阵$\boldsymbol{\epsilon}=\boldsymbol{V}-\boldsymbol{WH}$ 的元素$\boldsymbol{\epsilon}_{ij}$独立且服从期望为 0、方差为$\delta^2$ 的高斯分布[1]，则对数似然函数是

---

1 高斯分布密度函数：$N_{\mathrm{GS}}(x\,|\,\mu,\delta^2)=\exp\left(-(x-\mu)^2/\delta^2\right)\Big/\sqrt{2\pi\delta^2}$ ，其中，μ 和 δ^2 是高斯分布的期望和方差。

$$C_{\mathrm{ML,GS}}(\boldsymbol{W},\boldsymbol{H})=\log p(\boldsymbol{X}|\boldsymbol{W},\boldsymbol{H})=\sum_{ij}\log N_{\mathrm{GS}}\left(\boldsymbol{V}_{ij}-(\boldsymbol{WH})_{ij}\,|\,0,\delta^2\right)$$
$$=-\sum_{ij}\left(\frac{\left(\boldsymbol{V}_{ij}-(\boldsymbol{WH})_{ij}\right)^2}{\delta^2}+\log\sqrt{2\pi\delta^2}\right) \tag{2.6}$$

根据贝叶斯理论，后验概率模型 $\max C_{\mathrm{ML,GS}}(\boldsymbol{W},\boldsymbol{H})$ 等价于 $\min\sum_{ij}\left(\boldsymbol{V}_{ij}-(\boldsymbol{WH})_{ij}\right)^2$，可以得出基于欧几里得距离 $D_{\mathrm{EU}}(\boldsymbol{V}|\boldsymbol{WH})$ 式（2.2）的非负矩阵分解模型，Lee 和 Seung 给出了求解该模型的乘法更新规则

$$\boldsymbol{H}_{ij}\leftarrow\boldsymbol{H}_{ij}\frac{(\boldsymbol{W}^{\mathrm{T}}\boldsymbol{V})_{ij}}{(\boldsymbol{W}^{\mathrm{T}}\boldsymbol{WH})_{ij}},\quad \boldsymbol{W}_{ij}\leftarrow\boldsymbol{W}_{ij}\frac{(\boldsymbol{VH}^{\mathrm{T}})_{ij}}{(\boldsymbol{WHH}^{\mathrm{T}})_{ij}} \tag{2.7}$$

2.1.1.3　Itakura-Saito 距离

Févotte 等人假设数据中含有乘性的 γ 误差，即 $\gamma\boldsymbol{V}=\boldsymbol{WH}\boldsymbol{\epsilon}$，其中 $\boldsymbol{\epsilon}$ 中的元素 $\boldsymbol{\epsilon}_{ij}$ 独立且服从期望为 1 的 γ 分布[1]，推导出 Itakura-Saito（IS）距离。根据这一假设，给定 $\boldsymbol{W}$ 和 $\boldsymbol{H}$，矩阵 $\boldsymbol{V}$ 的对数似然函数是

$$C_{\mathrm{ML,GA}}(\boldsymbol{W},\boldsymbol{H})=\log p(\boldsymbol{X}\,|\,\boldsymbol{W},\boldsymbol{H})=\sum_{ij}\log\frac{G_{\mathrm{GA}}\left(\frac{\boldsymbol{V}_{ij}}{(\boldsymbol{WH})_{ij}}\,|\,\alpha,\alpha\right)}{(\boldsymbol{WH})_{ij}}$$
$$=\sum_{ij}\left(\alpha\log\frac{\boldsymbol{V}_{ij}}{(\boldsymbol{WH})_{ij}}-\alpha\frac{\boldsymbol{V}_{ij}}{(\boldsymbol{WH})_{ij}}-\alpha\log\boldsymbol{V}_{ij}+\log\frac{\alpha^{\alpha}}{\Gamma(\alpha)}\right) \tag{2.8}$$

因此，后验概率模型 $\max C_{\mathrm{ML,GA}}(\boldsymbol{W},\boldsymbol{H})$ 等价于 $\min\sum_{ij}\left(\frac{\boldsymbol{V}_{ij}}{(\boldsymbol{WH})_{ij}}-\log\frac{\boldsymbol{V}_{ij}}{(\boldsymbol{WH})_{ij}}-1\right)$。上述模型引出了 IS 距离的定义：$D_{\mathrm{IS}}(p\,|\,q)=\frac{p}{q}-\log\frac{p}{q}-1$，它具有尺度不变性，即 $D_{\mathrm{IS}}(\gamma p\,|\,\gamma q)=D_{\mathrm{IS}}(p\,|\,q)$。直观地讲，信号中能量高的部分和能量低的部分同样重要，当信号的分布范围较宽时（如音频信号的

1　γ分布密度函数：$G_{\mathrm{GA}}(x\,|\,\alpha,\beta)=\beta^{\alpha}\big/\left(\Gamma(\alpha)x^{\alpha-1}\exp(-\beta x)\right)$，期望为 α/β。

频谱），尺度不变性的优势非常明显。因此，IS 距离是较好的音频频谱相似度度量方法。基于 IS 距离的非负矩阵分解（IS-NMF）在音乐分析中取得了良好的效果，Févotte 等人开发了 IS-NMF 的乘法更新规则

$$\boldsymbol{H}_{ij} \leftarrow \boldsymbol{H}_{ij} \frac{\sum_k \boldsymbol{W}_{ki}\left(\left(\boldsymbol{WH}\right)_{kj}^{-2} \boldsymbol{V}_{kj}\right)}{\sum_l \boldsymbol{W}_{li}\left(\boldsymbol{WH}\right)_{lj}^{-1}}, \quad \boldsymbol{W}_{ij} \leftarrow \boldsymbol{W}_{ij} \frac{\sum_k \left(\boldsymbol{WH}\right)_{ik}^{-2} \boldsymbol{V}_{ik} \boldsymbol{H}_{jk}}{\sum_l \left(\boldsymbol{WH}\right)_{il}^{-1} \boldsymbol{H}_{jl}} \tag{2.9}$$

2.1.1.4 α、β距离

在统计学中，KL 散度用来度量两个分布之间的相似度。假设随机变量x的两种分布函数分别为$p(x)$和$q(x)$，则 KL 散度定义为

$$D_{\mathrm{KL}} = \int p(x) \log \frac{p(x)}{q(x)} \mathrm{d}\mu - \int \left(p(x) - q(x)\right) \mathrm{d}\mu \tag{2.10}$$

式中，$\mathrm{d}\mu = \mathrm{d}\mu(\mathrm{d}x)$，$\int$ 是 Lebesque 积分。由此可见，非负矩阵分解的目标是得到子矩阵 $\boldsymbol{W}$ 和 $\boldsymbol{H}$ 使得近似矩阵 $\boldsymbol{WH}$ 的分布尽可能与原数据矩阵 $\boldsymbol{V}$ 的分布接近。

然而根据 1.1.1.1 节，基于 KL 散度的非负矩阵分解假设数据服从泊松分布，在很多应用（如盲源信号分离）中这种假设过强。因此，Cichocki 等人引入信息论中常用的α距离度量两个分布之间的相似度。由于α距离引入一个自由参数，这种度量方法比 KL 散度更加灵活，其定义为

$$D_\alpha(p \mid q) = \frac{1}{\alpha(1-\alpha)} \int \alpha p(x) + (1-\alpha) q(x) - p(x)^\alpha q(x)^{1-\alpha} \mathrm{d}\mu \tag{2.11}$$

式中，$\alpha \in \mathbb{R}/\{0,1\}$，即实数集中去除 0 和 1。当参数$\alpha$取不同值时，用式(2.11)可定义不同的距离：

（1）KL 散度。当$\alpha \to 0$时，α距离是q到p的 KL 散度，即$\lim_{\alpha \to 0} D_\alpha(p \mid q) = D_{\mathrm{KL}}(q \mid p)$；当$\alpha \to 1$时，$\alpha$距离是$p$到$q$的 KL 散度，即$\lim_{\alpha \to 1} D_\alpha(p \mid q) = D_{\mathrm{KL}}(p \mid q)$。

（2）Hellinger 距离。当$\alpha = 0.5$时，α距离是 Hellinger 距离（HE 距离），即$D_{\alpha=0.5}\left(p \mid q\right) = 2\int\left(\sqrt{p} - \sqrt{q}\right)^2 \mathrm{d}\mu$。

（3）χ^2距离。当$\alpha = 2$时，α距离是 Pearson 和 Neyman 的χ^2距离（PN 距离），即$D_{\alpha=2}\left(p \mid q\right) = \frac{1}{2}\int\frac{\left(\sqrt{p} - \sqrt{q}\right)^2}{q}\mathrm{d}\mu$。

Cichocki 等人提出基于α距离的非负矩阵分解，其目标函数为

$$D_\alpha\left(\boldsymbol{V} \mid \boldsymbol{WH}\right) = \frac{1}{\alpha\left(1-\alpha\right)}\sum_{i=1}^{m}\sum_{j=1}^{n}\alpha\boldsymbol{V}_{ij} + \left(1-\alpha\right)\left(\boldsymbol{WH}\right)_{ij} - \boldsymbol{V}_{ij}^{\alpha}\left(\boldsymbol{WH}\right)_{ij}^{1-\alpha} \tag{2.12}$$

基于α距离的非负矩阵分解的乘法更新规则算法为

$$\boldsymbol{H}_{ij} \leftarrow \boldsymbol{H}_{ij}\left[\frac{\sum_k \boldsymbol{V}_{ki}\left(\frac{\boldsymbol{V}_{kj}}{\left(\boldsymbol{WH}\right)_{kj}}\right)^{\alpha}}{\sum_l \boldsymbol{W}_{li}}\right]^{\frac{1}{\alpha}}, \quad \boldsymbol{W}_{ij} \leftarrow \boldsymbol{W}_{ij}\left[\frac{\sum_k \boldsymbol{H}_{jk}\left(\frac{\boldsymbol{V}_{ik}}{\left(\boldsymbol{WH}\right)_{ik}}\right)^{\alpha}}{\sum_l \boldsymbol{H}_{jl}}\right]^{\frac{1}{\alpha}} \tag{2.13}$$

当$\alpha \to 1$时，式（2.13）等价于式（2.4）。

与α距离类似，β距离是另一种常用的度量两个分布之间相似度的方法，其定义为

$$D_\beta\left(p \mid q\right) = \frac{1}{\beta\left(\beta-1\right)}\int p^\beta + \left(\beta-1\right)q^\beta - \beta p q^{\beta-1}\mathrm{d}\mu \tag{2.14}$$

式中，$\beta \in \mathbb{R}/\{0,1\}$。Kompass 将$\beta$距离用于非负矩阵分解，其目标函数为

$$D_\beta\left(\boldsymbol{V} \mid \boldsymbol{WH}\right) = \frac{1}{\beta\left(\beta-1\right)}\sum_{i=1}^{m}\sum_{j=1}^{n}V_{ij}^{\beta} + \left(\beta-1\right)\left(\boldsymbol{WH}\right)_{ij}^{\beta} - \beta\boldsymbol{V}_{ij}\left(\boldsymbol{WH}\right)_{ij}^{\beta-1} \tag{2.15}$$

基于β距离的非负矩阵分解乘法更新规则算法为

$$\boldsymbol{H}_{ij} \leftarrow \boldsymbol{H}_{ij} \frac{\sum_k \boldsymbol{W}_{ki}\left(\left(\boldsymbol{WH}\right)_{kj}^{\beta-2} \boldsymbol{V}_{kj}\right)}{\sum_l \boldsymbol{W}_{li}\left(\boldsymbol{WH}\right)_{lj}^{\beta-1}}, \quad \boldsymbol{W}_{ij} \leftarrow \boldsymbol{W}_{ij} \frac{\sum_k \left(\boldsymbol{WH}\right)_{ik}^{\beta-2} \boldsymbol{V}_{ik} \boldsymbol{H}_{jk}}{\sum_l \left(\boldsymbol{WH}\right)_{il}^{\beta-1} \boldsymbol{H}_{jl}} \tag{2.16}$$

当参数 β 取不同值时，用式（2.15）可定义不同的距离：

（1）KL 散度。当 $\beta \to 1$ 时，β 距离式（2.15）等价于 KL 散度式（2.2），算法式（2.16）即变成算法式（2.4）。

（2）欧几里得距离。当 $\beta \to 2$ 时，β 距离式（2.15）等价于欧几里得距离式（2.2），算法式（2.16）即变成算法式（2.7）。

（3）IS 距离。当 $\beta \to 0$ 时，β 距离式（2.15）等价于 IS 距离，算法式（2.16）即变成算法式（2.9）。

虽然 α、β 距离都含有自由参数且都能定义其他距离，但是它们不能互相定义。最新研究表明，α、β 距离可由一种更加泛化的 $\alpha-\beta$ 距离定义

$$D_{\alpha,\beta}\left(p|q\right)=\int-\frac{1}{\alpha\beta}\left(p^{\alpha}q^{\beta}-\frac{\alpha}{\alpha+\beta}p^{\alpha+\beta}-\frac{\beta}{\alpha+\beta}q^{\alpha+\beta}\right)\mathrm{d}\mu \tag{2.17}$$

由 $\alpha-\beta$ 距离的定义可知，$\alpha-\beta$ 距离建立了其他多种相似度度量方法（如 KL 散度、欧几里得距离、Hellinger 距离和 IS 距离）之间的联系。Cichocki 等人指出，$\alpha-\beta$ 距离具有很多良好的性质，如对偶性、尺度不变性等。基于这种度量方法，Cichocki 等人开发了新的非负矩阵分解算法。当 α 和 β 取不同值时，该算法可定义各种非负矩阵分解算法。

2.1.1.5 Csiszár、Bregman 距离

另一种泛化的度量分布 p 和 q 之间相似度的方法是 Csiszár 距离，其定义为

$$D_C\left(p|q\right)=\int p\left(x\right)\varphi\left(\frac{p\left(x\right)}{q\left(x\right)}\right)\mathrm{d}\mu \tag{2.18}$$

式中，函数 $\varphi(\cdot):[0,\infty)\to(-\infty,\infty)$ 满足：①在 $(0,\infty)$ 上是凸函数；②在 0 处连续；

③ $\varphi(1)=0$；④ $\varphi'(1)=0$。显而易见，$D_C(p|q)\geqslant 0$ 且当 $p=q$ 时 $D_C(p|q)=0$。当 $\varphi(x)=x\left(x^{\beta-1}-1\right)/\left(\beta^2-\beta\right)+(1-x)/\beta$ 时，Csiszár 距离等价于 α 距离。当 $\varphi(x)=x-\log x-1$ 时，Csiszár 距离等价于 KL 散度。Cichocki 等人将 Csiszár 距离用于非负矩阵分解，并用于盲源信号分离问题。

Dhillon 和 Sra 指出，KL 散度和欧几里得距离都可以写成 Bregman 距离的形式，即

$$D_B^{\varphi}(\boldsymbol{V}|\boldsymbol{WH})=\sum_{ij}\varphi\left(\boldsymbol{V}_{ij}\right)-\varphi\left((\boldsymbol{WH})_{ij}\right)-\varphi'\left((\boldsymbol{WH})_{ij}\right)\left(\boldsymbol{V}_{ij}-(\boldsymbol{WH})_{ij}\right) \tag{2.19}$$

式中，$\varphi(\cdot)$ 是强凸函数且其一阶导数是连续的。利用 Bregman 距离，Dhillon 和 Sra 将文献[4]中的两类非负矩阵分解算法写成统一的形式。当 $\varphi(\cdot)$ 二阶可微时，其乘法更新规则为

$$H_{ij}\leftarrow H_{ij}\frac{\left(\boldsymbol{W}^{\mathrm{T}}\left(\zeta(\boldsymbol{WH})\boldsymbol{V}\right)\right)_{ij}}{\left(\boldsymbol{W}^{\mathrm{T}}\left(\zeta(\boldsymbol{WH})\boldsymbol{WH}\right)\right)_{ij}},\quad W_{ij}\leftarrow W_{ij}\frac{\left(\left(\zeta(\boldsymbol{WH})\boldsymbol{V}\right)\boldsymbol{H}^{\mathrm{T}}\right)_{ij}}{\left(\left(\zeta(\boldsymbol{WH})\boldsymbol{WH}\right)\boldsymbol{H}^{\mathrm{T}}\right)_{ij}} \tag{2.20}$$

式中，$\zeta(x)$ 是 $\varphi(x)$ 的二阶导数 $\varphi''(x)$。显而易见，当 $\varphi(x)=x\log x-x$ 时，$D_B^{\varphi}(\boldsymbol{V}|\boldsymbol{WH})$ 即 KL 散度。此时 $\zeta(x)=\frac{1}{x}$，式（2.20）等价于式（2.4）；当 $\varphi(x)=\frac{1}{2}x^2$ 时，$D_B^{\varphi}(\boldsymbol{V}|\boldsymbol{WH})$ 即欧几里得距离。此时 $\zeta(x)=1$，式（2.20）等价于式(2.7)；当 $\varphi(x)=-\log(x)$ 时，$D_B^{\varphi}(\boldsymbol{V}|\boldsymbol{WH})$ 即 IS 距离。此时 $\zeta(x)=\frac{1}{x^2}$，式（2.20）等价于式（2.9）。

上述相似度度量方法的包含关系如图 2.1 所示，可见 KL 散度和欧几里得距离是最常用的相似度度量方法。本章重点研究非负数据降维理论，因而选用 KL 散度和欧几里得距离度量 $\boldsymbol{V}$ 和 $\boldsymbol{WH}$ 之间的相似度。

此外，EMD（Earth Mover's Distance）距离度量非负矩阵分解特征空间中样本的相似度，可能提高非负矩阵分解的分类效果。Sandler 和 Lindenbaum 提出基于 EMD 的非负矩阵分解算法，纹理分类和人脸识别的测试表明该算法性能优于基于欧几里得距离的非负矩阵分解算法。

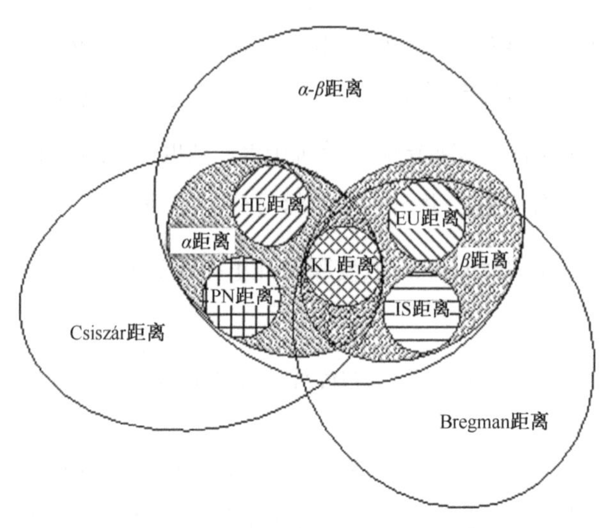

图 2.1　各种距离之间的包含关系

2.1.2　先验信息

2.1.2.1　稀疏性

非负矩阵分解通过 L_1（或 L_0）范数罚分项约束表示系数的稀疏性，通过 L_2 范数罚分项约束基向量和表示系数的平滑性。由于非负矩阵分解将数据表示成特征的加性组合，完全不存在特征相互抵消的情况，因此其表示系数具有天然的稀疏性。然而，这种稀疏性是“隐性”的，不能像稀疏编码（Sparse Coding）那样保证表示系数中含有充分少量的非零元。在经过模拟视觉系统“ON”和“OFF”通道过滤的自然图像上的测试表明，非负矩阵分解不能恢复数据的特征，所以 Hoyer 提出通过约束表示系数的稀疏性增强非负矩阵分解的数据表示能力。首先，Hoyer 提出非负稀疏编码（Non-negative Sparse Coding，NSC）模型，通过 L_1 罚分项约束表示系数的稀疏性，即

$$\min_{\boldsymbol{W}\geqslant 0,\boldsymbol{H}\geqslant 0} \frac{1}{2} D_{\mathrm{EU}}\left(\boldsymbol{W} \mid \boldsymbol{WH}\right) + \lambda \left\|\boldsymbol{H}\right\|_1 \tag{2.21}$$

式中，$(\lambda > 0)$ 是 L_1 罚分项的权重。Stadlthanner 等人提出用 L_0 范数作为 NSC

中的罚分项。由于 NSC 的目标函数式（2.21）对于 $\boldsymbol{H}$ 是连续的（$\|\boldsymbol{H}\|_1=\sum_{kj}\boldsymbol{H}_{kj}$），Hoyer 用乘法更新规则求解 NSC。Kim 和 Park 用平方 L_1 范数作为 NSC 中的罚分项，改进 NSC 模型。为了解决乘法更新规则收敛速度慢的问题，Kim 和 Park 提出用 Active Set 方法求解 NSC，Kim 等人用 BFGS 技术求解 NSC，本书提出用最优梯度法求解 NSC。然而，实际应用中难以选择 NSC 模型中的参数 λ，Hoyer 提出归一化稀疏性度量（见 2.1），并将稀疏性限制作为模型约束条件。

2.1　假设向量 $\boldsymbol{x}\neq\boldsymbol{0}$ 且 $\boldsymbol{x}\in\mathbb{R}^r$，$\boldsymbol{x}$ 的稀疏度是

$$\mathrm{sp}(\boldsymbol{x})=\frac{\sqrt{r}-\dfrac{\|\boldsymbol{x}\|_1}{\|\boldsymbol{x}\|_2}}{\sqrt{r}-1} \tag{2.22}$$

由式（2.22）可知，若 x 只含有一个非零元，则 $\mathrm{sp}(\boldsymbol{x})=1$。若 x 的元素相等，则 $\mathrm{sp}(\boldsymbol{x})=0$。根据稀疏度 $\mathrm{sp}(\cdot)$ 的定义，Hoyer 提出带稀疏约束的非负矩阵分解模型（NMFsc）

$$\min_{\boldsymbol{W}\geqslant 0,\boldsymbol{H}\geqslant 0}\frac{1}{2}D_{\mathrm{EU}}(\boldsymbol{W}\mid\boldsymbol{WH}),\quad \forall 1\leqslant k\leqslant r,\ \mathrm{sp}(\bar{\boldsymbol{w}}_k^{\mathrm{T}})\leqslant S_{\boldsymbol{W}}\wedge\mathrm{sp}(\boldsymbol{h}_{\boldsymbol{k}})\leqslant S_{\boldsymbol{H}} \tag{2.23}$$

式中，$\bar{\boldsymbol{w}}_k$ 和 $\boldsymbol{h}_{\boldsymbol{k}}$ 分别是 $\boldsymbol{W}$ 和 $\boldsymbol{H}$ 的第 k 列和第 k 行，$0\leqslant S_{\boldsymbol{W}}\leqslant 1$ 和 $0\leqslant S_{\boldsymbol{H}}\leqslant 1$ 分别是它们稀疏性度量的阈值。Peharz 等人提出在式（2.23）中用 L_0 范数约束 $\boldsymbol{W}$ 和 $\boldsymbol{H}$ 的稀疏性。式（2.24）是约束优化问题，Hoyer 提出用投影梯度法求解 NMFsc，其主要思想是在优化 $\boldsymbol{H}$（或 $\boldsymbol{W}$）时，沿梯度方向搜索最优步长，然后将新的值投影到约束集上。Heiler 和 Schnorr 提出用二阶锥规划技术求解 NMFsc，提高模型求解效率。虽然 L_0、L_1 范数罚分项都能约束解的稀疏性，但是 L_0 范数不是凸的，给模型求解带来了困难。因此，一般采用 L_1 范数替代 L_0 范数约束解的稀疏性。最新研究结果表明，混合 L_0、L_1 范数可以更好地度量解的稀疏性，Tandon 和 Sra 提出基于混合 L_0、L_1 范数罚分项的稀疏非负矩阵分解。

Gillis 和 Glineur 指出 NMU 算法（见 2.3.2.2 节）生成的基向量和表示

系数是稀疏的。直观地讲，若数据矩阵$\boldsymbol{V}$中含有零元素（如$V_{ij}=0$），则 Under-approximation 技术得到的$(\boldsymbol{WH})_{ij}=0$，因此$\boldsymbol{W}_{ik}=0$且$\boldsymbol{H}_{kj=0}$，即$\boldsymbol{W}$和$\boldsymbol{H}$中含有大量的零元素。Gillis 和 Glineur 从理论上证明了 NMU 算法可以保证$\boldsymbol{W}$和$\boldsymbol{H}$的稀疏度不断提高。

稀疏性是非常重要的性质，可以加强非负矩阵分解在若干领域中的应用效果，如聚类、基因微阵列数据分析、蛋白质序列 Motif 结构检测。

2.1.2.2 空间局部性

与主成分分析（Principal Component Analys，PCA）技术和矢量量化（Vector Quantization，VQ）技术相比，非负矩阵分解的优势在于它提取的特征是局部的（Parts-based）。这种特征具有“整体由部分组合而成”的直观解释，如人脸由“眼”“鼻”“口”等部分组成。如图 2.2 所示[1]，在 CBCL 人脸数据库上 PCA 技术和 VQ 技术只能提取全局特征［见图 2.2（a）和图 2.2（b）］，而非负矩阵分解提取局部特征［见图 2.2（c）］。如上文所述，这种特征具有天然的稀疏性且近似正交，可有效地抑制信号噪声。

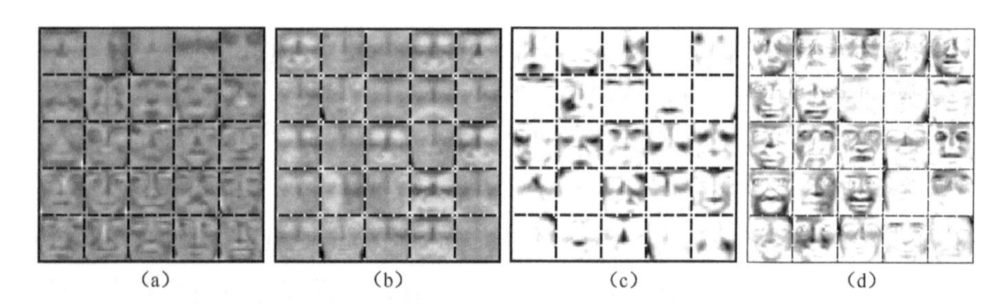

图 2.2 NMF 与 PCA，VQ 在人脸数据库上提取特征的比较：
（a）PCA（CBCL）；（b）VQ（CBCL）；（c）NMF（CBCL）；（d）NMF（ORL）。

然而，非负矩阵分解在某些数据库上并不能有效提取局部特征［如 ORL 人脸数据库，见图 2.2（d）］。Li 等人在非负矩阵分解模型式（2.1）中引入三个罚分项，提出局部非负矩阵分解（Local NMF，LNMF）

1 图中像素值越高的位置颜色越深，本书后续章节中的灰度图像与此处保持一致。

$$\min_{\boldsymbol{W}\geqslant 0,\boldsymbol{H}\geqslant 0} D_{\mathrm{KL}}\left(\boldsymbol{V}\,|\,\boldsymbol{WH}\right)+\alpha\sum_{ij}\left(\boldsymbol{W}^{\mathrm{T}}\boldsymbol{W}\right)_{ij}-\beta\sum_{i}\left(\boldsymbol{HH}^{\mathrm{T}}\right)_{ii} \tag{2.24}$$

式中，$\min\sum_{i\neq j}\left(\boldsymbol{W}^{\mathrm{T}}\boldsymbol{W}\right)_{ij}$ 约束 $\boldsymbol{W}$ 的列尽可能正交，$\min\sum_{i}\left(\boldsymbol{W}^{\mathrm{T}}\boldsymbol{W}\right)_{ii}=\|\boldsymbol{W}\|_F^2$ 约束 $\boldsymbol{W}$ 尽可能平滑，$\max\sum_{i}\left(\boldsymbol{W}^{\mathrm{T}}\boldsymbol{W}\right)_{ii}$ 意味着使 $\boldsymbol{H}$ 中尽可能多的元素为零，即信号能量分布在尽可能少的基向量上。模型式（2.24）带有两个参数，Li 等人又开发了不带任何参数的乘法更新规则

$$\boldsymbol{H}\leftarrow\sqrt{\boldsymbol{H}\left(\boldsymbol{W}^{\mathrm{T}}\frac{\boldsymbol{V}}{\boldsymbol{WH}}\right)},\quad \boldsymbol{W}\leftarrow\boldsymbol{W}\frac{\frac{\boldsymbol{V}}{\boldsymbol{WH}}\boldsymbol{H}^{\mathrm{T}}}{1_{m\times n}\boldsymbol{H}^{\mathrm{T}}},\quad \boldsymbol{W}\leftarrow\frac{\boldsymbol{W}}{1_{n\times m}\boldsymbol{W}} \tag{2.25}$$

式中，$\mathbf{1}_{m\times n}\in\mathbb{R}^{m\times n}$ 和 $\mathbf{1}_{n\times m}\in\mathbb{R}^{n\times m}$ 是元素全为 1 的矩阵。因为算法式（2.25）简单且能提取较 NMF 更加局部的特征，所以 LNMF 已经广泛应用于人脸识别和生物医学等领域。

2.1.2.3　平滑性

在最优化领域，L_2 范数（Tikhonov 罚分项）通常用于约束解的平滑性，使其不至于出现数值不稳定的问题。Pauca 等人将其用于约束 $\boldsymbol{H}$ 的平滑性，因此可以用非负最小二乘法更新 $\boldsymbol{H}$ 。

Schmidt 和 Laurberg 假设矩阵因子通过一个单调增函数连接到某个高斯过程且 $\boldsymbol{W}$ 与 $\boldsymbol{H}$ 相互独立，并把稀疏性、平滑性和对称性作为先验知识引入非负矩阵分解模型，通过贝叶斯推理求解该模型。然而，Schmidt 方法的独立性假设条件过强。Liao 等人改进了 Schmidt 方法，提出用 Gibbs 随机场引入平滑性、空间局部性等先验知识，从而放宽了 Schmidt 方法的独立性假设条件。

2.1.2.4　正交性

非负矩阵分解可以通过罚分项和 Stiefel 流形约束解的正交性。基向量的正交性是数据降维中常用的约束条件，如主成分分析和线性判别分析，因为由正交基张成的子空间可以去除冗余信息。Ding 等人首次提出正交非

负矩阵分解

$$\min_{W\geqslant 0,H\geqslant 0,W^{\mathrm{T}}W=I} D_{\mathrm{EU}}\left(V\mid WH\right) \tag{2.26}$$

式中，$\boldsymbol{I}$ 是单位阵，$\boldsymbol{W}^{\mathrm{T}}\boldsymbol{W}=\boldsymbol{I}$ 是指 $\boldsymbol{W}$ 的列正交。式（2.26）中的正交约束增强了非负矩阵分解的聚类效果，Ding 等人证明正交非负矩阵分解等价于 K-Means 和谱聚类算法(见 2.2.3 节)。如果同时约束 $\boldsymbol{W}$ 的列和 $\boldsymbol{H}$ 的行正交，那么非负矩阵分解等价于同步聚类。除了增强聚类效果，Ding 等人还指出正交性约束解决非负矩阵分解的唯一性问题，即如果 $\boldsymbol{W}^{\mathrm{T}}\boldsymbol{W}=\boldsymbol{I}$，则不存在非负矩阵 $\boldsymbol{A}\neq\boldsymbol{I}$ 满足 $\boldsymbol{WAA}^{-1}\boldsymbol{H}$ 且 $(\boldsymbol{WA})^{\mathrm{T}}\boldsymbol{WA}=\boldsymbol{I}$。利用拉格朗日乘子法，Ding 等人开发了乘法更新规则求解问题式（2.27）

$$\boldsymbol{H}\leftarrow\boldsymbol{H}\sqrt{\frac{\boldsymbol{W}^{\mathrm{T}}\boldsymbol{V}}{\boldsymbol{W}^{\mathrm{T}}\boldsymbol{WH}}},\quad \boldsymbol{W}\leftarrow\boldsymbol{W}\frac{\boldsymbol{VH}^{\mathrm{T}}}{\boldsymbol{WHH}^{\mathrm{T}}} \tag{2.27}$$

由于矩阵 $\boldsymbol{W}\geqslant 0$，$\boldsymbol{W}^{\mathrm{T}}\boldsymbol{W}=\boldsymbol{I}$ 意味着 $\boldsymbol{W}$ 的每行中只能有一个元素不为零，这样可能会得到平凡解。也就是说，式（2.28）中的正交约束是个较强的限制条件。Li 等人放宽了这个限制条件，将式（2.28）写成带正交约束罚分项的形式

$$\min_{W\geqslant 0,H\geqslant 0} D_{\mathrm{EU}}\left(\boldsymbol{V}\mid\boldsymbol{WH}\right)+\lambda D_{\mathrm{EU}}\left(\boldsymbol{I}\mid\boldsymbol{W}^{\mathrm{T}}\boldsymbol{W}\right) \tag{2.28}$$

式中，λ是正交约束罚分项的权重。

虽然放缩后的模型式（2.28）解决了原模型式（2.27）中存在的问题，但是应用中需要用交叉验证方法选择参数 λ，带来巨大时间开销。实际上，算法式(2.27)的解也是近似正交的，但无法保证最小化 $D_{\mathrm{EU}}\left(\boldsymbol{I}\mid\boldsymbol{W}^{\mathrm{T}}\boldsymbol{W}\right)$。Choi 和 Yoo 提出基于 Stiefel 流形[1]的乘法更新规则求解问题式（2.27），即

$$\boldsymbol{H}\leftarrow\boldsymbol{H}\frac{\boldsymbol{W}^{\mathrm{T}}\boldsymbol{V}}{\boldsymbol{W}^{\mathrm{T}}\boldsymbol{WH}},\quad \boldsymbol{W}\leftarrow\boldsymbol{W}\frac{\boldsymbol{VH}^{\mathrm{T}}}{\boldsymbol{WHV}^{\mathrm{T}}\boldsymbol{W}} \tag{2.29}$$

---

1 Stiefel 流形的定义是：$\left\{\boldsymbol{X}\in\mathbb{R}^{m\times r}\mid \boldsymbol{X}^{\mathrm{T}}\boldsymbol{X}=\boldsymbol{I},\forall m,r\in\mathbb{N}\right\}$，基于 Stiefel 流形的优化技术是非线性优化领域的重要研究方向之一。

根据文献[5]，算法式（2.29）在最小化近似误差 $D_{\mathrm{EU}}\left(\boldsymbol{V} \mid \boldsymbol{W}\boldsymbol{H}\right)$ 的同时最小化 $D_{\mathrm{EU}}\left(\boldsymbol{I} \mid \boldsymbol{W}^{\mathrm{T}}\boldsymbol{W}\right)$。算法式（2.29）不保证收敛到局部解，尽管算法式（2.27）保证拉格朗日函数单调下降，也无法保证算法收敛到局部解。Mirzal[94]借鉴文献[95]的思想，开发了收敛的正交非负矩阵分解算法。我们注意到式（2.26）和式（2.28）中隐含一个条件：$\forall 1 \leqslant j \leqslant r, \left\|\boldsymbol{w}_j\right\|_2 \approx 1$，然而该条件在许多模型中是难以满足的，如基于判别分析的正交非负矩阵分解模型。因此，本书用 $\operatorname{tr}\left(\boldsymbol{W}\left(\mathbf{1}_{r\times r} - \boldsymbol{I}_{r\times r}\right)\boldsymbol{W}^{\mathrm{T}}\right)$ 代替 $D_{\mathrm{EU}}\left(\boldsymbol{I} \mid \boldsymbol{W}^{\mathrm{T}}\boldsymbol{W}\right)$ 表示正交约束。

2.1.2.5　判别信息

可以通过引入判别信息提高非负矩阵分解的分类效果。判别分析利用样本的标签信息优化分类平面，使其具有更好的分类效果，如线性判别分析和支持向量机。然而，非负矩阵分解是个无监督模型，完全忽略样本标签信息，因此分类效果不如判别分析模型。最简单的想法是在非负矩阵分解之后用线性判别分析提取判别分析特征，但是这种特征无法保持非负矩阵分解的优点。Wang 和 Xue 等人将 Fisher 判别分析目标函数与非负矩阵分解目标函数相结合，提出 Fisher 判别非负矩阵分解（Fisher NMF，FNMF）。Zafeiriou 等人发展了这一想法，提出判别非负矩阵分解（Discriminant NMF，DNMF）

$$\min_{\boldsymbol{W}\geqslant 0,\boldsymbol{H}\geqslant 0} D_{\mathrm{KL}}\left(\boldsymbol{V} \mid \boldsymbol{W}\boldsymbol{H}\right) + \gamma \operatorname{tr}\left(\boldsymbol{S}_w\right) - \delta \operatorname{tr}\left(\boldsymbol{S}_b\right) \tag{2.30}$$

式中，$\boldsymbol{S}_w$ 和 $\boldsymbol{S}_b$ 分别是类内和类间的散列（Scatter）矩阵。假设样本分成 C 类，第 c 类有 n_c 个样本，其对应的表示系数（低维空间坐标）为 $\left\{\boldsymbol{h}_1^c,\cdots,\boldsymbol{h}_{n_c}^c\right\}$，则

$$\boldsymbol{S}_w = \sum_{c=1}^{C}\sum_{i=1}^{n_c}\left(\boldsymbol{h}_i^c - \boldsymbol{\mu}^c\right)\left(\boldsymbol{h}_i^c - \boldsymbol{\mu}^c\right)^{\mathrm{T}}, \quad S_b = \sum_{c=1}^{C} n_c\left(\boldsymbol{\mu}^c - \boldsymbol{\mu}\right)\left(\boldsymbol{\mu}^c - \boldsymbol{\mu}\right)^{\mathrm{T}} \tag{2.31}$$

式中，$\boldsymbol{\mu}^c = \sum_{i=1}^{n_c}\boldsymbol{h}_i / n_c$，$\boldsymbol{\mu} = \sum_{c=1}^{C}\sum_{i=1}^{n_c}\boldsymbol{h}_i^c \Big/ \sum_{c=1}^{C} n_c$。因此，式（2.30）意味着在子空间中同类的样本尽可能地聚集，不同类的样本尽可能地分散。由于 Zaferiou 等

人开发的乘法更新规则得到的解不是驻点，不是局部解，所以 Kotsia 等人用投影梯度法求解式（2.30）。

虽然 DNMF 利用样本标签信息使 NMF 具有判别分析能力，但是 Fisher 判别分析假设样本服从高斯分布，使得 DNMF 在某些应用中的分类效果可能较差。其原因是式（2.31）利用全局的样本信息定义散列矩阵，而在某些数据库中各类中心点未必与同类样本的坐标相近，因此 Fisher 判别分析难以区分这样的样本点。本书利用判别局部块配准技术在非负矩阵分解中使用样本标签信息，提出非负判别局部块配准算法，放宽了判别非负矩阵分解的高斯假设，在实际应用中取得较好的分类效果。

2.1.2.6 几何结构

非负矩阵分解可与流形学习相结合，利用数据的几何结构提高其数据表示能力。流形学习是数据降维领域的热点研究问题，引起了广泛关注。流形学习的主要思想是假设数据分布在嵌于高维空间的光滑的流形表面上，在低维空间保持数据在原空间的几何结构，即流形上相邻的点在低维空间距离相近。数据的几何结构通常由邻接图（见定义 2.2）表示，若样本的低维空间坐标为 $\boldsymbol{H}=\{\boldsymbol{h}_1,\cdots,\boldsymbol{h}_n\}$，则流形学习的目标是

$$\min_{\boldsymbol{H}}\sum_{ij}D_{\mathrm{EU}}\left(\boldsymbol{h}_i \mid \boldsymbol{h}_j\right)\boldsymbol{S}_{ij}=\mathrm{tr}\left(\boldsymbol{HLH}^{\mathrm{T}}\right) \tag{2.32}$$

式中，$\boldsymbol{S}$是相似度矩阵，元素 $\boldsymbol{S}_{ij}$ 表示邻接图 G 中节点 i 和 j 的权重，$\boldsymbol{L}\in\mathbb{R}^{n\times n}$ 是 G 的拉普拉斯（Laplacian）矩阵。

给定 n 个样本组成的样本集 $X=\{\boldsymbol{x}_1,\cdots,\boldsymbol{x}_n\}$，$X$ 的邻接图是无向图 G。G 的节点对应样本，每个节点与其 k 个最近邻之间有一条边，边上的权重表示两个节点之间的接近程度。邻接图 G 表示成相似度矩阵 $\boldsymbol{S}\in\mathbb{R}^{n\times n}$ 的形式

$$\boldsymbol{S}_{ij}=\begin{cases}\omega_{ij}, & i\in N_k(j)\vee j\in N_k(i)\\ 0, & i\notin N_k(j)\wedge j\notin N_k(i)\end{cases} \tag{2.33}$$

式中，$N_k(j)$ 是 j 的 k 个最近邻节点组成的集合，ω_{ij} 度量节点 i 与 j 之间的接

近程度。通常情况下，有三种度量节点之间接近程度的方法：

（1）“0-1” 权重：若节点 i 与 j 之间有边相连，则 $\omega_{ij}=1$。

（2）热核权重：若节点 i 与 j 之间有边相连，则 $\omega_{ij}=\exp\left(-\left\|\boldsymbol{x}_i-\boldsymbol{x}_j\right\|_2^2/\delta\right)$。

（3）内积权重：若节点 i 与 j 之间有边相连，则 $\omega_{ij}=\left\langle\boldsymbol{x}_i,\boldsymbol{x}_j\right\rangle=\boldsymbol{x}_i^{\mathrm{T}}\boldsymbol{x}_j$。

根据相似矩阵 $\boldsymbol{S}$，拉普拉斯矩阵定义为 $\boldsymbol{L}=\boldsymbol{D}-\boldsymbol{S}$，其中 $\boldsymbol{D}$ 是对角矩阵且对角线上的元素为 $\boldsymbol{D}_{ij}=\sum_j \boldsymbol{S}_{ij}$。

非负矩阵分解对数据分布未加任何限制，当数据分布于高维空间内嵌的流形上时，其数据表示往往不能考虑数据的分布结构。Cai 等人首次将流形学习式（2.32）与非负矩阵分解相结合，提出带邻接图正则项的非负矩阵分解（Graph Regularized NMF，GNMF）

$$\min_{\boldsymbol{W}\geqslant 0,\boldsymbol{H}\geqslant 0} D_{\mathrm{EU}}\left(\boldsymbol{V}\mid\boldsymbol{W}\boldsymbol{H}\right)+\lambda\operatorname{tr}\left(\boldsymbol{H}\boldsymbol{L}\boldsymbol{H}^{\mathrm{T}}\right) \tag{2.34}$$

GNMF 算法在聚类中取得较好的效果，这是因为它利用了距离相近的样本属于同一类的先验知识。Cai 等人用 $D_{\mathrm{KL}}(\cdot|\cdot)$ 替代式（2.32）和式（2.34）中的 $D_{\mathrm{EU}}(\cdot|\cdot)$，但是其优化算法中包含矩阵求逆过程，计算复杂度过高。An 等人发展了 GNMF 模型式（2.34），根据样本标签信息构建两个邻接图 G_g 和 G_d 分别表示样本的几何结构和类间的判别信息，开发了判别 GNMF 模型（DGNMF）

$$\min_{\boldsymbol{W}\geqslant 0,\boldsymbol{H}\geqslant 0} D_{\mathrm{EU}}\left(\boldsymbol{V}\mid\boldsymbol{W}\boldsymbol{H}\right)+\lambda\left(\operatorname{tr}\left(\boldsymbol{H}\boldsymbol{L}_g\boldsymbol{H}^{\mathrm{T}}\right)-\operatorname{tr}\left(\boldsymbol{H}\boldsymbol{L}_d\boldsymbol{H}^{\mathrm{T}}\right)\right) \tag{2.35}$$

其中 $\boldsymbol{L}_g$ 和 $\boldsymbol{L}_d$ 分别是 $\boldsymbol{G}_g$ 和 $\boldsymbol{G}_d$ 的拉普拉斯矩阵。式（2.35）对 $\boldsymbol{H}$ 可能不是凸的，使得 DGNMF 不存在局部最优解。本书通过最小化 $\operatorname{tr}\left(\boldsymbol{H}\boldsymbol{L}_g\boldsymbol{H}^{\mathrm{T}}\right)/\operatorname{tr}\left(\boldsymbol{H}\boldsymbol{L}_d\boldsymbol{H}^{\mathrm{T}}\right)$，既能保持数据的几何结构又能达到判别分析的目的，而且目标函数对 $\boldsymbol{H}$ 是凸的，因而可以利用多种优化算法求得该模型的局部最优解。

Gu 和 Zhou 提出带局部学习罚分项的非负矩阵分解。局部学习是将数据按空间相邻关系划分成若干部分，对于每个部分学习一个表示函数。相对于传统的学习方法，局部学习隐含地利用了数据的几何结构先验知识，尤其在聚类分析中具有突出的优势。Shen 和 Si 从流形的角度出发，假设样本分布在多个流形上且每个样本由其相同流形上的邻近样本线性组合而成，得出与[7]类似的聚类分析算法，称为基于多流形的非负矩阵分解算法。

2.1.3 扩展模型

近年来，非负矩阵分解模型式（2.1）从两个子矩阵乘积的形式发展到多个子矩阵乘积的形式。除此之外，还出现了一系列其他扩展模型，本节从分解形式、数据类型、数据阶数和特殊应用四个方面介绍非负矩阵分解的扩展模型。

2.1.3.1 分解形式

多因子非负矩阵分解将数据矩阵$\boldsymbol{V}$分解成多个因子矩阵的乘积：$\boldsymbol{V}\approx\boldsymbol{F}_1\cdots\boldsymbol{F}_p$，且所有因子$\left\{\boldsymbol{F}_1,\cdots,\boldsymbol{F}_p\right\}$都是非负矩阵。这类模型中最典型的是三因子非负矩阵分解（NM3F）

$$\min_{\boldsymbol{W}\geqslant 0,\boldsymbol{H}\geqslant 0,\boldsymbol{S}\geqslant 0}\left\|\boldsymbol{V}-\boldsymbol{WSH}\right\|_F^2 \tag{2.36}$$

式中，$\boldsymbol{S}\in\mathbb{R}^{u\times v}$。Ding 等人在$\boldsymbol{W}$的列和$\boldsymbol{H}$的行上加以正交约束，并证明 NM3F 等价于同步聚类（见 2.2.3.3 节）。在某些应用中$\boldsymbol{V}$可能不是非负的，若放宽$\boldsymbol{S}$非负的限制条件，仍然可以得到非负的$\boldsymbol{W}$和$\boldsymbol{H}$，因此 NM3F 比 NMF 更灵活、应用范围更广泛。Wang 等人在此基础上约束$\boldsymbol{W}$的行和$\boldsymbol{H}$的列分别是行和列聚类的指示向量，即其中只有一个元素为1、其他元素为0，这样既放宽了正交性约束又使得优化中仅需确定向量中 1 元素的位置，从而避免大量的矩阵乘积运算，降低了算法复杂度。

非负矩阵分解有可能偏好于出现频率高的训练样本，而提取冗余的特征。Guillamet 等人提出加权非负矩阵分解（Weighted NMF，WNMF），把出现频率较低的样本乘以较高的权重，即$\boldsymbol{VQ}\approx\boldsymbol{WHQ}$（权重$\boldsymbol{Q}$是对角矩阵），从而避免提取冗余特征的问题。Kim 和 Choi 将 WNMF 用于不完整矩阵填充问题，即$\boldsymbol{VQ}\approx(\boldsymbol{WH})\boldsymbol{Q}$，其中权重$\boldsymbol{Q}$中对应$\boldsymbol{V}$中缺失元素的位置为 0、其他位置为 1。Zhang 和 Gu 等人将 WNMF 用于协同过滤系统，Yoo 和 Choi 提出加权三因子非负矩阵分解并将其用于协同推荐。Lee 等人根据 WNMF 的思想提出半监督非负矩阵分解，给没有标签的样本指派权重 0、其他样本指派 1，增强了非负矩阵分解的分类和聚类效果。

非负矩阵分解以基向量线性组合的方式表示数据，如果数据分布于正象限中远离原点的一个狭长的区域内，那么这种方式难以有效表示数据。Laurberg 和 Hansen 提出仿射非负矩阵分解，在式（2.1）中考虑数据的平移问题。模型为$\boldsymbol{V}=\boldsymbol{WH}+\boldsymbol{w}_0\boldsymbol{1}^{\mathrm{T}}$，其中$\boldsymbol{w}_0$是平移距离，并用迭代优化方法求解$\boldsymbol{W}$、$\boldsymbol{H}$和$\boldsymbol{w}_0$。那么，在非负矩阵分解中考虑其他仿射变换（如旋转）仍是个开放性问题。

非负矩阵分解式（2.1）可以得到低维空间的基向量$\boldsymbol{W}$和数据表示系数，其他样本（如$\boldsymbol{v}$）在$\boldsymbol{W}$张成的低维空间的坐标一般用$\boldsymbol{W}^{\dagger}\boldsymbol{v}$产生，显然该坐标可能含有负元素。Yuan 和 Oja 提出投影非负矩阵分解（Projective NMF）

$$\min_{\boldsymbol{W}\geqslant 0} D_{\mathrm{EU}}\left(\boldsymbol{V} \mid \boldsymbol{W}^{\mathrm{T}}\boldsymbol{WV}\right), \boldsymbol{W}^{\mathrm{T}}\boldsymbol{W}=\boldsymbol{I} \tag{2.37}$$

与非负矩阵分解不同，投影非负矩阵分解不是优化子空间的基向量而是优化投影矩阵。那么，任何样本$\boldsymbol{v}$在子空间的坐标$\boldsymbol{W}^{\mathrm{T}}\boldsymbol{v}$一定是非负的，因此具有稀疏表示特性。Yang 和 Oja 系统地讨论了 Projective NMF，并将其推广成基于核的非线性非负数据降维方法。

2.1.3.2　数据类型

根据文献[8]，非负矩阵分解要求数据中不含有负元素，限制了其应用范围。Ding 等人放宽数据非负的限制，提出半非负矩阵分解（Semi NMF，SNMF），即$\boldsymbol{V}\approx\boldsymbol{WH}$，使$\boldsymbol{H}\geqslant 0$。若将$\boldsymbol{W}$的列看做聚类中心，则 SNMF 实际上是 K-Means 聚类算法，$\boldsymbol{H}$中的列最大元素的位置表示对应样本的类标。由于 SNMF 在$\boldsymbol{W}$上没有任何限制，Pan 等人通过试验证明 SNMF 的聚类效果不如 NMF。Ding 等人约束聚类中心分布在样本的列空间中，即$\boldsymbol{w}_{ij}$是

$\boldsymbol{x}_1,\cdots,\boldsymbol{x}_n$ 的凸组合，提出凸非负矩阵分解（Convex NMF，CNMF）。Ding 等人证明 CNMF 等价于与核非负矩阵分解，证明带正交约束的 SNMF 和 CNMF 等价于 K-Means 聚类算法。

非负矩阵分解把数据表示成基向量的线性组合，而这种线性的方式不能有效地表示数据。Zhang 等人提出核非负矩阵分解，通过非线性核映射 $\phi(\cdot)$（如高斯、多项式和 Sigmoid 映射）将数据投影到核空间（也称再生核希尔伯特空间），在核空间分解数据矩阵，即 $\phi(\boldsymbol{V})=\phi(\boldsymbol{W})\boldsymbol{H}$ 。该方法可在仅知数据相似关系、未知数据的情况下得到非负矩阵分解结果，并且通过选择合适的核映射（如高斯映射）可放宽数据的非负约束。由于 Zhang 等人提出的方法直接在核空间学习基向量，需要将所学基向量投影回原空间加以应用，可能丢失信息且基向量可能含有负元素，于是 Buciu 等人在此基础上提出将数据和基向量同时投影到多项式核空间，即 $\phi(\boldsymbol{V})=\phi(\boldsymbol{W})\boldsymbol{H}$ 。然而，Buciu 等人提出的方法只能用于多项式核映射，且不能得到局部解。Zaferiou 和 Petrou 利用投影梯度法得到局部解，但是仍不能用于其他非线性核映射。Pan 等人用径向基函数（Radial Basis Function，RBF）将数据投影到核空间，然后把核矩阵的对称非负矩阵分解结果作为非负 Mercer 核函数，从而保证基向量的符号非负。实际应用中径向基函数未必能描述数据的非线性分布，如何将 Pan 等人提出的方法推广到其他核函数以及如何选择合适的核仍然是开放性问题。

在某些应用中数据不但是非负的，而且呈现出其他的特点，例如数据都是布尔值。在网店购物篮系统中，订单数据是布尔值，其中元素表示此次交易是否订购某产品；在文本聚类分析中，文档—单词数据也是布尔值，其中元素表示该文本是否包含某单词。Zhang 等人提出布尔矩阵分解（Boolean Matrix Factorization，BMF），即 $\boldsymbol{V}\approx\boldsymbol{WH}$ 使得 $\boldsymbol{H}\left(\boldsymbol{H}-\mathbf{1}_{r\times n}\right)=0$ 且 $\boldsymbol{W}\left(\boldsymbol{W}-\mathbf{1}_{m\times r}\right)=0$，并用乘法更新规则求解 BMF。Zhang 等人还提出带阈值的 BMF 模型：$\boldsymbol{V}\approx\theta(\boldsymbol{W}-\boldsymbol{w})\theta(\boldsymbol{H}-\boldsymbol{h})$。其中，$\theta(\cdot)$ 是示性函数，$\boldsymbol{w}$ 和 $\boldsymbol{h}$ 分别是 $\boldsymbol{W}$ 和 $\boldsymbol{H}$ 的阈值。Zhang 等人指出，$\boldsymbol{V}$ 越稀疏，带阈值的 BMF 恢复布尔矩阵的能力越强；$\boldsymbol{V}$ 越稠密，BMF 恢复布尔矩阵的能力越强。Zdunek 提出

SMF（Semi BMF），并用于数据聚类。SBMF 把 $\boldsymbol{W}$ 的列看做聚类中心点，放宽布尔矩阵的约束而只约束其为非负矩阵。与 BMF 不同，SMF 把 $\boldsymbol{H}$ 的列看做指示向量，只允许一个位置上出现 1。最近，Lu 等人提出 EBMF（Extended BMF），证明 EBMF 是 NP 难题。

在信号处理领域，与时域信号相比，频域信号具有相位不变性等优点。然而，非负矩阵分解却不能应用于频域信号。为此，Kameoka 等人提出复非负矩阵分解（Complex NMF），成功应用于音频频域信号的处理。

2.1.3.3　应用相关扩展模型

自非负矩阵分解提出以后，其已广泛应用于模式识别和数据挖掘等领域（见 2.4 节）。为了满足应用需要，开发了多种与应用紧密相关的扩展模型，例如音乐分析相关的多通道非负矩阵分解和卷积非负矩阵分解，医学图像处理相关的非负矩阵分解，以及光谱数据分析相关的非负矩阵分解。

2.2　非负矩阵分解理论问题

本节讨论非负矩阵分解中存在的若干理论问题，包括数据表示特性、维数选择以及它与聚类分析算法的等价关系。

2.2.1　数据表示特性

非负矩阵分解将数据表示成一组基向量的线性组合，与其他数据表示方法不同，它在基向量和表示系数上都加以非负的约束条件。根据文献[8]，非负矩阵分解可从 CBCL 人脸图像库中提取人脸的局部特征（如“眼”“鼻”“口”等），即局部特性。那么，很自然地提出两个问题：①非负矩阵分解在什么情况下提取局部特征；②非负矩阵分解在什么情况下是唯一的。从几何角度上讲，非负矩阵分解问题是寻找由一组基向量生成的可精确表示所有样本的单形体（Simplicial Cone），则表示系数上的非负约束意味着所有样本包含在单形体内，而基向量的非负约束意味着单形体包含在正象限（Positive Orthant）内。根据凸对偶理论，Donoho 和 Stodden 证明非负矩阵分解可以有效提取可分因子关节（Separable Factorial Articulation，SFA）数据集（如 Swimmer 数据集）的局部特征，并给出了 SFA 数据集的 3 个条件。在一般数据集上，问题①仍然是开放性问题。

从几何的意义上讲，仅基向量和表示系数上的非负约束并不意味着非负矩阵分解的数据表示是唯一的。例如，如果样本集 $\boldsymbol{v}_j$ 满足 $\boldsymbol{v}_i \geqslant \xi > 0$，那么在表示该样本集的单形体 $(\boldsymbol{w}_k)$ 上加以任意微小的扰动［$(\boldsymbol{w}_k' = \boldsymbol{w} + \delta\mathbf{1})$，即 $\xi > \delta > 0$］，仍然能表示原样本集。Laurberg 等人详细讨论了非负矩阵分解的唯一解问题，并给出唯一解的条件。

2.2.2 维数选择

非负矩阵分解模型的中间维数 k 是基向量的个数，是自由设定的。若维数过高，则非负矩阵分解不能起到数据降维和数据压缩的作用；若维数过低，所学习的基向量不能精确地表示数据。选择合理的维数是非常重要的理论问题，称为维数选择（Dimensionality Selection）问题。

一般情况下，研究人员使用交叉验证（Cross Validation）的方法解决维数选择问题。该方法将数据集划分成训练集和测试集两部分，在训练集上学习得到基向量，用测试集估计近似误差。然后，在一定范围内挑选出近似误差最小的维数。最常用的交叉验证方法是，每次挑选一个样本作为测试集，其余样本构成训练集，称为“Leave One Out”方法。这类方法从矩阵中选择若干列（或行）组成训练集，容易产生过拟合（Overfitting）问题。Owen 和 Perry 提出二维交叉验证（Bi-Cross Validation，BiCV）方法，每次试验并非挑选某些列（或行），而是用若干列和若干行组成的子矩阵构成测试集，用剩下的子矩阵构成训练集。该方法将数据矩阵 $\boldsymbol{V}$ 的行和列分别划分成 h 和

l 组，每次测试挑选某行组和列组构成的子矩阵做测试集（共有 hl 种选择）。假设 $\boldsymbol{V}$ 被划分成 4 个子矩阵 $\boldsymbol{V}=\begin{Bmatrix}\boldsymbol{A} & \boldsymbol{B}\\ \boldsymbol{C} & \boldsymbol{D}\end{Bmatrix}$，其中 $\boldsymbol{A}$ 是测试集。该方法首先将 $\boldsymbol{D}$ 分解成 $\boldsymbol{D}=\boldsymbol{W}_d\times\boldsymbol{H}_d$，然后由 $\boldsymbol{B}$ 和 $\boldsymbol{C}$ 求解 $\boldsymbol{W}_b=\arg\min\limits_{\boldsymbol{H}}\|\boldsymbol{B}-\boldsymbol{W}\boldsymbol{H}_d\|$ 和 $\boldsymbol{H}_c=\arg\min\limits_{\boldsymbol{H}}\|\boldsymbol{C}-\boldsymbol{W}_d\boldsymbol{H}\|$，则 $\|\boldsymbol{A}-\boldsymbol{W}_b\times\boldsymbol{H}_c\|$ 是 $\boldsymbol{A}$ 的近似误差。Kanagal 和 Sindhwani 改进了 Owen 方法，将数据划分看作矩阵填充（Matrix Completion）问题，不需要将数据分组，可以从 $\boldsymbol{V}$ 中随机挑选子矩阵组成测试集。在训练时，将测试集看做需要填充的元素集合，然后用 Weight NMF 得到基向量，即优化 $\min\|\boldsymbol{S}(\boldsymbol{V}-\boldsymbol{W}\boldsymbol{H})\|$ 问题，其中二值矩阵 $\boldsymbol{S}$ 中对应 $\boldsymbol{V}$ 被挑选做测试集的位置上的元素为 0，其他位置的元素为 1。Kanagal 和 Sindhwani 提出的方法扩大了数据划分的范围，很好地解决了过拟合问题。

交叉验证方法需要遍历不同维数而且需要多次划分以保证结果的稳定性，给维数选择带来了很大的时间开销。为此，Vincent 和 Févotte 使用 ARD（Automatic Relevance Determination）技术在非负矩阵分解算法运行过程中自动选择最佳的维数。Vincent 方法假设 $\boldsymbol{W}$ 的第 k 行和 $\boldsymbol{H}$ 的第 k 列服从精度为 β_k 的半正态分布[1]，即 $p(\boldsymbol{w}_{ik}\mid\beta_k)=\mathrm{HN}(\boldsymbol{W}_{ik}\mid 0,\beta^{-1})$ 且 $p(\boldsymbol{H}_{kj}\mid\beta_k)=\mathrm{HN}(\boldsymbol{H}_{kj}\mid 0,\beta_k^{-1})$。根据这一假设，Vincent 和 Févotte 建立了非负矩阵分解的贝叶斯模型，其最大化后验概率式（Maximum A-Posteriori）为 $\max_{\boldsymbol{W},\boldsymbol{H},\boldsymbol{\beta}}=-\log p(\boldsymbol{W},\boldsymbol{H},\boldsymbol{\beta}\mid\boldsymbol{V})$，其中 $\boldsymbol{\beta}$ 包含 $\beta_k(k=1,\cdots,k_{\max})$。求解上述公式得到 W^*、H^* 和 $\boldsymbol{\beta}^*$，其中 $\boldsymbol{\beta}_k^*$ 越大意味着 $\boldsymbol{W}$ 的第 k 行和 $\boldsymbol{H}$ 的第 k 列的精度越高，其元素值越接近于零，即其上分布的能量越少。因此，根据 $\boldsymbol{\beta}_k^*$ 挑选出有效维数集合 $K=\{\beta_k\mid\beta_k<L_k-\epsilon\}$，其中 L_k 是根据模型计算出来的精度上界，ϵ 是预先设定的参数。该方法利用贝叶斯模型自动选择最佳维数，在不增加额外计算开销的情况下解决了维数选择问题。贝叶斯推理问题不是

---

1 若 x 服从均值为 0、方差为 β^{-1} 的正态分布，则 $|x|$ 服从精度为 β 的半正态分布，其分布函数为 $\mathrm{HN}=(x\mid 0,\beta^{-1})=\sqrt{\dfrac{2}{\pi}}\beta^{-\frac{1}{2}}\exp\left(-\dfrac{1}{2}\beta x^2\right)$。

凸问题，K 受初始 $\boldsymbol{\beta}$ 的影响很大。因此，在非负矩阵分解中自动地、准确地选择最佳维数仍然是开放性问题。

2.2.3 非负矩阵分解与聚类分析算法的等价关系

近年来，NMF 在文本聚类中取得了成功，文献[9-14]从理论上证明其与聚类分析算法的等价关系。

2.2.3.1 NMF 与 PLSA

PLSA（Probabilistic Latent Semantic Analysis）是经典的文本聚类算法，Gaussier 和 Goutte 证明基于 KL 散度的 NMF 乘法更新规则与 PLSA 收敛时的固定点方程相同，从理论上解释了 NMF 的文本聚类效果。Ding 等人证明基于 KL 散度的 NMF 与 PLSA 的目标函数是一致的，不同的是它们的优化算法。因此，即使 NMF 和 PLSA 收敛时固定点方程相同，它们的解也是不同的。此外，Ding 等人在试验中发现 NMF 和 PLSA 算法能帮助跳出对方的局部最优解，据此开发混合聚类方法，获得比单独使用 NMF 或 PLSA 更好的聚类效果。最近，Peng 和 Li 证明非负张量分解 NTF（Non-negative Tensor Factorization）与 T-PLSA（Tensorial PLSA）之间具有类似的关系。

2.2.3.2 对称 NMF 与核 K-Means

Ding 等人证明了基于欧几里得距离的对称 NMF 算法（$\boldsymbol{X}=\boldsymbol{H}\boldsymbol{H}^{\mathrm{T}}$）等价于核 K-Means 聚类算法。因为对称 NMF 隐含 $\boldsymbol{H}$ 的列是近似正交的，则其优化目标 $\min\limits_{\boldsymbol{H}\geqslant 0}\left\|\boldsymbol{X}-\boldsymbol{H}\boldsymbol{H}^{\mathrm{T}}\right\|_F^2=\left\|\boldsymbol{X}\right\|_F^2-\operatorname{tr}\left(\boldsymbol{H}^{\mathrm{T}}\boldsymbol{X}\boldsymbol{H}\right)+\left\|\boldsymbol{H}^{\mathrm{T}}\boldsymbol{H}\right\|_F^2$ 等价于 $\max\limits_{\boldsymbol{H}^{\mathrm{T}}\boldsymbol{H}=\boldsymbol{I},\boldsymbol{H}\geqslant 0}\operatorname{tr}\left(\boldsymbol{H}^{\mathrm{T}}\boldsymbol{X}\boldsymbol{H}\right)$，等价于 $\max\limits_{\boldsymbol{H}^{\mathrm{T}}\boldsymbol{H}=\boldsymbol{I},\boldsymbol{H}\geqslant 0}\sum_i\left\|\boldsymbol{v}_i\right\|_2^2-\sum_k\frac{1}{n_k}\sum_{i,j\in C_k}\boldsymbol{v}_i\boldsymbol{v}_j=\sum_k\sum_{i\in C_k}\left\|v_i-\frac{\sum_{i\in C_k}\boldsymbol{v}_i}{n_k}\right\|$，其中 C_k 是第 k 类样本的索引。虽然 $\boldsymbol{X}=\boldsymbol{V}^{\mathrm{T}}\boldsymbol{V}$ 是内积线性核矩阵，该结论对于其他核函数的 K-Means 算法同样适用。利用同样的方

法，Ding 等人证明当 $\boldsymbol{X}$ 取不同拉普拉斯邻接矩阵时，对称 NMF 算法等价于拉普拉斯谱聚类算法，如 Ratio Cut、Normalized Cut 和 MinMax Cut 等。

2.2.3.3　NMF 与双向聚类

双向聚类（CoClustering 或 BiClustering）是近期发展的聚类技术，它将两组相互关联的对象（如数据和特征）同时聚类。例如，在文本聚类中，双向聚类在将文本聚类的同时，也将单词进行分组。假设 $(d_1,\cdots,d_n)$ 和 $(f_1,\cdots,f_m)$ 分别表示 n 个数据和 m 个特征，$\boldsymbol{V}\in\mathbb{R}^{n\times m}$ 表示它们之间的关联关系矩阵。若将数据和特征分别聚成 k 和 l 类，其聚类中心分别为 $(c_1,\cdots,c_k)$ 和 $(g_1,\cdots,g_l)$ 且数据和特征仅依赖于各自的聚类中心，则在双向聚类的框架下数据 i 与特征 j 的联合概率 $P(d_i,f_j)=\sum_{u,v}P(d_i\,|\,c_u)P(f_j\,|\,g_v)P(c_u,g_v)$。显而易见，$P(d_i\,|\,c_u)$、$P(f_j\,|\,g_v)$ 和 $P(c_u,g_v)$ 分别对应于 NM3F 式（2.36）中的 $\boldsymbol{W}_{iu}$、$\boldsymbol{H}_{vj}$ 和 $\boldsymbol{S}_{uv}$，因此 NM3F 等价于双向聚类。直观地讲，NM3F 本质上是优化双向聚类的聚类中心（$\boldsymbol{W}$ 和 $\boldsymbol{H}$）及其关联关系（$\boldsymbol{S}$），使得 d_i 与 f_j 的联合概率尽可能接近于其关联关系值 $\boldsymbol{V}_{ij}$，这也解释了 NM3F 在双向聚类前需要将数据进行归一化处理的原因。

二部图聚类（Bipartite Graph Clustering）是一种双向聚类方法，两组对象（数据和特征）对应二部图的节点，二部图用邻接矩阵 $\boldsymbol{V}$ 表示，其中元素 $\boldsymbol{V}_{ij}$ 表示行对象 i 和列对象 j 之间的关联关系。假设 $\boldsymbol{W}=(\boldsymbol{w}_1,\cdots,\boldsymbol{w}_r)$ 和 $\boldsymbol{H}=(\boldsymbol{h}_1,\cdots,\boldsymbol{h}_r)$ 分别是行和列对象的聚类中心，则核 K-Means 聚类算法的目标函数是

$$\max_{\boldsymbol{W},\boldsymbol{H}}=\frac{1}{2}\mathrm{tr}\left(\begin{bmatrix}\boldsymbol{W}\\\boldsymbol{H}\end{bmatrix}^{\mathrm{T}}\begin{bmatrix}0 & \boldsymbol{V}\\\boldsymbol{V}^{\mathrm{T}} & 0\end{bmatrix}\begin{bmatrix}\boldsymbol{W}\\\boldsymbol{H}\end{bmatrix}\right)$$

等价于

$$\min_{\boldsymbol{W},\boldsymbol{H}}\left\|\begin{bmatrix}0 & \boldsymbol{V}\\\boldsymbol{V}^{\mathrm{T}} & 0\end{bmatrix}-\begin{bmatrix}\boldsymbol{W}\\\boldsymbol{H}\end{bmatrix}\begin{bmatrix}\boldsymbol{W}\\\boldsymbol{H}\end{bmatrix}^{\mathrm{T}}\right\|_F^2=2\|\boldsymbol{V}-\boldsymbol{W}\boldsymbol{H}\|_F^2+\|\boldsymbol{W}^{\mathrm{T}}\boldsymbol{W}\|_F^2+\|\boldsymbol{H}^{\mathrm{T}}\boldsymbol{H}\|_F^2$$

该目标函数的第一部分是NMF，根据文献[11]的分析，NMF中$\boldsymbol{W}$和$\boldsymbol{H}$的列近似正交。因此，Ding等人证明NMF算法等价于二部图聚类算法，即NMF本质上同时聚类数据矩阵$\boldsymbol{V}$的行向量和列向量。

2.3 优化算法

由于非负矩阵分解模型式（2.1）中含有矩阵乘积，其优化问题不是凸问题，因此不存在全局最优解。通常用迭代化方法求解$\boldsymbol{W}$和$\boldsymbol{H}$，以基于欧几里得距离的非负矩阵分解为例，第t步迭代求解以下两个子问题。

$$\min_{\boldsymbol{H}\geqslant 0} D_{\mathrm{EU}}\left(\boldsymbol{V} \mid \boldsymbol{W}_{t-1}\boldsymbol{H}\right) \tag{2.38}$$

$$\min_{\boldsymbol{W}\geqslant 0} D_{\mathrm{EU}}\left(\boldsymbol{V} \mid \boldsymbol{W}\boldsymbol{H}_{t}\right) \tag{2.39}$$

式中，$\boldsymbol{H}_t$是式（2.38）的最优解。迭代化方法的更新序列为

$$\left(\boldsymbol{W}_0,\boldsymbol{H}_0\right)\to\boldsymbol{W}_1\to\boldsymbol{H}_1\to\boldsymbol{W}_2\to\boldsymbol{H}_2\to\cdots\to\boldsymbol{W}_{T-1}\to\boldsymbol{H}_{T-1}\to\left(\boldsymbol{W}_T,\boldsymbol{H}_T\right) \tag{2.40}$$

式中，$\left(\boldsymbol{W}_0,\boldsymbol{H}_0\right)$是初始值，$\left(\boldsymbol{W}_T,\boldsymbol{H}_T\right)$是最终解，$T$是迭代次数（为表述方便，$T$可取$\infty$）。Vavasis证明非负矩阵分解优化问题是NP难题，研究人员提出了一系列近似算法。本节重点介绍乘法更新规则、交替非负最小二乘法、循环块梯度投影法、Active Set方法、随机规划方法、多层分解方法、在线优化算法和并行与分布式算法。

2.3.1 初始化方法

由于非负矩阵分解问题不是凸问题，序列式（2.40）产生的最终解受初始值影响较大。因此，好的初始值可能得到比较好的结果。通常的方法是多次生成随机稠密矩阵作为初始值，把目标函数值最小的解作为最终解，

但是这种方法费时而且缺乏物理意义。近年来，研究人员发现可以为序列式（2.40）生成更有物理意义的初始值。

Wild 和 Xue 等人提出聚类中心初始化方法，即用聚类算法生成的聚类中心和指示向量分别初始化 $\boldsymbol{W}$ 和 $\boldsymbol{H}$。目前，用于生成非负矩阵分解初始值的聚类算法包括球面 K-Means 算法、混合 C-Means 算法。这种方法虽然能加快非负矩阵分解的收敛速度，但是带来了额外的计算开销。因此，Langville 等人提出随机列初始化方法，即用矩阵 $\boldsymbol{V}$ 中随机选取的若干列的平均值初始化 $\boldsymbol{W}$ 的列。这种方法虽然简单，但是其收敛速度与随机稠密矩阵初始值相当。

除了聚类中心法，Zheng 等人提出用 PCA 和 Gabor 变换生成初始值，Boutsidis 和 Gallopoulos 提出用 SVD 生成初始值。因为基于聚类中心、PCA 和 SVD 的初始化方法加快了非负矩阵分解的收敛速度而且所生成的初始值是确定的，实际应用中有效地节约了维数选择的时间开销。

虽然上述方法生成的初始值加速了序列式（2.40）的收敛，但是其收敛时的目标函数仍然与初始值为随机稠密矩阵的非负矩阵分解相当，即序列式（2.40）收敛到局部解。最近，Janecek 和 Tan 提出用基于群体的启发式算法生成初始值，可能寻找序列式（2.40）的全局解。然而，仍然无法从理论上证明这种初始化方法会得到全局最优解。

2.3.2 不精确块迭代方法

在更新序列式（2.40）中，乘法更新规则算法的每次迭代不以问题式（2.38）和式（2.39）的最优解更新矩阵因子，本节称这类算法为不精确块迭代方法。

2.3.2.1 乘法更新规则

Lee 和 Seung 提出的乘法更新规则，已经成为应用很广泛的非负矩阵分解优化算法。它在序列式（2.40）的每步更新时以非负因子乘以 $\boldsymbol{W}$ 和 $\boldsymbol{H}$ 的每个元素，从而保证矩阵因子的符号非负。2.1.1 节已经介绍了常用的基于

KL散度和欧几里得距离的非负矩阵分解模型的乘法更新规则，本节不再赘述。

本质上讲，乘法更新规则是一阶梯度下降算法。以基于欧几里得距离的非负矩阵分解为例，式（2.2）对于$\boldsymbol{H}$和$\boldsymbol{W}$的梯度分别为

$$\nabla_{H} = 2\boldsymbol{W}^{\mathrm{T}}\boldsymbol{W}\boldsymbol{H} - 2\boldsymbol{W}^{\mathrm{T}}\boldsymbol{V}, \quad \nabla_{W} = 2\boldsymbol{W}\boldsymbol{H}\boldsymbol{H}^{\mathrm{T}} - 2\boldsymbol{V}\boldsymbol{H}^{\mathrm{T}} \tag{2.41}$$

沿着负梯度方向，$\boldsymbol{H}$和$\boldsymbol{W}$更新公式为

$$\boldsymbol{H} \leftarrow \boldsymbol{H} - \theta_H \eta_H \nabla_H, \quad \boldsymbol{W} \leftarrow \boldsymbol{W} - \theta_W \eta_W \nabla_W \tag{2.42}$$

式中，θ_H和θ_W是搜索步长，η_H和η_W调整梯度搜索方向，本书称为调整因子。通常情况下，调整因子是单位阵，牛顿法的调整因子是Hessian矩阵的逆。Lee和Seung认为$\boldsymbol{H}$和$\boldsymbol{W}$中的元素是独立更新的，巧妙设置调整因子为

$$\eta_H = \frac{\boldsymbol{H}}{2\boldsymbol{W}^{\mathrm{T}}\boldsymbol{W}\boldsymbol{H}}, \quad \eta_W = \frac{\boldsymbol{W}}{2\boldsymbol{W}\boldsymbol{H}\boldsymbol{H}^{\mathrm{T}}} \tag{2.43}$$

将式（2.43）代入式（2.42）并设置搜索步长为1，很容易得到乘法更新规则式（2.7）。

乘法更新规则实现简单，Lee和Seung从理论上证明目标函数单调下降，即$D(\boldsymbol{V} \mid \boldsymbol{W}_t\boldsymbol{H}_t) \geqslant D(\boldsymbol{V} \mid \boldsymbol{W}_t\boldsymbol{H}_{t+1}) \geqslant D(\boldsymbol{V} \mid \boldsymbol{W}_{t+1}\boldsymbol{H}_{t+1})$。乘法更新规则的缺点是：

（1）零元素问题。在序列式（2.40）中，如果$\boldsymbol{H}$（或$\boldsymbol{W}$）的某个位置出现零元素，那么该位置的元素值将永远为零。

（2）收敛速度问题。由于乘法更新规则本质上是搜索步长固定为1的梯度下降算法，容易出现“zig-zagging”现象，导致收敛速度慢。

（3）局部解问题。Gonzalez和Zhang通过试验发现乘法更新规则在很多次迭代后仍不收敛到驻点（Stationary Point），Lin证明乘法更新规则得到的解不满足Karush-Kuhn-Tucker（K.K.T.）条件，因而乘法更新规则得到的解不是局部最优解。

（4）数值不稳定问题。因为乘法更新规则中包含除法运算，如果分子为零或者超出机器精度范围，可能引起数值不稳定问题。

（5）计算复杂度问题。乘法更新规则的时间、空间复杂度分别为 $T\times O\left(mnr+mr^2+nr^2\right)$ 和 $O\left(mnr+mr+nr\right)$，在数据维度和样本个数都很大时，乘法更新规则的计算开销巨大。

单步乘法更新规则式（2.7）的计算复杂度由三个部分组成，以 $\boldsymbol{H}$ 的更新公式为例，其计算开销 $\boldsymbol{W}^{\mathrm{T}}\boldsymbol{V}$ 与 $\boldsymbol{H}$ 无关，Gillis 和 Glineur 提出在单步迭代的计算复杂度不超过 $O\left(mnr\right)$ 的前提下使用乘法更新规则循环更新 $\boldsymbol{H}$。然而，Gillis 方法只提高了乘法更新规则的效率，并没有解决上述问题。

Lin 提出在乘法更新规则式（2.7）的分母上加上微小的扰动，保证其收敛到驻点。然而，Lin 没有从理论上证明这种驻点是局部解，而且所提出的乘法更新规则只能用于求解基于欧几里得距离式（2.2）的非负矩阵分解。根据 2.1.1.4 节，KL 散度、欧几里得距离和 IS 距离都是β距离的特例，因此乘法更新规则式（2.16）是个泛化的非负矩阵分解优化算法。Bertin 等人提出更加泛化的乘法更新规则

$$\boldsymbol{H}_{ij}\leftarrow\boldsymbol{H}_{ij}\left[\frac{\sum_k \boldsymbol{W}_{ki}\left(\left(\boldsymbol{WH}\right)_{kj}^{\beta-2}\boldsymbol{V}_{kj}\right)}{\sum_l \boldsymbol{W}_{li}\left(\boldsymbol{WH}\right)_{lj}^{\beta-2}}\right]^{\rho},\quad \boldsymbol{W}_{ij}\leftarrow\boldsymbol{W}_{ij}\left[\frac{\sum_k \left(\boldsymbol{WH}\right)_{ik}^{\beta-2}\boldsymbol{V}_{ik}\boldsymbol{H}_{jk}}{\sum_l \left(\boldsymbol{WH}\right)_{lj}^{\beta-1}\boldsymbol{H}_{jl}}\right]^{\rho} \tag{2.44}$$

式中，ρ控制收敛速度，其作用相当于梯度下降法的搜索步长。Badeau 等人利用李雅普诺夫理论讨论乘法更新规则式（2.44）的渐近稳定性，指出ρ取何值时式（2.44）收敛到局部稳定解（Locally Stable Solution）。Finesso 证明基于 KL 散度的非负矩阵分解乘法更新规则本质上等价于精确块迭代方法（见 2.3.3 节），以此讨论了乘法更新规则的收敛性。

Sra 提出用矩阵分块技术提高乘法更新规则算法的效率，其主要思想是把矩阵 $\boldsymbol{H}$ 和 $\boldsymbol{W}$ 分块，用乘法更新规则迭代更新每个分块，其问题在于难以确定矩阵分块策略。

2.3.2.2　交替非负最小二乘法

在序列式（2.40）中，子问题式（2.38）和式（2.39）本质上是带非负

约束的最小二乘问题。Berry 等人提出用最小二乘解在正象限的投影交替更新矩阵因子，本书称为交替非负最小二乘法（ANLS）。

在式（2.1）中，近似矩阵$\boldsymbol{WH}$可看成r个子矩阵的叠加，即

$$\boldsymbol{V}\approx\boldsymbol{W}_{:1}\boldsymbol{H}_{1:}+\cdots+\boldsymbol{W}_{:k}\boldsymbol{H}_{k:}+\cdots+\boldsymbol{W}_{:r}\boldsymbol{H}_{r:} \tag{2.45}$$

式中，$\boldsymbol{W}_{:k}$和$\boldsymbol{H}_{k:}$分别是$\boldsymbol{W}$的第k列和$\boldsymbol{H}$的第k行。与式(2.40)不同，Cichocki 等人按$\boldsymbol{W}$的列和$\boldsymbol{H}$的行划分子块，提出层次交替最小二乘法（HALS），则优化$\boldsymbol{W}$的第k列和$\boldsymbol{H}$的第k行的目标函数为

$$\min_{\boldsymbol{W}_{:k}\geqslant 0,\boldsymbol{H}_{k:}\geqslant 0} D_{\mathrm{EU}}\left(\tilde{\boldsymbol{V}}\mid\boldsymbol{W}_{:k}\boldsymbol{H}_{k:}\right) \tag{2.46}$$

式中，$\tilde{\boldsymbol{V}}=\boldsymbol{V}-\sum\limits_{j\neq k}\boldsymbol{W}_{:j}\boldsymbol{H}_{j:}$。HALS 的优点是存在$\boldsymbol{W}_{:k}$和$\boldsymbol{H}_{k:}$的解析解，其缺点在于式（2.46）不是凸函数，需要用块迭代方法求解。Cichocki 等人提出固定某个矩阵因子，如$\boldsymbol{W}$的列或$\boldsymbol{H}$的行，求解另一个矩阵因子，节约了共同的运算操作，本书称为 FHALS。Gillis 和 Glineur 提出在单步迭代的计算复杂度不超过$O(mnr)$的前提下使用 FHALS 循环更新$\boldsymbol{W}$，进一步减少 FHALS 的计算开销。Cichocki 等人利用与 HALS 类似的思路求解基于α距离和β距离的非负矩阵分解模型式（2.12）和式（2.15），拓展了 HALS 算法的应用范围。Ho 等人提出与 HALS 类似的 Rank-one Residue Iteration（RRI）算法，将$\boldsymbol{W}$和$\boldsymbol{H}$划分成$2r$个向量，用块迭代方法优化。虽然 RRI 算法收敛到驻点，弥补了乘法更新规则的缺点，但是它可能导致$\boldsymbol{H}$的若干行或$\boldsymbol{W}$的若干列为零。Liu 和 Zhou 提出 Rank-two Residue Iteration（RTRI）算法，单步迭代更新$\boldsymbol{H}$的两行或$\boldsymbol{W}$的两列，目标函数为

$$\min_{\boldsymbol{W}_{[s,t]}\geqslant 0,\boldsymbol{H}_{[s,t]}\geqslant 0} D_{\mathrm{EU}}\left(\tilde{\boldsymbol{V}}\mid\boldsymbol{W}_{:[s,t]}\boldsymbol{H}_{[s,t]:}\right) \tag{2.47}$$

式中，$\tilde{\boldsymbol{V}}=\boldsymbol{V}-\sum\limits_{j\neq s\wedge j\neq t}\boldsymbol{W}_{:j}\boldsymbol{H}_{j:}$。因为问题式（2.47）对于$\boldsymbol{W}_{:[s,t]}$或$\boldsymbol{H}_{[s,t]:}$是凸的且存在解析解，所以与 RRI 算法相比，RTRI 算法提高了计算效率，而且收敛到驻点。通过修改 RTRI 算法，Liu 和 Zhou 解决了 RRI 的解$\boldsymbol{H}$和$\boldsymbol{W}$中可能含有若干零行和零列的问题。

由 Perron-Frobenius 定理可知，非负矩阵的左、右主奇异向量是非负的，且它们的外积是秩为 1 的最小欧几里得距离近似（Eckart-Young 定理）。Biggs 等人根据 Perron-Frobenius 定理提出 Rank-one Downdate（R1D）算法。R1D 算法逐个计算式（2.45）中的子矩阵，其计算方法是寻找 $\boldsymbol{V}$ 中秩为 1 的子矩阵的主奇异向量，然后将 $\boldsymbol{V}$ 中子矩阵对应位置的元素强制设置为 0，并用于计算下一个子矩阵，直到所有 r 个子矩阵计算完毕。R1D 算法假设计算过程中的强制性操作不会对结果产生太大影响，因此 Gillis 和 Glineur 在计算子矩阵 $\boldsymbol{W}_{:k}\boldsymbol{H}_{k:}$ 的过程中保持残差矩阵 $\boldsymbol{V}-\sum_{j=1}^{k}\boldsymbol{W}_{:j}\boldsymbol{H}_{j:}$ 非负，并用残差矩阵 $\boldsymbol{V}-\sum_{j=1}^{k-1}\boldsymbol{W}_{:j}\boldsymbol{H}_{j:}$ 的主奇异值近似 $\boldsymbol{W}_{:k}$ 和 $\boldsymbol{H}_{k:}$。根据上述分析，Gillis 和 Glineur 开发了 NMU（Non-negative Matrix Underapproximation）算法，其计算过程为

$$\left(\boldsymbol{W}_{:k},\boldsymbol{H}_{k:}\right)=\mathrm{NMU}\left(\boldsymbol{R}Lk\right),\boldsymbol{R}_{k}-\boldsymbol{W}_{:k}\boldsymbol{H}_{k:}\geqslant 0 \tag{2.48}$$

式中，$\boldsymbol{R}_{k}$ 是残差矩阵，用式：$\boldsymbol{R}_{k+1}=\boldsymbol{R}_{k}-\boldsymbol{W}_{:k}\boldsymbol{H}_{k:}$，$\boldsymbol{R}_{1}=\boldsymbol{V}$ 更新。R1D 算法与 NMU 算法的优点在于其计算结果不受初始值影响，其缺点是要求残差矩阵存在主奇异向量。在某些应用中，尤其是这一条件不能得到满足时，可能会产生数值不稳定问题。

2.3.2.3　循环块梯度投影法

众所周知，精确块迭代方法可能收敛到驻点。然而，当问题包含两个以上变量块时，上述结论不一定成立。非线性优化的最新研究结果表明，不精确块迭代法在问题包含两个以上变量块时仍然收敛到驻点。Bonettini 提出循环块梯度投影法（CBGP）并用于求解非负矩阵分解问题，CBGP 算法用 Barzilai-Borwein 方法引入二阶梯度信息并用 Armijo 规则搜索最优步长以保证更新序列收敛到驻点，该算法可用于求解多因子非负矩阵分解问题。

2.3.3　精确块迭代方法

精确块迭代方法用子问题式（2.38）和式（2.39）的最优解更新矩阵因

子，这类方法的更新序列上的点都是极值点，因此精确块迭代方法收敛到驻点。由于子问题式（2.38）和式（2.39）是对称的，本节只讨论式（2.38）的求解。

2.3.3.1 内点梯度法

Merrit 和 Zhang 提出用内点法求解式（2.38），其主要思想是搜索沿着乘法更新规则的调整负梯度方向式（2.42）的最优步长。如果该步长对应的解未超出第一象限的边界，那么用该解更新 $\boldsymbol{H}$，否则用负梯度方向与第一象限的交点更新 $\boldsymbol{H}$，称为内点梯度法（Interior Point Gradient，IPG）。由于最优步长存在解析解，IPG 的效率比乘法更新规则高，而且 IPG 收敛到式(2.38）的唯一解。

2.3.3.2 梯度投影法

在非线性优化领域，梯度投影法（Gradient Projection，GP）是常见的约束优化方法。与梯度法不同，梯度投影法的搜索方向是负梯度方向在约束集上的投影。对于约束优化问题 $\min\limits_{x\in C} f(x)$，$x$ 上的搜索方向和更新公式为

$$\nabla^{P} f(x)=P_{C}\left(x-\beta\lambda(x)\nabla f(x)\right)-x \tag{2.49}$$

$$x=x+\alpha\nabla^{P} f(x) \tag{2.50}$$

式中，常数 α 和 β 是步长，$\lambda(x)$ 是与 x 有关的调整因子。该因子可能是常数、对角阵或 Hessian 矩阵。

Lin 提出用梯度投影法求解问题式（2.38），设置步长 $\alpha=\lambda(x)=1$ 并用 Armijo 规则搜索最优步长 β。Lin 提出的方法仅使用梯度信息，是典型的一阶方法，收敛速度慢。Han 等人利用 Barzilai-Borwein 方法计算调整因子，即根据相邻两点估计 $\lambda(x)$，并用 Armijo 规则搜索最优步长 β 以保证收敛。Han 等人提出的方法引入二阶梯度信息，提高了 Lin 提出的方法的收敛速度，但是基于 Armijo 规则的线搜索过程多次比较目标函数，计算开销过大。因此，Lin 利用欧几里得距离的代数性质降低目标函数值的计算开销，但是该方法不适用于其他非负矩阵分解模型。Zdunek 和 Cichocki 提出用 Newton

法求解基于 α 距离的非负矩阵分解，该方法用 Hessian 矩阵的逆估计 $\lambda(x)$，引入二阶梯度信息从而加速收敛。然而，用 Newton 法的矩阵求解过程计算开销大而且可能引起数值不稳定问题。Kim 等人使用 Broyden-Fletcher-Goldfarb-Shanno（BFGS）技术求解问题式（2.38），BFGS 技术利用梯度方向差估计 Hessian 矩阵。Kim 方法引入二阶梯度信息，收敛速度与 Newton 法相当，称为伪 Newton 法。BFGS 技术利用 Sherman-Morrison-Woodbury 公式更新 Hessian 矩阵的逆，无须矩阵求逆运算，解决了 Zdunek 方法的数值不稳定问题，但是其 Hessian 逆矩阵更新过程难以实现成矩阵运算的形式，计算开销过大。本书提出用最优梯度法（Optimal Gradient Method，OGM）求解问题式（2.38），OGM 利用历史梯度信息估计当前搜索方向并把李普希兹常数作为搜索步长，仅以少量的计算开销取得二阶收敛速度。

2.3.3.3　Active Set 方法

与基于梯度的 IPG 方法和 GP 方法不同，Kim 和 Park 提出用 Active Set（AS）方法求解问题式（2.38）。AS 方法根据 K.K.T.条件将变量划分成 Free 集和 Active 集，Free 集包含不满足 K.K.T.条件的变量，Active 集包含满足 K.K.T.条件的变量。AS 方法求解与 Free 集中变量有关的方程组，从 Free 集中挑选一个满足 K.K.T.条件的变量加入 Active 集，直到 Free 集为空。Kim 和 Park 将 AS 方法拓展成 Block Principal Pivoting（BPP）方法，每次挑选多个变量加入 Active 集，并利用交换策略简化 $\boldsymbol{H}$ 的列排序，从而简化相同 Free 集变量上求解方程组的运算，提高了 AS 方法的效率。BPP 算法是 state-of-the-art 方法，其缺点是限制问题式（2.38）是强凸的。为了满足这一限制条件，BPP 方法和 AS 方法在式（2.38）中增加 Tikhonov 罚分项，使问题式（2.38）强凸，但是 Tikhonow 罚分项增加了平滑性约束（见 2.1.2.3 节），实际上改变了原模型。本书方法不限制问题式（2.38）是强凸的，利用与 BPP 相当的计算开销取得二阶收敛速度。

Hsieh 和 Dhillon 将矩阵因子的每个变量看作一个块，用块迭代方法求解非负矩阵分解。Hsieh 方法每步迭代只更新一个变量而固定其他变量，因此它很容易计算该变量的最优解。根据这种划分策略，Hsieh 和 Dhillon 提出变量选择策略，每次迭代只更新矩阵因子中贡献最大的变量，从而大大减少块迭代方法的计算开销。

2.3.4 随机规划方法

Moussaoui 等人假设数据$\boldsymbol{V}$和矩阵因子$\boldsymbol{W}$、$\boldsymbol{H}$服从γ分布，从而保证它们的元素符号是非负的，并用 Monte Carlo Markov Chain（MCMC）方法估计矩阵因子$\boldsymbol{H}$（或$\boldsymbol{W}$），其中采样过程使用混合 Gibbs-Metropolis-Hastings 方法。Schmidt 等人假设近似误差服从高斯分布且矩阵因子服从指数分布，并用基于 Gibbs 采样的 MCMC 方法估计矩阵因子，提高 Moussaoui 方法的效率。实际上，Schmidt 方法求解的是基于欧几里得距离的非负矩阵分解模型。Cemgil 提出用 MCMC 方法求解基于 KL 散度的非负矩阵分解模型，并从理论上证明算法的收敛性。

传统非负矩阵分解算法的空间复杂度与数据维数成正比，不适用于数据维数过高的情况，如 Web 挖掘中的“网页—单词”矩阵。Wang 和 Li 提出使用 Random Projection（RP）技术降低数据维数，把高维数据用随机投影矩阵投影到低维空间。假设低维空间维数为$d \ll m$，RP 技术生成的低维空间矩阵为$\tilde{\boldsymbol{V}} = \frac{\boldsymbol{RV}}{\sqrt{k}}$，其中随机矩阵$\boldsymbol{R} \in \mathbb{R}^{d \times m}$的元素服从高斯分布。由于$\boldsymbol{R}$中包含负元素，Wang 和 Li 用 SNMF（见 2.1.3.2 节）分解$\tilde{\boldsymbol{V}}$，即$\tilde{\boldsymbol{V}} = \tilde{\boldsymbol{W}}\tilde{\boldsymbol{H}}$，使得$\tilde{\boldsymbol{H}} > 0$。为保持$\tilde{\boldsymbol{W}}$的非负性，Wang 和 Li 两次使用 RP 技术并用迭代化方法更新$\tilde{\boldsymbol{H}}$和$\tilde{\boldsymbol{W}}$直到收敛。

2.3.5 多层分解方法

多层非负矩阵分解是为了解决非负矩阵分解矩阵病态和数据规模不平衡问题而提出的，其主要思想是：首先对数据进行一次较高维数的分解$\boldsymbol{V} \approx \boldsymbol{W}_1\boldsymbol{H}_1$，在第$t$层对$\boldsymbol{W}_{t-1}$进行分解$\boldsymbol{W}_{t-1} = \boldsymbol{W}_t\boldsymbol{H}_t$，最后合并

$\boldsymbol{W}=\boldsymbol{W}_t, \boldsymbol{H}=\boldsymbol{H}_t \times \cdots \times \boldsymbol{H}_1$。每层的非负矩阵分解问题采用传统的方法求解，如乘法更新规则、梯度投影法等，随机产生初始值。由于多层非负矩阵分解的多次初始化过程避免解陷入局部的、平凡的解，所以该方法更加健壮，在盲源信号分离应用中取得较好的效果。多层非负矩阵分解带来的额外计算开销导致其处理的数据规模有限，Dong 等人指出并行计算是解决该问题的有效途径。

2.3.6　在线优化算法

由于上述算法都需要存储数据矩阵$\boldsymbol{V}$，空间复杂度至少是$O(mn+mr+rn)$。在流数据处理中，数据规模随时间增长而无限增长，上述算法所需的存储空间将无法被满足。近年来，研究人员提出用在线学习（Online Learning）方法解决该问题。

Cao 等人提出用基矩阵表示已有数据，将其与新的数据合并，然后用非负矩阵分解求得合并后矩阵的基矩阵和表达系数，从而更新基矩阵。Bucak 和 Gunsel 提出保持已有数据的表达系数不变，用乘法更新规则迭代优化新的基矩阵和新数据的表达系数。Mairal 等人将在线非负矩阵分解视为随机规划问题，首先求解新数据的表达系数，然后用数据的历史信息更新基矩阵。Wang 等人用投影梯度法、牛顿法和共轭梯度法更新基矩阵，提高了 Mairal 方法的收敛速度。理论分析表明，Mairal 方法以概率 1 收敛到驻点。Mairal 方法的缺点是，基矩阵由非负最小二乘问题的最优解更新，该解可能因为数值问题出现误差，从而影响后续数据的分解。本书提出用健壮随机近似（RSA）算法更新基矩阵，RSA 算法利用随机样本更新基矩阵，保证以$O\left(\frac{1}{\sqrt{k}}\right)$的速度收敛到最优解，且不会引起数值问题。

虽然在线非负矩阵分解算法已经有丰富的研究成果，但是目前的研究集中于基本模型式（2.1）的求解。

2.3.7 并行与分布式算法

非负矩阵分解的另一种应用是海量数据的处理，即数据集固定且数据规模和数据维度巨大的情况。如果将数据集按流数据方式输入，并利用在线非负矩阵分解算法，可以解决该问题。然而，在线非负矩阵分解算法初始阶段，由于基矩阵是随机初始化的，所以初始阶段的数据表达系数不精确，影响分解效果。并行与分布式计算技术是解决该问题的有效途径。

Kanjani 首次在集群系统上用 OpenMP 实现并行非负矩阵分解，并将其用于文本聚类。在 IBM p690 NCSA 上测试表明，并行算法获得一定的加速效果。然而，这种实现使用简单的“数据划分”策略，加速效果不理想。这是因为非负矩阵分解中含有两个矩阵因子的乘积，需要迭代优化两个矩阵因子，因此其并行算法需要频繁地在处理器之间交换数据，以保证每步迭代所有处理器得到的值都是最新的值。频繁的数据交换和同步操作增加了集群系统的网络通信开销，因此基于集群系统的并行计算方案难以取得良好的加速效果，在数据量比较大的时候算法效率尤其低下。

Robila 和 Maciak 提出在紧耦合的多核系统上用 Java 多线程技术实现非负矩阵分解并行算法，这类系统的多个中心处理器单元可直接通过系统总线通信，而且直接共享访问系统主存，能很好地满足非负矩阵分解算法通信开销的需求。文献利用式（2.51）所示的划分策略实现了非负矩阵分解的乘法更新规则和梯度投影法的并行算法，并将其用于高光谱图像的端元提取。但是，由于多核计算机存储空间的限制，该算法难以处理大规模真实世界数据。

$$\begin{bmatrix} \boldsymbol{V}_{11} & \cdots & \boldsymbol{V}_{1n} \\ \vdots & \ddots & \vdots \\ \boldsymbol{V}_{m1} & \cdots & \boldsymbol{V}_{mn} \end{bmatrix} = \begin{bmatrix} \boldsymbol{W}_{:1} & \cdots & \boldsymbol{W}_{:r} \end{bmatrix} \times \begin{bmatrix} \boldsymbol{H}_{1:} \\ \vdots \\ \boldsymbol{H}_{r:} \end{bmatrix} \tag{2.51}$$

Dong 等人借助多层非负矩阵分解的思想，在分布式内存平台上实现两层并行非负矩阵分解算法。Dong 等人利用“分支—合并”策略首先将数据分块，并在各计算节点上利用乘法更新规则计算矩阵因子，待所有节点上的乘法更新规则收敛后收集各矩阵因子到主节点，在主节点上合并收集到的矩阵因子，最后用乘法更新规则对合并后的矩阵进行分解。算法只有分发数据和收集结果两次通信，解决了集群系统上非负矩阵分解的网络开销问题。

Liu 等人根据基于欧几里得距离的非负矩阵分解乘法更新规则式（2.7）中包含的矩阵乘积运算$\boldsymbol{W}^{\mathrm{T}}\boldsymbol{W}$，$\boldsymbol{H}\boldsymbol{H}^{\mathrm{T}}$，$\boldsymbol{W}^{\mathrm{T}}\boldsymbol{V}$和$\boldsymbol{V}\boldsymbol{H}^{\mathrm{T}}$的特点，巧妙地进行问题划分。在更新$\boldsymbol{H}$的时候，按照式（2.52）的策略划分问题式（2.1），使$\boldsymbol{W}^{\mathrm{T}}\boldsymbol{W}=\boldsymbol{W}_1^{\mathrm{T}}\boldsymbol{W}_1+\boldsymbol{W}_2^{\mathrm{T}}\boldsymbol{W}_2+\boldsymbol{W}_r^{\mathrm{T}}\boldsymbol{W}_r$，利用 Map 和 Reduce 操作并行实现$\boldsymbol{W}^{\mathrm{T}}\boldsymbol{V}$，从而最大化数据局部性和并行性。同样，在更新$\boldsymbol{W}$的时候，将问题式（2.1）按照式（2.53）的策略进行划分，并利用 Map 和 Reduce 操作并行实现$\boldsymbol{H}\boldsymbol{H}^{\mathrm{T}}$。

$$\begin{bmatrix}\boldsymbol{V}_{1:}\\ \vdots\\ \boldsymbol{V}_{m:}\end{bmatrix}=\begin{bmatrix}\boldsymbol{W}_{1:}\\ \vdots\\ \boldsymbol{W}_{m:}\end{bmatrix}\begin{bmatrix}\boldsymbol{H}_{11} & \cdots & \boldsymbol{V}_{1n}\\ \vdots & \ddots & \vdots\\ \boldsymbol{H}_{k1} & \cdots & \boldsymbol{V}_{kn}\end{bmatrix} \tag{2.52}$$

$$\begin{bmatrix}\boldsymbol{V}_{:1} & \cdots & \boldsymbol{V}_{:n}\end{bmatrix}=\begin{bmatrix}\boldsymbol{W}_{11} & \cdots & \boldsymbol{W}_{1r}\\ \vdots & \ddots & \vdots\\ \boldsymbol{W}_{m1} & \cdots & \boldsymbol{W}_{mr}\end{bmatrix}\begin{bmatrix}\boldsymbol{H}_{:1} & \cdots & \boldsymbol{H}_{:n}\end{bmatrix} \tag{2.53}$$

Liu 等人用 MPI 在 Apache Hadoop 工作站上测试表明，该算法在数十小时内分解千万乘以数亿量级的矩阵。这一结果奠定了非负矩阵分解算法用于 Web 规模的数据分析基础，验证了基于 MapReduce 的并行非负矩阵分解算法的效率。此外，文献[15,16]也提到在 MapReduce 编程模型上实现非负矩阵分解。上述算法的问题是，它们本质上是一阶梯度下降算法（如乘法更新规则和梯度投影法）的并行和分布式版本，没有提高非负矩阵分解的收敛速度。这是因为现有的二阶优化算法（如伪 Newton 法）难以并行化，而本书所提的基于最优梯度法的非负矩阵分解算法具有二阶收敛速度且易于并行化，因此更加适用于大规模数据处理。

2.4 应用领域

2.4.1 数据挖掘

根据 2.2.3 节的分析，非负矩阵分解具有天然的聚类分析特性，广泛应用于数据挖掘领域。

2.4.1.1 文本挖掘

Xu 等人率先将非负矩阵分解用于文本聚类，文本聚类根据“文档—单词”矩阵把文档自动分成若干组。目前，文本聚类方法主要分为两大类：层次聚类方法和文档划分方法。层次聚类方法按照“自下而上”的方式将文档分组，初始时将每个文档分成一组，逐步合并两个最相似的分组，从而构建树结构的文档分组。层次聚类方法的时间复杂度为$O\left(n^2 \log n\right)$，当数据规模较大时计算开销太大。这是因为它考虑了所有可能的分组情况，引入不必要的计算开销。文档划分方法预先指定文档分组个数，大大减少计算开销，典型方法包括 LSI（Latent Semantic Indexing）和 K-Means。相对于 LSI 和 K-Means，非负矩阵分解用于文本聚类的优势在于：

（1）假设文档由 r 个聚类中心组成，每个聚类中心对应一个主题。每个文档可能属于某几个主题。因此，K-Means 关于每个文档只能属于某一个主题的限制太强，而 NMF 放宽了这一限制。

（2）直观上讲，文档由各主题组合而成，加性叠加的组合方式比相互抵消的方式更具有物理意义，这意味着组合系数是非负的。

（3）主题之间不完全独立，往往存在重叠，这意味着聚类中心之间不一定正交。因此，LSI 关于聚类中心正交的限制太强，而在 NMF 中正交性只以隐性的方式出现。如图 2.3 所示，NMF 比 LSI 更好地把文档分组。

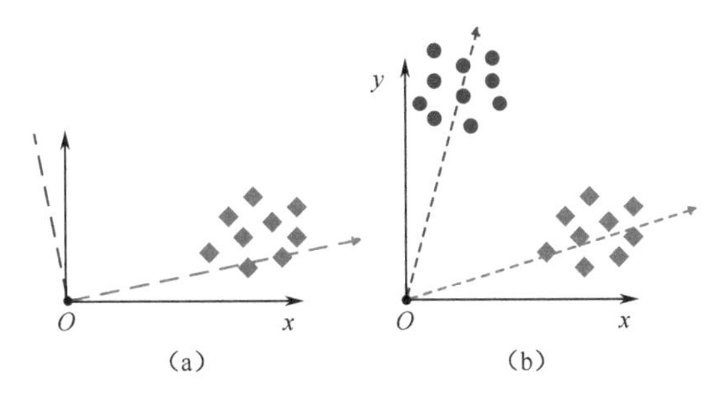

图 2.3　LSI 与 NMF 聚类中心示意图：（a）LSI；（b）NMF。

在文本聚类中，若把式（2.1）中 $\boldsymbol{W}$ 的列看作聚类中心，则 $\boldsymbol{H}$ 的列是各文档的表达系数，即文档 j 的分组由 $\arg\max_{k} \boldsymbol{H}_{kj}$ 确定。Pauca 等人提出用 Tikhonov 罚分项约束表示系数 $\boldsymbol{H}$ 的平滑性，Park 等人提出用 Refinement 技术提高非负矩阵分解的聚类性能。Wang 等人把在线非负矩阵分解用于流文本聚类问题，Hu 等人把带稀疏约束的非负矩阵分解用于文本关联关系挖掘。

2.4.1.2　社交网络

社交网络（Social Network）是近年来兴起的研究领域，主要研究社区、论坛等社交网络中蕴含的结构、群体等特点。Psorakis 等人提出把非负矩阵分解用于复杂网络的社团结构（Community Structure）检测，并用于社交网络。由于 NMF 允许节点同时属于多个社团，社团之间允许出现重叠，更加符合物理世界假设。相对于传统的社团结构检测方法，NMF 更加高效，但其缺点是难以确定社团个数。

Kersting 等人假设聚类中心 $\boldsymbol{W}$ 是少量样本的凸组合，发展凸非负矩阵分解模型（见 2.1.3.2 节）并用于大规模 Web 数据聚类分析，如 DBLP 的作者和著作数据、网络游戏“魔兽争霸”的用户数据。

2.4.1.3　半监督聚类

半监督聚类（Semi-supervised Clustering）是在聚类中使用少量的先验知识改善聚类效果，典型的先验知识包括样本之间的“连接”（Must-link）

和“非连接”（Cannot-link）关系。“连接”关系是指两样本强制属于同一类，“非连接”关系是指两样本强制属于不同类。Li 等人用核矩阵表示两类先验知识，用对称 NMF 求解半监督聚类问题。Chen 等人用对称 NM3F 求解半监督聚类问题，从理论上证明已有若干半监督聚类算法是 NM3F 的特例，认为 NM3F 是半监督聚类的框架模型。最近，Chen 等人将这种框架模型用于同步聚类多种类型的数据，利用距离度量学习技术（Distance Metric Learning）整合多种类型数据中蕴含的先验知识。

2.4.1.4 一致聚类

一致聚类（Consensus Clustering）是寻找与已有聚类最匹配的聚类，若干聚类问题可抽象成一致聚类，如混合数据源聚类、分布式聚类、多目标聚类和知识重用。Li 等人用对称 NM3F 求解一致聚类问题。

2.4.2 模式识别

非负矩阵分解是典型的数据降维算法，与主成分分析算法类似，可用于模式识别领域。Guillamet 等人用图像和人脸识别试验比较 NMF 与 PCA 的分类性能，指出在数据分布不紧致的情况下 NMF 的分类效果优于 PCA。Okun 通过试验比较了各种分类器（如最近邻和支持向量机）在 NMF 特征空间的分类性能，Kim 和 Park 在 NMF 特征空间利用判别信息提高分类性能。由于 NMF 特征空间由非负的基张成，分类器中常用的距离度量（如欧几里得距离）可能无法描述样本之间的相似程度。Guillamet 和 Vitria 在特征空间用 L_1 范数、L_2 范数和夹角余弦度量样本之间的相似程度，Guillamet 和 Vitria 指出通过选择合适的相似度度量，如 EMD（Earth Mover’s Distance）距离，NMF 的分类效果可能优于 PCA。

近年来，非负矩阵分解已广泛应用于模式识别领域，如人脸识别、人脸表情识别、正面人脸验证、耳部轮廓识别、目标识别、文档分类、图像标注、蛋白质折叠结构识别。

2.4.2.1　盲源信号分离

盲源信号分离（Blind Source Separation，BSS）是指在信号的理论模型和源信号无法精确获知的情况下，从混合信号（观测信号）中分离出各源信号的过程。BSS 是信号处理中传统而又极具挑战性的问题，这里的“盲”具有源信号不可测和混合系统性质事先未知两方面含义。在科学研究和工程应用中，很多观测信号都可以看成是多个源信号的混合，所谓的“鸡尾酒会”问题就是典型的例子。BSS 的信号模型主要有线性混合模型和卷积混合模型，线性混合模型是比较简单的混合形式。独立分量分析（Independent Component Analysis，ICA）属于这类模型，它已成为阵列信号处理和数据分析的有力工具。

实际应用中的信号通常是非负的，而 ICA 没有考虑这一特性。非负矩阵分解很好地利用了信号的非负特性，广泛应用于 BSS 问题。Zhang 等人将非负矩阵分解用于基因微阵列数据的异质校正（Heterogeneity Correction），Mouri 等人用非负矩阵分解从地震电磁辐射信号中分离全局和局部信号。

2.4.2.2　其他应用

除了上述应用领域，非负矩阵分解还广泛应用于音乐分析、语音信号分析、谱数据分析、基因微阵列数据分析、生物医学图像处理、经济学数据分析、信息检索、在线监控和异常检测等领域。

2.5　本章小结与讨论

本章从模型、理论问题、优化算法和应用领域四个方面系统地介绍了非负矩阵分解的研究现状。从不同的数据分布假设出发，研究人员定义了不同的近似距离度量，有些距离互相定义。本章通过分析它们的底层假设，理顺了各距离之间的包含关系，见图 2.1。如图 2.1 所示，KL 散度几乎被所有其他距离所包含，是最常用的距离度量。根据模型中引入的先验信息的不同，研究人员开发了多种非负矩阵分解扩展模型，然而它们的分解形式大部分是$\boldsymbol{V} \approx \boldsymbol{W}\boldsymbol{H}$。这些模型可以看出数据降维（或称数据表示）方法，本章的主要工作针对这类模型展开。同时，本章还介绍了其他分解形式的扩展模型（如 NM3F 模型），本书的研究成果可以推广到这些扩展模型。非负矩阵分解优化算法发展迅速，已经出现了若干研究成果。但是，高效的优化算法仍然是个开放性问题，本书将针对该问题展开研究。非负矩阵分解应用广泛，涉及模式识别、图像与信号处理、生物信息学与生物医学、经济学等关乎国民经济和国防事业的重要领域，开展非负矩阵分解的研究具有重要的应用价值。

第3章

03

非负块配准框架

本章讨论非负数据降维算法框架，提出非负块配准框架（Non-negative Patch Alignment Framework，NPAF）。根据 NPAF 中配准矩阵的性质，提出乘法更新规则算法求解该模型，证明算法的收敛性，分析算法的计算复杂度。在此基础上，本章利用 NPAF 统一分析已有非负数据降维模型，指出其本质联系。最后，本章利用 NPAF 派生若干新的非负数据降维模型，并用所提出的乘法更新规则算法求解它们。

3.1 引言

数据降维是把数据从高维空间转换到低维空间的过程，其目的是提取数据在高维空间的分布结构，从而提高性能、降低冗余和减少后续计算开销。数据降维算法已经在模式识别、图像处理和数据挖掘等领域发挥了重要作用。实际应用中，大多数数据是非负的，如视频和图像的像素值、文本中单词的出现频率等。然而，传统的数据降维算法 PCA（Principal Component Analysis）[3]、LDA（Fisher's Linear Discriminant Analysis）[4]和大多数基于流形学习的数据降维算法 LE（Laplacian Eigenmaps）[13]、LLE（Locally Linear

Embedding）[11]、HLLE（Hessian Eigenmaps）[15]、LPP（Locality Preserving Projections）[21]完全忽略数据的非负特性，导致数据在低维空间的表示系数含有负元素，存在多个特征相互抵消的情况，与人脑中基于局部的数据表示（Parts-Based Representation）的生理学机制不一致。因此，传统数据降维和大多数基于流形学习的数据降维算法在噪声较高的数据中效果不理想。

近年来，研究人员提出一种新的数据降维算法——非负矩阵分解[29]，该算法把非负数据表示成非负低维空间坐标基向量的线性组合。图 3.1 给出一个非负矩阵分解数据表示示例，其中人脸$\boldsymbol{V}$ 由各种版本的“眼”“鼻”“口”和其他脸部特征（保存在基向量$\boldsymbol{W}$ 中）的线性组合而成，组合系数 $\boldsymbol{H}$ 非负。一般认为，非负矩阵分解的数据表示与人脑中“全局是由局部组成”（即基于局部的数据表示）的生理学和心理学的机理相一致[250-252]，而且这种数据表示是稀疏的。继非负矩阵分解提出以后，研究人员根据实际应用需要提出多种不同的非负数据降维算法[30-32]。Li 等人[30]通过在非负矩阵分解的基向量和表示系数上增加罚分项的办法提出局部非负矩阵分解算法（Local NMF，LNMF），实现视觉特征的空间局部表示并用于人脸识别。Cai 等人[32]在低维空间中保持数据的局部几何结构，提出图正则非负矩阵分解算法（Graph Regularized NMF，GNMF）并成功应用于图像聚类。Zafeiriou 等人[31]在低维空间引入数据判别信息，提出判别非负矩阵分解算法（Discriminant NMF，DNMF）并成功应用于正面人脸验证。然而，上述非负数据降维算法是各领域专家根据其应用的需要和自身经验设计的，其内在的联系和本质区别不够清晰。因而，统一的框架模型将有助于揭示非负数据降维算法的内在联系和本质区别，有助于研究人员设计新的非负数据降维算法，有助于工程人员根据应用需要选择合适的非负数据降维算法。

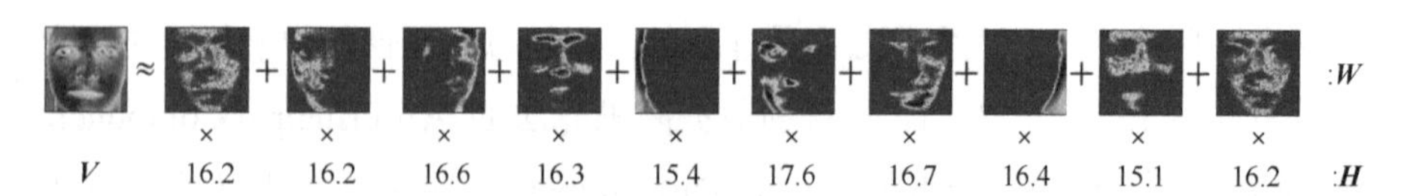

图 3.1　非负矩阵分解数据表示示例

本章提出非负块配准框架（NPAF），从统一的角度分析已有非负数据降维算法。非负块配准模型以给定数据集为研究对象，为数据集中的每个样本建立一个样本块（Patch）。通过为每个块建立局部坐标系，数据集中的每个样本对应一个局部坐标系。在局部坐标系中，研究人员可以设计优化目标，使低维空间保持某种统计特性，如局部几何结构、判别信息等。非负块配准模型通过配准（Alignment）数据集中所有样本的局部坐标系得到全局坐标系，即低维空间坐标系。从非负块配准模型的角度出发，各种非负数据降维算法的本质区别在于它们构建的样本块以及样本块对应的局部坐标系中的优化目标的不同，然而所有算法的配准过程是相同的。因此，非负块配准框架将统计学习过程分解到所有样本的局部坐标系中完成，由模型自动完成局部坐标系到全局坐标系的配准过程，使算法设计形式更加灵活，给算法设计人员提供了直观、统一的设计视角。本章利用非负块配准框架设计了新的非负数据降维算法，即非负 PCA 模型、非负 LLE 模型和非负 LTSA 模型。为了求解非负块配准模型，本章利用拉格朗日乘子法开发了乘法更新规则算法，可用于优化已有非负数据降维算法，并可用于求解非负块配准派生模型。利用辅助函数技术，本章证明了乘法更新规则算法的收敛性。本书后续章节将开发新的算法求解非负块配准模型，包括快速梯度下降法、最优梯度下降法和基于健壮随机近似的在线优化算法。

块配准框架[253]是典型的数据降维算法框架，从统一的角度分析若干降维算法，如 FLDA[4]、LLE[11]、ISOMAP[12]、LLP[21]等。块配准模型由两阶段组成：局部优化（Part Optimization）和全局配准（Global Alignment）。块配准模型利用局部优化过程可设计新的算法，如判别局部配准算法（Discriminant Locality Alignment，DLA）[23]。如图 3.2 所示，在 Swiss Roll 数据集从三维空间到二维空间的降维过程中，块配准为每个样本构建局部块（Local Patch），局部块以线性变换的方式保持数据统计特性，然后通过全局配准过程在低维空间以非线性的方式保持全样本集的统计特性。具体过程如下：

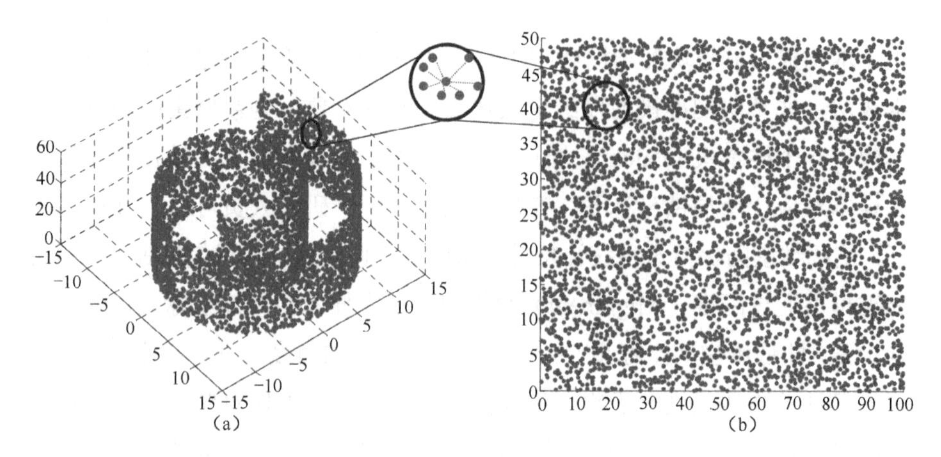

图 3.2　块配准模型示意图[253]：（a）三维空间样本；（b）二维空间坐标。

3.1.1　局部优化

给定数据库中的一个样本v_1，块配准根据该样本的标签将数据库中的其他样本分成两组：与v_1同类的样本（G1）和与v_1不同类的样本（G2）。每个样本v_1关联一个局部样本块，记为$\boldsymbol{V}_i=\left[v_l,v_{l_1},\cdots,v_lk_1,v_{l_1},\cdots,v_lk_2\right]$。在样本块$\boldsymbol{V}_i$中$v_l,v_{l_1},\cdots,v_lk_1,v_{l_1},\cdots,v_lk_2$是 G1 中与$v_l$最近的$k_1$个样本，而$v_{l_1},\cdots,v_lk_2$是 G2 中与$v_l$最近的$k_2$个样本。假设块$v_l$的低维空间坐标是$\boldsymbol{H}_i=\left[h_l,h_{l_1},\cdots,h_lk_1,h_{l_1},\cdots,h_lk_2\right]$。在这种局部块中，块配准模型编码样本的某些统计特性（如判别信息和局部几何结构），以“局部线性”的方式得到优化目标。例如，DLA[23]通过最小化h_l与其k_1个同类最近邻之间的距离和最大化h_l与其k_2不同类最近邻之间的距离保持判别信息。局部优化是指坐标$\boldsymbol{H}_i$上的优化过程，记为$\min\limits_{\boldsymbol{H}_i}\operatorname{tr}\left(\boldsymbol{H}_i\boldsymbol{L}_i\boldsymbol{H}_i^{\mathrm{T}}\right)$，其中矩阵$\boldsymbol{L}_i$是局部优化核矩阵，编码样本统计特性。从块配准模型的角度出发，不同降维算法的本质差异在于$\boldsymbol{L}_i$的不同。

3.1.2　全局配准

局部样本块$\boldsymbol{V}_i$有其对应的坐标系统$\boldsymbol{H}_i$，所有块的局部坐标可以配准成全局坐标。假设第 i 个块的坐标 $\boldsymbol{H}_i$ 从全局坐标 $\boldsymbol{H}=\left[h_1',h_2',\cdots,h_l'\right]$ 中选择而来，即 $\boldsymbol{H}_i=\boldsymbol{H}\boldsymbol{S}_i$，其中选择矩阵 $\boldsymbol{S}_i\in\mathbb{R}^{l\times(k_1+k_2+1)}$ 定义如下

$$\left(\boldsymbol{S}_i\right)_{pq}=\begin{cases}1, p=F_i(q)\\ 0,其他\end{cases}$$

式中，$F_i=\left\{i,i^1,\cdots,i^{k_1},i_1,\cdots,i_{k_2}\right\}$ 表示第 i 个块中样本的索引。全局配准过程采用配准策略[17]建立所有块上的全局坐标系统

$$\min_{\boldsymbol{H}}\sum_{i=1}^{l}\operatorname{tr}\left(\boldsymbol{H}_i\boldsymbol{L}_i\boldsymbol{H}_i^{\mathrm{T}}\right)=\min_{\boldsymbol{H}}\sum_{i=1}^{l}\operatorname{tr}\left(\boldsymbol{H}\boldsymbol{S}_i\boldsymbol{L}_i\boldsymbol{S}_i^{\mathrm{T}}\boldsymbol{H}^{\mathrm{T}}\right)=\min_{\boldsymbol{H}}\operatorname{tr}\left(\boldsymbol{H}\boldsymbol{L}\boldsymbol{H}^{\mathrm{T}}\right)\quad(3.1)$$

式中，$\boldsymbol{L}$ 是配准矩阵，其计算公式为 $\boldsymbol{L}=\sum_{i=1}^{l}\boldsymbol{S}_i\boldsymbol{L}_i\boldsymbol{S}_i^{\mathrm{T}}$。根据文献[253]，$\boldsymbol{L}$ 可通过如下迭代过程计算

$$\boldsymbol{L}\left(F_i,F_i\right)\leftarrow\boldsymbol{L}\left(F_i,F_i\right)+\boldsymbol{L}_i, i=1,\cdots,l\quad(3.2)$$

式中，$\boldsymbol{L}$ 初始值为 0。在线性子空间学习中，通常考虑 $\boldsymbol{W}\boldsymbol{H}=\boldsymbol{V}$，其中 $\boldsymbol{W}$ 是投影矩阵，其列向量组成子空间的基。为了使式（3.1）产生唯一解 $\boldsymbol{H}$，全局配准过程在 $\boldsymbol{W}$ 上引入不同的约束条件，如正交性 $\boldsymbol{W}^{\mathrm{T}}\boldsymbol{W}=\boldsymbol{I}$。在这种约束条件下，$\boldsymbol{H}=\boldsymbol{W}^{\mathrm{T}}\boldsymbol{V}$，则式（3.1）可用拉格朗日乘子法[254]或泛化的特征值分解求解。

3.2 非负块配准框架

在真实世界中，数据通常是非负的，如图像的像素值、文档中单词的出现频率、信号的幅值和频率、基因微阵列数据等。在数据表示中保持非负性具有坚实的心理学与生理学基础，人脑中视皮层的信号发射率（Fire Rate）是非负的。非负数据降维算法把非负数据表示成非负向量的加性组合，即表示系数也是非负的。这种表示把数据表示成局部特征的组合，符合“全局由局部组成”的直观解释，如人脸由“眼”“鼻”“口”等局部组成，具有

坚实的物理基础。本书在块配准模型中保持基和表示系数的非负性，提出非负块配准模型（NPAF）。从统一框架模型的角度分析已有非负子空间学习算法，从本质上分析各种算法的异同，用以设计新的非负子空间学习算法。

给定欧几里得空间$\mathbb{R}^m$中的n个非负样本，排列成非负矩阵$\boldsymbol{V}\in\mathbb{R}^{m\times n}$，NPAF将其投影到$r$维空间$\mathbb{R}^r$。例如，在图3.3中三维非负样本[图3.3（a）]投影到二维空间[图3.3（b）]，在投影过程中样本的局部坐标被块配准成非负基向量Base 1和Base 2张成的全局坐标。通过在式（3.1）中引入非负约束，NPAF的目标函数为

$$\min_{\boldsymbol{W}\geqslant 0,\boldsymbol{H}\geqslant 0}\frac{\gamma}{2}\mathrm{tr}\left(\boldsymbol{HLH}^{\mathrm{T}}\right)+D\left(\boldsymbol{V}\mid\boldsymbol{WH}\right) \tag{3.3}$$

式中，$\boldsymbol{W}\in\mathbb{R}^{m\times r}$是基向量，$\boldsymbol{H}\in\mathbb{R}^{r\times n}$是低维空间坐标，$D\left(\boldsymbol{V}\mid\boldsymbol{WH}\right)$度量$\boldsymbol{V}$与$\boldsymbol{WH}$之间的相似度。根据2.1.1节，$D\left(\boldsymbol{V}\mid\boldsymbol{WH}\right)$可以是KL距离、欧几里得距离或其他距离。本节重点讨论基于KL散度和欧几里得距离的NPAF模型，基于其他距离的NPAF模型具有类似结论。在式（3.3）中，参数γ是权重，常数1/2简化推导过程。配准矩阵$\boldsymbol{L}$通过3.1节的块配准过程计算得到，本节通过分析指出非负数据降维算法的本质区别在于配准矩阵。因为式（3.3）不是凸问题，所以不存在最优解。本节用交替迭代方法求解式（3.3），包括乘法更新规则、快速梯度算法、最优梯度下降算法和在线优化算法，所有可用NPAF分析的非负数据降维算法均可套用这些算法求解。

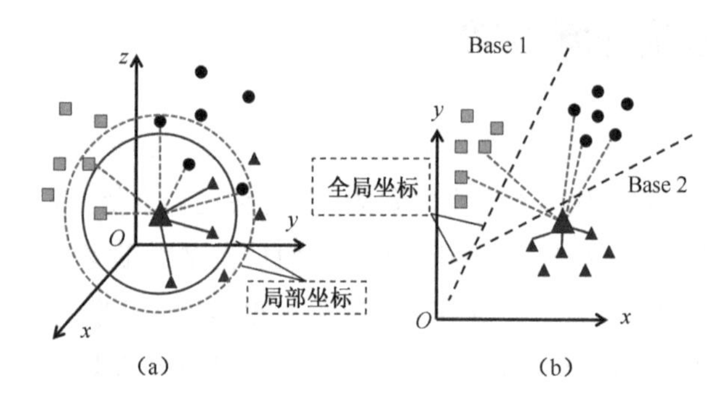

图3.3 NPAF示例：（a）三维空间的非负样本；（b）二维空间表示。

3.2.1　基于 KL 距离的 NPAF

利用 KL 距离式（2.2）代替 $D(\boldsymbol{V}\,|\,\boldsymbol{WH})$，提出基于 KL 距离的 NPAF 模型（简称 $\mathrm{NPAF^K}$），其目标函数为

$$\min_{\boldsymbol{W}\geqslant 0,\boldsymbol{H}\geqslant 0} F(\boldsymbol{W},\boldsymbol{H})=\frac{\gamma}{2}\mathrm{tr}(\boldsymbol{HLH}^{\mathrm{T}})+D_{\mathrm{KL}}(\boldsymbol{V}\,|\,\boldsymbol{WH}) \tag{3.4}$$

虽然式(3.4)不是凸问题，但是 $F(\boldsymbol{W},\boldsymbol{H})$ 对于单个因子 w_{ab} 或 h_{ij} 是凸的，本节用乘法更新规则优化 $\boldsymbol{W}$ 和 $\boldsymbol{H}$ 。

3.2.1.1　乘法更新规则

考虑 $F(\boldsymbol{W},\boldsymbol{H})$ 对于 w_{ab} 或 h_{ij} 的二阶导数

$$\begin{aligned}\frac{\partial^2 F}{\partial w_{ab}^2}&=\sum_l \frac{2v_{al}h_{bl}^2}{\left(\sum_k w_{ak}h_{kl}\right)^2}\\ \frac{\partial^2 F}{\partial h_{ij}^2}&=\sum_l \frac{2v_{lj}w_{li}^2}{\left(\sum_k w_{lk}h_{kj}\right)^2}+\gamma l_{jj}\end{aligned} \tag{3.5}$$

由式（3.5）可知，$\dfrac{\partial^2 F}{\partial w_{ab}^2}>0$。当 $l_{jj}\geqslant 0$ 时，$\dfrac{\partial^2 F}{\partial h_{ij}^2}>0$。根据拉格朗日乘子法，本节为约束条件 $\boldsymbol{W}\geqslant 0$ 和 $\boldsymbol{H}\geqslant 0$ 分别引入拉格朗日乘子 $\varphi\in\mathbb{R}^{m\times r}$ 和 $\phi\in\mathbb{R}^{r\times n}$，则拉格朗日函数为

$$\mathcal{L}=\frac{\gamma}{2}\mathrm{tr}\left(\boldsymbol{HLH}^{\mathrm{T}}\right)+D_{\mathrm{KL}}\left(\boldsymbol{V}\,|\,\boldsymbol{WH}\right)+\mathrm{tr}\left(\varphi^{\mathrm{T}}\boldsymbol{H}\right)$$

利用 $\mathcal{L}$，式（3.4）可写为 $\min\limits_{\boldsymbol{W},\boldsymbol{H}}\mathcal{L}$。为了求解式（3.4），计算 $\mathcal{L}$ 对于 w_{ab} 和 h_{ij} 的一阶导数

$$\frac{\partial \boldsymbol{L}}{\partial w_{ab}} = -\sum_{l} \frac{v_{al} h_{bl}}{\sum_{k} w_{ak} h_{kl}} + \sum_{k} h_{bk} + \varphi_{ab}$$

$$\frac{\partial \boldsymbol{L}}{\partial h_{ij}} = \gamma\left(\boldsymbol{HL}\right)_{ij} - \sum_{l} \frac{v_{lj} w_{li}}{\sum_{k} w_{lk} h_{kj}} + \sum_{k} w_{ik} + \phi_{ij}$$

由于拉格朗日函数 $\mathcal{L}$ 的驻点满足K.K.T.条件，即 $\varphi_{ab} w_{ab} = 0$ 且 $\phi_{ij} h_{ij} = 0$ 。由 K.K.T.条件可得如下等式

$$\left(\gamma\left(\boldsymbol{HL}^{+}\right)_{ij} - \gamma\left(\boldsymbol{HL}^{-}\right)_{ij} - \sum_{l} \frac{v_{lj} w_{li}}{\sum_{k} w_{lk} h_{kj}} + \sum_{k} w_{ik}\right) h_{ij} = 0 \tag{3.6}$$

$$\left(-\sum_{l} \frac{v_{al} h_{bl}}{\sum_{k} w_{ak} h_{kl}} + \sum_{k} h_{bk}\right) w_{ab} = 0 \tag{3.7}$$

式（3.6）中的 $\boldsymbol{L}$ 被分成两部分的差，即 $\boldsymbol{L} = \boldsymbol{L}^{+} - \boldsymbol{L}^{-}$，其中 $\boldsymbol{L}^{+}$ 和 $\boldsymbol{L}^{-}$ 是非负对称矩阵。例如，当 $\boldsymbol{L}$ 对称时，计算 $\boldsymbol{L}^{+}$ 和 $\boldsymbol{L}^{-}$ 如下：$\boldsymbol{L}_{ij}^{+} = \dfrac{\left|\boldsymbol{L}_{ij}\right| + \boldsymbol{L}_{ij}}{2}$，$\boldsymbol{L}_{ij}^{-} = \dfrac{\left|\boldsymbol{L}_{ij}\right| - \boldsymbol{L}_{ij}}{2}$。由于 $\boldsymbol{L}$ 对称，$\boldsymbol{L}^{+}$ 和 $\boldsymbol{L}^{-}$ 也对称。

交换式（3.6）和式（3.7）中的各项并在等式两边同乘 h_{ij} 和 w_{ab}，可得

$$\left(\gamma(\boldsymbol{HL}^{+})_{ij} + \sum_{k} w_{ik}\right) h_{ij}^{2} = \left(\gamma(\boldsymbol{HL}^{-})_{ij} + \sum_{l} \frac{v_{lj} w_{li}}{\sum_{k} w_{lk} h_{kj}}\right) h_{ij}^{2} \tag{3.8}$$

$$\left(\sum_{k} h_{bk}\right) w_{ab}^{2} = \left(\sum_{l} \frac{v_{al} h_{bl}}{\sum_{k} w_{ak} h_{kl}}\right) w_{ab}^{2} \tag{3.9}$$

式（3.8）等价于式（3.6），式（3.9）等价于式（3.7）。由式（3.8）和式（3.9）可推导出 h_{ij} 和 w_{ab} 的乘法更新规则

$$h_{ij} \leftarrow h_{ij} \sqrt{\frac{\gamma\left(\boldsymbol{HL}^{-}\right)_{ij} + \sum_{l} \dfrac{v_{lj} w_{li}}{\sum_{k} w_{lk} h_{kj}}}{\gamma\left(\boldsymbol{HL}^{+}\right)_{ij} + \sum_{k} w_{ki}}} \tag{3.10}$$

$$w_{ab} \leftarrow w_{ab}\sqrt{\frac{\sum_{l}\frac{v_{al}h_{bl}}{\sum_{k}w_{ak}h_{kl}}}{\sum_{k}h_{bk}}} \tag{3.11}$$

乘法更新规则算法分别用式（3.10）和式（3.11）更新 $\boldsymbol{H}$ 和 $\boldsymbol{W}$，直到目标函数值保持不变。在文献[29]中，非负矩阵分解算法每次迭代归一化基向量的 L_1 范数，即令 $\boldsymbol{W} \leftarrow \boldsymbol{W}\boldsymbol{\Lambda}^{-1}$ 且 $\boldsymbol{H} \leftarrow \boldsymbol{\Lambda}\boldsymbol{H}$，其中 $\boldsymbol{\Lambda}$ 是对角线元素为 $\left\{\|w\|_1,\cdots,\|w\|_r\right\}$ 的对角阵，从而保证分解的唯一性和数值稳定性。但是，这种归一化过程可能增加式（3.3）中 $\mathrm{tr}\left(\boldsymbol{HLH}^{\mathrm{T}}\right)$ 的值，导致乘法更新规则不收敛。因此，本节不使用这种归一化过程，把式（3.10）和式（3.11）写成矩阵形式，NPAF^{K} 的乘法更新规则算法见算法 3.1。

算法 3.1　NPAF^{K} 的乘法更新规则算法

输入：$\boldsymbol{V} \in \mathbb{R}_+^{m\times n}, r$

输出：$\boldsymbol{H} \in \mathbb{R}_+^{r\times n}, \boldsymbol{W} \in \mathbb{R}_+^{m\times r}$

1: 计算配准块矩阵 $\boldsymbol{L}$

2: 初始化　$\boldsymbol{H}^0 \in \mathbb{R}_+^{r\times n}, \boldsymbol{W}^0 \in \mathbb{R}_+^{m\times r}, t=0$

repeat

3: 计算 $\boldsymbol{H}^{t+1} = \boldsymbol{H}^t\sqrt{\frac{\gamma\boldsymbol{H}^t\boldsymbol{L}^- + {\boldsymbol{W}^t}^{\mathrm{T}}\frac{v}{\boldsymbol{W}^t\boldsymbol{H}^t}}{\gamma\boldsymbol{H}^t\boldsymbol{L}^+}}$

4: 计算 $\boldsymbol{W}^{t+1} = \boldsymbol{W}^t\sqrt{\frac{\frac{v}{\boldsymbol{W}^t\boldsymbol{H}^{t+1}}{\boldsymbol{H}^{t+1}}^{\mathrm{T}}}{\mathbf{1}_{m\times n}{\boldsymbol{H}^{t+1}}^{\mathrm{T}}}}$

5: 更新 $t \leftarrow t+1$

until 满足终止条件

6: $\boldsymbol{H}=\boldsymbol{H}^t, \boldsymbol{W}=\boldsymbol{H}^t$。

由乘法更新规则的推导过程可以看出，算法 3.1 在目标函数式（3.4）的驻点终止。由非线性优化理论[254]可知，驻点的必要条件是满足 K.K.T.条件，因此 K.K.T.条件［式（3.6）和式（3.7）］可以作为算法 3.1 的终止条件。然而，为了避免除法运算带来的数值问题，实际应用中往往把 $\boldsymbol{W}$ 和 $\boldsymbol{H}$ 中的零元素置成一个非常小的值（如机器最小精度的小数 10^{-16}）。

本节使用更加泛化的基于目标函数值的终止条件，即当目标函数值保持不变时算法停止，该条件广泛应用于优化算法。对于 NDLA^{K} 问题式(3.4)，算法 3.1 在第 t 次迭代终止的条件为

$$\frac{\left|F\left(\boldsymbol{W}^{t},\boldsymbol{H}^{t}\right)-F\left(\boldsymbol{W}_{*},\boldsymbol{H}*\right)\right|}{\left|F\left(\boldsymbol{W}^{0},\boldsymbol{H}^{0}\right)-F\left(\boldsymbol{W}^{*},\boldsymbol{H}^{*}\right)\right|}\leqslant\tau$$

式中，$t(t\geqslant 1)$ 是迭代次数，τ 是收敛精度[1]，$\left(\boldsymbol{W}^{0},\boldsymbol{H}^{0}\right)$ 是初始值，$\left(\boldsymbol{W}^{*},\boldsymbol{H}^{*}\right)$ 是最优解。由于最优解未知，通常用相邻迭代的解 $\left(\boldsymbol{W}^{t-1},\boldsymbol{H}^{t-1}\right)$ 代替。

3.2.1.2 收敛性证明

本节利用辅助函数技术（见附录 A）证明乘法更新规则算法 3.1 的收敛性。由附录 A.2 可知，通过构造辅助函数可证明算法 3.1 的收敛性。构造辅助函数过程中用到一个重要的不等式，见引理 3.1。

引理 3.1： 对于任意正矩阵 $\boldsymbol{H}\in\mathbb{R}_{+}^{r\times n}$、$\boldsymbol{H}'\in\mathbb{R}_{+}^{r\times n}$ 和任意对称非负矩阵 $A\in\mathbb{R}_{+}^{n\times n}$，下列关系成立

$$\sum_{i,j}\frac{\left(\boldsymbol{H}'\boldsymbol{A}\right)_{ij}h_{ij}^{2}}{h_{ij}'}\geqslant\operatorname{tr}\left(\boldsymbol{HAH}^{\mathrm{T}}\right)\geqslant\operatorname{tr}\left(\boldsymbol{H}'\boldsymbol{AH}'^{\mathrm{T}}\right)+2\sum_{i,j}\left(\boldsymbol{H}'\boldsymbol{A}\right)_{ij}h_{ij}'\log\frac{h_{ij}}{h_{ij}'}\quad(3.12)$$

证明：不等式（3.12）的左半部分来自文献[109]。根据文献[109]，对于任意矩阵 $\boldsymbol{A}\in\mathbb{R}_{+}^{n\times n}$，$\boldsymbol{B}\in\mathbb{R}_{+}^{r\times r}$，$\boldsymbol{H}\in\mathbb{R}_{+}^{r\times n}$ 和 $\boldsymbol{H}'\in\mathbb{R}_{+}^{r\times n}$，当 $\boldsymbol{B}$ 和 $\boldsymbol{S}$ 对称时，下列不等式成立：

---

1 通常情况下，τ 取非常小的值，如 $\tau=10^{-4}$。

$$\sum_{i,j}\frac{(\boldsymbol{H}'\boldsymbol{A})_{ij}h_{ij}^2}{h'_{ij}}\geqslant \mathrm{tr}\left(\boldsymbol{HAH}^{\mathrm{T}}\boldsymbol{B}\right)$$

令 $\boldsymbol{B}=\boldsymbol{I}$，可知不等式（3.12）的左半部分成立。当 $\boldsymbol{H}=\boldsymbol{H}'$ 时，等式成立。

下面证明不等式（3.12）的右半部分，为表述方便，令 $\phi(\boldsymbol{H})=\mathrm{tr}\left(\boldsymbol{HAH}^{\mathrm{T}}\right)$。$\phi(\boldsymbol{H})$ 在 h'_{ij} 处的泰勒展开为

$$\begin{aligned}\phi\left(h_{ij}\right)&=\phi\left(h'_{ij}\right)+2\left(\boldsymbol{H}'\boldsymbol{A}\right)_{ij}\left(h_{ij}-h'_{ij}\right)+\boldsymbol{A}_{jj}\left(h_{jj}-h'_{jj}\right)^2\\&=\phi\left(h'_{ij}\right)+2\left(\boldsymbol{H}'\boldsymbol{A}\right)_{ij}h'_{ij}\left(\left(\frac{h_{ij}}{h'_{ij}}-1\right)+\frac{1}{2}\frac{h'_{ij}\boldsymbol{A}_{jj}}{\left(\boldsymbol{H}'\boldsymbol{A}\right)_{ij}}\left(\frac{h_{ij}}{h'_{ij}}-1\right)^2\right)\end{aligned}\tag{3.13}$$

因为 $\frac{h_{ij}}{h'_{ij}}\geqslant 0$，可知

$$\left(\frac{h_{ij}}{h'_{ij}}-1\right)-\log\frac{h_{ij}}{h'_{ij}}\geqslant 0\tag{3.14}$$

这里，定义 $\log(0)=-\infty$。由式（3.14）可知

$$\left(\frac{h_{ij}}{h'_{ij}}-1\right)+\frac{1}{2}\frac{h'_{ij}\boldsymbol{A}_{jj}}{\left(\boldsymbol{H}'\boldsymbol{A}\right)_{ij}}\left(\frac{h_{ij}}{h'_{ij}}-1\right)^2\geqslant\log\frac{h_{ij}}{h'_{ij}}\tag{3.15}$$

将式（3.15）代入式（3.13），可得

$$\phi\left(h_{ij}\right)\geqslant\phi\left(h'_{ij}\right)+2\left(\boldsymbol{H}'\boldsymbol{A}\right)_{ij}h'_{ij}\log\frac{h_{ij}}{h'_{ij}}\tag{3.16}$$

在式（3.16）中，令 $i=1,\cdots,r$ 且 $j=1,\cdots,n$，并把所有不等式相加，可得

$$\phi(\boldsymbol{H})\geqslant C(\boldsymbol{H}')+2\sum_{ij}\left(\boldsymbol{H}'\boldsymbol{A}\right)_{ij}h'_{ij}\log\frac{h_{ij}}{h'_{ij}}\tag{3.17}$$

式中，$C(\boldsymbol{H}')$ 是 $\boldsymbol{H}'$ 的函数。令 $\boldsymbol{H}=\boldsymbol{H}'$，可得 $C(\boldsymbol{H}')=\phi(\boldsymbol{H}')$。将 $C(\boldsymbol{H}')=\phi(\boldsymbol{H}')$ 代入不等式（3.17）证明不等式（3.12）的右半部分，当 $\boldsymbol{H}=\boldsymbol{H}'$ 时，等式成立。证毕。

根据引理 3.1，本节通过构造辅助函数证明式（3.10）和式（3.11）不增加 $F(\boldsymbol{W},\boldsymbol{H})$ 的函数值，证明过程见定理 3.1。

定理 3.1：给定 $\boldsymbol{W}$，式（3.10）不增加 $F(\boldsymbol{W},\boldsymbol{H})$ 的函数值；给定 $\boldsymbol{H}$，式（3.11）不增加 $F(\boldsymbol{W},\boldsymbol{H})$ 的函数值。

证明：给定 $\boldsymbol{W}$，定义 $F(\boldsymbol{W},\boldsymbol{H})$ 的辅助函数如下：

$$
\begin{aligned}
G(\boldsymbol{H},\boldsymbol{H}') = & \frac{\gamma}{2}\sum_{i,j}\frac{\left(\boldsymbol{H}'\boldsymbol{L}^{+}\right)_{ij} h_{ij}^{2}}{h'_{ij}} - \frac{\gamma}{2}\left(\operatorname{tr}\left(\boldsymbol{H}'\boldsymbol{L}^{-}\boldsymbol{H}'^{\mathrm{T}}\right) + 2\sum_{i,j}\left(\boldsymbol{H}'\boldsymbol{L}^{-}\right)_{ij} h'_{ij}\log\frac{h_{ij}}{h'_{ij}}\right) + \\
& \sum_{i,j}\left[v_{ij}\log v_{ij} - v_{ij}\sum_{k}\left(\frac{w_{ik}h'_{kj}}{\sum_{k}w_{ik}h'_{kj}}\log w'_{kj}h_{ik} - \frac{w_{ik}h'_{kj}}{\sum_{k}w_{ik}h'_{kj}}\log\frac{w_{ik}h'_{kj}}{\sum_{k}w_{ik}h'_{kj}}\right) - \right. \\
& \left. v_{ij} + \sum_{k} w_{ik}\frac{h_{kj}^{2} + h'_{kj}}{2h'_{kj}}\right]
\end{aligned}
$$

很容易验证 $G(\boldsymbol{H}',\boldsymbol{H}') = F(\boldsymbol{W},\boldsymbol{H}')$。因为负对数函数 $-\log(x)$ 是凸函数，可得下列不等式

$$
\begin{aligned}
-\log\sum_{k}w_{ik}h_{kj} &= -\log\sum_{k}\frac{w_{ik}h'_{kj}}{\sum_{k}w_{ik}h'_{kj}}\frac{w_{ik}h_{kj}}{\dfrac{w_{ik}h'_{kj}}{\sum_{k}w_{ik}h'_{kj}}} \\
&\leqslant -\sum_{k}\frac{w_{ik}h'_{kj}}{\sum_{k}w_{ik}h'_{kj}}\log\frac{w_{ik}h_{kj}}{\dfrac{w_{ik}h'_{kj}}{\sum_{k}w_{ik}h'_{kj}}} \\
&= -\sum_{k}\left(\frac{w_{ik}h'_{kj}}{\sum_{k}w_{ik}h'_{kj}}\log w_{ik}h_{kj} - \frac{w_{ik}h'_{kj}}{\sum_{k}w_{ik}h'_{kj}}\log\frac{w_{ik}h'_{kj}}{\sum_{k}w_{ik}h'_{kj}}\right)
\end{aligned}
\tag{3.18}
$$

因为 $h_{kj}^{2} + h_{kj}'^{2} \geqslant 2h'_{kj}h_{kj}$，所以有

$$
\sum_{k}w_{ik}h_{kj} \leqslant \sum_{k}w_{ik}\frac{h_{kj}^{2} + h_{kj}'^{2}}{2h'_{kj}} \tag{3.19}
$$

根据引理 3.1，可得

$$
\begin{aligned}
\operatorname{tr}\left(\boldsymbol{HLH}^{\mathrm{T}}\right) &= \operatorname{tr}\left(\boldsymbol{HL}^{+}\boldsymbol{H}^{\mathrm{T}}\right) - \operatorname{tr}\left(\boldsymbol{HL}^{-}\boldsymbol{H}^{\mathrm{T}}\right) \\
&\leqslant \sum_{i,j}\frac{(\boldsymbol{H}'\boldsymbol{L}^{+})_{ij}h_{ij}^{2}}{h'_{ij}} - \left(\operatorname{tr}(\boldsymbol{H}'\boldsymbol{L}^{-}\boldsymbol{H}'^{\mathrm{T}}) + 2\sum_{i,j}(\boldsymbol{H}'\boldsymbol{L}^{-})_{ij}h'_{ij}\log\frac{h_{ij}}{h'_{ij}}\right)
\end{aligned} \tag{3.20}
$$

结合不等式(3.18)，式(3.19)和式(3.20)，可以证明 $F(\boldsymbol{W},\boldsymbol{H})\leqslant G(\boldsymbol{H},\boldsymbol{H}')$。根据引理 A.1，$F\left(\boldsymbol{W},\arg\min_{\boldsymbol{H}} G(\boldsymbol{H},\boldsymbol{H}')\right)\leqslant F(\boldsymbol{W},\boldsymbol{H}')$。令 $\frac{\partial G(\boldsymbol{H},\boldsymbol{H}')}{\partial h_{ij}}=0$，可得如下更新规则

$$
h_{ij} = h'_{ij}\sqrt{\frac{\gamma(\boldsymbol{H}'\boldsymbol{L}^{-})_{ij} + \sum_{l}\frac{v_{lj}w_{li}}{\sum_{k}w_{lk}h'_{kj}}}{\gamma\left(\boldsymbol{H}'\boldsymbol{L}^{+}\right)_{ij} + \sum_{k}w_{ki}}} \tag{3.21}
$$

给定 $\boldsymbol{H}$，定义 $F(\boldsymbol{W},\boldsymbol{H})$ 的辅助函数如下：

$$
\begin{aligned}
G(\boldsymbol{W},\boldsymbol{W}') = \frac{\gamma}{2}\operatorname{tr}\left(\boldsymbol{HLH}^{\mathrm{T}}\right) + \sum_{ab}\Bigg[& v_{ij}\log v_{ab} - v_{ab} + \sum_{k}\frac{w_{ak}^{2}+w_{ak}'^{2}}{2w'_{ak}}h_{kb} - \\
& v_{ab}\sum_{k}\left(\frac{w'_{ak}h_{kb}}{\sum_{k}w'_{ak}h_{kb}}\log w_{ak}h_{kb} - \frac{w'_{ak}h_{kb}}{\sum_{k}w'_{ak}h_{kb}}\log\frac{w'_{ak}h_{kb}}{\sum_{k}w'_{ak}h_{kb}}\right)\Bigg]
\end{aligned}
$$

很容易验证 $G(\boldsymbol{W}',\boldsymbol{W}')=F(\boldsymbol{W}',\boldsymbol{H})$。与式（3.18）类似，因为负对数函数是凸函数，可得下列不等式

$$
\begin{aligned}
-\log\sum_{k}w_{ak}h_{kb} &= -\log\sum_{k}\rho_{k}\frac{w_{ak}h_{kb}}{\rho_{k}} \\
&\leqslant -\sum_{k}\rho_{k}\log\frac{w_{ak}h_{kb}}{\rho_{k}} = -\sum_{k}(\rho_{k}\log w_{ak}h_{kb} - \rho_{k}\log\rho_{k})
\end{aligned} \tag{3.22}
$$

式中，$\sum_{k}\rho_{k}=1$。令 $\rho_{k}=\frac{w'_{ak}h_{kb}}{\sum_{k}w'_{ak}h_{kb}}$，由 $w_{ak}\leqslant\frac{w_{ak}^{2}+w_{ak}'^{2}}{2w'_{ak}}$ 可知 $F(\boldsymbol{W},\boldsymbol{H})\leqslant G(\boldsymbol{W},\boldsymbol{W}')$。根据引理 A.1，$F\left[\arg\min_{\boldsymbol{W}} G(\boldsymbol{W},\boldsymbol{W}'),\boldsymbol{H}\right]\leqslant F(\boldsymbol{W}',\boldsymbol{H})$。令 $\frac{\partial G(\boldsymbol{W},\boldsymbol{W}')}{\partial w_{ab}}=0$，可得如下更新规则

$$w_{ab}=w'_{ab}\sqrt{\frac{\sum_{l}\frac{v_{al}h_{bl}}{\sum_{k}w'_{ab}h_{kl}}}{\sum_{k}h_{bk}}} \tag{3.23}$$

显而易见，式（3.21）和式（3.23）分别等价于式（3.10）和式（3.11）。根据引理 A.1，式（3.10）和式（3.11）不增加 $F(\boldsymbol{W},\boldsymbol{H})$ 的函数值。证毕。

根据定理 3.1，可知算法 3.1 收敛，见推论 3.1。

推论 3.1：算法 3.1 收敛到 $F(\boldsymbol{W},\boldsymbol{H})$ 的极值点。

证明：根据定理 3.1，可知

$$F(\boldsymbol{W}^{t+1},\boldsymbol{H}^{t+1})\leqslant F(\boldsymbol{W}^{t+1},\boldsymbol{H}^{t}) \tag{3.24}$$

$$F(\boldsymbol{W}^{t+1},\boldsymbol{H}^{t})\leqslant F(\boldsymbol{W}^{t},\boldsymbol{H}^{t}) \tag{3.25}$$

综合不等式（3.24）和不等式（3.25），可得

$$F(\boldsymbol{W}^{t+1},\boldsymbol{H}^{t+1})\leqslant F(\boldsymbol{W}^{t},\boldsymbol{H}^{t}) \tag{3.26}$$

式（3.26）的等号在目标函数 $F(\boldsymbol{W},\boldsymbol{H})$ 保持不变时成立，此时 $F(\boldsymbol{W},\boldsymbol{H})$ 对于 $\boldsymbol{H}$ 和 $\boldsymbol{W}$ 的梯度为零，即乘法更新规则算法 3.1 收敛到 $F(\boldsymbol{W},\boldsymbol{H})$ 的极值点。证毕。

3.2.2 基于欧几里得距离的 NPAF

利用欧几里得距离式（2.2）代替式（3.3）中的 $D(\boldsymbol{V}\,|\,\boldsymbol{WH})$，提出基于欧几里得距离的 NPAF 模型（简称 NPAF^{E}），其目标函数为

$$\min_{\boldsymbol{W}\geqslant 0,\boldsymbol{H}\geqslant 0} F(\boldsymbol{W},\boldsymbol{H})=\frac{\gamma}{2}\text{tr}(\boldsymbol{HLH}^{\text{T}})+\frac{1}{2}D_{\text{EU}}(\boldsymbol{V}\,|\,\boldsymbol{WH}) \tag{3.27}$$

与 NPAF^{K} 一样，式（3.27）也不是凸函数，但是 $F(\boldsymbol{W},\boldsymbol{H})$ 对于 w_{ab} 或 h_{ij} 是凸的，本节用乘法更新规则优化 $\boldsymbol{W}$ 和 $\boldsymbol{H}$ 。

3.2.2.1　乘法更新规则

考虑 $F(\boldsymbol{W},\boldsymbol{H})$ 对于 w_{ab} 或 h_{ij} 的二阶导数

$$\begin{aligned}\frac{\partial^2 F}{\partial w_{ab}^2}&=(\boldsymbol{H}\boldsymbol{H}^{\mathrm{T}})_{bb}\\\frac{\partial^2 F}{\partial h_{ij}^2}&=(\boldsymbol{W}^{\mathrm{T}}\boldsymbol{W})_{ii}+\gamma l_{jj}\end{aligned}\tag{3.28}$$

由式（3.28）可知，$\frac{\partial^2 F}{\partial w_{ab}^2}>0$。当 $l_{jj}\geqslant 0$ 时，$\frac{\partial^2 F}{\partial h_{ij}^2}>0$。根据拉格朗日乘子法，本节为约束条件 $\boldsymbol{W}\geqslant 0$ 和 $\boldsymbol{H}\geqslant 0$ 分别引入拉格朗日乘子 $\varphi\in\mathbb{R}^{m\times r}$ 和 $\phi\in\mathbb{R}^{r\times n}$，拉格朗日函数为

$$\mathcal{L}=\frac{\gamma}{2}\mathrm{tr}\left(\boldsymbol{H}\boldsymbol{L}\boldsymbol{H}^{\mathrm{T}}\right)+\frac{1}{2}D_{\mathrm{EU}}\left(\boldsymbol{V}\,|\,\boldsymbol{W}\boldsymbol{H}\right)+\mathrm{tr}\left(\varphi^{\mathrm{T}}\boldsymbol{W}\right)+\mathrm{tr}(\phi^{\mathrm{T}}\boldsymbol{H})$$

利用 $\mathcal{L}$，式（3.27）可写为 $\min\limits_{\boldsymbol{W},\boldsymbol{H}}\mathcal{L}$。为了求解式（3.27），计算 $\mathcal{L}$ 对于 w_{ab} 和 h_{ij} 的一阶导数

$$\begin{aligned}\frac{\partial\mathcal{L}}{\partial w_{ab}}&=-\left(\boldsymbol{V}\boldsymbol{H}^{\mathrm{T}}\right)_{ab}+\left(\boldsymbol{W}\boldsymbol{H}\boldsymbol{H}^{\mathrm{T}}\right)_{ab}+\varphi_{ab}\\\frac{\partial\mathcal{L}}{\partial h_{ij}}&=\gamma\left(\boldsymbol{H}\boldsymbol{L}\right)_{ij}-\left(\boldsymbol{W}^{\mathrm{T}}\boldsymbol{V}\right)_{ij}+\left(\boldsymbol{W}^{\mathrm{T}}\boldsymbol{W}\boldsymbol{H}\right)_{ij}+\phi_{ij}\end{aligned}$$

由于拉格朗日函数 $\mathcal{L}$ 的驻点满足 K.K.T.条件，即 $\varphi_{ab}w_{ab}=0$ 且 $\phi_{ij}h_{ij}=0$。由 K.K.T.条件可得如下等式

$$\left[\gamma\left(\boldsymbol{H}\boldsymbol{L}^{+}\right)_{ij}-\gamma\left(\boldsymbol{H}\boldsymbol{L}^{-}\right)_{ij}-\left(\boldsymbol{W}^{\mathrm{T}}\boldsymbol{V}\right)_{ij}+\left(\boldsymbol{W}^{\mathrm{T}}\boldsymbol{W}\boldsymbol{H}\right)_{ij}\right]h_{ij}=0\tag{3.29}$$

$$\left[-\left(\boldsymbol{V}\boldsymbol{H}^{\mathrm{T}}\right)_{ab}+\left(\boldsymbol{W}\boldsymbol{H}\boldsymbol{H}^{\mathrm{T}}\right)_{ab}\right]w_{ab}=0\tag{3.30}$$

式（3.29）中的 $\boldsymbol{L}$ 被分成两部分的差，即 $\boldsymbol{L}=\boldsymbol{L}^{+}-\boldsymbol{L}^{-}$，其中 $\boldsymbol{L}^{+}$ 和 $\boldsymbol{L}^{-}$ 是非负对称矩阵。

交换式（3.29）和式（3.30）中的各项并同在等式两边同乘 h_{ij}^2 和 w_{ab}^2，

可得

$$\left[\gamma\left(\boldsymbol{H}\boldsymbol{L}^{+}\right)_{ij}+\left(\boldsymbol{W}^{\mathrm{T}}\boldsymbol{W}\boldsymbol{H}\right)_{ij}\right]h_{ij}^{2}=\left[\gamma\left(\boldsymbol{H}\boldsymbol{L}^{-}\right)_{ij}+\boldsymbol{W}^{\mathrm{T}}\boldsymbol{V}\right]h_{ij}^{2} \tag{3.31}$$

$$\left(\boldsymbol{W}\boldsymbol{H}\boldsymbol{H}^{\mathrm{T}}\right)_{ab}w_{ab}^{2}=\left(\boldsymbol{V}\boldsymbol{H}^{\mathrm{T}}\right)_{ab}w_{ab}^{2} \tag{3.32}$$

式（3.31）等价于式（3.29），式（3.32）等价于式（3.30）。由式（3.31）和式（3.32）可推导出 h_{ij} 和 w_{ab} 的乘法更新规则

$$h_{ij}\leftarrow h_{ij}\sqrt{\frac{\gamma\left(\boldsymbol{H}\boldsymbol{L}^{-}\right)_{ij}+\left(\boldsymbol{W}^{\mathrm{T}}\boldsymbol{V}\right)_{ij}}{\gamma\left(\boldsymbol{H}\boldsymbol{L}^{+}\right)_{ij}+\left(\boldsymbol{W}^{\mathrm{T}}\boldsymbol{W}\boldsymbol{H}\right)_{ij}}} \tag{3.33}$$

$$w_{ab}\leftarrow w_{ab}\sqrt{\frac{\left(\boldsymbol{V}\boldsymbol{H}^{\mathrm{T}}\right)_{ab}}{\left(\boldsymbol{W}\boldsymbol{H}\boldsymbol{H}^{\mathrm{T}}\right)_{ab}}} \tag{3.34}$$

乘法更新规则算法分别用式（3.33）和式（3.34）更新 $\boldsymbol{H}$ 和 $\boldsymbol{W}$，直到目标函数保持不变。通过把式（3.33）和式（3.34）写成矩阵形式，NPAF^{E} 的乘法更新规则算法见算法 3.2。与算法 3.1 类似，算法 3.2 忽略 $\boldsymbol{W}$ 的归一化过程。

算法 3.2 NPAF^{E} 的乘法更新规则算法

输入： $\boldsymbol{V}\in\mathbb{R}_{+}^{m\times n},r$

输出： $\boldsymbol{H}\in\mathbb{R}_{+}^{r\times n},\boldsymbol{W}\in\mathbb{R}_{+}^{m\times r}$

1: 计算配准块矩阵 $\boldsymbol{L}$

2: 初始化 $\boldsymbol{H}^{0}\in\mathbb{R}_{+}^{r\times n},\boldsymbol{W}^{0}\in\mathbb{R}_{+}^{m\times r},t=0$

repeat

3: 计算 $\boldsymbol{H}^{t+1}=\boldsymbol{H}^{t}\sqrt{\frac{\gamma\boldsymbol{H}^{t}\boldsymbol{L}^{-}+\boldsymbol{W}^{t^{\mathrm{T}}}\boldsymbol{V}}{\gamma\boldsymbol{H}^{t}\boldsymbol{L}^{+}+\boldsymbol{W}^{t^{\mathrm{T}}}\boldsymbol{W}^{t}\boldsymbol{H}^{t}}}$

4: 计算 $\boldsymbol{W}^{t+1}=\boldsymbol{W}^{t}\sqrt{\frac{\boldsymbol{V}\boldsymbol{H}^{{t+1}^{\mathrm{T}}}}{\boldsymbol{W}^{t}\boldsymbol{H}^{t+1}\boldsymbol{H}^{{t+1}^{\mathrm{T}}}}}$

5: 更新 $t \leftarrow t+1$

until 满足终止条件

6: $\boldsymbol{H}=\boldsymbol{H}^{t}, \boldsymbol{W}=\boldsymbol{H}^{t}$ 。

为了避免除法运算带来的数值问题，本章在算法 3.2 中利用与算法 3.1 类似的终止条件，即算法 3.2 在第 t 次迭代终止的条件为

$$\frac{\left|F(\boldsymbol{W}^{t},\boldsymbol{H}^{t})-F(\boldsymbol{W}^{t-1},\boldsymbol{H}^{t-1})\right|}{\left|F(\boldsymbol{W}^{0},\boldsymbol{H}^{0})-F(\boldsymbol{W}^{t-1},\boldsymbol{H}^{t-1})\right|} \leqslant \tau$$

其中 $t \geqslant 1$ 是迭代次数， τ 是收敛精度。

3.2.2.2　收敛性证明

本节利用辅助函数技术（见附录 A）证明乘法更新规则算法 3.2 的收敛性。根据附录 A.2，本节通过构造辅助函数证明式（3.33）和式（3.34）不增加 $F(\boldsymbol{W},\boldsymbol{H})$ 的函数值，证明过程见定理 3.2。

定理 3.2：给定 $\boldsymbol{W}$，式（3.33）不增加 $F(\boldsymbol{W},\boldsymbol{H})$ 的函数值；给定 $\boldsymbol{H}$，式（3.34）不增加 $F(\boldsymbol{W},\boldsymbol{H})$ 的函数值。

证明：给定 $\boldsymbol{W}$ ，把 $F(\boldsymbol{W},\boldsymbol{H})$ 写成 $\boldsymbol{H}$ 的函数

$$\begin{aligned} F(\boldsymbol{W},\boldsymbol{H}) = J(\boldsymbol{H}) = \frac{\gamma}{2}\operatorname{tr}(\boldsymbol{H}\boldsymbol{L}^{+}\boldsymbol{H}^{\mathrm{T}}) - \frac{\gamma}{2}\operatorname{tr}(\boldsymbol{H}\boldsymbol{L}^{-}\boldsymbol{H}^{\mathrm{T}}) + \\ \frac{1}{2}\operatorname{tr}(\boldsymbol{V}^{\mathrm{T}}\boldsymbol{V}) - \operatorname{tr}(\boldsymbol{V}^{\mathrm{T}}\boldsymbol{W}\boldsymbol{H}) + \frac{1}{2}\operatorname{tr}(\boldsymbol{H}^{\mathrm{T}}\boldsymbol{W}^{\mathrm{T}}\boldsymbol{W}\boldsymbol{H}) \end{aligned}$$

根据引理 3.1，可得如下不等式

$$\operatorname{tr}(\boldsymbol{H}\boldsymbol{L}^{+}\boldsymbol{H}^{\mathrm{T}}) \leqslant \sum_{i,j} \frac{(\boldsymbol{H}'\boldsymbol{L}^{+})_{ij} h_{ij}^{2}}{h'_{ij}} \tag{3.35}$$

$$\operatorname{tr}(\boldsymbol{H}\boldsymbol{L}^{-}\boldsymbol{H}^{\mathrm{T}}) \geqslant \operatorname{tr}(\boldsymbol{H}'\boldsymbol{L}^{-}\boldsymbol{H}'^{\mathrm{T}}) + 2\sum_{i,j}(\boldsymbol{H}'\boldsymbol{L}^{-})_{ij} h'_{ij} \log\frac{h_{ij}}{h'_{ij}} \tag{3.36}$$

$$\mathrm{tr}(\boldsymbol{H}^{\mathrm{T}}\boldsymbol{W}^{\mathrm{T}}\boldsymbol{W}\boldsymbol{H}) \leqslant \sum_{i,j}\frac{\left(\boldsymbol{H}'^{\mathrm{T}}\boldsymbol{W}^{\mathrm{T}}\boldsymbol{W}\right)_{ij}h_{ij}^{2}}{h_{ij}'} \tag{3.37}$$

将 $x=\frac{h_{ij}}{h_{ij}'}$ 代入不等式 $x \geqslant 1+\log x$ 可得 $h_{ij}-h_{ij}' \geqslant h_{ij}'\log\frac{h_{ij}}{h_{ij}'}$，则 $J(\boldsymbol{H})$ 具有如下关系

$$\begin{aligned}\mathrm{tr}(\boldsymbol{V}^{\mathrm{T}}\boldsymbol{W}\boldsymbol{H}) &= \mathrm{tr}(\boldsymbol{V}^{\mathrm{T}}\boldsymbol{W}\boldsymbol{H}') + \sum_{i,j}\left(\boldsymbol{W}^{\mathrm{T}}\boldsymbol{V}\right)_{ij}\left(h_{ij}-h_{ij}'\right) \\ &\geqslant \mathrm{tr}\left(\boldsymbol{V}^{\mathrm{T}}\boldsymbol{W}\boldsymbol{H}'\right) + \sum_{i,j}\left(\boldsymbol{W}^{\mathrm{T}}\boldsymbol{V}\right)_{ij}h_{ij}'\log\frac{h_{ij}}{h_{ij}'}\end{aligned} \tag{3.38}$$

综合不等式（3.35）、式（3.36）、式（3.37）和式（3.38）可知

$$\begin{aligned}J(\boldsymbol{H}) \leqslant\; &\frac{\gamma}{2}\sum_{i,j}\frac{\left(\boldsymbol{H}'\boldsymbol{L}^{+}\right)_{ij}h_{ij}^{2}}{h_{ij}'} - \frac{\gamma}{2}\left(\mathrm{tr}(\boldsymbol{H}'\boldsymbol{L}^{-}\boldsymbol{H}'^{\mathrm{T}}) + 2\sum_{i,j}\left(\boldsymbol{H}'\boldsymbol{L}^{-}\right)_{ij}h_{ij}'\log\frac{h_{ij}}{h_{ij}'}\right) + \\ &\frac{1}{2}\mathrm{tr}(\boldsymbol{V}^{\mathrm{T}}\boldsymbol{V}) - \mathrm{tr}(\boldsymbol{V}^{\mathrm{T}}\boldsymbol{W}\boldsymbol{H}') - \sum_{i,j}(\boldsymbol{W}^{\mathrm{T}}\boldsymbol{V})_{ij}h_{ij}'\log\frac{h_{ij}}{h_{ij}'} + \\ &\frac{1}{2}\sum_{i,j}\frac{(\boldsymbol{H}'^{\mathrm{T}}\boldsymbol{W}^{\mathrm{T}}\boldsymbol{W})_{ij}h_{ij}^{2}}{h_{ij}'} \triangleq G(\boldsymbol{H},\boldsymbol{H}')\end{aligned}$$

很容易验证 $G(\boldsymbol{H}',\boldsymbol{H}')=F(\boldsymbol{W},\boldsymbol{H}')$，则 $G(\boldsymbol{H}',\boldsymbol{H}')$ 是 $F(\boldsymbol{W},\boldsymbol{H})$ 的辅助函数。根据引理 A.1，$F(\boldsymbol{W},\arg\min_{\boldsymbol{H}} G(\boldsymbol{H},\boldsymbol{H}')) \leqslant F(\boldsymbol{W},\boldsymbol{H}')$。令 $\frac{\partial G(\boldsymbol{H},\boldsymbol{H}')}{\partial h_{ij}}=0$，可得如下更新规则

$$h_{ij} = h_{ij}'\sqrt{\frac{\gamma(\boldsymbol{H}'\boldsymbol{L}^{-})_{ij} + (\boldsymbol{W}^{\mathrm{T}}\boldsymbol{V})_{ij}}{\gamma(\boldsymbol{H}'\boldsymbol{L}^{+})_{ij} + (\boldsymbol{W}^{\mathrm{T}}\boldsymbol{W}\boldsymbol{H}')_{ij}}} \tag{3.39}$$

给定 $\boldsymbol{H}$，$F(\boldsymbol{W},\boldsymbol{H})$ 可写成 $\boldsymbol{W}$ 的函数

$$F(\boldsymbol{W},\boldsymbol{H}) = K(\boldsymbol{W}) = \frac{1}{2}\mathrm{tr}(\boldsymbol{V}^{\mathrm{T}}\boldsymbol{V}) - \mathrm{tr}(\boldsymbol{H}\boldsymbol{V}^{\mathrm{T}}\boldsymbol{W}) + \frac{1}{2}\mathrm{tr}(\boldsymbol{W}\boldsymbol{H}\boldsymbol{H}^{\mathrm{T}}\boldsymbol{W}^{\mathrm{T}})$$

根据引理 3.1，可得如下不等式

$$\mathrm{tr}(\boldsymbol{W}\boldsymbol{H}\boldsymbol{H}^{\mathrm{T}}\boldsymbol{W}^{\mathrm{T}}) \leqslant \sum_{ab} \frac{(\boldsymbol{W}'\boldsymbol{H}\boldsymbol{H}^{\mathrm{T}})_{ab} w_{ab}^2}{w'_{ab}} \tag{3.40}$$

与式（3.38）类似，可得如下不等式

$$\mathrm{tr}(\boldsymbol{H}\boldsymbol{V}^{\mathrm{T}}\boldsymbol{W}) \geqslant \mathrm{tr}(\boldsymbol{H}\boldsymbol{V}^{\mathrm{T}}\boldsymbol{W}') + \sum_{ab} (\boldsymbol{V}\boldsymbol{H}^{\mathrm{T}})_{ab} w'_{ab} \log \frac{w_{ab}}{w'_{ab}} \tag{3.41}$$

综合不等式（3.40）和式（3.41）可知

$$K(\boldsymbol{W}) \leqslant \frac{1}{2}\mathrm{tr}(\boldsymbol{V}^{\mathrm{T}}\boldsymbol{V}) - \mathrm{tr}(\boldsymbol{H}\boldsymbol{V}^{\mathrm{T}}\boldsymbol{W}') - \sum_{ab} (\boldsymbol{V}\boldsymbol{H}^{\mathrm{T}})_{ab} w'_{ab} \log \frac{w_{ab}}{w'_{ab}} + \sum_{ab} \frac{(\boldsymbol{W}'\boldsymbol{H}\boldsymbol{H}^{\mathrm{T}})_{ab} w_{ab}^2}{w'_{ab}} \triangleq G(\boldsymbol{W}, \boldsymbol{W}')$$

很容易验证 $G(\boldsymbol{W}', \boldsymbol{W}') = F(\boldsymbol{W}', \boldsymbol{H})$，则 $G(\boldsymbol{W}, \boldsymbol{W}')$ 是 $F(\boldsymbol{W}, \boldsymbol{H})$ 的辅助函数。根据引理 A.1，$F\left[\arg\min_{\boldsymbol{W}} G(\boldsymbol{W}, \boldsymbol{W}'), \boldsymbol{H}\right] \leqslant F(\boldsymbol{W}', \boldsymbol{H})$。令 $\dfrac{\partial G(\boldsymbol{W}, \boldsymbol{W}')}{\partial w_{ab}} = 0$，可得如下更新规则

$$w_{ab} = w'_{ab} \sqrt{\frac{(\boldsymbol{V}\boldsymbol{H}^{\mathrm{T}})_{ab}}{(\boldsymbol{W}'\boldsymbol{H}\boldsymbol{H}^{\mathrm{T}})_{ab}}} \tag{3.42}$$

显而易见，式（3.39）和式（3.42）分别等价于式（3.33）和式（3.34）。根据引理 A.1，式（3.33）和式（3.34）不增加 $F(\boldsymbol{W}, \boldsymbol{H})$ 的函数值。证毕。

根据定理 3.2，可知算法 3.2 收敛，见推论 3.2。

推论 3.2： 算法 3.2 收敛到 $F(\boldsymbol{W}, \boldsymbol{H})$ 的极值点。

证明：根据定理 3.2，可知

$$F(\boldsymbol{W}^{t+1}, \boldsymbol{H}^{t+1}) \leqslant F(\boldsymbol{W}^{t+1}, \boldsymbol{H}^{t}) \tag{3.43}$$

$$F(\boldsymbol{W}^{t+1}, \boldsymbol{H}^{t}) \leqslant F(\boldsymbol{W}^{t}, \boldsymbol{H}^{t}) \tag{3.44}$$

综合不等式（3.43）和式（3.44），可得

$$F(\boldsymbol{W}^{t+1}, \boldsymbol{H}^{t+1}) \leqslant F(\boldsymbol{W}^{t}, \boldsymbol{H}^{t}) \tag{3.45}$$

式（3.45）的等号在目标函数 $F(\boldsymbol{W},\boldsymbol{H})$ 保持不变时成立，此时 $F(\boldsymbol{W},\boldsymbol{H})$ 对于 $\boldsymbol{H}$ 和 $\boldsymbol{W}$ 的梯度为零，即乘法更新规则算法 3.2 收敛到 $F(\boldsymbol{W},\boldsymbol{H})$ 的极值点。证毕。

3.2.3 计算复杂性分析

算法 3.1 和算法 3.2 的时间复杂度由两部分组成：①乘法更新规则更新公式的时间复杂度为#iteration $\times O(mnr+n^2r)$，其中#iteration 是迭代次数，$O(mnr+n^2r)$ 是其一次迭代的时间复杂度；②构造配准矩阵的时间复杂度取决于具体算法。乘法更新规则的时间复杂度依赖迭代次数#iteration，#iteration 越小，算法效率越高。为了减少迭代次数，本书提出快速梯度算法（见第 5 章）。利用式（3.27）的梯度的李普希兹连续性，本书进一步提出最优梯度下降算法求解 NPAF^{E} 模型（见第 6 章）。

算法 3.1 和算法 3.2 的空间复杂度为 $O(mn+2n^2+mr+rn)$。由于乘法更新规则的空间复杂度随样本数量 n 二次增长，所以该算法不适用于规模过大的数据库。为了解决这个问题，本书提出在线优化算法求解非负块配准模型（见第 7 章），该算法可用于大规模数据处理问题（见第 8 章）。

3.2.4 非负数据降维算法框架比较

目前，研究人员提出若干非负数据降维框架，如非负图嵌入模型 NGE（Non-negative Graph Embedding）[53]和图正则非负矩阵分解模型 GNMF[54]，本节分析 NPAF 模型与它们的区别。

3.2.4.1 NPAF 与 NGE

NGE 模型在样本集上构建两个邻接图，即内蕴图（Intrinsic Graph）和罚分图（Plenty Graph）表示数据的统计特性，通过优化基于图拉普拉斯的目标函数在低维空间揭示数据统计结构。因为 NPAF 和 NGE 从不同的角度分析非负数据降维算法，它们在本质上是不同的，主要表现在以下方面：

（1）NPAF 模型指出非负数据降维算法的区别在于所构建的样本块以及局部坐标系上的局部优化过程不同，而所有算法的全局配准过程是相同的。NGE 模型认为各算法的区别在于内蕴图和罚分图的设计及其嵌入方式的不同。因此，NPAF 模型完全揭示非负数据降维算法揭示数据“局部线性和全局非线性”统计特性的过程，而 NGE 模型构建邻接图编码嵌入在非线性流形上的样本的空间位置关系。

（2）NGE 模型把低维空间强制分解成两个子空间，而 NPAF 模型通过配准过程建立完整的低维空间全局坐标系。

（3）NGE 模型用乘法更新规则算法求解且每次迭代包含一个矩阵求逆运算，因此时间开销过大。除了可用乘法更新规则算法求解，NPAF 模型还可用快速梯度下降法、最优梯度下降算法高效求解。

3.2.4.2　NPAF 与 GNMF

GNMF 模型结合非负矩阵分解和图拉普拉斯技术，通过构建邻接图在低维空间保持数据统计特性。虽然其他信息（如数据标签信息[56-57]）可用于构建各种邻接图，可分析非负数据降维算法，但是 GNMF 模型与 NPAF 模型有以下区别：

（1）NPAF 模型从块配准角度分析非负数据降维算法，而 GNMF 模型从图拉普拉斯的角度分析非负数据降维算法。

（2）文献[54]中的乘法更新规则用于优化基于图拉普拉斯的 GNMF 模型，而本章提出的乘法更新规则算法可优化所有非负数据降维算法，包括 GNMF 算法[50]。

（3）NPAF 模型可用收敛速度更快的快速梯度下降法和最优梯度下降算法求解。

3.3 非负数据降维算法的分析

本节利用非负块配准框架分析已有非负数据降维算法，发现其数学模型的本质区别在于其构建不同的局部块，以及局部块上编码不同统计特性的局部优化过程。

3.3.1 非负矩阵分解

从数据降维的角度，非负矩阵分解把样本$\boldsymbol{V}=[v_1,\cdots,v_n]$表示成低维空间基向量$\boldsymbol{W}\in\mathbb{R}_+^{m\times r}\left(r\ll m\right)$的线性组合。若令表示系数为$\boldsymbol{H}\in\mathbb{R}_+^{r\times n}$，则非负矩阵分解直观解释是寻找非负的$\boldsymbol{W}$和$\boldsymbol{H}$使$\boldsymbol{V}\approx\boldsymbol{WH}$。用数学公式表述，其目标函数为

$$\min_{\boldsymbol{W}\geqslant 0,\boldsymbol{H}\geqslant 0} D(\boldsymbol{V}\,|\,\boldsymbol{WH}) \tag{3.46}$$

式中，$D(\boldsymbol{V}\,|\,\boldsymbol{WH})$度量$\boldsymbol{V}$和$\boldsymbol{WH}$之间的距离。根据 2.1.1 节，$D(\boldsymbol{V}\,|\,\boldsymbol{WH})$有若干种选择，如 KL 散度或欧几里得距离。

若令式（3.3）中的$\gamma=0$，则其与式（3.46）等价。因此，式（3.46）可以用本书所提乘法更新规则算法 3.1 求解。以基于 KL 散度的非负矩阵分解为例，求解式（3.46）的乘法更新规则[29]是乘法更新规则算法式（2.4）的推广。

$$\boldsymbol{H}\leftarrow\boldsymbol{H}\sqrt{\frac{\boldsymbol{W}^{\mathrm{T}}\boldsymbol{V}}{\boldsymbol{W}^{\mathrm{T}}\boldsymbol{WH}}} \tag{3.47}$$

$$\boldsymbol{W}\leftarrow\boldsymbol{W}\sqrt{\frac{\boldsymbol{VH}^{\mathrm{T}}}{\boldsymbol{WHH}^{\mathrm{T}}}} \tag{3.48}$$

与式（2.4）相比，乘法更新规则式（3.47）和式（3.48）直接从 NPAF

推导而来，即非负矩阵分解可视为 NPAF 的特例。

3.3.2 局部非负矩阵分解

为了提取空间局部特征，Li 等人[30]提出局部非负矩阵分解（LNMF），其目标函数是式（2.24）。在 LNMF 中，引入三个罚分项：① $\min\sum_{i\neq j}(\boldsymbol{W}^{\mathrm{T}}\boldsymbol{W})_{ij}$ 约束 $\boldsymbol{W}$ 的列尽可能正交；② $\min\sum_{i}(\boldsymbol{W}^{\mathrm{T}}\boldsymbol{W})_{ii}=\|\boldsymbol{W}\|_F^2$ 约束 $\boldsymbol{W}$ 尽可能平滑；③ $\max\sum_{i}(\boldsymbol{H}\boldsymbol{H}^{\mathrm{T}})_{ii}$ 约束 $\boldsymbol{H}$ 中含有尽可能多的零元素。由于 $\sum_{i}U'_{ii}=\mathrm{tr}(\boldsymbol{H}\boldsymbol{H}^{\mathrm{T}})$ 且 $\sum_{i,j}U_{ij}=\mathrm{tr}(\boldsymbol{W}\boldsymbol{e}\boldsymbol{W}^{\mathrm{T}})$，式（2.25）等价于

$$\min_{\boldsymbol{W}\geqslant 0,\boldsymbol{H}\geqslant 0} D(\boldsymbol{V}\,|\,\boldsymbol{W}\boldsymbol{H})-\beta\,\mathrm{tr}(\boldsymbol{H}\boldsymbol{H}^{\mathrm{T}})+\alpha\,\mathrm{tr}(\boldsymbol{W}\mathbf{1}_{r\times r}\boldsymbol{W}^{\mathrm{T}}) \tag{3.49}$$

为了求解式（3.49），本书交替优化下列问题：给定 $\boldsymbol{W}$，优化

$$\min_{\boldsymbol{H}\geqslant 0} D(\boldsymbol{V}\,|\,\boldsymbol{W}\boldsymbol{H})-\beta\,\mathrm{tr}(\boldsymbol{H}\boldsymbol{H}^{\mathrm{T}}) \tag{3.50}$$

和给定 $\boldsymbol{H}$，优化

$$\min_{\boldsymbol{W}\geqslant 0} D(\boldsymbol{V}\,|\,\boldsymbol{W}\boldsymbol{H})+\alpha\,\mathrm{tr}(\boldsymbol{W}\mathbf{1}_{r\times r}\boldsymbol{W}^{\mathrm{T}}) \tag{3.51}$$

问题式（3.50）和式（3.51）可以用 NPAF 分析。具体而言，问题式（3.50）等价于

$$\min_{\boldsymbol{H}\geqslant 0} D(\boldsymbol{V}\,|\,\boldsymbol{W}\boldsymbol{H})+\beta\,\mathrm{tr}\left[\boldsymbol{H}(-1)\boldsymbol{H}^{\mathrm{T}}\right] \tag{3.52}$$

若用 $-\boldsymbol{I}$ 替代式（3.3）中的 $\boldsymbol{L}$，则问题式（3.52）等价于 NPAF。从 NPAF 角度看，数据库中每个样本对应的块退化成其自身，完全忽略了几何结构信息。因为 $-\boldsymbol{I}$ 是对角矩阵，问题式（3.52）可用下列乘法更新规则[1]求解：

---

1 为了保证式（3.52）是凸问题，参数 β 应该设置成足够小的值。

$$\boldsymbol{H} \leftarrow \boldsymbol{H}\sqrt{\frac{\beta\boldsymbol{H}+\boldsymbol{W}^{\mathrm{T}}\dfrac{\boldsymbol{V}}{\boldsymbol{W}\boldsymbol{H}}}{\boldsymbol{W}^{\mathrm{T}}\mathbf{1}_{m\times n}}}$$

类似地，若用$\mathbf{1}_{r\times r}$替代式（3.3）中的$\boldsymbol{L}$，则问题式（3.51）等价于 NPAF。从 NPAF 角度看，每个基向量对应一个块，且每个基向量块由所有基向量组成。因为$\mathbf{1}_{r\times r}$是对称的，问题式（3.51）可用所提乘法更新规则求解，即

$$\boldsymbol{W} \leftarrow \boldsymbol{W}\sqrt{\frac{\dfrac{\boldsymbol{V}}{\boldsymbol{W}\boldsymbol{H}}\boldsymbol{H}^{\mathrm{T}}}{\alpha\boldsymbol{W}\mathbf{1}_{r\times r}+\mathbf{1}_{m\times n}\boldsymbol{H}^{\mathrm{T}}}}$$

综上所述，通过为$\boldsymbol{H}$和$\boldsymbol{W}$的列分别构建块，LNMF 可以用 NPAF 统一分析。

3.3.3 判别非负矩阵分解

为了利用判别信息，Zafeiriou 等人[31]结合线性判别分析与非负矩阵分解，提出判别非负矩阵分解（DNMF），其目标函数是式（2.30）。为了用 NPAF 分析 DNMF，把式（2.31）写成

$$\min_{\boldsymbol{W}\geqslant 0,\boldsymbol{H}\geqslant 0} D(\boldsymbol{V}\,|\,\boldsymbol{W}\boldsymbol{H})+\gamma\,\mathrm{tr}(\boldsymbol{H}\boldsymbol{L}^{W}\boldsymbol{H}^{\mathrm{T}})-\delta\,\mathrm{tr}(\boldsymbol{H}\boldsymbol{L}^{B}\boldsymbol{H}^{\mathrm{T}}) \tag{3.53}$$

其中$\boldsymbol{L}^{W}$和$\boldsymbol{L}^{B}$分别对应目标函数$\min\limits_{\boldsymbol{H}}\boldsymbol{S}_{\boldsymbol{W}}$和$\max\limits_{\boldsymbol{H}}\boldsymbol{S}_{\boldsymbol{B}}$的配准矩阵。配准矩阵$\boldsymbol{L}^{W}$和$\boldsymbol{L}^{B}$可由配准策略得到，其对应的局部优化核矩阵$\boldsymbol{L}_i^{W}$和$\boldsymbol{L}_i^{B}$是

$$\begin{aligned}\boldsymbol{L}_i^{W}&=\frac{1}{N_i^2}\begin{bmatrix}(N_i-1)^2 & -(N_i-1)1_{N_i-1}^{T}\\ -(N_i-1)1_{N_i-1} & 1_{N_i-1}1_{N_i-1}^{T}\end{bmatrix}\\ \boldsymbol{L}_i^{B}&=\frac{N_i}{C^2}\begin{bmatrix}(C-1)^2 & -(C-1)1_{C-1}^{T}\\ -(C-1)1_{C-1} & 1_{C-1}1_{C-1}^{T}\end{bmatrix}\end{aligned} \tag{3.54}$$

式中，N_i是与v_i同类的样本数，C是样本类数，$\mathbf{1}_{N_i-1}=[1,\cdots,1]^{\mathrm{T}}\in\mathbb{R}^{N_i-1}$，$\mathbf{1}_{C-1}=[1,\cdots,1]^{\mathrm{T}}\in\mathbb{R}^{C-1}$。

给定数据库$\boldsymbol{V}$，由式（3.54）和配准策略[17]计算$\boldsymbol{L}^{W}$和$\boldsymbol{L}^{B}$，则式（3.53）可写成

$$\min_{\boldsymbol{W}\geqslant 0,\boldsymbol{H}\geqslant 0} D\left(\boldsymbol{V}\,|\,\boldsymbol{WH}\right)+\gamma\,\mathrm{tr}\left(\boldsymbol{H}(\boldsymbol{L}^{W}-\frac{\delta}{\gamma}\boldsymbol{L}^{B})\boldsymbol{H}^{\mathrm{T}}\right) \tag{3.55}$$

很显然，若用$\boldsymbol{L}^{W}-\dfrac{\delta}{\gamma}\boldsymbol{L}^{B}$替代式（3.3）中的$\boldsymbol{L}$，则 DNMF 等价于 NPAF。因此，DNMF 可以用 NPAF 统一分析。因为$\boldsymbol{L}^{W}$和$\boldsymbol{L}^{B}$是对称矩阵，问题式（3.55）可用本书所提乘法更新规则[1]求解。

由式（3.54）可知，从 NPAF 的角度看，DNMF 为每个样本v_i构建两个样本块，一个是由v_i及其同类C_i中的其他样本组成，另一个是由C_i的中心点v_i^m及其他类的中心点组成。因为 DNMF 为每个样本构建的块包含所有样本，所以这种样本块是全局的，没有编码局部几何结构。

3.3.4　图罚分非负矩阵分解

为了编码局部几何结构，Cai 等人[32]提出带邻接图图正则项的非负矩阵分解（GNMF），其目标函数为式（2.34）。在 GNMF 中，数据几何结构编码在一个邻接图G中，邻接图的定义见定义 2.2。假设$\boldsymbol{G}$的相似矩阵为$\boldsymbol{S}$，其拉普拉斯矩阵为$\boldsymbol{L}=\boldsymbol{D}-\boldsymbol{S}$，其中$\boldsymbol{D}$是对角矩阵，对角线元素为$\boldsymbol{D}_{ii}=\sum_{j}S_{ji}$。

根据文献[32]，GNMF 的目标函数式（2.34）可写成

$$\begin{aligned}&\min_{\boldsymbol{W}\geqslant 0,\boldsymbol{H}\geqslant 0} D(\boldsymbol{V}\,|\,\boldsymbol{WH})+\lambda\sum_{i,j}\left\|h_i-h_j\right\|^2\boldsymbol{S}_{ij}\\&=\min_{\boldsymbol{W}\geqslant 0,\boldsymbol{H}\geqslant 0} D(\boldsymbol{V}\,|\,\boldsymbol{WH})+\lambda\sum_{i}\sum_{j=1}^{k}\left\|h_i-h_{i_j}\right\|\\&=\min_{\boldsymbol{W}\geqslant 0,\boldsymbol{H}\geqslant 0} D(\boldsymbol{V}\,|\,\boldsymbol{WH})+\lambda\sum_{i,j}\mathrm{tr}(\boldsymbol{H}_i\boldsymbol{L}_i\boldsymbol{H}_i^{\mathrm{T}})\end{aligned} \tag{3.56}$$

1　为了保证式（3.55）对于$\boldsymbol{H}$是凸问题，参数$\dfrac{\delta}{\gamma}$应该设置成足够小的值。

式中，$h_{i,j}, j=1,\cdots,k$ 是邻接图 G 中与 v_i 相连的 k 个最近邻样本的低维空间坐标，且 $\boldsymbol{L}_i = \begin{bmatrix} -\mathbf{1}_k^{\mathrm{T}} \\ \boldsymbol{I}_k \end{bmatrix} \mathrm{diag}(\mathbf{1}_k) \begin{bmatrix} -\mathbf{1}_k \mid \boldsymbol{I}_k \end{bmatrix} = \begin{bmatrix} k & -\mathbf{1}_k^{\mathrm{T}} \\ -\mathbf{1}_k & \mathrm{diag}(\mathbf{1}_k) \end{bmatrix}$，其中 $\mathrm{diag}(x)$ [1]表示对角线元素为 x 的对角矩阵。

式（3.56）是 GNMF 中所有样本块的全局配准。对于每个样本 v_i，GNMF 的局部优化是：$\min_{\boldsymbol{H}_i} \mathrm{tr}(\boldsymbol{H}_i \boldsymbol{L}_i \boldsymbol{H}_i^{\mathrm{T}})$，因此 v_i 对应的样本块由其自身与其 k 个最近邻构成。利用配准策略，可以计算配准矩阵 $\boldsymbol{L}_A$，该矩阵等价于拉普拉斯矩阵 $\boldsymbol{L}$，二者不同之处在于 $\boldsymbol{L}_A$ 是由 NPAF 推导而来的。用 $\boldsymbol{L}_A$ 替代式（3.3）中的 $\boldsymbol{L}$，可知 GNMF 等价于 NPAF。因为 $\boldsymbol{L}_A$ 是对称矩阵，GNMF 式（2.33）可用本书所提乘法更新规则算法求解。

虽然 GNMF 解决了 DNMF 不能编码局部几何结构的问题，但是与 LNMF 和 NMF 一样，GNMF 没有使用任何标签信息，因此可能不适用于分类问题。根据 NPAF 的分析结果，本书提出非负判别局部块配准模型（见第 4 章），既能编码局部几何结构，又能利用标签信息，在分类应用中取得良好的效果。

3.4 非负块配准框架派生模型实例

本节利用非负块配准框架派生新的非负数据降维模型算法，包括非负 PCA 模型、非负 LLE 模型和非负 LTSA 模型。

3.4.1 非负 PCA 模型

PCA 算法[3]在低维空间最大化样本散度，即散列矩阵的迹

---

1 本书后续章节 $\mathrm{diag}(\boldsymbol{x})$的含义与此处保持一致。

$$\max \operatorname{tr}(\boldsymbol{S}_T) = \max_{h_i} \operatorname{tr}\left(\sum_{1}^{n}(h_i - \bar{h})(h_i - \bar{h})^{\mathrm{T}}\right)$$
$$= \max_{h_i} \sum_{1}^{n} \operatorname{tr}\left(\frac{1}{n^2}\left(\sum_{i}^{n-1}\left(h_i - h_{i_j}\right)\right)\left(h_i - h_{i_j}\right)^{\mathrm{T}}\right)$$

式中，$\bar{h} = \frac{1}{n}\sum_{j=1}^{n} h_j$ 是所有样本的中心点，$h_{i_j}(j=1,\cdots,n-1)$）表示除 h_i 外的样本。把上式写成矩阵形式，可得

$$\max_{\boldsymbol{H}_i} \sum_{i=1}^{n} \operatorname{tr}\left(\frac{1}{n^2}\left(\boldsymbol{H}_i\begin{bmatrix} n-1 \\ -1_{n-1}\end{bmatrix}\right)\left(\boldsymbol{H}_i\begin{bmatrix} n-1 \\ -1_{n-1}\end{bmatrix}\right)^{\mathrm{T}}\right) = \max_{\boldsymbol{H}_i} \sum_{i=1}^{n} \operatorname{tr}\left(\boldsymbol{H}_i \boldsymbol{L}_i \boldsymbol{H}_i^{\mathrm{T}}\right) \quad (3.57)$$

式中，$\boldsymbol{H}_i = \left[h_i, h_{i_1}, \ldots, h_{i_{n-1}}\right]$。PCA 为每个样本构建样本块 $\boldsymbol{V}_i = \left[v_i, v_{i_1}, \cdots, v_{i_{n-1}}\right]$，$\boldsymbol{V}_i$ 上的局部优化过程是

$$\max_{\boldsymbol{H}_i} \operatorname{tr}(\boldsymbol{H}_i \boldsymbol{L}_i \boldsymbol{H}_i^{\mathrm{T}})$$

式中，$\boldsymbol{L}_i = \frac{1}{n^2}\begin{bmatrix} n-1 \\ -1_{n-1}\end{bmatrix}\begin{bmatrix} n-1 & -1_{n-1}\end{bmatrix}$。利用式（3.2）计算配准矩阵 $\boldsymbol{L}_{\mathrm{PCA}}$，则式（3.57）是全局配准过程：$\max_{\boldsymbol{H}} \operatorname{tr}(\boldsymbol{H}\boldsymbol{L}_{\mathrm{PCA}}\boldsymbol{H}^{\mathrm{T}})$。

通常情况下，PCA 把高维空间样本通过正交的投影矩阵投影到低维空间，即 $\boldsymbol{H} = \boldsymbol{W}^{\mathrm{T}}\boldsymbol{V}$。本节通过约束 $\boldsymbol{W}$ 的正交性可得非负 PCA 算法（Non-negative PCA，NPCA）

$$\begin{aligned} &\min_{\boldsymbol{W}\geqslant 0, \boldsymbol{H}\geqslant 0} D(\boldsymbol{V}\,|\,\boldsymbol{W}\boldsymbol{H}) + \lambda \operatorname{tr}(\boldsymbol{W}\boldsymbol{e}\boldsymbol{W}^{\mathrm{T}}) - \gamma \operatorname{tr}\left(\boldsymbol{H}\boldsymbol{L}_{\mathrm{PCA}}\boldsymbol{H}^{\mathrm{T}}\right) \\ &= D(\boldsymbol{V}\,|\,\boldsymbol{W}\boldsymbol{H}) + \lambda \operatorname{tr}(\boldsymbol{W}\boldsymbol{e}\boldsymbol{W}^{\mathrm{T}}) + \gamma \operatorname{tr}\left[\boldsymbol{H}\left(-\boldsymbol{L}_{\mathrm{PCA}}\right)\boldsymbol{H}^{\mathrm{T}}\right] \end{aligned} \quad (3.58)$$

因为 $-\boldsymbol{L}_{\mathrm{PCA}}$ 是对称的，所以套用乘法更新规则算法求解式（3.58）。

3.4.2 非负 LLE 模型

LLE 模型假设样本近似为其 k 个最近邻的线性组合，即 $v_i \approx c_{i_1} v_{i_1} + \cdots + c_{i_k} v_{i_k}$，$c_{i_1}, \cdots, c_{i_k}$ 是组合系数且和为 1。利用欧几里得距离度量近似误差，则

$$\boldsymbol{c}_i = \arg\min_{\boldsymbol{c}_i} \left\| v_i - \sum_{j=1}^{k} c_{i,j} v_{i,j} \right\|_2^2 \tag{3.59}$$

式中，$\boldsymbol{c}_i = \left[c_{i_1}, \cdots, c_{i_k}\right]$。式（3.59）的解为

$$\boldsymbol{c}_i = \frac{\sum_{t=1}^{k} \boldsymbol{G}_{jt}^{-1}}{\sum_{p=1}^{k}\sum_{q=1}^{k} \boldsymbol{G}_{pq}^{-1}} \tag{3.60}$$

式中，$\boldsymbol{G}_{jt}^{-1} = \left(v_i - v_{i,j}\right)^{\mathrm{T}}\left(v_i - v_{i,t}\right)$是 Gram 矩阵。LLE 模型在低维空间保持样本与其最近邻之间的组合关系（组合系数不变），从而保持数据的几何结构。为样本 h_i 建立样本块 $\boldsymbol{H}_i$，则 LLE 模型的局部优化为

$$\min_{\boldsymbol{H}_i} \left\| h_i - \sum_{j=1}^{k} c_{i_j} h_{i_j} \right\|_2^2 = \min_{\boldsymbol{H}_i} \mathrm{tr}\left(\boldsymbol{H}_i \begin{bmatrix} -1 \\ \boldsymbol{c}_i \end{bmatrix} \begin{bmatrix} -1 & \boldsymbol{c}_i^{\mathrm{T}} \end{bmatrix} \boldsymbol{H}_i^{\mathrm{T}} \right) \tag{3.61}$$

令 $L_i = \begin{bmatrix} -1 \\ \boldsymbol{c}_i \end{bmatrix} \begin{bmatrix} -1 & \boldsymbol{c}_i \end{bmatrix}$ 并利用式（3.2）计算配准矩阵 $\boldsymbol{L}_{\mathrm{LLE}}$，则式（3.61）等价于 $\min\limits_{\boldsymbol{H}} \mathrm{tr}(\boldsymbol{H}\boldsymbol{L}_{\mathrm{LLE}}\boldsymbol{H}^{\mathrm{T}})$。

通过约束 $\boldsymbol{W}$ 和 $\boldsymbol{H}$ 的非负性，非负 LLE 模型（Non-negative LLE，NLLE）的目标函数为

$$\min_{\boldsymbol{W}\geqslant 0, \boldsymbol{H}\geqslant 0} D(\boldsymbol{V} \mid \boldsymbol{W}\boldsymbol{H}) + \frac{\gamma}{2} \mathrm{tr}(\boldsymbol{H}\boldsymbol{L}_{\mathrm{LLE}}\boldsymbol{H}^{\mathrm{T}}) \tag{3.62}$$

因为 $\boldsymbol{L}_{\mathrm{LLE}}$ 是对称的，所以套用乘法更新规则算法求解 NLLE 式(3.62)。同时，$\boldsymbol{L}_{\mathrm{LLE}}$ 是半正定的，所以本书后续章节开发的快速梯度算法、最优梯度下降算法及在线优化算法都能求解 NLLE。

3.4.3 非负 LTSA 模型

LTSA 模型用切空间坐标表示几何结构。给定样本 v_i 及其 k 个最近邻

$v_{i_1},\cdots,v_{i_k}$，并用它们建立样本块 $\boldsymbol{V}_i$，LTSA 的局部优化过程是

$$\min_{\boldsymbol{Q}_i,\boldsymbol{P}_i}\left\|\boldsymbol{V}_i\boldsymbol{R}_{k+1}-\boldsymbol{Q}_i\boldsymbol{T}_i\right\|_F^2 \tag{3.63}$$

式中，矩阵 $\boldsymbol{R}_{k+1}=\boldsymbol{I}_{k+1}-\frac{1}{k+1}1_{k+1}1_{k+1}^{\mathrm{T}}$ 的作用是去中心化；$\boldsymbol{Q}_i\in\mathbb{R}^{m\times d}$ 是切空间的基，而 $\boldsymbol{T}_i\in\mathbb{R}^{d\times k+1}$ 是 $\boldsymbol{V}_i$ 在切空间的坐标。$\boldsymbol{Q}_i$ 的最优解是 $\boldsymbol{V}_i\boldsymbol{R}_{k+1}$ 的前 d 个最大奇异值对应的奇异值向量，$\boldsymbol{T}_i=\boldsymbol{Q}_i^{\mathrm{T}}\boldsymbol{V}_i\boldsymbol{R}_{k+1}$。LTSA 假设存在线性映射 $\boldsymbol{P}_i$ 把 $\boldsymbol{T}_i$ 投影到低维空间，即 $\boldsymbol{H}_i\boldsymbol{R}_{k+1}\approx\boldsymbol{P}_i\boldsymbol{T}_i$。基于这一假设，LTSA 的局部优化过程是

$$\min_{\boldsymbol{H}_i,\boldsymbol{P}_i}\left\|\boldsymbol{H}_i\boldsymbol{R}_{k+1}-\boldsymbol{P}_i\boldsymbol{T}_i\right\|_F^2 \tag{3.64}$$

很显然，上述问题是最小二乘问题，则 $\boldsymbol{P}_i$ 的最优解是 $\boldsymbol{P}_i=\boldsymbol{H}_i\boldsymbol{R}_{k+1}\boldsymbol{T}_i^{\dagger}$，$\dagger$ 是伪逆运算。因此，式（3.64）等价于 $\min_{\boldsymbol{H}_i}\left\|\boldsymbol{H}_i\boldsymbol{R}_{k+1}\left(\boldsymbol{I}_{k+1}-\boldsymbol{T}_i^{\dagger}\boldsymbol{T}_i\right)\right\|_F^2$。令 $\boldsymbol{V}_i\boldsymbol{R}_{k+1}$ 的前 d 个最大奇异值对应的奇异值向量是 $\boldsymbol{U}_i$，则式（3.64）等价于

$$\begin{aligned}&\min_{\boldsymbol{H}_i}\left\|\boldsymbol{H}_i\boldsymbol{R}_{k+1}\left(\boldsymbol{I}_{k+1}-\boldsymbol{U}_i\boldsymbol{U}_i^{\mathrm{T}}\right)\right\|_F^2\\&=\mathrm{tr}\left[\boldsymbol{H}_i\boldsymbol{R}_{k+1}\left(\boldsymbol{I}_{k+1}-\boldsymbol{U}_i\boldsymbol{U}_i^{\mathrm{T}}\right)\left(\boldsymbol{I}_{k+1}-\boldsymbol{U}_i\boldsymbol{U}_i^{\mathrm{T}}\right)\boldsymbol{R}_{k+1}\boldsymbol{H}_i^{\mathrm{T}}\right]\end{aligned} \tag{3.65}$$

令 $\boldsymbol{L}_i=\boldsymbol{R}_{k+1}\left(\boldsymbol{I}_{k+1}-\boldsymbol{U}_i\boldsymbol{U}_i^{\mathrm{T}}\right)\left(\boldsymbol{I}_{k+1}-\boldsymbol{U}_i\boldsymbol{U}_i^{\mathrm{T}}\right)\boldsymbol{R}_{k+1}$ 并利用式（3.2）计算配准矩阵 $\boldsymbol{L}_{\mathrm{LTSA}}$，则式（3.65）等价于 $\min_{\boldsymbol{H}}\mathrm{tr}(\boldsymbol{H}\boldsymbol{L}_{\mathrm{LTSA}}\boldsymbol{H}^{\mathrm{T}})$。

通过约束 $\boldsymbol{W}$ 和 $\boldsymbol{H}$ 的非负性，非负 LTSA 模型（Non-negative LTSA，NLTSA）的目标函数为

$$\min_{\boldsymbol{W}\geqslant 0,\boldsymbol{H}\geqslant 0}D(\boldsymbol{V}\,|\,\boldsymbol{W}\boldsymbol{H})+\frac{\gamma}{2}\mathrm{tr}(\boldsymbol{H}\boldsymbol{L}_{\mathrm{LTSA}}\boldsymbol{H}^{\mathrm{T}}) \tag{3.66}$$

因为 $\boldsymbol{L}_{\mathrm{LTSA}}$ 是对称的，所以套用乘法更新规则算法求解式（3.66）。$\boldsymbol{L}_{\mathrm{LTSA}}$ 是半正定的，本书后续章节开发的快速梯度算法、最优梯度下降算法及在线优化算法都能求解 NLTSA。

3.5 本章小结与讨论

本章提出非负数据降维算法的算法框架，即非负块配准框架。利用拉格朗日乘子法，本章开发了乘法更新规则算法优化非负块配准框架（NPAF）。通过构造辅助函数，证明乘法更新规则算法产生的解序列不增加目标函数值。利用 NPAF 模型，本章从统一的角度分析已有非负数据降维算法，发现它们的本质差异在于所构建的样本块和样本块上的局部优化过程的不同，可用统一的全局配准方法得到它们的目标函数值，且它们皆可套用本书所开发的乘法更新规则算法求解。根据这一分析结果，可以通过改进样本块的构建方法和局部优化过程提出新的非负数据降维模型。本章利用 NPAF 模型开发新的非负数据降维模型，表明 NPAF 具有很强的帮助研究人员设计新模型的能力。

非负块配准框架中含有自由参数γ，需要预先设定。实际应用中，参数选择可能是个费时的过程。本章试验中用“交叉验证”方法选择合适的参数，给出了参数选择方法。虽然在本章开发的模型中参数可在较宽的范围内变化而不影响模型的性能，但是这一结论在其他模型中可能不适用。在某些应用中数据可能是非线性的，通常用核思想[1]实现非线性数据降维。因此，在某些应用中可能需要利用核思想把非负块配准框架推广成基于核的非线性降维算法框架。

---

1 首先将数据从原始空间映射到更高维甚至无限维的特征空间，然后用传统的线性方法对数据进行降维处理。这个非线性映射不需要显式地定义，而是利用核技巧（Kernel Trick）通过定义 Mercer 核隐式地构建。对应的高维特征空间称为再生核希尔伯特空间（Reproduce Kernel Hilbert Space，RKHS）。

第4章

非负判别局部块配准模型

04

在非负块配准框架下，本章根据第 3 章的分析结果提出非负判别局部块配准模型（Non-negative Discriminantive Locality Analysis，NDLA）。NDLA 模型为每个样本建立类内块保持数据几何结构，同时建立类间块最大化类与类之间的边界，利用全局配准过程得到保持几何结构和判别信息的低维空间坐标系，提高模型的分类效果。为了提高基向量的正交性和低维空间表示系数的平滑性，本章提出改进的非负判别局部块配准模型（Modified NDLA，MNDLA）。

4.1 引言

自非负矩阵分解算法[29]提出以后，近十年出现了多种非负数据降维算法，如局部非负矩阵分解算法（LNMF）[30]、判别非负矩阵分解算法（DNMF）[31]和图正则非负矩阵分解算法（GNMF）[32]。从非负块配准的角度看，LNMF 分别构建样本块和基向量块，并在这两类块上建立局部坐标系，分别配准这两类局部坐标系得到基向量和表示系数。LNMF 模型考虑视觉特征的空间局部性，没有引入几何结构和判别信息，虽然在人脸识别中能够很好地去除噪声干扰，但是分类效果不理想；DNMF 按照数据标签把样本分成若干类，为每个样本构建由所有同类样本组成的类内块，同时为每类中心点构建由所有类中心点组成的类间块。通过配准过程把所有样本类内块的局部坐标系配准成全局坐标系，同时把所有类间块的局部坐标系配准成全局坐标系，DNMF 在低维空间保持了数据的判别信息。但是，DNMF 所构建的所有块与整个数据集有关，要求数据服从高斯分布，在某些数据集上的分类效果不理想；GNMF 以每个样本最邻近的若干样本组成局部样本块，将所有局部样本块的局部坐标系配准成全局坐标系，保持了数据的几何结构。然而，GNMF 没有考虑数据判别信息，其不适用于分类问题。

根据非负块配准模型的分析结果，如果结合 DNMF 和 GNMF 的优点，既能在低维空间引入判别信息又能放宽数据的高斯分布假设，那么可以提高非负数据降维算法在实际应用中的分类性能。受这一想法的启发，本章提出非负判别局部块配准模型（NDLA）。NDLA 根据数据标签信息把样本分成若干类，为每个样本构建两类样本块，即类内块和类间块。类内块由该样本及 k_1 个与其最相邻的同类样本组成，类间块由该样本及 k_2 个与其最相邻的不同类样本组成。在低维空间，NDLA 最小化类内块样本之间的距离，同时最大化类间块样本之间的距离。通过把所有样本的两类块的局部坐标系配准成全局坐标系，在低维空间保持了数据的几何结构信息和判别分析特性，因而提高分类性能。利用 Minkovski 矩阵的性质，NDLA 巧妙地将类内块和类间块上的统计特性相结合，使配准矩阵具有对称、半正定等良好性质。在非负数据降维领域，NGE 算法[53]保持了数据几何结构和基于边界最大化判别信息（Marginal Fisher Discriminant）。虽然 NDLA 和 NGE 的设计思想受 DLA（Discriminantive Locality Alignment）[23]和 MFA（Marginal Fisher Analysis）[22,55]的启发，但是 NDLA 与 NGE 有本质的区别。NGE 把数据同时转换到两个子空间，而且两个子空间的设计使得模型求解过程包含矩阵求逆运算，效率较低。由于 NDLA 的配准矩阵是对称的，可以直接套用 NPAF 的乘法更新规则算法求解 NDLA 模型，计算开销相对较小。此外，由于 NDLA 的配准矩阵是半正定的，本书后续章节开发的快速梯度下降法、最优梯度下降算法和基于健壮随机近似的在线优化算法都可用来求解该模型，其中最优梯度下降算法收敛到 NDLA 的局部解。

NDLA 利用判别信息提高非负数据降维算法的分类性能，同时通过保持数据局部几何结构放宽数据的高斯分布假设，提高非负数据降维算法的健壮性。非负数据降维算法没有显式地保证基于局部的数据表示，导致其在某些数据集上的表示效果较差。如图 4.1 所示，非负矩阵分解在 ORL 数据集上的数据表示不是基于局部的，因此其表示系数也不稀疏。为了显式地保证 NDLA 基于局部的数据表示，本章受人脸中各局部特征分布在不同位置的启发约束基向量的正交性。同时，为了避免基向量和表示系数的元素超出机器精度范围，本章约束表示系数的平滑性。通过在 NDLA 模型中约束基向量的正交性和表示系数的平滑性，本章提出改进 NDLA 模型——MNDLA。

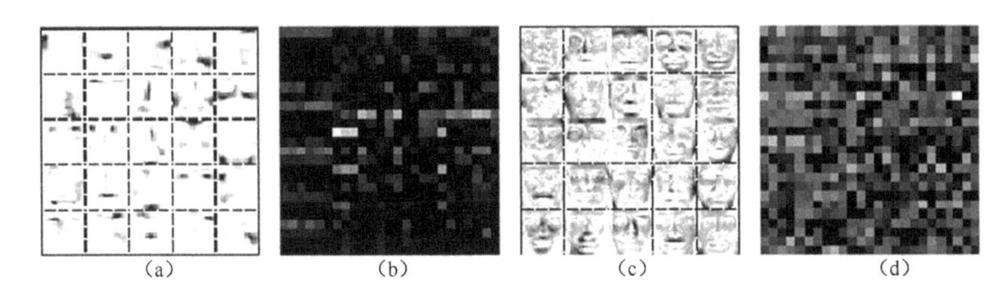

图 4.1　非负矩阵分解在 CBCL 和 ORL 数据集的基向量和表示系数：(a) CBCL 基向量；(b) CBCL 表示系数；(c) ORL 基向量；(d) ORL 表示系数。

本章将 NDLA 用于带遮挡的人脸图像数据库，即 ORL[84]和 UMIST[256]和手写体图像数据库，即 MNIST[257]。利用 5×2cv F 检验[258]，本章比较了 NDLA 与三种非负数据降维算法，即 LNMF[30]、DNMF[31]、GNMF[32]和三种传统数据降维算法，即 PCA[3]、LDA[4]、DLA[23]的分类结果。在不同遮挡块的试验中，NDLA 的分类性能在统计意义上优于其他算法，而且遮挡块越大优势越明显。试验结果表明，相对于 DLA 算法，NDLA 对于噪声数据更加健壮。

4.2 模型定义

判别局部块配准（DLA）已被试验证明为有效的基于视觉特征的模式

分类工具[23]，在人脸识别试验中取得显著分类效果。本节将 DLA 的底层机理引入 NPAF 模型，提出非负判别局部块配准模型（NDLA）。NDLA 模型一方面保持数据的局部几何结构，另一方面利用判别信息提高分类性能。

4.2.1 数学描述

在 NDLA 模型中，利用 NPAF 模型为数据集中的每个样本构建两类局部块，即类内块（Within-class Patch）和类间块（Between-class Patch）。给定数据库$\boldsymbol{V}=\left[\boldsymbol{v}_1,\cdots,\boldsymbol{v}_n\right]$，每个样本表示成一个 m 维向量。对于样本$\boldsymbol{v}_i$，根据其标签信息，把数据库分成两部分，记为$\boldsymbol{V}_i^s$和$\boldsymbol{V}_i^d$。$\boldsymbol{V}_i^s$由与$\boldsymbol{v}_i$同类的样本组成，而$\boldsymbol{V}_i^d$由与$\boldsymbol{v}_i$不同类的样本组成。那么，类内块由$\boldsymbol{v}_i$和$\boldsymbol{V}^s$中与$\boldsymbol{v}_i$最近的k_1个样本组成，记为$\boldsymbol{V}_i^w=\left[\boldsymbol{v}_i,\boldsymbol{v}_1^w,\cdots,\boldsymbol{v}_{k_1}^w\right]$。类间块由$\boldsymbol{v}_i$和$\boldsymbol{V}^d$中与$\boldsymbol{v}_i$最近的$k_2$个样本组成，记为$\boldsymbol{V}_i^b=\left[\boldsymbol{v}_i,\boldsymbol{v}_1^b,\cdots,\boldsymbol{v}_{k_2}^b\right]$。如图 4.2 所示，NDLA 为每个样本构建类内块和类间块，并在降维过程中引入数据统计特性。

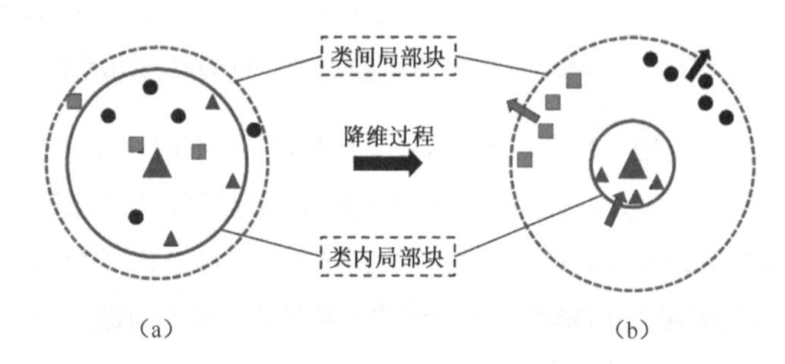

图 4.2 NDLA 降维过程示意图：(a) 高维空间；(b) 低维空间。

为了保持数据几何结构，NDLA 希望同类样本在低维空间尽可能地接近，因此类内块的局部优化为

$$\min_{\boldsymbol{H}_i^W\geqslant 0}\operatorname{tr}(\boldsymbol{H}_i^W\boldsymbol{L}_i^W\boldsymbol{H}_i^{W^{\mathrm{T}}})$$

式中，$\boldsymbol{L}_i^W=\begin{bmatrix}\sum_{j=1}^{k_1}\left(\mathbf{1}_i^W\right)_j & -\left(\mathbf{1}_i^W\right)^{\mathrm{T}}\\ -\mathbf{1}_i^W & \operatorname{diag}\left(\mathbf{1}_i^W\right)\end{bmatrix}$，$\mathbf{1}_i^W=\left[1,\cdots,1\right]^{\mathrm{T}}\in\mathbb{R}^{k_1}$。对于样本$\boldsymbol{v}_i$，类

内块的索引集是 $\boldsymbol{F}_i^W=\left\{i,i_1,\cdots,i_{k_1}\right\}$。

根据判别信息，不同类样本在低维空间尽可能地分散，因此类间块的局部优化为

$$\max_{\boldsymbol{H}_i^b\geqslant 0}\operatorname{tr}(\boldsymbol{H}_i^b\boldsymbol{L}_b^i\boldsymbol{H}_i^{b^{\mathrm{T}}})$$

其中 $\boldsymbol{L}_i^b=\begin{bmatrix}\sum_{j=1}^{k_2}\left(\mathbf{1}_i^b\right)_j & -\left(\mathbf{1}_i^b\right)^{\mathrm{T}}\\ -\mathbf{1}_i^b & \operatorname{diag}\left(\mathbf{1}_i^b\right)\end{bmatrix}$，$\mathbf{1}_i^b=\left[1,\cdots,1\right]^{\mathrm{T}}\in\mathbb{R}^{k_2}$。对于样本 $\boldsymbol{v}_i$，类间块的索引集是 $\boldsymbol{F}_i^b=\left\{i,i_1,\cdots,i_{k_2}\right\}$。

利用 3.1.1 节的全局配准过程，得到两类目标函数

$$\begin{aligned}\min_{\boldsymbol{H}\geqslant 0}\sum_{i=1}^{l}\operatorname{tr}\left(\boldsymbol{H}_i\boldsymbol{L}_w^i\boldsymbol{H}_i^{\mathrm{T}}\right)&=\min_{\boldsymbol{H}\geqslant 0}\sum_{i=1}^{l}\operatorname{tr}\left(\boldsymbol{H}\boldsymbol{S}_w^i\boldsymbol{L}_w^i\boldsymbol{S}_w^{i^{\mathrm{T}}}H^{\mathrm{T}}\right)\\&=\min_{\boldsymbol{H}\geqslant 0}\operatorname{tr}\left(\boldsymbol{H}\sum_{i=1}^{l}\boldsymbol{S}_w^i\boldsymbol{L}_w^i\boldsymbol{S}_w^{i^{\mathrm{T}}}\boldsymbol{H}^{\mathrm{T}}\right)=\min_{\boldsymbol{H}\geqslant 0}\operatorname{tr}\left(\boldsymbol{H}\boldsymbol{L}_w\boldsymbol{H}^{\mathrm{T}}\right)\end{aligned}\tag{4.1}$$

和

$$\begin{aligned}\max_{\boldsymbol{H}\geqslant 0}\sum_{i=1}^{l}\operatorname{tr}\left(\boldsymbol{H}_i\boldsymbol{L}_b^i\boldsymbol{H}_i^{\mathrm{T}}\right)&=\max_{\boldsymbol{H}\geqslant 0}\sum_{i=1}^{l}\operatorname{tr}\left(\boldsymbol{H}\boldsymbol{S}_b^i\boldsymbol{L}_b^i\boldsymbol{S}_b^{i^{\mathrm{T}}}\boldsymbol{H}^{\mathrm{T}}\right)\\&=\max_{\boldsymbol{H}\geqslant 0}\operatorname{tr}\left(\boldsymbol{H}\sum_{i=1}^{l}\boldsymbol{S}_b^i\boldsymbol{L}_b^i\boldsymbol{S}_b^{i^{\mathrm{T}}}\boldsymbol{H}^{\mathrm{T}}\right)=\max_{\boldsymbol{H}\geqslant 0}\operatorname{tr}\left(\boldsymbol{H}\boldsymbol{L}_b\boldsymbol{H}^{\mathrm{T}}\right)\end{aligned}\tag{4.2}$$

式中，$\boldsymbol{S}_w^i\in\mathbb{R}^{n\times(k_1+1)}$ 和 $\boldsymbol{S}_b^i\in\mathbb{R}^{n\times(k_2+1)}$ 分别是样本 $\boldsymbol{v}_i$ 的类内块和类间块的选择矩阵，其定义为

$$\left(\boldsymbol{S}_w^i\right)_{pq}=\begin{cases}1, p=\boldsymbol{F}_i^w(q)\\ 0,\text{其他}\end{cases}$$

和

$$\left(\boldsymbol{S}_b^i\right)_{jk}=\begin{cases}1, ij=\boldsymbol{F}_i^b(k)\\ 0,\text{其他}\end{cases}$$

在式（4.1）和式（4.2）中，$\boldsymbol{L}_w=\sum_{i=1}^{l}\boldsymbol{S}_w^i\boldsymbol{L}_w^i\boldsymbol{S}_w^{i^{\mathrm{T}}}$ 和 $\boldsymbol{L}_b=\sum_{i=1}^{l}\boldsymbol{S}_b^i\boldsymbol{L}_b^i\boldsymbol{S}_b^{i^{\mathrm{T}}}$ 分别是类内块

和类间块的配准矩阵。显而易见，$\boldsymbol{L}_w$ 和 $\boldsymbol{L}_b$ 是对称半正定的。

根据文献[259]，同时优化式（4.1）和式（4.2）等价于优化

$$\min_{\boldsymbol{H}\geqslant 0}\operatorname{tr}(\boldsymbol{H}\boldsymbol{A}^{\mathrm{T}}\boldsymbol{L}_w\boldsymbol{A}\boldsymbol{H}^{\mathrm{T}}),\ \boldsymbol{A}^{\mathrm{T}}\boldsymbol{L}_b\boldsymbol{A}=\boldsymbol{I}_n \tag{4.3}$$

式中，$\boldsymbol{I}_n\in\mathbb{R}^{n\times n}$ 是单位阵。式（4.3）中，矩阵 $\boldsymbol{A}$ 的一个很自然的选择是 $\boldsymbol{L}_b^{-\frac{1}{2}}$。因为配准矩阵 $\boldsymbol{L}_b$ 是半正定矩阵，为了使其可逆，本章将其对角线元素加上微小的正扰动，即 $\tilde{\boldsymbol{L}}_{\mathrm{b}}=\boldsymbol{L}_b+\zeta\boldsymbol{I}$。只要扰动因子 $\zeta>0$ 设置得足够小，扰动后的配准矩阵与扰动前的配准矩阵保持一致[101]，本章自适应地设置扰动因子为 ζ as$10^{-4}\operatorname{tr}(L_b)$。为表述方便，下文所谓 $\boldsymbol{L}_b$ 是指 $\tilde{\boldsymbol{L}}_b$。经过上述分析，可得 NDLA 的目标函数

$$\min_{\boldsymbol{W}\geqslant 0,\boldsymbol{H}\geqslant 0}\frac{\gamma}{2}\operatorname{tr}(\boldsymbol{H}\boldsymbol{L}\boldsymbol{H}^{\mathrm{T}})+D(\boldsymbol{V}\,|\,\boldsymbol{W}\boldsymbol{H}) \tag{4.4}$$

式中，$\boldsymbol{L}=\left(\boldsymbol{L}_b^{-\frac{1}{2}}\right)^{\mathrm{T}}\boldsymbol{L}_w\boldsymbol{L}_b^{-\frac{1}{2}}$，$D(\boldsymbol{V}\,|\,\boldsymbol{W}\boldsymbol{H})$ 是 $\boldsymbol{V}$ 与 $\boldsymbol{W}\boldsymbol{H}$ 之间的距离度量。因为配准矩阵 $\boldsymbol{L}_w$ 是半正定的，所以 $\boldsymbol{L}_{jj}\geqslant 0$，式（4.4）对于 h_{ij} 是凸的。很显然，式（4.4）对于 w_{ab} 是凸的，因此可以用迭代优化方法求解 NDLA 模型。本书利用 NPAF 模型的乘法更新规则算法求解 NDLA 模型，并提出基于梯度下降的改进乘法更新规则算法，这一方法发表在文献[260]中。

4.2.2 两类 NDLA 模型

在 NDLA 的目标函数式（4.4）中，$D(\boldsymbol{V}\,|\,\boldsymbol{W}\boldsymbol{H})$ 可取 2.1.1 节所列度量距离。本书使用两种最常用的度量距离，即 KL 距离和欧几里得距离。根据 $D(\boldsymbol{V}\,|\,\boldsymbol{W}\boldsymbol{H})$ 的不同，基于 KL 距离的 NDLA 模型（记为 $\mathrm{NDLA}^{\mathrm{K}}$）的目标函数为

$$\min_{\boldsymbol{W}\geqslant 0,\boldsymbol{H}\geqslant 0}\frac{\gamma}{2}\operatorname{tr}(\boldsymbol{H}\boldsymbol{L}\boldsymbol{H}^{\mathrm{T}})+D_{\mathrm{KL}}(\boldsymbol{V}\,|\,\boldsymbol{W}\boldsymbol{H}) \tag{4.5}$$

式中，$D_{\mathrm{KL}}(\boldsymbol{V}\,|\,\boldsymbol{W}\boldsymbol{H})$ 的定义见式（2.2）。

基于欧几里得距离的 NDLA 模型（记为 NDLA^{E}）的目标函数为

$$\min_{W\geqslant 0,H\geqslant 0}\frac{\gamma}{2}\mathrm{tr}(\boldsymbol{HLH}^{\mathrm{T}})+\frac{1}{2}D_{\mathrm{EU}}(\boldsymbol{V}\mid\boldsymbol{WH}) \tag{4.6}$$

式中，$D_{\mathrm{EU}}(\boldsymbol{V}\mid\boldsymbol{WH})$ 的定义见式（2.2）。

4.2.3　流形学习角度的解释

从数据降维的角度看，非负矩阵分解把高维空间非负数据（矩阵 $\boldsymbol{V}=\{\boldsymbol{v}_1,\cdots,\boldsymbol{v}_n\}$）表示成低维空间非负基向量（矩阵 $\boldsymbol{W}\in\mathbb{R}_{+}^{r\times n},r\ll m$）的线性组合，且组合方式是加性的，即 $\boldsymbol{V}=\boldsymbol{WH}$ 且 $\boldsymbol{H}\in\mathbb{R}_{+}^{r\times n}$ 是非负的。因此，非负矩阵分解可以看成优化函数 $\boldsymbol{f}(v)=h$，使得 $v=\boldsymbol{W}h$，从而保持数据 $\boldsymbol{V}$ 的分布的局部几何结构。假设 $\boldsymbol{V}$ 是从内嵌在高维空间中的流形 $\mathcal{M}$ 上的概率分布 $\mathcal{P}_V$ 中采样得到的，函数 f 通过在搜索过程中约束梯度方向 $\nabla_{\mathcal{M}}f$ 与流形 $\mathcal{M}$ 的表面相切而得到，即最小化下列公式

$$\int_{V\in\mathcal{M}}\|\nabla_{\mathcal{M}}f\|^2\,\mathrm{d}\mathcal{P}_V \tag{4.7}$$

式中，$\int$ 积分取分布 $\mathcal{P}_V$ 的样本空间。然而，实际应用中流形 $\mathcal{M}$ 和边际分布 $\mathcal{P}_V$ 都是未知的，因此本章使用式（4.7）的经验估计代替。

在流形学习领域，式（4.7）可以用 $\boldsymbol{V}$ 上定义的拉普拉斯因子近似。其主要思想是定义邻接图，每个样本对应一个结点，两结点之间的边的权重反映结点接近的程度，具体描述见定义 2.2。数据库 $\boldsymbol{V}$ 的邻接图记为 G，G 的拉普拉斯矩阵记为 $\boldsymbol{L}$。与数据降维算法 MFA[22,55]和 DLA[23,253]类似，NDLA 希望函数 f 中保持数据几何结构和判别信息。对于每个样本 v_i，从 v_i 同类的样本中选择 k_1 个距离最近的样本构成邻接图 G_1。因为基矩阵 $\boldsymbol{W}=\{w_1,\cdots,w_r\}$ 中有 r 个独立的坐标轴，NDLA 的目标是最小化所有坐标轴上拉普拉斯因子的和

$$\min_{f_i,1\leqslant i\leqslant r}\sum_{i=1}^{r}\boldsymbol{f}_i^{\mathrm{T}}\boldsymbol{L}_g\boldsymbol{f}_i=\min_{\boldsymbol{F}}\mathrm{tr}(\boldsymbol{FL}_g\boldsymbol{F}^{\mathrm{T}}) \tag{4.8}$$

式中，$\boldsymbol{L}_g$ 是 G_1 的拉普拉斯矩阵且 $\boldsymbol{F}=\{\boldsymbol{f}_1,\cdots,\boldsymbol{f}_r\}^{\mathrm{T}}$。

NDLA 通过最大化类与类之间的边界距离保持数据的判别信息，对于样本 v_i，从 v_i 不同类的样本中选择 k_2 个距离最近的样本构成邻接图 G_2，其目标是最大化 r 个独立的坐标轴上的拉普拉斯因子的和

$$\max_{\boldsymbol{f}_i,1\leqslant i\leqslant r}\sum_{i=1}^{r}\boldsymbol{f}_i^{\mathrm{T}}\boldsymbol{L}_c\boldsymbol{f}_i=\min_{\boldsymbol{F}}\operatorname{tr}(\boldsymbol{F}\boldsymbol{L}_c\boldsymbol{F}^{\mathrm{T}}) \tag{4.9}$$

式中，$\boldsymbol{L}_c$ 是 G_2 的拉普拉斯矩阵。

由 3.3.4 节可知，在流形学习中的拉普拉斯矩阵与配准矩阵等价，即 $\boldsymbol{L}_g$ 和 $\boldsymbol{L}_c$ 分别与 $\boldsymbol{L}_w$ 和 $\boldsymbol{L}_b$ 等价。由于 $\boldsymbol{F}=\boldsymbol{H}$，式（4.8）和式（4.9）分别与式（4.1）和式（4.2）等价。因此，NDLA 可看成基于流形的数据降维算法。

4.3 改进 NDLA 模型

虽然 NDLA 引入局部几何结构和判别信息，但是它没有显式地保证基向量的空间局部性。因此，本书受人脸中“眼”“鼻”“口”等局部特征在人脸图像中的位置关系的启发，约束 NDLA 的基向量两两的内积为零。这是因为 NDLA 的基向量是非负的，局部特征分布在不同的位置上意味着基向量的非零元出现在不同的位置上。因此，本节用 $\operatorname{tr}(\boldsymbol{W}(\mathbf{1}_{r\times r}-\boldsymbol{I}_r)\boldsymbol{W}^{\mathrm{T}})$ 代替 $D_{\mathrm{EU}}(\boldsymbol{I}\,|\,\boldsymbol{W}^{\mathrm{T}}\boldsymbol{W})$ 约束基向量 $\boldsymbol{W}$ 的正交性。根据 2.1.2.3 节，本节约束 $\boldsymbol{H}$ 的平滑性以避免出现数值不稳定问题。因此，本节在 $\boldsymbol{H}$ 上引入 Tiknohov 罚分项 $\operatorname{tr}(\boldsymbol{H}\boldsymbol{H}^{\mathrm{T}})$。利用基向量 $\boldsymbol{W}$ 的正交性和 $\boldsymbol{H}$ 的平滑性，本节提出改进 NDLA 模型（MNDLA），其目标函数为

$$\min_{\boldsymbol{W}\geqslant 0,\boldsymbol{H}\geqslant 0}D(\boldsymbol{V}\,|\,\boldsymbol{W}\boldsymbol{H})+\frac{\alpha}{2}\operatorname{tr}(\boldsymbol{W}\boldsymbol{e}\boldsymbol{W}^{\mathrm{T}})+\frac{\beta}{2}\operatorname{tr}(\boldsymbol{H}\boldsymbol{H}^{\mathrm{T}})+\frac{\gamma}{2}\operatorname{tr}(\boldsymbol{H}\boldsymbol{L}\boldsymbol{H}^{\mathrm{T}}) \tag{4.10}$$

式中，$\boldsymbol{e}=\mathbf{1}_{r\times r}-\boldsymbol{I}_r,\alpha>0$、$\beta>0$ 和 $\gamma>0$ 分别是正交罚分项、Tikhonov 罚分项和判别局部块配准的权重，权重前面的常数因子是为了方便后续推导。

本书介绍了这些权重参数的选取方法，试验表明这些参数可以在非常大的范围内取值。

4.4　模型求解算法

本节套用 NPAF 的乘法更新规则，求解 NDLA 模型（包括 NDLA^{K} 和 NDLA^{E}）和改进 NDLA 模型 MNDLA，并分析其计算复杂性。

4.4.1　乘法更新规则

由于 $\boldsymbol{L}$ 是对称的，式（4.4）可套用 NPAF 的乘法更新规则算法求解。由乘法更新规则式（3.10）可知，$\boldsymbol{L}$ 分解成两个对称非负矩阵的差，即 $\boldsymbol{L}=\boldsymbol{L}^{+}-\boldsymbol{L}^{-}$。由于 $\boldsymbol{L}_w=\boldsymbol{D}_w-\boldsymbol{S}_w$，本书很自然地将 $\boldsymbol{L}$ 分解成 $\boldsymbol{L}=\boldsymbol{D}-\boldsymbol{S}$，其中 $\boldsymbol{D}=\left(\boldsymbol{L}_b^{-\frac{1}{2}}\right)^{\mathrm{T}}\boldsymbol{D}_w\boldsymbol{L}_b^{-\frac{1}{2}}$ 且 $\boldsymbol{S}=\left(\boldsymbol{L}_b^{-\frac{1}{2}}\right)^{\mathrm{T}}\boldsymbol{S}_w\boldsymbol{L}_b^{-\frac{1}{2}}$。根据 Minkovski 矩阵（或称 $\boldsymbol{M}$ 矩阵）理论，本书证明 $\boldsymbol{D}$ 和 $\boldsymbol{S}$ 都是对称非负矩阵（见定理 4.1）。在证明定理 4.4 之前，本书首先介绍 $\boldsymbol{M}$ 矩阵的定义及其两个性质（见引理 4.1 和 4.2）。

定义（$\boldsymbol{M}$ 矩阵）：如果矩阵 $\boldsymbol{B}$ 满足下列 2 个条件：

（1）非对角线元素是非正的，即 $\forall i\neq j,\boldsymbol{B}_{ij}<0$。

（2）对角线元素的实部是正的。

那么，$\boldsymbol{B}$ 被称为 $\boldsymbol{M}$ 矩阵。

根据文献[261]和[262]，可知有关 $\boldsymbol{M}$ 矩阵的两个引理。

引理 4.1：如果 $\boldsymbol{B}$ 是 $\boldsymbol{M}$ 矩阵且可逆，那么 $\boldsymbol{B}$ 的逆矩阵是非负矩阵，即 $\boldsymbol{B}^{-1}\geqslant 0$。

引理 4.2：如果 $\boldsymbol{B}$ 是对称正定的 $\boldsymbol{M}$ 矩阵，那么 $\boldsymbol{B}$ 存在平方根且其平方根，即 $\boldsymbol{B}^{\frac{1}{2}}$，也是对称正定的 $\boldsymbol{M}$ 矩阵。

由上述引理 4.1 和引理 4.2 可证明 $\boldsymbol{D}$ 和 $\boldsymbol{S}$ 是对称非负矩阵，见定理 4.1。

定理 4.1：对于任意的配准矩阵 $\boldsymbol{L}_w$ 和 $\boldsymbol{L}_b$，矩阵 $\boldsymbol{L}=\left(\boldsymbol{L}_b^{-\frac{1}{2}}\right)^{\mathrm{T}}\boldsymbol{L}_w\boldsymbol{L}_b^{-\frac{1}{2}}$ 是对称半正定的，$\boldsymbol{D}=\left(\boldsymbol{L}_b^{-\frac{1}{2}}\right)^{\mathrm{T}}\boldsymbol{D}_w\boldsymbol{L}_b^{-\frac{1}{2}}$ 和 $\boldsymbol{S}=\left(\boldsymbol{L}_b^{-\frac{1}{2}}\right)^{\mathrm{T}}\boldsymbol{S}_w\boldsymbol{L}_b^{-\frac{1}{2}}$ 是对称非负矩阵。

证明：由配准矩阵的定义（见 3.1.1 节）可知，$\boldsymbol{L}_b$ 是 $\boldsymbol{M}$ 矩阵。因为 $\boldsymbol{L}_b$ 的对角线元素加上了微小的正扰动，所以 $\boldsymbol{L}_b$ 是正定的。根据引理 4.2，$\boldsymbol{L}_b$ 的平方根 $\boldsymbol{L}_b^{\frac{1}{2}}$ 是对称正定的 $\boldsymbol{M}$ 矩阵。因为 $\boldsymbol{L}_b$ 是对称矩阵，根据引理 4.1，$\boldsymbol{L}_b^{-\frac{1}{2}}$ 是对称正定的非负矩阵。因为 $\boldsymbol{L}_w$ 是对称半正定的，所以 $\boldsymbol{L}$ 是对称半正定的。

由 $\boldsymbol{L}_w$ 的定义可知，$\boldsymbol{D}_w$ 和 $\boldsymbol{S}_w$ 是对称非负矩阵。也就是说，$\boldsymbol{D}$ 和 $\boldsymbol{S}$ 是对称非负矩阵的乘积，因此它们是对称非负矩阵。证毕。

根据以上分析，本书将 $\boldsymbol{L}$ 分解成 $\boldsymbol{L}=\boldsymbol{D}-\boldsymbol{S}$，其中 $\boldsymbol{L}_b$ 的平方根可用奇异值分解（SVD）计算得到。记 $\boldsymbol{L}_b$ 的奇异值分解为 $\boldsymbol{L}_b=\boldsymbol{U}\Sigma\boldsymbol{U}^{\mathrm{T}}$，则 $\boldsymbol{L}_b^{\frac{1}{2}}=\boldsymbol{U}\Sigma^{\frac{1}{2}}\boldsymbol{U}^{\mathrm{T}}$。由式（3.10）和式（3.11）可知，求解 NDLA^{K} 的乘法更新规则为

$$\boldsymbol{H}\leftarrow\boldsymbol{H}\sqrt{\frac{\gamma\boldsymbol{H}\boldsymbol{S}+\boldsymbol{W}^{\mathrm{T}}\dfrac{\boldsymbol{V}}{\boldsymbol{W}\boldsymbol{H}}}{\gamma\boldsymbol{H}\boldsymbol{D}+\boldsymbol{W}^{\mathrm{T}}\boldsymbol{1}_{m\times n}}} \tag{4.11}$$

$$\boldsymbol{W}\leftarrow\boldsymbol{W}\sqrt{\frac{\dfrac{\boldsymbol{V}}{\boldsymbol{W}\boldsymbol{H}}\boldsymbol{H}^{\mathrm{T}}}{\boldsymbol{1}_{m\times n}\boldsymbol{H}^{\mathrm{T}}}} \tag{4.12}$$

由式（3.33）和式（3.34）可知，求解 NDLA^{E} 的乘法更新规则为

$$\boldsymbol{H}\leftarrow\boldsymbol{H}\sqrt{\frac{\gamma\boldsymbol{H}\boldsymbol{S}+\boldsymbol{W}^{\mathrm{T}}\boldsymbol{V}}{\gamma\boldsymbol{H}\boldsymbol{D}+\boldsymbol{W}^{\mathrm{T}}\boldsymbol{W}\boldsymbol{H}}} \tag{4.13}$$

$$\boldsymbol{W} \leftarrow \boldsymbol{W}\sqrt{\frac{\boldsymbol{V}\boldsymbol{H}^{\mathrm{T}}}{\boldsymbol{W}\boldsymbol{H}\boldsymbol{H}^{\mathrm{T}}}} \tag{4.14}$$

为了求解 MNDLA，本书将问题式（4.10）分解成两个子问题

$$\min_{\boldsymbol{W}\geqslant 0} D(\boldsymbol{V}\,|\,\boldsymbol{W}\boldsymbol{H}) + \frac{\alpha}{2}\mathrm{tr}(\boldsymbol{W}\boldsymbol{e}\boldsymbol{W}^{\mathrm{T}}) \tag{4.15}$$

和

$$\min_{\boldsymbol{H}\geqslant 0} D(\boldsymbol{V}\,|\,\boldsymbol{W}\boldsymbol{H}) + \frac{\beta}{2}\mathrm{tr}(\boldsymbol{H}\boldsymbol{H}^{\mathrm{T}}) + \frac{\gamma}{2}\mathrm{tr}(\boldsymbol{H}\boldsymbol{L}\boldsymbol{H}^{\mathrm{T}}) \tag{4.16}$$

很显然，问题式（4.15）和式（4.16）都可套用 NPAF 的乘法更新规则求解。MNDLA 的度量距离 $D(\boldsymbol{V}\,|\,\boldsymbol{W}\boldsymbol{H})$ 可取 KL 距离和欧几里得距离，基于 KL 距离的 MNDLA 模型（$\mathrm{MNDLA^K}$）的乘法更新规则为

$$\boldsymbol{H} \leftarrow \boldsymbol{H}\sqrt{\frac{\gamma\boldsymbol{H}\boldsymbol{S} + \boldsymbol{W}^{\mathrm{T}}\dfrac{\boldsymbol{V}}{\boldsymbol{W}\boldsymbol{H}}}{\beta\boldsymbol{H} + \gamma\boldsymbol{H}\boldsymbol{D} + \boldsymbol{W}^{\mathrm{T}}\mathbf{1}_{m\times n}}} \tag{4.17}$$

$$\boldsymbol{W} \leftarrow \boldsymbol{W}\sqrt{\frac{\dfrac{\boldsymbol{V}}{\boldsymbol{W}\boldsymbol{H}}\boldsymbol{H}^{\mathrm{T}}}{\alpha\boldsymbol{W}\boldsymbol{e} + \mathbf{1}_{m\times n}\boldsymbol{H}^{\mathrm{T}}}} \tag{4.18}$$

若度量距离 $D(\boldsymbol{V}\,|\,\boldsymbol{W}\boldsymbol{H})$ 为欧几里得距离，派生出基于欧几里得距离的 MNDLA 模型（$\mathrm{MNDLA^E}$），其乘法更新规则为

$$\boldsymbol{H} \leftarrow \boldsymbol{H}\sqrt{\frac{\gamma\boldsymbol{H}\boldsymbol{S} + \boldsymbol{W}^{\mathrm{T}}\boldsymbol{V}}{\beta\boldsymbol{H} + \gamma\boldsymbol{H}\boldsymbol{D} + \boldsymbol{W}^{\mathrm{T}}\boldsymbol{W}\boldsymbol{H}}} \tag{4.19}$$

$$\boldsymbol{W} \leftarrow \boldsymbol{W}\sqrt{\frac{\boldsymbol{V}\boldsymbol{H}^{\mathrm{T}}}{\alpha\boldsymbol{W}\boldsymbol{e} + \boldsymbol{W}\boldsymbol{H}\boldsymbol{H}^{\mathrm{T}}}} \tag{4.20}$$

综上所述，NDLA 和 MNDLA 都可套用 NPAF 的乘法更新规则求解，然而其缺点是收敛速度慢。为了加快其收敛速度，第 5 章改进了 NPAF 的乘法更新规则，并提出快速梯度算法求解 NPAF 模型。因此，NDLA 和 MNDLA 还可套用 NPAF 模型的快速梯度算法求解，具体内容见后续章节。

4.4.2 计算复杂性

由于 NDLA 是从 NPAF 推导而来，其乘法更新规则算法的空间复杂度 $O(mn+2n^2+mr+rn)$ 与 NPAF 的空间复杂度一致。与 NPAF 一样，NDLA 乘法更新规则的时间复杂度也由两个部分组成：

迭代优化的复杂度与 NPAF 一致；构建类内块和类间块的时间开销主要花费在以下两个方面。

（1）计算数据库中样本两两之间的欧几里得距离，其时间复杂度为 $O(mn^2)$。

（2）计算 $\boldsymbol{D}$ 和 $\boldsymbol{S}$ 的 SVD 分解和矩阵乘积运算，其时间复杂度为 $O(n^3)$。

因此，NDLA 乘法更新规则的时间复杂度为#iteration $\times O(mnr+n^2r)+O(mn^2+n^3)$。

4.5 试验结果

4.5.1 人脸识别

Dietterich[264]提出经验方法从统计意义上比较不同算法的分类效果，该方法使用“t-测试”从 5 个“2-fold”交叉验证（Cross Validation，CV）结果中检验两算法的分类效果在统计意义上相似的假设。Alpaydin 通过去除“fold”的顺序因素发展了 Dietterich 方法，称为“5×2”交叉验证“F-测试”方法，该方法重复 5 次“2-fold”交叉验证试验。假设 p_i^j 是两算法在第 $i=1,\cdots,5$ 次重复第 $j=1,2$ 个“fold”的试验所得的分类错误率之差，第 i 次重复试验的分类错误率之差的平均值为 $\overline{p}_i=(p_i^1+p_i^2)/2$，方差为 $s_i^2=(p_i^1-\overline{p}_i)^2+(p_i^2-\overline{p}_i)^2$。

根据文献[258]，统计量为

$$F=\frac{\sum_{i=1}^{5}\sum_{j=1}^{2}\left(p_i^j\right)^2}{2\sum_{i=1}^{5}s_i^{\ 2}} \tag{4.21}$$

服从自由度为（10,5）的 F 分布。如果 F-统计量的值大于 4.74，本书以 95% 的置信度拒绝两算法的分类错误率在统计意义上相同的假设。

本书用F-统计量在统计意义上比较 NDLA^{K} 和 6 种经典数据降维方法，即 PCA[3]、FLDA[4]、DLA[23]、NMF[29]、LNMF[30]和 DNMF[31]在两种常用的人脸图像数据集 ORL[84]和 UMIST[256]上的分类效果。ORL 和 UMIST 数据集中的人脸图像是像素值在 0～255 的灰度图像，根据人眼的位置对齐所有图像并将每幅图像按列排列成长向量。根据文献[31]，DNMF 的参数设置为$\gamma=10$且$\delta=0.01$。

根据文献[258]，本书从每个人的人脸图像中随机抽取相等数量的子集组成两个“fold”，记为训练集和测试集，其余图像组成验证集。训练集用于学习得到低维空间的基向量，验证集用于选择最好的模型参数，分类错误率计算为测试集的人脸图像在低维空间用最近邻（Nearest Neighbor，即 1-NN）分类器错误地分类的比例。为了评估 NDLA 对图像遮挡的健壮性，本书在分类阶段在测试集的每幅图像中随机放置一个大小不同的遮挡块，即把遮挡位置的所有像素值置为零，图 4.3 给出 ORL 和 UMIST 数据集的人脸图像，以及带不同遮挡块的图像示例。

在 Alpaydin 的“5×2”交叉验证“F-测试”方法中，利用验证集得到的模型参数在测试集上学习得到低维空间基向量，并在该空间用最近邻分类器计算训练集中人脸图像的分类错误率。同样，在分类阶段训练集的每幅图像上随机放置一个大小不同的遮挡块。本书重复两个“fold”的试验，因此可以计算一个 F-统计量，从而判断两个算法是否在统计意义上分类效果相同。

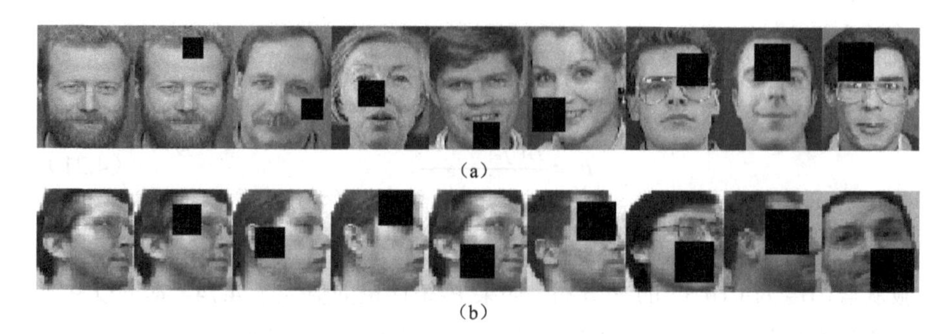

图 4.3　带遮挡的数据集人脸图像示例：（a）ORL；（b）UMIST。

4.5.1.1　ORL 数据集

ORL 数据集[84]由 40 个人的 400 幅人脸图像组成，每个人的 10 幅图像是在不同的光照、面部表情以及其他面部细节（如戴眼镜或不戴眼镜）的条件下采集的。所有图像的背景都是黑色的，每幅图像规格化成 112×92 维的像素矩阵并按列排列成向量。本书从每个人的 10 幅图像中选取 8 幅图像组成两个“fold”，即训练集和测试集，其余图像组成验证集。

图 4.4 给出当遮挡块大小分别为 20×20、25×25、30×30 和 35×35 时各算法在测试集上的平均分类错误率，表 4.1 给出各算法在两个“fold”上的平均分类错误率和最佳低维空间维数。为了在统计意义上比较各算法的分类效果，表 4.2 给出 NDLA 与其他算法一起计算的 F-统计量，其中“√”表示 NDLA 的分类效果在统计意义上优于对应的算法。

从图 4.4 可以看出，当遮挡块大小为 20×20、25×25、30×30 和 35×35 时，NDLA 在测试集上的分类效果优于其他非负数据降维算法。从表 4.1 可以看出，当遮挡块大小为 20×20、25×25、30×30 和 35×35 时，NDLA 在训练集和测试集上的平均分类错误率小于所有其他算法，表 4.1 可以看出 ORL 数据集的训练集和测试集在不同大小的遮挡块干扰下的平均分类错误率，NDLA 在统计意义上优于其他算法（见表 4.2）。

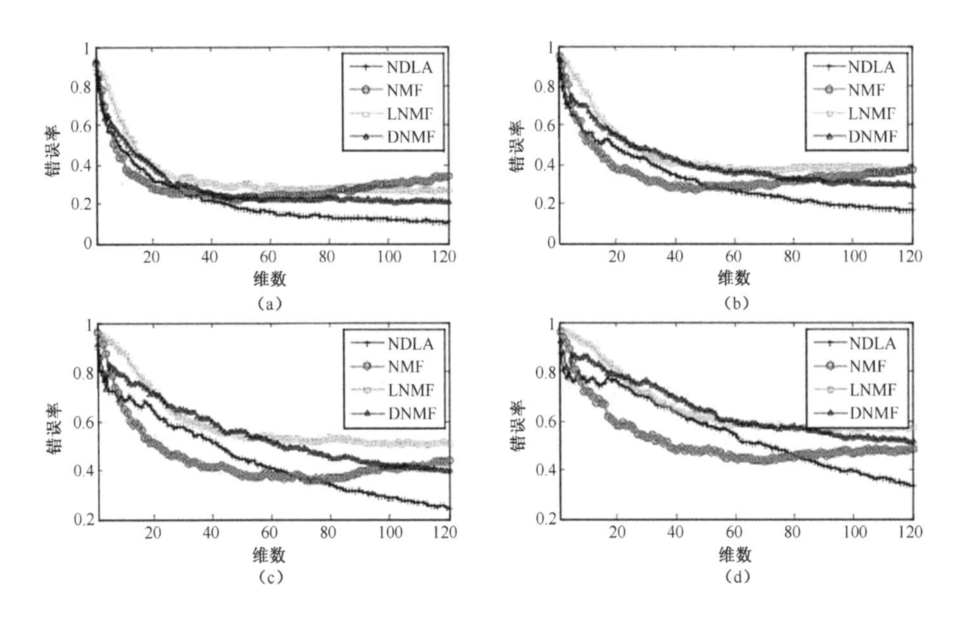

图 4.4　ORL 数据集的测试集在大小不同的遮挡块干扰下的平均分类错误率：（a）20×20；（b）25×25；（c）30×30；（d）35×35。

表 4.1　ORL 数据集的训练集和测试集在不同大小的遮挡块干扰下的平均分类错误率（%）

遮挡块大小	PCA [3]	FLDA [4]	DLA [23]	NMF [29]	LNMF [30]	DNMF [31]	NDLA
20 × 20	12.8（119）	16.6（39）	11.7（43）	22.1（49）	25.3（116）	20.0（120）	10.8（120）
25 × 25	20.4（117）	24.8（39）	18.1（68）	28.3（73）	37.1（111）	28.2（120）	14.1（119）
30 × 30	33.7（111）	33.4（39）	31.3（120）	36.1（82）	26.3（120）	38.8（120）	23.3（120）
35× 35	45.8（113）	39.9（39）	45.6（106）	42.9（75）	57.3（90）	50.2（118）	33.3（120）

表 4.2　NDLA 及其他算法在测试集上的分类效果

遮挡块大小	PCA [3]	FLDA [4]	DLA [23]	NMF [29]	LNMF [30]	DNMF [31]
20 × 20	2.294	48.000（√）	2.163	10.827（√）	31.318（√）	35.508（√）
25 × 25	11.234（√）	6.599（√）	4.243	39.219（√）	33.557（√）	27.492（√）
30 × 30	14.928（√）	24.136（√）	5.587（√）	14.928（√）	3.496	28.899（√）
35× 35	22.284（√）	2.480（√）	19.657（√）	6.076（√）	40.630（√）	18.916（√）

4.5.1.2 UMIST 数据集

UMIST[256]数据集由 20 个人的 575 幅人脸图像组成，以不同姿势（从侧面到正面）采集每个人的 41～82 幅图像。每幅图像转换成像素值为 0～255 的灰度图像，规格化成 40×40 维的像素矩阵并按列排列成向量。本书从每个人的人脸图像中随机选取 14 幅图像组成两个“fold”，即训练集和测试集，其余图像组成验证集。

图 4.5 给出 UMIST 数据集的测试集在大小分别为 12×12、14×14、16×16 和 18×18 的遮挡块干扰下的平均分类错误率，表 4.3 给出两个“fold”的平均分类错误率和最佳低维空间维数。为了在统计意义上比较各算法的分类效果，表 4.4 给出 NDLA 与其他算法一起计算的 *F*-统计量，其中“√”表示 NDLA 的分类效果在统计意义上优于相应算法。

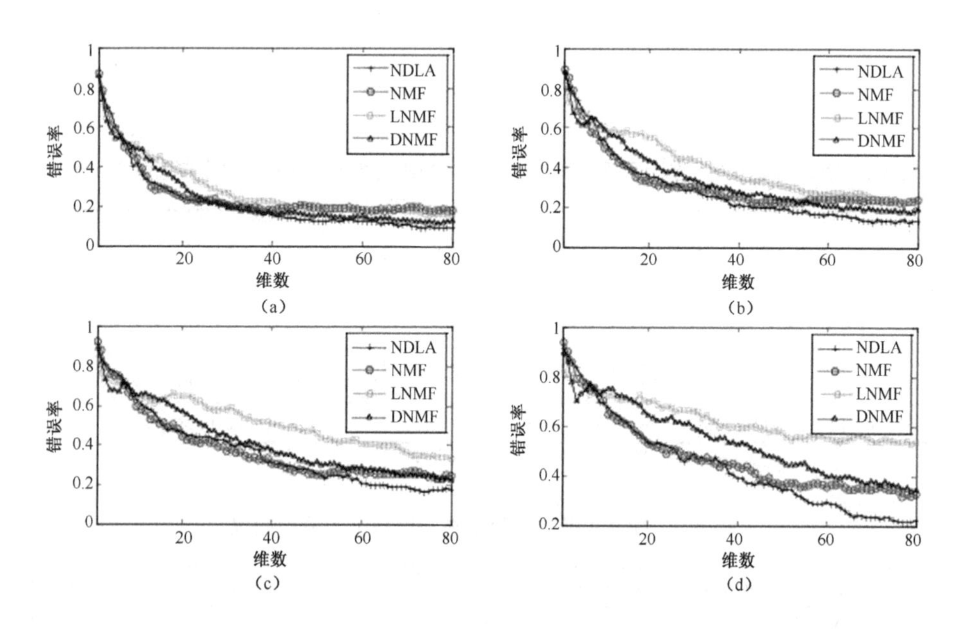

图 4.5　UMIST 数据集的测试集在大小不同的遮挡块干扰下的平均分类错误率：（a）12×12；（b）14×14；（c）16×16；（d）18×18。

表 4.3　UMIST 数据集上 NDLA 与其他算法在不同大小的遮挡块干扰下的分类错误率的 *F*-统计量

遮挡块大小	PCA [3]	FLDA [4]	DLA [23]	NMF [29]	LNMF [30]	DNMF [31]	NDLA
12 × 12	14.6（59）	14.3（19）	10.8（74）	18.6（28）	16.1（80）	13.6（78）	09.6（80）
14 × 14	22.1（63）	19.2（19）	18.4（72）	21.2（49）	23.1（80）	18.0（79）	13.1（79）
16 × 16	32.0（78）	29.4（19）	29.9（70）	24.6（77）	32.5（80）	24.5（77）	17.6（79）
18 × 18	50.1（71）	35.3（19）	43.0（73）	31.4（79）	51.0（80）	33.4（80）	22.5（79）

如图 4.5 所示，当遮挡块大小为 12×12 时 NDLA 在测试集上的分类效果优于 NMF 和 LNMF、与 DNMF 相当；当遮挡块大小增大时，即为 14×14、16×16 和 18×18，NDLA 的分类效果优于其他非负数据降维算法。从表 4.3 可以看出，当遮挡块大小为 12×12、14×14、16×16 和 18×18 时 NDLA 在训练集和测试集上的平均分类错误率低于其他算法，表 4.4 指出 NDLA 的分类效果在大多数情况下优于对应算法。

表 4.4　NDLA 与其他算法一起计算的 *F*-统计量

遮挡块大小	PCA [3]	FLDA [4]	DLA [23]	NMF [29]	LNMF [30]	DNMF [31]
12 × 12	4.220	3.378	4.333	15.500（√）	11.837	3.324
14 × 14	7.934（√）	2.937	3.157	3.380	5.359（√）	35.667（√）
16 × 16	64.941（√）	11.371（√）	18.209（√）	3.159	57.341（√）	3.262
18 × 18	21.922（√）	6.672（√）	27.471（√）	7.256（√）	23.866（√）	3.747

4.5.2　手写体识别

MNIST[257]数据库包含一个由 60000 幅二值图像组成的训练集和一个由 10000 幅二值图像组成的测试集，这些图像是 250 名中学生的数字 0～9 的手写体。通过计算像素中心，从每幅图像中选取大小为 28×28 的像素矩阵，因此 MNIST 数据库中的图像大小都是 28×28。本书分别从训练集和测试集中选取 1500 幅图像，组成由 3000 幅图像组成的 MNIST 测试数据集，从中随机选取 60 幅图像组成两个“fold”，即训练集和测试集，其余图像组成验证集。图 4.6 给出 MNIST 图像示例，以及在遮挡块干扰下的图像。

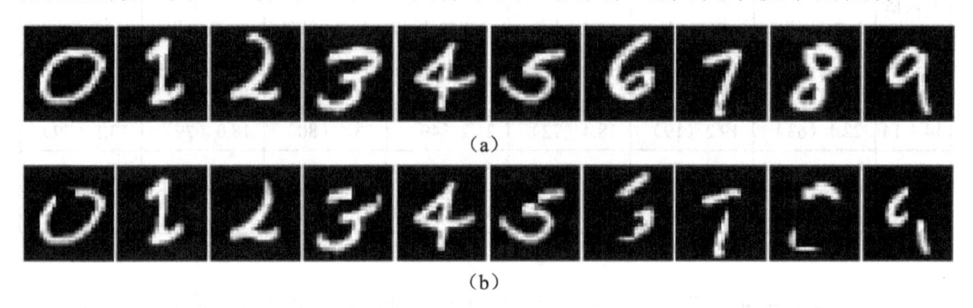

图 4.6　MNIST 数据集：(a) 图像示例；(b) 带遮挡的图像。

图 4.7 给出 MNIST 数据集的测试集在大小分别为 6×6、8×8、10×10 和 12×12 的遮挡块的干扰下的平均分类错误率，表 4.5 给出训练集和测试集的平均分类错误率和最佳低维空间维数。为了在统计意义上比较各算法的分类效果，表 4.6 给出 MNIST 数据集上 NDLA 和其他算法在不同大小的遮挡块干扰下的分类错误率相比较的F-统计量，其中“√”表示 NDLA 的分类效果在统计意义上优于相应算法。

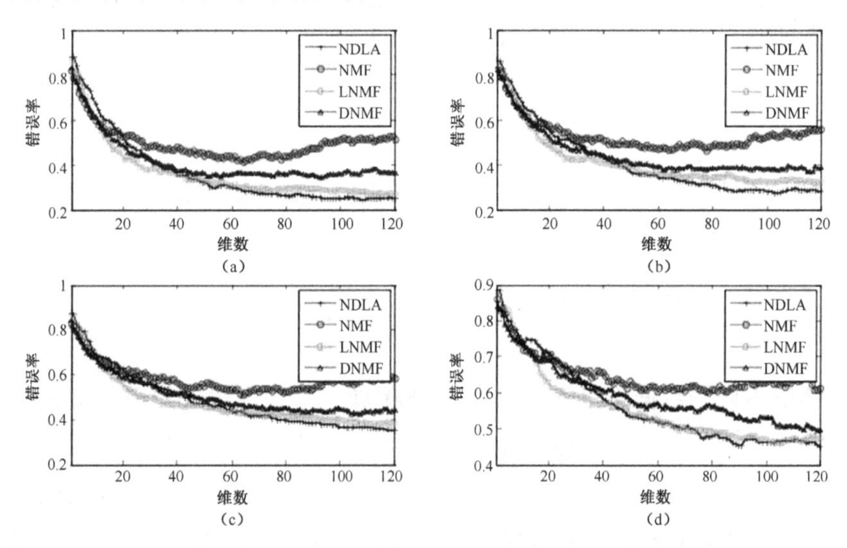

图 4.7　MNIST 数据集的测试集在大小不同的遮挡块干扰下的平均分类错误率：
(a) 6×6；(b) 8×8；(c) 10×10；(d) 12×12。

如图 4.7 所示，在测试集上 NDLA 的平均分类错误率低于 LNMF、与 NMF 和 DNMF 相当，表 4.5 和 4.6 显示在训练集和测试集上 NDLA 的分类效果在统计意义上优于 FLDA、NMF 和 DNMF。从表 4.5 可以看出，NDLA 的平均分类错误率低于 PCA、DLA 和 LNMF，但是在统计意义上它们的分类效果相当（见表 4.6）。这是因为在手写体的二值图像中，遮挡块引入的误差对分类阶段的影响非常有限，因此 NDLA 和 LNMF 得到基于局部的数据表示与 PCA 和 DLA 得到的基于全局的数据表示对后续的分类效果影响可能是相近的。

表 4.5　MNIST 数据集上 NDLA 与其他算法在不同大小遮挡块干扰下的分类错误率的 *F*-统计量

遮挡块大小	PCA [3]	FLDA [4]	DLA [23]	NMF [29]	LNMF [30]	DNMF [31]	NDLA
6 × 6	15.4（50）	49.5（9）	24.8（50）	42.8（55）	26.1（112）	30.3（92）	24.1（109）
8 × 8	30.6（50）	52.9（9）	29.5（36）	47.5（62）	29.3（103）	34.0（94）	28.3（119）
10 × 10	38.0（61）	56.4（9）	37.1（63）	52.7（64）	36.6（120）	40.5（104）	35.0（120）
12 × 12	48.3（29）	64.2（9）	47.7（61）	60.0（48）	45.3（103）	49.4（114）	44.9（120）

表 4.6　MNIST 数据集上 NDLA 与其他算法在不同大小的遮挡块干扰下的分类错误率的 *F*-统计量

遮挡块大小	PCA [3]	FLDA [4]	DLA [23]	NMF [29]	LNMF [30]	DNMF [31]
6 × 6	3.253	92.959（√）	8.498（√）	61.269（√）	1.922	1.521
8 × 8	2.718	93.08（√）	4.527	85.937（√）	2.053	1.601
10 × 10	1.998	27.497（√）	3.546	26.737（√）	3.611	4.795（√）
12 × 12	1.526	51.42（√）	2.362	15.375（√）	3.833	39.361（√）

4.5.3　局部特征提取

Swimmer[34]数据集由 256 幅合成图像组成，描述一个游泳者四肢的相对位置，被广泛用于评估非负数据降维算法的基于局部的数据表示能力。每幅图像包含 32×32 维由 0～255 个灰度级构成的像素矩阵，描绘 4 种不同的位置，按列排列成 1024 维的向量。为了测试 NDLA 的基于局部的数据表示能力，本书按照两个下肢的位置为 Swimmer 数据集中的图像指派 16 种标签，如图 4.8（a）所示，挥动前臂的 16 幅图像具有相同的标签。因为游泳者的四肢有 16 种位置组件，所以本书设置低维空间维数为 16。如图 4.8（d）所示，NDLA 成功得到 15 种肢体动作，而 NMF 和 LNMF 分别得到 14 和 10 种肢体动作［见图 4.8（b）和（c）]。

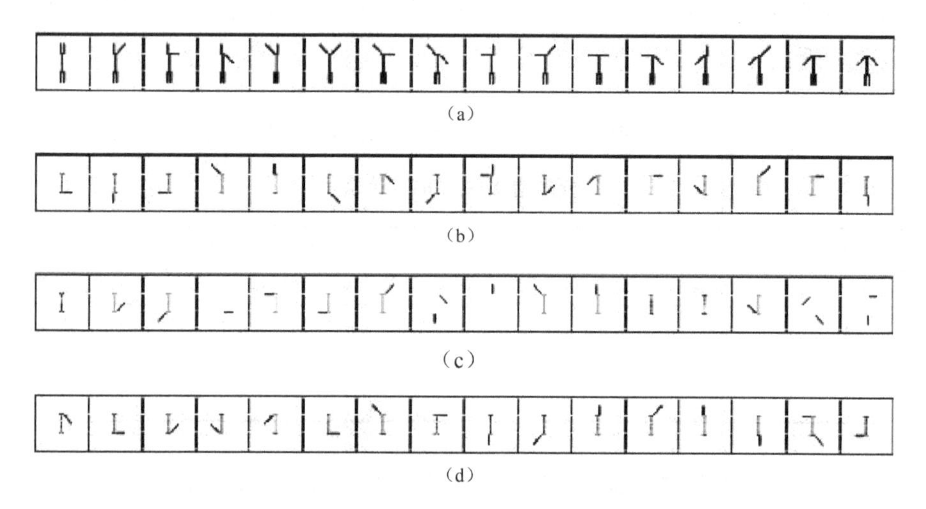

图 4.8 Swimmer 数据集示例（a）和（b）NMF，（c）LNMF 和（d）NDLA 算法得到的基向量。

从上述分类试验的效果可知，NDLA 得到的低维空间的分类效果对人脸图像上的遮挡干扰比传统降维算法（如 DLA）和其他非负数据降维算法更加健壮。为了揭示 NDLA 健壮性的原因，本书进一步评估 NDLA 在 ORL 和 UMIST 数据集上的基于局部的数据表示能力，低维空间维数设置为 16。如图 4.9 所示，NDLA 得到的基向量包含若干版本的“口”“鼻”“眼”及其他脸部特征，即 NDLA 得到的基向量是基于局部的，而 DLA 得到的基向量是基于全局的。因此，NDLA 的这种基于局部的数据表示在人脸识别试验中有效地过滤噪声干扰。

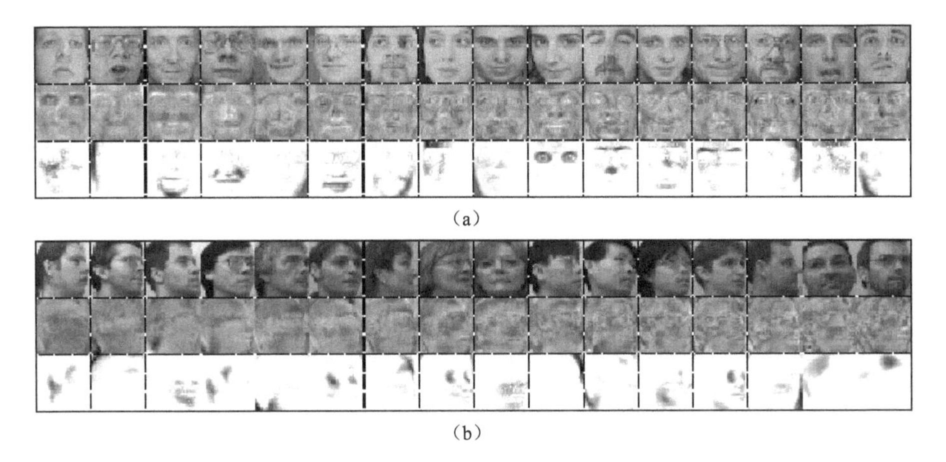

图 4.9　NDLA 和 DLA 在不同数据集上的基向量比较：（a）ORL；（b）UMIST。

4.5.4　结果分析

4.5.4.1　低维空间维数设置

本书通过试验选择所有算法的最优低维空间，表 4.1、表 4.3 和表 4.5 中括号内的数字分别是它们在各数据集上的最佳低维空间维数，这种方法常用于非负数据降维算法的性能评估[199,265]。图 4.4、图 4.5 和图 4.7 中的曲线显示 NDLA 的分类错误率曲线在其他非负数据降维算法的下方，所以 NDLA 的最佳低维空间维数范围比其他算法更宽。

4.5.4.2　参数选择

在 NDLA 中类内块和类间块的相邻样本个数，即 k_1 和 k_2，是模型的关键参数。本书用交叉验证的方法选择这两个参数，交叉验证方法已在机器学习领域得到广泛应用[23,25]。由类内块和类间块的定义可知，$k_1 \in [1, N/C-1]$，其中 N 和 C 分别是训练集中样本个数和类数；k_2 的取值范围是 $[1, N-N/C]$。根据试验设置，N=300 且 C=10，所以 $1 \leqslant k_1 \leqslant 29$ 且 $1 \leqslant k_2 \leqslant 270$。图 4.10 给出 MNIST[257]数据集的验证集上的平均错误率随 k_1 和 k_2 的变化情况。如图 4.10（a）所示，当 k_1 固定为 5，分类错误率在 $k_2 = 20$

处出现最低点；如图 4.10（b）所示，当 k_2 固定为 20，分类错误率在 $k_1 = 5$ 处出现最低点。从图 4.10 可以看出，当 k_2 在一个相对较大的范围 $[10,270]$ 取值时，NDLA 的分类效果稳定；而当 $k_1 > 9$ 时，NDLA 的分类效果剧烈变化。因此，NDLA 在 MNIST 数据集验证集上的分类效果受数据局部几何结构影响，而训练集和测试集上的分类效果显示交叉验证方法选择的 NDLA 模型的分类效果优于其他非负数据降维算法。

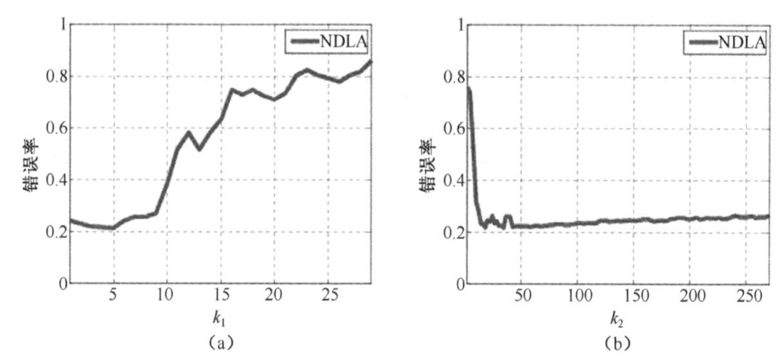

图 4.10 NDLA 在 MNIST 数据集验证集上的平均分类错误率与 k_1 和 k_2 的关系：（a）k_1；（b）k_2。

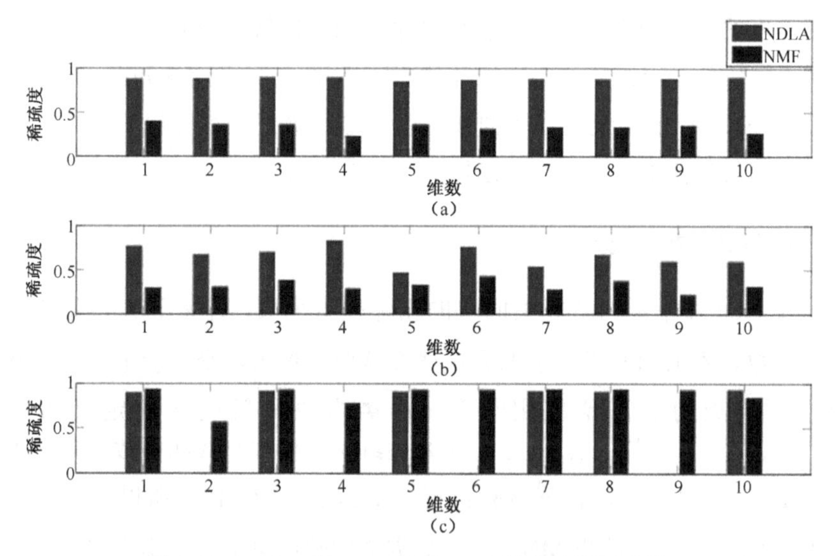

图 4.11 NDLA 和 NMF 的前 10 个基向量的稀疏度：（a）ORL；（b）UMIST；（c）MNIST。

4.5.4.3 NDLA 和 NMF

如图 4.4 和 4.5 所示，当低维空间维数 r 较低（通常情况下 $r < 40$）时，NMF 在 ORL 和 UMIST 数据集上的分类效果比 NDLA 略好。这是因为 NDLA 得到的基向量比 NMF 得到的基向量更加稀疏，因此当 r 较低时，由前 r 个基向量构成的低维空间中包含的判别信息不足，而 NMF 可能在前 r 个基向量中包含足够多的能量。图 4.11 给出 ORL、UMIST 和 MNIST 数据集上 NDLA 和 NMF 的前 10 个基向量的稀疏度（其定义见 2.1 节），可以看出 NDLA 在 ORL 和 UMIST 数据集上得到的基向量远比 NMF 得到的基向量稀疏，而它们在 MNIST 数据集上得到的基向量的稀疏度相当［见 4.11（c）］，因此在 MNIST 数据集上即使 r 较低的情况下 NDLA 的分类效果也优于 NMF（见图 4.7）。

4.6 本章小结与讨论

根据非负块配准模型的分析结果，本章结合各种非负数据降维算法的优势，提出非负局部块配准（NDLA）模型。本书首先为每个样本构建类内块，由其自身和 k_1 个同类的最近邻组成，该块的局部优化过程保持数据的局部几何结构，即最小化类内样本的距离。同时，为每个样本构建类间块，由其自身和 k_2 个不同类的最近邻组成，该块的优化过程最大化边界，使不同类的样本在低维空间尽可能地分离，从而引入判别信息，即低维空间具有可分性。利用 Minkovski 矩阵的性质，本书将这两类目标函数相结合，得到对称、半正定的配准矩阵。因此，可套用 NPAF 的乘法更新规则优化 NDLA，本书所开发的其他算法（快速梯度下降法和最优梯度下降算法）都可用来优化 NDLA。通过人脸识别和手写体识别试验，可以看出 NDLA 算法的分类效果优于其他非负数据降维算法。在有遮挡块干扰的情况下，NDLA 的分类效果优于 DLA 和 FLDA，说明非负数据降维算法得到的数据表示方法对噪声更加健壮。

在 NDLA 模型中，如何选择最佳的低维空间维数仍然是开放性问题。如表 4.1、表 4.3 和表 4.5 所示，可用网格搜索的方法选择最佳维数，但是搜索范围和网格的粒度可能会带来较大影响。如第 2 章所述，研究人员可能希望从理论上给出最佳维数。此外，本章凭经验固定构造配准矩阵时所用的扰动因子（见式 4.3），改变该因子的设置方法进一步有助于提高 NDLA 的分类性能。

第 5 章

非负块配准框架快速梯度下降算法

05

本章根据梯度下降的思想分析非负块配准框架的乘法更新规则算法，提出快速梯度下降算法加速求解非负块配准框架。快速梯度下降算法利用牛顿法搜索最优步长，乘法更新规则可看成其特例。为了避免快速梯度下降算法退化为乘法更新规则，本章设置多步长并用多变量牛顿法搜索步长，用以求解非负矩阵分解和非负块配准框架派生模型。

5.1 引言

乘法更新规则算法是最常用的非负矩阵分解优化算法，本书已将其应用于求解非负块配准框架及其派生模型（见第 3、第 4 章）。然而，乘法更新规则算法的收敛速度慢，尤其在数据维数和数据规模增加时其迭代次数随之增加，导致计算开销过大。随着非负矩阵分解应用的不断推广，非负矩阵分解的高效优化算法已经成为热点研究问题。近年来，研究者开发了交替投影最小二乘法、内点梯度法、RRI 算法、投影梯度下降算法、伪牛顿法、BFGS 算法、PBB 算法、CBGP 算法和 BPP 算法等一系列优化算法。然而，大多数算法都是针对基于欧几里得距离的非负矩阵分解问题而设计的，难以用于基于 KL 散度的非负矩阵分解问题。虽然伪牛顿法可以用于基于 KL 散度的非负矩阵分解优化问题，但是该算法存在数值不稳定问题。本章在乘法更新规则算法的基础上利用快速线搜索弥补乘法更新规则收敛速度过慢的缺点，提出快速梯度下降算法，该算法可以高效求解非负块配准框架及其派生模型。与传统的高效优化算法不同，本章主要讨论基于 KL 散度的非负块配准框架优化问题，后续章节将着重讨论基于欧几里得距离的非负块配准框架优化问题。

为了利用快速线搜索技术，本章根据梯度下降的思想分析非负块配准框架乘法更新规则算法，即把乘法更新规则看成沿调整负梯度方向搜索步长为 1 的更新规则。因为乘法更新规则的搜索步长不是最优步长，所以其收敛速度慢。根据这一分析结果，本章改进乘法更新规则算法，沿调整负梯度方向搜索最优步长，在保证解不超出第一象限边界的情况下尽可能地降低目标函数的值。通过证明步长搜索问题是凸问题，本章利用牛顿法在不增加计算开销的情况下实现快速线搜索，因此快速梯度下降算法以相同量级的时间开销提高了乘法更新规则算法的收敛速度。在 1600×165 维稠密矩阵上的测试结果显示，快速梯度下降算法在 28 个单位时间内收敛到近似解，而乘法更新规则算法需要 282 个单位时间才收敛到同样的解。在步长为 1 的情况下，快速梯度下降算法退化为乘法更新规则算法。通过试验发现，在某些数据集尤其是含零元素较多的数据集上快速梯度下降算法将退化成乘法更新规则算法。为了弥补这一缺点，本章为 $\boldsymbol{H}$ 的每列（或 $\boldsymbol{W}$ 的每行）设置一个步长，每次迭代搜索最优步长向量，提出多步长快速梯度下降算法，其步长向量的设置方案如图 5.1（a）所示。为区别起见，本书称原始的快速梯度下降算法为单步长快速梯度下降算法。理论分析表明，最优步长向量的搜索问题是凸问题，因此本章使用多变量牛顿法快速搜索步长向量。在手写体图像数据集上的测试表明，单步长快速梯度下降算法在数据稀疏的情况下退化为乘法更新规则算法，而多步长快速梯度下降算法仍然能很好地加速乘法更新规则算法。

如图 5.1（a）所示，多步长快速梯度下降算法为 $\boldsymbol{H}$ 和 $\boldsymbol{W}$ 设置的步长向量维数分别是 n 和 m，在 m 或 n 比较大时基于多变量牛顿法的线搜索的时间开销过大，可能增加多步长快速梯度算法的计算复杂度。因此，本章改进步长向量的设置方案，为 $\boldsymbol{H}$ 的每行和 $\boldsymbol{W}$ 的每列分别设置步长向量，如图 5.1（b）所示。理论分析表明，改进步长向量的线搜索问题也是凸问题，同样可以用多变量牛顿法求解。通过改进步长向量设置方案，本章将步长向量的维数降到 r 维，大大减少线搜索的计算开销。而且 $\boldsymbol{H}$ 和 $\boldsymbol{W}$ 对应的步长向量是一致的，因此称其为平衡多步长快速线搜索。此外，本章用所开发的快速梯度下降算法求解基于欧几里得距离的非负块配准框架。理论分析表明，基于欧几里得距离的非负块配准框架的最优步长存在解析解，因此快速梯度下降算法以与乘法更新规则算法相同的计算开销大大加速了乘法更新规则算法的收敛。

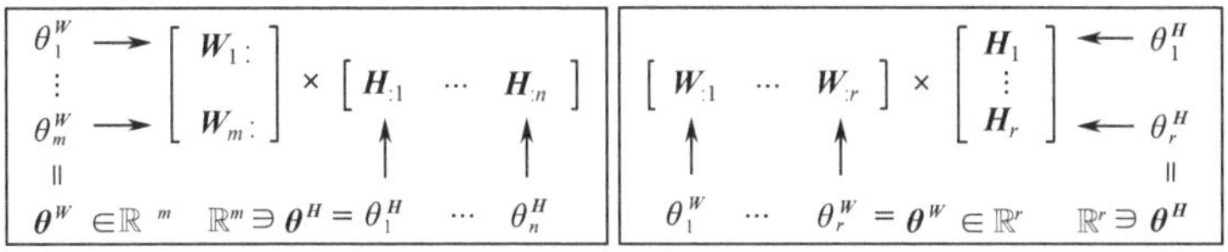

$\theta_1^W \rightarrow \boldsymbol{W}_{1:}$, ⋮, $\theta_m^W \rightarrow \boldsymbol{W}_{m:}$; $\begin{bmatrix} \boldsymbol{W}_{1:} \\ \boldsymbol{W}_{m:} \end{bmatrix} \times \begin{bmatrix} \boldsymbol{H}_{:1} & \cdots & \boldsymbol{H}_{:n} \end{bmatrix}$; $\boldsymbol{\theta}^W \in \mathbb{R}^m$　$\mathbb{R}^m \ni \boldsymbol{\theta}^H = \theta_1^H \cdots \theta_n^H$

(a)

$\begin{bmatrix} \boldsymbol{W}_{:1} & \cdots & \boldsymbol{W}_{:r} \end{bmatrix} \times \begin{bmatrix} \boldsymbol{H}_1 \\ \vdots \\ \boldsymbol{H}_r \end{bmatrix}$; $\boldsymbol{H}_1 \leftarrow \theta_1^H$, $\boldsymbol{H}_r \leftarrow \theta_r^H$; $\theta_1^W \cdots \theta_r^W = \boldsymbol{\theta}^W \in \mathbb{R}^r$　$\mathbb{R}^r \ni \boldsymbol{\theta}^H$

(b)

图 5.1　多步长（平衡）快速梯度下降算法步长向量设置：(a) 多步长向量；(b) 平衡多步长向量。

5.2　改进乘法更新规则

虽然第 3 章的乘法更新规则可求解非负块配准框架，根据 2.3.2.1 节相关分析，该算法收敛速度慢。因此，本章从梯度下降的角度分析乘法更新规则算法的本质，提出改进乘法更新规则，然后根据内点法的思想提出快速梯度下降算法。

根据式（3.4），基于 KL 散度的 NPAF 的目标函数为 $F(\boldsymbol{W},\boldsymbol{H})=\frac{\gamma}{2}\operatorname{tr}\left(\boldsymbol{HLH}^{\mathrm{T}}\right)+D_{\mathrm{KL}}(\boldsymbol{V}\,|\,\boldsymbol{WH})$。$F(\boldsymbol{W},\boldsymbol{H})$ 对于 w_{ab} 和 h_{ij} 的梯度方向分别为

$$\nabla_{w_{ab}}F(\boldsymbol{W},\boldsymbol{H})=-\sum_{l}\frac{v_{al}h_{bl}}{\sum_{k}w_{ak}h_{kl}}+\sum_{k}h_{bk} \tag{5.1}$$

$$\nabla_{h_{ij}}F(\boldsymbol{W},\boldsymbol{H})=\gamma(\boldsymbol{HL})_{ij}-\sum_{l}\frac{v_{ij}w_{li}}{\sum_{k}w_{lk}h_{kj}}+\sum_{k}w_{ik} \tag{5.2}$$

假设梯度下降算法中对应 w_{ab} 和 h_{ij} 的步长为 1，相应更新公式为

$$\begin{aligned} w_{ab} &\leftarrow w_{ab} - \eta_{ab} \nabla_{w_{ab}} F(\boldsymbol{W}, \boldsymbol{H}) \\ &= w_{ab} - \eta_{ab} \left(-\sum_l \frac{v_{al} h_{bl}}{\sum_k w_{ak} h_{kl}} + \sum_k h_{bk} \right) \end{aligned} \tag{5.3}$$

$$\begin{aligned} h_{ij} &\leftarrow h_{ij} - \eta_{ij} \nabla_{h_{ij}} F(\boldsymbol{W}, \boldsymbol{H}) \\ &= h_{ij} - \eta_{ij} \left(\gamma(\boldsymbol{HL})_{ij} - \sum_l \frac{v_{lj} w_{li}}{\sum_k w_{lk} h_{kl}} + \sum_k w_{ik} \right) \end{aligned} \tag{5.4}$$

式中，η_{ab} 和 η_{ij} 分别是对应 w_{ab} 和 h_{ij} 的调整因子。根据文献[4]，为了保持 w_{ab} 和 h_{ij} 的符号非负，调整因子设置为

$$\eta_{ab} = w_{ab} \frac{1}{\sum_k h_{bk}}, \qquad \eta_{ij} = h_{ij} \frac{1}{\gamma(\boldsymbol{HL}^+)_{ij} + \sum_k w_{ik}}$$

其中，配准矩阵 $\boldsymbol{L}$ 按照式（3.6）划分成两个非负矩阵的差，即 $\boldsymbol{L} = \boldsymbol{L}^+ - \boldsymbol{L}^-$。将 η_{ab} 和 η_{ij} 分别代入式（5.3）和式（5.4）可得 w_{ab} 和 h_{ij} 的乘法更新规则分别为

$$w_{ab} \leftarrow w_{ab} \frac{\sum_l \frac{v_{al} h_{bl}}{\sum_k w_{ak} h_{kl}}}{\sum_k h_{bk}} \tag{5.5}$$

$$h_{ij} \leftarrow h_{ij} \frac{\gamma \boldsymbol{HL}^- + \sum_l \frac{v_{lj} w_{li}}{\sum_k w_{lk} h_{kj}}}{\gamma(\boldsymbol{HL}^+)_{ij} + \sum_k w_{ik}} \tag{5.6}$$

将式（5.5）和式（5.6）写成矩阵形式，可得 NPAF^{K} 的改进乘法更新规则算法（见算法 5.1）。

算法 5.1　NPAF^{K} 改进乘法更新规则算法

输入： $\boldsymbol{V} \in \mathbb{R}^{m \times n}, r$

输出: $\boldsymbol{W} \in \mathbb{R}^{m \times r}, \boldsymbol{H} \in \mathbb{R}^{r \times n}$

1: 计算配准矩阵 $\boldsymbol{L}$

2: 初始化 $\boldsymbol{W}^0, \boldsymbol{H}^0, t=0$

repeat

3: 计算 $\boldsymbol{H}^{t+1} = \boldsymbol{H}^t \dfrac{\gamma \boldsymbol{H}^t \boldsymbol{L}^- + \boldsymbol{W}^{t^{\mathrm{T}}} \dfrac{\boldsymbol{V}}{\boldsymbol{W}^t \boldsymbol{H}^t}}{\gamma \boldsymbol{H}^t \boldsymbol{L}^+ + \boldsymbol{W}^{t^{\mathrm{T}}} \boldsymbol{1}_{m\times n}}$

4: 计算 $\boldsymbol{W}^{t+1} = \boldsymbol{W}^t \dfrac{\dfrac{\boldsymbol{V}}{\boldsymbol{W}^t \boldsymbol{H}^{t+1}} \boldsymbol{H}^{t+1^{\mathrm{T}}}}{\boldsymbol{1}_{m\times n} \boldsymbol{H}^{t+1^{\mathrm{T}}}}$

5: 更新 $t \leftarrow t+1$

until 满足终止条件

6: $\boldsymbol{H} = \boldsymbol{H}^t, \boldsymbol{W} = \boldsymbol{W}^t$。

算法 5.1 的终止条件与计算复杂度与算法 3.1 一致。根据 2.3.2.1 节的分析，在泛化的β度量距离的意义上，NPAF^{K}乘法更新规则的更新公式等价于改进乘法更新规则的更新公式，式（3.10）和式（3.11）中的平方根控制收敛速度。本章利用辅助函数技术证明算法 5.1 的收敛性，见**定理 5.1**。

定理 5.1：给定 $\boldsymbol{W}$，式（5.6）不增加 $F(\boldsymbol{W},\boldsymbol{H})$ 的函数值；给定 $\boldsymbol{H}$，式（5.5）不增加 $F(\boldsymbol{W},\boldsymbol{H})$ 的函数值。

证明：给定 $\boldsymbol{W}$，构造目标函数 $F(\boldsymbol{W},\boldsymbol{H})$ 的辅助函数如下：

$$G'(\boldsymbol{H},\boldsymbol{H}') = \frac{\gamma}{2}\sum_{ij}\frac{\left(\boldsymbol{H}'\boldsymbol{L}^+\right)_{ij} h_{ij}^2}{h'_{ij}} - \frac{\gamma}{2}\left(\operatorname{tr}\left(\boldsymbol{H}'\boldsymbol{L} - \boldsymbol{H}'^{\mathrm{T}}\right) + 2\sum_{ij}\left(\boldsymbol{H}'\boldsymbol{L}^-\right)_{ij} h'_{ij}\log\frac{h_{ij}}{h'_{ij}}\right) +$$
$$\sum_{ij}(v_{ij}\log v_{ij} - v_{ij}\sum_k\left(\frac{w_{ik}h'_{kj}}{\sum_k w_{ik}h'_{kj}}\log w_{kj}h_{ik} - \frac{w_{ik}h'_{kj}}{\sum_k w_{ik}h'_{kj}}\log\frac{w_{ik}h'_{kj}}{\sum_k w_{ik}h'_{kj}}\right) -$$
$$v_{ij} + \sum_k w_{ik}h_{kj})$$

很容易验证 $G'(\boldsymbol{H}',\boldsymbol{H}')=F(\boldsymbol{W},\boldsymbol{H}')$。

因为负对数函数 $-\log(x)$ 是凸函数，可得下列不等式

$$-\log\sum_k w_{ik}h_{kj}\leqslant-\sum_k\left(\rho_k\log w_{ik}h_{kj}-\rho_k\log\rho_k\right) \tag{5.7}$$

式中，$\sum_k\rho_k=1$。设置 $\rho_k=\dfrac{w_{ik}h'_{kj}}{\sum_k w_{ik}h'_{kj}}$，可得

$$\begin{aligned}-\log\sum_k w_{ik}h_{kj}&=-\log\sum_k\frac{w_{ik}h'_{kj}}{\sum_k w_{ik}h'_{kj}}\frac{w_{ik}h_{kj}}{\frac{w_{ik}h'_{kj}}{\sum_k w_{ik}h'_{kj}}}\leqslant-\sum_k\frac{w_{ik}h'_{kj}}{\sum_k w_{ik}h'_{kj}}\log\frac{w_{ik}h_{kj}}{\frac{w_{ik}h'_{kj}}{\sum_k w_{ik}h'_{kj}}}\\&=-\sum_k\left(\frac{w_{ik}h'_{kj}}{\sum_k w_{ik}h'_{kj}}\log w_{ik}h_{kj}-\frac{w_{ik}h'_{kj}}{\sum_k w_{ik}h'_{kj}}\log\frac{w_{ik}h'_{kj}}{\sum_k w_{ik}h'_{kj}}\right)\end{aligned} \tag{5.8}$$

根据引理 3.1，可知

$$\begin{aligned}\mathrm{tr}\left(\boldsymbol{HLH}^{\mathrm{T}}\right)=\mathrm{tr}\left(\boldsymbol{HL}^{+}\boldsymbol{H}^{\mathrm{T}}\right)-\mathrm{tr}\left(\boldsymbol{HL}^{-}\boldsymbol{H}^{\mathrm{T}}\right)\leqslant\sum_{i,j}\frac{\left(\boldsymbol{H}'\boldsymbol{L}^{+}\right)_{ij}h_{ij}^2}{h'_{ij}}-\\\left(\mathrm{tr}\left(\boldsymbol{H}'\boldsymbol{L}^{-}\boldsymbol{H}'^{\mathrm{T}}\right)+2\sum_{i,j}\left(\boldsymbol{H}'\boldsymbol{L}^{-}\right)_{ij}h'_{ij}\log\frac{h_{ij}}{h'_{ij}}\right)\end{aligned} \tag{5.9}$$

综合不等式（5.8）和不等式（5.9）可知 $F(\boldsymbol{W},\boldsymbol{H})\leqslant G'(\boldsymbol{H},\boldsymbol{H}')$，从而验证 $G'(\boldsymbol{H},\boldsymbol{H}')$ 是 $F(\boldsymbol{W},\boldsymbol{H})$ 的辅助函数。

根据引理 A.1，$F\left(\boldsymbol{W},\arg\min\limits_{\boldsymbol{H}}G(\boldsymbol{H},\boldsymbol{H}')\right)\leqslant F(\boldsymbol{W},\boldsymbol{H}')$。令 $\dfrac{\partial G(\boldsymbol{H},\boldsymbol{H}')}{\partial h_{ij}}=0$，可得

$$\begin{aligned}\frac{\partial G'(\boldsymbol{H},\boldsymbol{H}')}{\partial h_{ij}}=\gamma\frac{\left(\boldsymbol{H}'\boldsymbol{L}^{+}\right)_{ij}h_{ij}}{h'_{ij}}-\gamma\left(\boldsymbol{H}'\boldsymbol{L}^{-}\right)_{ij}\frac{h'_{ij}}{h_{ij}}+\\\sum_k w_{ki}-\sum_l\frac{v_{lj}w_{li}}{\sum_k w_{lk}h'_{kj}}\frac{h'_{ij}}{h_{ij}}=0\end{aligned} \tag{5.10}$$

对于不同的$1 \leqslant i \leqslant r$和$1 \leqslant j \leqslant n$，有$m \times n$个类似式（5.10）的二次方程。由于这些方程的解难以表示成矩阵的形式，所以用式（5.10）的解更新$\boldsymbol{H}$的时间开销较大。由于参数γ的值相对较小且h'_{ij}和h_{ij}是相邻两次迭代的值，本章将式（5.10）近似为

$$\gamma\left(\boldsymbol{H}'\boldsymbol{L}^{+}\right)_{ij}+\sum_{k} w_{ki}=\gamma\left(\boldsymbol{H}'\boldsymbol{L}^{-}\right)_{ij}\frac{h'_{ij}}{h_{ij}}+\sum_{l}\frac{v_{lj}w_{li}}{\sum_{k} w_{lk}h'_{kj}}\frac{h'_{ij}}{h_{ij}} \tag{5.11}$$

解方程式（5.11），可得如下更新规则

$$h_{ij}=h'_{ij}\frac{\gamma\left(\boldsymbol{H}'\boldsymbol{L}^{-}\right)_{ij}+\sum_{l}\frac{v_{lj}w_{li}}{\sum_{k} w_{lk}h'_{kj}}}{\gamma\left(\boldsymbol{H}'\boldsymbol{L}^{+}\right)_{ij}+\sum_{k} w_{ki}} \tag{5.12}$$

因为式（5.12）等价于式（5.6），根据引理 A.1，式（5.6）不增加$F(\boldsymbol{W},\boldsymbol{H})$的函数值。

给定$\boldsymbol{H}$，$\boldsymbol{W}$的更新规则与乘法更新规则式（2.4）一致，因此可参考文献[8]证明式（5.5）不增加$F(\boldsymbol{W},\boldsymbol{H})$的函数值。证毕。

根据定理 5.1，可知算法 5.1 收敛，见推论 5.1。

推论 5.1：算法 5.1 收敛到$F(\boldsymbol{W},\boldsymbol{H})$的极值点。

证明：根据定理 5.1，可知

$$F\left(\boldsymbol{W}^{t+1},\boldsymbol{H}^{t+1}\right)\leqslant F\left(\boldsymbol{W}^{t+1},\boldsymbol{H}^{t}\right) \tag{5.13}$$

$$F\left(\boldsymbol{W}^{t+1},\boldsymbol{H}^{t}\right)\leqslant F\left(\boldsymbol{W}^{t},\boldsymbol{H}^{t}\right) \tag{5.14}$$

综合不等式（5.13）和不等式（5.14），可得

$$F\left(\boldsymbol{W}^{t+1},\boldsymbol{H}^{t+1}\right)\leqslant F\left(\boldsymbol{W}^{t},\boldsymbol{H}^{t}\right) \tag{5.15}$$

式（5.15）的等号在目标函数$F(\boldsymbol{W},\boldsymbol{H})$保持不变时成立，此时$F(\boldsymbol{W},\boldsymbol{H})$对于$\boldsymbol{H}$和$\boldsymbol{W}$的梯度为零，即乘法更新规则算法 5.1 收敛到$F(\boldsymbol{W},\boldsymbol{H})$的极值点。证毕。

与算法 3.1 相比，改进乘法更新规则仍然存在收敛速度慢的问题。但是改进乘法更新规则算法 5.1 的优势在于它本质上可看成一阶梯度下降算法。因此，可以用优化领域的很多方法加快乘法更新规则算法的收敛速度。本章利用牛顿法设计快速线搜索，提出求解 $\mathrm{NPAF}^{\mathrm{K}}$ 的快速梯度下降算法。

5.3 快速梯度下降算法

由改进乘法更新规则算法 5.1 的推导过程可以看出，乘法更新规则收敛速度慢的主要原因是其搜索步长固定为 1 。根据这一分析结果，本节提出用牛顿法沿调整后的负梯度方向搜索最优步长，在正象限内更新变量值。图 5.2 给出乘法更新规则和快速梯度下降算法的搜索路径示意图，乘法更新规则沿调整负梯度方向每次搜索的步长都是 1 。乘法更新规则虽然能保证解的符号非负，但是却需要很多步才能搜索到最优解。而快速梯度下降算法通过搜索最优步长，每次搜索尽可能地减小目标函数值，因此只需几步即可搜索到最优解。

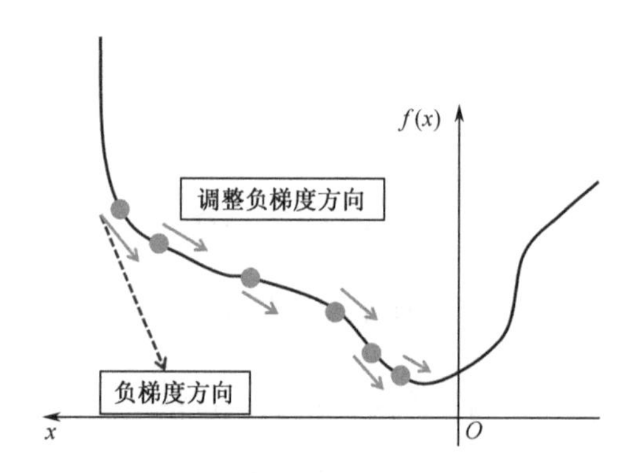

图 5.2 乘法更新规则和快速梯度下降算法的搜索路径示意图

5.3.1　单步长快速线搜索

由图 5.2 可以看出，快速梯度下降算法的核心是搜索最优步长的过程，即线搜索算法。本节通过证明求解最优步长的问题是凸问题，利用牛顿法搜索最优步长，设计快速线搜索算法。

由于 NPAF^{K} 模型的目标函数 $F(\boldsymbol{W},\boldsymbol{H})$［见式（3.4)］不是凸的，快速梯度下降算法交替更新 $\boldsymbol{H}$ 和 $\boldsymbol{W}$ 。本节以 $\boldsymbol{H}$ 的更新过程为例，开发快速线搜索算法。本节为矩阵 $\boldsymbol{H}$ 设置步长 θ ，由式（5.2）可知，在第 t 次迭代中 $F(\boldsymbol{W},\boldsymbol{H})$ 对于 $\boldsymbol{H}$ 的调整负梯度方向写成矩阵形式为

$$\boldsymbol{\nabla}_{\boldsymbol{H}}^{t}=\boldsymbol{H}^{t}\frac{\gamma\boldsymbol{H}^{t}\boldsymbol{L}^{-}+\boldsymbol{W}^{t^{\mathrm{T}}}\dfrac{\boldsymbol{V}}{\boldsymbol{W}^{t}\boldsymbol{H}^{t}}}{\gamma\boldsymbol{H}^{t}\boldsymbol{L}^{+}+\boldsymbol{W}^{t^{\mathrm{T}}}\boldsymbol{1}_{m\times n}}-\boldsymbol{H}^{t} \tag{5.16}$$

那么，$\boldsymbol{H}^{t+1}$ 的更新公式为

$$\boldsymbol{H}^{t+1}=\boldsymbol{H}^{t}+\theta\boldsymbol{\nabla}_{\boldsymbol{H}}^{t} \tag{5.17}$$

式中，步长 θ 的取值范围为

$$D_{\theta}=\left\{\theta \mid \boldsymbol{H}^{t}+\theta\boldsymbol{\nabla}_{\boldsymbol{H}}^{t}\geqslant 0,\theta>0\right\}$$

在式（5.17）中设置 $\theta=1$ 可得式（5.6)，因此改进乘法更新规则是快速梯度下降算法的特例。由式（5.17）可以看出，乘法更新规则算法收敛速度慢的原因是其搜索步长 θ 不是最优的。搜索 θ 的问题是

$$\min_{\theta>0}F(\boldsymbol{W}^{t},\boldsymbol{H}^{t}+\theta\boldsymbol{\nabla}_{\boldsymbol{H}}^{t})\triangleq\phi(\theta) \tag{5.18}$$

由式（5.18）可知，$\phi(\theta)$ 是连续函数，其一阶和二阶导数分别为

$$\phi'(\theta)=\gamma\operatorname{tr}\left(\boldsymbol{\nabla}_{\boldsymbol{H}}^{t}\boldsymbol{L}\boldsymbol{\nabla}_{\boldsymbol{H}}^{t}\right)\theta-\sum_{i,j}\frac{\boldsymbol{V}_{ij}\left(\boldsymbol{W}^{t}\boldsymbol{\nabla}_{\boldsymbol{H}}^{t}\right)}{\left(\boldsymbol{W}^{t}\boldsymbol{H}^{t}\right)_{ij}+\left(\boldsymbol{W}\boldsymbol{\nabla}_{\boldsymbol{H}}^{t}\right)_{ij}\theta}+\sum_{i,j}\left(\boldsymbol{W}\boldsymbol{\nabla}_{\boldsymbol{H}}^{t}\right)_{ij}+\gamma\operatorname{tr}\left(\boldsymbol{H}^{t}\boldsymbol{L}\boldsymbol{\nabla}_{\boldsymbol{H}}^{t}\right) \tag{5.19}$$

$$\phi''(\theta)=\gamma\,\mathrm{tr}\left(\nabla_{\boldsymbol{H}}^{t}L\nabla_{\boldsymbol{H}}^{t\ \mathrm{T}}\right)+\sum_{ij}\frac{\boldsymbol{V}_{ij}\left(\boldsymbol{W}^{t}\nabla_{\boldsymbol{H}}^{t}\right)_{ij}^{2}}{\left(\left(\boldsymbol{W}^{t}\boldsymbol{H}^{t}\right)_{ij}+\left(\boldsymbol{W}^{t}\nabla_{\boldsymbol{H}}^{t}\right)_{ij}\theta\right)^{2}} \tag{5.20}$$

因为$\phi(\theta)$的二阶导数$\phi''(\theta)>0$，所以$\phi(\theta)$是凸函数。因此，本节用牛顿法搜索$\phi(\theta)$的全局最小值。牛顿法第$k\,(k\geqslant 0)$次迭代的更新公式是

$$\theta_{k+1}=\theta_{k}-\frac{\phi'(\theta_{k})}{\phi''(\theta_{k})} \tag{5.21}$$

算法式（5.21）中，步长θ_0用“热启动”策略初始化，即设置θ_0为更新$\boldsymbol{H}^t$时计算的最优步长$\theta_0=\theta^t$。当$\theta_{k+1}-\theta_k=0$时，算法式（5.21）停止搜索。试验表明，算法式（5.21）只需几步（小于 10 步）即可搜索到最优步长θ_*。

为了保证$\boldsymbol{H}^{t+1}$的符号非负，快速梯度下降算法沿调整负梯度方向搜索使函数值$F(\boldsymbol{W},\boldsymbol{H})$最小的$\boldsymbol{H}^{t+1}$，但是$\boldsymbol{H}^{t+1}$不能超出正象限。由式（5.18）可知，$\boldsymbol{H}^{t+1}$的步长$\theta^{t+1}$满足$\theta^{t+1}\geqslant\sup(D_\theta)=\max\left\{\dfrac{\boldsymbol{H}^{t}{}_{ij}}{\nabla_{\boldsymbol{H}_{ij}}^{t}}\,|\,\nabla_{\boldsymbol{H}}^{t}<0\right\}$。因此，更新$\boldsymbol{H}^{t+1}$的最终步长设置为

$$\theta^{t+1}=\min\{\theta_*,\theta'\} \tag{5.22}$$

式中，$\theta'=\tau\sup(D_\theta),\tau(0<\tau<1)$保持$\boldsymbol{H}^{k+1}$与正象限边界之间的距离。$\tau$的值越接近于 1，$\theta'$对应的$\boldsymbol{H}^{k+1}$距离正象限边界越近。因为$1\in D_\theta$且$\boldsymbol{H}_k+\nabla_{\boldsymbol{H}}>0$，所以$\sup(D_\theta)>1$。如果$\tau\in\left(\dfrac{1}{\sup(D_\theta)},1\right)$，那么$\theta'>1$。为了让$\tau$的值尽量接近 1，本节把$\tau$设置成$\sup(D_\theta)$与 1 的凸组合，即$\tau=\dfrac{1}{\sup(D_\theta)}\times 0.01+0.99$。将式（5.22）产生的步长代入式（5.17），$\boldsymbol{H}^{t+1}$的更新公式为

$$\boldsymbol{H}^{t+1}=\boldsymbol{H}_{t}+\theta^{t+1}\nabla_{\boldsymbol{H}}^{t} \tag{5.23}$$

步长θ^{t+1}作为下一次迭代的初始步长，算法 5.2 给出了更新$\boldsymbol{H}^{t+1}$的快速梯度下降算法。

算法 5.2　更新 $\boldsymbol{H}^{t+1}$ 的单步长快速梯度下降算法

输入： $\boldsymbol{H}^t \in \mathbb{R}^{r\times n}, \theta^t$

输出： $\boldsymbol{H}^{t+1} \in \mathbb{R}^{r\times n}, \theta^{t+1}$

1：初始化　$\theta_0 = \theta^t, k = 0$

2：计算　$\nabla_{\boldsymbol{H}}^t = \boldsymbol{H}^t \dfrac{\gamma \boldsymbol{H}^t \boldsymbol{L}^- + {\boldsymbol{W}^t}^{\mathrm{T}} \dfrac{\boldsymbol{V}}{\boldsymbol{W}^t \boldsymbol{H}^t}}{\gamma \boldsymbol{H}^t \boldsymbol{L}^+ + {\boldsymbol{W}^t}^{\mathrm{T}} \boldsymbol{1}_{m\times n}} - \boldsymbol{H}^t$

3：计算　$\lambda = \max\left\{ \dfrac{{\boldsymbol{H}^t}_{ij}}{\left|\nabla_{\boldsymbol{H}_{ij}}^t\right|} \middle| \nabla_{\boldsymbol{H}_{ij}}^t < 0 \right\}$

4：计算　$\theta' = 0.01 + 0.99\lambda$

repeat

5：计算　$\theta_{k+1} = \theta_k - \dfrac{\phi'(\theta_k)}{\phi''(\theta_k)}$

6：更新 $k \leftarrow k+1$

until 满足结束条件

7：计算　$\theta^{t+1} = \min\{\theta_k, \theta'\}$

8：计算　$\boldsymbol{H}^{t+1} = \boldsymbol{H}_t + \theta^{t+1} \nabla_{\boldsymbol{H}}^t$。

因为式（5.21）的计算复杂度为 $O(mn)$，所以算法 5.2 的计算复杂度为 $O(mnr) + \#\text{iteration} \times O(mn)$，其中#iteration 是迭代次数，$O(mnr)$ 是式（5.16）的计算开销。因为通常情况下 $\#\text{iteration} \ll r$，所以快速梯度算法的计算复杂度与乘法更新规则相当。然而，由于快速梯度算法可得到目标函数值更小的解，所以它的收敛速度比乘法更新规则快。定理 5.2 证明算法 5.2 不增加 NPAF^{K} 的目标函数值 $F(\boldsymbol{W}, \boldsymbol{H})$。算法 5.2 可代替算法 5.1 中的第三条语句更新 $\boldsymbol{H}^{t+1}$，$\boldsymbol{W}^{t+1}$ 可用类似的过程更新，本节不再赘述。

定理 5.2： 算法 5.2 不增加 $F(\boldsymbol{W}, \boldsymbol{H})$ 的函数值，即 $F\left(\boldsymbol{W}^t, \boldsymbol{H}^{t+1}\right) \leqslant F\left(\boldsymbol{W}^t, \boldsymbol{H}^t\right)$。

证明：根据定理 5.1，乘法更新规则式（5.6）不增加 $F(\boldsymbol{W},\boldsymbol{H})$ 的函数值，即 $\phi(1)\leqslant F\left(\boldsymbol{W}^t,\boldsymbol{H}^t\right)$。因此，只须证明 $\phi\left(\theta^{t+1}\right)\leqslant\phi(1)$，本节分两种情况证明该不等式：

1. 若 $\theta^{t+1}=\theta_*$，则 $\phi\left(\theta^{t+1}\right)\leqslant\phi(1)$。这是因为 θ_* 是最优步长。

2. 若 $\theta^{t+1}=\theta'$，则根据式（5.22）可知 $\theta'<\theta_*$。因为 $\theta'>1$，所以 $1<\theta'<\theta_*$ 且存在 $\mu(0<\mu<1)$ 使 $\theta'=\mu\theta_*+1-\mu$。由于 $\phi(\theta)$ 是凸函数，根据 Jensen 不等式，$\phi(\theta')=\mu\phi(\theta_*)+(1-\mu)\phi(1)$。因为 $\phi(\theta_*)\leqslant\phi(1)$，所以 $\phi\left(\theta^{t+1}\right)=\phi(\theta')<\phi(1)$。

综合上述两种情况，$\phi\left(\theta^{t+1}\right)<\phi(1)$，因此 $F\left(\boldsymbol{W}^t,\boldsymbol{H}^{t+1}\right)=\phi\left(\theta^{t+1}\right)\leqslant\phi(1)\leqslant F\left(\boldsymbol{W}^t,\boldsymbol{H}^t\right)$。证毕。

5.3.2 多步长快速线搜索

因为算法 5.2 为整个矩阵设置单个步长，所以其搜索的最优步长在某些问题中接近于 1，使得算法 5.2 可能退化成乘法更新规则算法 5.1。为了解决这一问题，本节提出多步长快速线搜索算法。通过证明多步长线搜索问题是凸问题，本节利用多变量牛顿法搜索最优步长向量。为了减小多步长线搜索问题的 Hessian 矩阵求逆的时间开销，本节利用 Hessian 矩阵的特殊结构近似其逆矩阵。因此，多步长快速线搜索在不增加时间开销的情况下解决了单步长快速线搜索中存在的问题。

在第 t 次迭代，以 $\boldsymbol{H}^{t+1}$ 的更新过程为例，本节为 $\boldsymbol{H}^{t+1}$ 的每列设置一个步长，记第 $j(j=1,\cdots,n)$ 列 $\boldsymbol{H}_{:j}$ 对应的步长为 θ_j。为了保证 $\boldsymbol{H}^{t+1}$ 的符号非负，θ_j 的取值范围为

$$D_j=\left\{\theta_j \mid \boldsymbol{H}_{:j}^t+\theta_j\boldsymbol{\nabla}_{\boldsymbol{H}_{:j}}^t\geqslant 0,\theta_j>0\right\}$$

其中，$\boldsymbol{\nabla}_{\boldsymbol{H}_{:j}}^t$ 表示调整负梯度方向 $\boldsymbol{\nabla}_{\boldsymbol{H}}^t$ 的第 j 列。若把步长 $\theta_1,\cdots,\theta_n$ 表示成向量 $\boldsymbol{\theta}=[\theta_1,\cdots,\theta_n]^{\mathrm{T}}$，则 $\boldsymbol{H}^{t+1}$ 的更新公式为

$$\boldsymbol{H}^{t+1}=\boldsymbol{H}^{t}+\boldsymbol{\nabla}_{\boldsymbol{H}}^{t}\times\operatorname{diag}(\boldsymbol{\theta}) \tag{5.24}$$

多步长线搜索的目标是

$$\min_{\boldsymbol{\theta}}\phi(\boldsymbol{\theta})=F\left(\boldsymbol{W},\boldsymbol{H}^{t+1}\right) \tag{5.25}$$

目标函数 $\phi(\boldsymbol{\theta})$ 对于 θ_j 的一阶偏导数为

$$\frac{\partial\phi}{\partial\theta_j}=\frac{\gamma}{2}\frac{\partial\mu}{\partial\theta_j}+\sum_l\boldsymbol{W}_{l:}^{t}\boldsymbol{\nabla}_{\boldsymbol{H}:j}^{t}-\sum_l\frac{\boldsymbol{V}_{lj}\left(\boldsymbol{W}_{l:}^{t}\boldsymbol{\nabla}_{\boldsymbol{H}:j}^{t}\right)}{\left(\boldsymbol{W}_{l:}^{t}\boldsymbol{H}_{:j}^{t}+\theta_j\boldsymbol{W}_{l:}^{t}\boldsymbol{\nabla}_{\boldsymbol{H}:j}^{t}\right)} \tag{5.26}$$

令 $\mu(\boldsymbol{\theta})=\operatorname{tr}\left(\boldsymbol{H}^{t+1}\boldsymbol{L}\boldsymbol{H}^{t+1^{\mathrm{T}}}\right)$。由式（5.26）可知，$\phi(\boldsymbol{\theta})$ 的二阶偏导数为

$$\frac{\partial^2\phi}{\partial\theta_j\partial\theta_i}=\begin{cases}\dfrac{\gamma}{2}\dfrac{\partial^2\mu}{\partial\theta_j^2}+\displaystyle\sum_l\frac{\boldsymbol{V}_{lj}\left(\boldsymbol{W}_{l:}^{t}\boldsymbol{\nabla}_{\boldsymbol{H}:j}^{t}\right)^2}{\left(\boldsymbol{W}_{l:}^{t}\boldsymbol{H}_{:j}+\theta_j\boldsymbol{W}_{l:}^{t}\boldsymbol{\nabla}_{\boldsymbol{H}:j}^{t}\right)^2},i=j\\[2ex]\dfrac{\gamma}{2}\dfrac{\partial^2\mu}{\partial\theta_j\partial\theta_i},i\neq j\end{cases} \tag{5.27}$$

为了计算式（5.26）和式（5.27）中 $\phi(\boldsymbol{\theta})$ 的偏导数，本节把 $\boldsymbol{H}^{t+1}$ 写成子矩阵形式

$$\boldsymbol{H}^{t+1}=\boldsymbol{H}^{t}+\theta_1\boldsymbol{\nabla}_1+\cdots+\theta_n\boldsymbol{\nabla}_n \tag{5.28}$$

式中，$\boldsymbol{\nabla}_j=\left[\mathbf{0},\cdots,\boldsymbol{\nabla}_{\boldsymbol{H}_{:j}}^{t},\cdots,\mathbf{0}\right],j=1,\cdots,n$。利用式（5.28）中的技巧，本节把 $\mu(\boldsymbol{\theta})$ 写成变量 $\theta_j,j=1,\cdots,n$ 的多项式形式

$$\begin{aligned}\mu(\boldsymbol{\theta})=\operatorname{tr}\left(\boldsymbol{L}\boldsymbol{H}^{t+1^{\mathrm{T}}}\boldsymbol{H}^{t+1}\right)=\operatorname{tr}\left(\boldsymbol{L}\boldsymbol{H}^{t^{\mathrm{T}}}\boldsymbol{H}^{t}\right)+2\theta_1\operatorname{tr}\left(\boldsymbol{L}\boldsymbol{H}^{t^{\mathrm{T}}}\boldsymbol{\nabla}_1\right)+\cdots+\\2\theta_n\operatorname{tr}\left(\boldsymbol{L}\boldsymbol{H}^{t^{\mathrm{T}}}\boldsymbol{\nabla}_n\right)+\sum_{i,j}\theta_i\theta_j\operatorname{tr}\left(\boldsymbol{L}\boldsymbol{\nabla}_i^{\mathrm{T}}\boldsymbol{\nabla}_j\right)\end{aligned} \tag{5.29}$$

由式（5.29）可知，$\mu(\boldsymbol{\theta})$ 对于 $\boldsymbol{\theta}_j$ 的一阶和二阶偏导数分别为

$$\frac{\partial\mu}{\partial\theta_j}=2\operatorname{tr}\left(\boldsymbol{L}\boldsymbol{H}^{t^{\mathrm{T}}}\boldsymbol{\nabla}_j\right)+2\sum_{i,j}\theta_i\operatorname{tr}\left(\boldsymbol{L}\boldsymbol{\nabla}_i^{\mathrm{T}}\boldsymbol{\nabla}_j\right) \tag{5.30}$$

$$\frac{\partial^2\mu}{\partial\theta_j\partial\theta_i}=2\operatorname{tr}\left(\boldsymbol{L}\boldsymbol{\nabla}_i^{\mathrm{T}}\boldsymbol{\nabla}_j\right) \tag{5.31}$$

式（5.30）和式（5.31）写成矩阵形式如下：

$$\begin{aligned}\frac{\partial \mu}{\partial \theta_j} &= 2\operatorname{tr}\left(\left(\boldsymbol{H}^t\boldsymbol{L}\right)^{\mathrm{T}}\boldsymbol{\nabla}_j\right)+2\sum_i \theta_i \boldsymbol{L}_{ij}\left({\boldsymbol{\nabla}_{\boldsymbol{H}}^t}^{\mathrm{T}}\boldsymbol{\nabla}_{\boldsymbol{H}}^t\right)_{ij} \\ &= 2\boldsymbol{B}_{:j}^{\mathrm{T}}\boldsymbol{\nabla}_{H_{:j}}^t + 2\sum_i \theta_i L_{ij}\left({\boldsymbol{\nabla}_{\boldsymbol{H}}^t}^{\mathrm{T}}\boldsymbol{\nabla}_{\boldsymbol{H}}^t\right)_{ij}\end{aligned} \tag{5.32}$$

$$\frac{\partial^2 \mu}{\partial \theta_j \partial \theta_i} = 2\operatorname{tr}\left(\boldsymbol{L}{\boldsymbol{\nabla}_i}^{\mathrm{T}}\boldsymbol{\nabla}_j\right) = 2\boldsymbol{L}_{ij}\left({\boldsymbol{\nabla}_{\boldsymbol{H}}^t}^{\mathrm{T}}\boldsymbol{\nabla}_{\boldsymbol{H}}^t\right)_{ij} \tag{5.33}$$

式中，$\boldsymbol{B}=\boldsymbol{H}^t\boldsymbol{L}$。

综合式（5.27）和式（5.33）可知，$\phi(\boldsymbol{\theta})$ 的 Hessian 矩阵为

$$\operatorname{Hessian}(\phi) = \boldsymbol{A} + \mathrm{Hsn} \tag{5.34}$$

式中，$\mathrm{Hsn}=\gamma \boldsymbol{L}\left({\boldsymbol{\nabla}_{\boldsymbol{H}}^t}^{\mathrm{T}}\boldsymbol{\nabla}_{\boldsymbol{H}}^t\right)$，$\boldsymbol{A}$ 是对角阵，其对角线元素 $\boldsymbol{A}_{jj}$ 为

$$\boldsymbol{A}_{jj} = \sum_l \frac{\boldsymbol{V}_{lj}\left(\boldsymbol{W}_{l:}^t\boldsymbol{\nabla}_{\boldsymbol{H}_{:j}}^t\right)^2}{\left(\boldsymbol{W}_{l:}^t\boldsymbol{H}_{:j}^t+\theta_j\boldsymbol{W}_{l:}^t\boldsymbol{H}_{:j}^t\right)^2} = \mathbf{1}_{1\times m}\times\frac{\boldsymbol{V}_{:j}\left(\boldsymbol{W}^t\boldsymbol{\nabla}_{\boldsymbol{H}}^t\right)_{:j}^2}{\left(\boldsymbol{W}^t\boldsymbol{H}^t+\boldsymbol{W}^t\boldsymbol{\nabla}_{\boldsymbol{H}}^t\boldsymbol{D}^t\right)_{:j}^2} > 0 \tag{5.35}$$

定理 5.3 指出线搜索问题式（5.25）是凸问题。

定理 5.3： 如果配准矩阵 $\boldsymbol{L}$ 是半正定的，那么 $\phi(\boldsymbol{\theta})$ 是凸函数。

证明：根据假设条件，$\boldsymbol{L}$ 是半正定的。因为${\boldsymbol{\nabla}_{\boldsymbol{H}}^t}^{\mathrm{T}}\boldsymbol{\nabla}_{\boldsymbol{H}}^t$ 是半正定的，所以 Hsn 是两个半正定矩阵的 Hardmard 积。根据 Schur 乘积定理，Hsn 是半正定的。由式（5.35）可知，$\boldsymbol{A}$ 是正定的，所以 $\phi(\boldsymbol{\theta})$ 的 Hessian 矩阵式（5.34）是正定的，即 $\phi(\boldsymbol{\theta})$ 是凸函数。证毕。

根据定理 5.3，如果配准矩阵 $\boldsymbol{L}$ 是半正定的，问题式（5.25）是凸问题，存在最优解。因此，本节使用多变量牛顿法求解多步长线搜索问题式（5.25），其更新公式为

$$\boldsymbol{\theta}_{k+1} = \boldsymbol{\theta}_k - \operatorname{Hessian}(\phi)^{-1}\boldsymbol{\nabla}_{\phi}\left(\boldsymbol{\theta}_k\right) \tag{5.36}$$

式中，$\boldsymbol{\nabla}_{\phi}\left(\boldsymbol{\theta}_k\right)$ 是 $\phi(\boldsymbol{\theta})$ 在 $\boldsymbol{\theta}_k$ 处的梯度方向。将式（5.32）代入式（5.26）并写成矩阵形式，可得

$$\begin{aligned}\nabla_{\phi}(\boldsymbol{\theta}_k)=&\gamma\left[\left(\boldsymbol{B}^t\nabla_{\boldsymbol{H}}^{t\ \mathrm{T}}\right)\times\mathbf{1}+\left(\boldsymbol{L}\left(\nabla_{\boldsymbol{H}}^{t\ \mathrm{T}}\nabla_{\boldsymbol{H}}^{t}\right)\right)\times\boldsymbol{\theta}\right]+\\&\left(\nabla_{\boldsymbol{H}}^{t}\boldsymbol{W}^{t^{\mathrm{T}}}-\frac{\left(\nabla_{\boldsymbol{H}}^{t\ \mathrm{T}}\boldsymbol{W}^{t^{\mathrm{T}}}\right)\boldsymbol{V}^{\mathrm{T}}}{\nabla_{\boldsymbol{H}}^{t\ \mathrm{T}}\boldsymbol{W}^{t^{\mathrm{T}}}+D^{t^{\mathrm{T}}}\nabla_{\boldsymbol{H}}^{t\ \mathrm{T}}\boldsymbol{W}^{t^{\mathrm{T}}}}\right)\times\mathbf{1}\end{aligned}\tag{5.37}$$

牛顿法式（5.36）每次迭代需要计算 $n\times n$ 维矩阵的逆，其时间复杂度为 $O\left(n^3\right)$，因此牛顿法的时间开销过大。本节利用 Hessian 矩阵的特殊结构，提出一种Hessian矩阵求逆的高效计算方法。因为 $\phi(\boldsymbol{\theta})$ 的Hessian矩阵式（5.34）由Hsn和 $\boldsymbol{A}$ 两部分组成，而且对角阵 $\boldsymbol{A}$ 的逆可以高效计算，本节利用 Sherman-Morrison-Woodbury 公式，在 $O\left(p^3\right)\left(p\ll n\right)$ 时间内计算 $\mathrm{Hessian}\left(\phi\right)^{-1}$，即

$$\begin{aligned}\mathrm{Hessian}(\phi)^{-1}&=\left(\boldsymbol{A}+\mathrm{Hsn}\right)^{-1}=\left(\boldsymbol{A}+\boldsymbol{U\Sigma V}^{\mathrm{T}}\right)^{-1}\approx\left(\boldsymbol{A}+\boldsymbol{U'\Sigma'V'}^{\mathrm{T}}\right)^{-1}\\&=\boldsymbol{A}^{-1}-\boldsymbol{A}^{-1}\boldsymbol{U}'\left(\boldsymbol{\Sigma}'^{-1}+\boldsymbol{V}'^{\mathrm{T}}\boldsymbol{A}^{-1}\boldsymbol{U}'\right)^{-1}\boldsymbol{V}'^{\mathrm{T}}\boldsymbol{A}^{-1}\end{aligned}\tag{5.38}$$

式中，$\mathrm{Hsn}=\boldsymbol{U\Sigma V}^{\mathrm{T}}$ 是Hsn的奇异值分解（SVD）。因为Hsn与 $\boldsymbol{\theta}$ 无关，Hsn的奇异值分解可在牛顿法式（5.36）的迭代之前完成。式（5.38）中，$\boldsymbol{U'\Sigma'V'}^{\mathrm{T}}$ 是由 $\boldsymbol{U\Sigma V}^{\mathrm{T}}$ 中前 p 个能量最大的成分组成的近似值，其中 p 值通过下列方法选择：$\sum_{i=1}^{p}\delta_i^2\Big/\sum_{i=1}^{n}\delta_i^2\leqslant 95\%$，$\delta_i^2$ 是第 i 个最大的奇异值。利用式（5.38）中的技巧，本节把 $\mathrm{Hessian}\left(\phi\right)^{-1}$ 的计算复杂度从 $O\left(n^3\right)$ 降到 $O\left(p^3\right)$，其中 $p\approx 10\ll n$。

通常情况下，牛顿法式（5.36）只需少数迭代（$\#\mathrm{iteration}<10$）即可得到最优步长向量 $\boldsymbol{\theta}_*$。本节使用的终止条件为 $\left|\boldsymbol{\theta}_{k+1}-\boldsymbol{\theta}_k\right|\leqslant\tau$，其中 $k\leqslant 10$ 是迭代计数器，τ 是预先设定的精度，本节的试验中 τ 设定为 $\tau=10^{-4}$。因为 $\mathbf{1}\in D_j$，本节将 θ 初始化为 $\boldsymbol{\theta}_0=\mathbf{1}$。为了保证 $\boldsymbol{H}^{t+1}$ 的符号非负，多步长快速梯度下降算法沿着 $\nabla_{\boldsymbol{H}}^{t}$ 方向尽可能地减小目标函数，但不超出第一象限的边界，即

$$\boldsymbol{\theta}_{t+1}=\lambda\boldsymbol{\theta}_*+\left(1-\lambda\right)\mathbf{1}\tag{5.39}$$

其中，λ 在 $\boldsymbol{H}^{t+1}$ 与第一象限边界之间保持一段距离（$0<\lambda<1$）。$\boldsymbol{H}^{t+1}$ 第 j 列的边界为 $\sup(D_j)=\max\limits_{i}\left\{\dfrac{\boldsymbol{H}_{ij}}{\boldsymbol{\nabla}_{\boldsymbol{H}_{ij}}^{t}} \mid \boldsymbol{\nabla}_{\boldsymbol{H}_{ij}}^{t}<0\right\}$。因为 $\mathbf{1}\in D_j$，所以 $\sup(D_j)>1$。本节把 λ 设置为

$$\lambda=0.99\times\min_{j}\left\{\frac{\sup(D_j)-1}{\theta_{j*}-1} \mid \theta_{j*}>\sup(D_j)\right\}$$

将式（5.39）代入式（5.24）即更新 $\boldsymbol{H}^{t+1}$，多步长快速梯度下降算法可概括成算法 5.3。

算法 5.3　更新 $\boldsymbol{H}^{t+1}$ 的多步长快速梯度下降算法

输入： $\boldsymbol{V}\in\mathbb{R}_{+}^{m\times n},\boldsymbol{L},\boldsymbol{W}^{t}\in\mathbb{R}_{+}^{m\times r},\boldsymbol{H}^{t}\in\mathbb{R}_{+}^{r\times n}$

输出： $\boldsymbol{H}^{t+1}\in\mathbb{R}_{+}^{r\times n}$

1: 计算 $\boldsymbol{\nabla}_{\boldsymbol{H}}^{t}=\boldsymbol{H}^{t}\dfrac{\boldsymbol{W}^{t^{\mathrm{T}}}\dfrac{\boldsymbol{V}}{\boldsymbol{W}^{t}\boldsymbol{H}^{t}}+\gamma\boldsymbol{H}^{t}\boldsymbol{L}^{-}}{\boldsymbol{W}^{t^{\mathrm{T}}}\mathbf{1}_{m\times n}+\gamma\boldsymbol{H}^{t}\boldsymbol{L}^{+}}-\boldsymbol{H}^{t}$

2: SVD 分解 $\boldsymbol{U\Sigma V}^{\mathrm{T}}=\gamma\boldsymbol{L}\otimes\left(\boldsymbol{\nabla}^{\mathrm{T}}\boldsymbol{\nabla}\right)$

3: 选取 p 个能量最大的成分 $\boldsymbol{U}'\boldsymbol{\Sigma}'\boldsymbol{U}'^{\mathrm{T}}\approx\boldsymbol{U\Sigma U}^{\mathrm{T}}$

4: 初始化 $\boldsymbol{\theta}_0=\mathbf{1},\ k=0$

repeat

5: 根据式（5.35）计算 $\boldsymbol{A}^{-1}$

6: 计算 $\mathrm{Hessian}(\phi)^{-1}=\boldsymbol{A}^{-1}-\boldsymbol{A}^{-1}\boldsymbol{U}'\left(\boldsymbol{\Sigma}'^{-1}+\boldsymbol{U}'^{\mathrm{T}}\boldsymbol{A}^{-1}\boldsymbol{U}'\right)^{-1}\boldsymbol{U}'^{\mathrm{T}}\boldsymbol{A}^{-1}$

7: 计算 $\boldsymbol{\theta}_{k+1}=\boldsymbol{\theta}_{k}-\mathrm{Hessian}(\phi)^{-1}\boldsymbol{\nabla}_{\phi}(\boldsymbol{\theta}_k)$

8: 更新 $k\leftarrow k+1$

until 满足结束条件

9: 计算 $\sup\left(D_j\right)=\max_i\left\{\frac{\boldsymbol{H}_{ij}}{\nabla_{\boldsymbol{H}_{ij}}^t}\mid\nabla_{\boldsymbol{H}_{ij}}^t<0\right\},1\leqslant j\leqslant n$

10: 计算 $\lambda=0.99\times\min_j\left\{\frac{\sup\left(D_j\right)-1}{\theta_{j*}-1}\mid\theta_{j*}>\sup\left(D_j\right)\right\}$

11: 计算 $\boldsymbol{\theta}^{t+1}=\lambda\boldsymbol{\theta}_k+(1-\lambda)\mathbf{1}$

12: 计算 $\boldsymbol{H}^{t+1}=\boldsymbol{H}^t+\nabla_{\boldsymbol{H}}^t\times D\left(\boldsymbol{\theta}^{t+1}\right)$。

由于$\boldsymbol{V}\approx\boldsymbol{WH}$是对称的，通过设置参数$\gamma=0$，$\boldsymbol{W}^{t+1}$也可以用定理 5.4 更新。定理 5.4 指出算法 5.3 不增加$F\left(\boldsymbol{W}^t,\boldsymbol{H}\right)$的函数值，所以快速梯度下降算法收敛到目标函数$F(\boldsymbol{W},\boldsymbol{H})$的极值点。

定理 5.4： 如果配准矩阵是半正定的，算法 5.3 不增加 NPAF^{K} 的目标函数值，即$F\left(\boldsymbol{W}^{t+1},\boldsymbol{H}^{t+1}\right)\leqslant F\left(\boldsymbol{W}^t,\boldsymbol{H}^t\right)$。

证明：根据**定理 5.1**，乘法更新规则式（5.6）不增加$F(\boldsymbol{W},\boldsymbol{H})$的函数值，即$\phi(\mathbf{1})\leqslant F\left(\boldsymbol{W}^t,\boldsymbol{H}^t\right)$。因此，只需证明$\phi\left(\boldsymbol{\theta}^{t+1}\right)\leqslant\phi(\mathbf{1})$。根据定理 5.3，$\phi(\boldsymbol{\theta})$是凸函数。由式（5.39）可知，$\boldsymbol{\theta}^{t+1}$是$\boldsymbol{\theta}_*$和 **1** 的凸组合。根据 Jensen 不等式，$\phi\left(\boldsymbol{\theta}^{t+1}\right)\leqslant\lambda\phi(\boldsymbol{\theta}_*)+(1-\lambda)\phi(\mathbf{1})\leqslant\phi(\mathbf{1})$。证毕。

算法 5.3 的计算开销主要花费在语句 1、语句 2 和语句 6 上，其计算复杂度分别是$O\left(mnr+n^2r\right)$、$O\left(n^3\right)$和$O\left(mn+p^3\right)$。因此，算法 5.3 的计算复杂度为$O\left(mnr+n^2r+n^3\right)+\#\text{iteration}\times O\left(mn+p^3\right)$，其中#iteration 是迭代次数。由于迭代次数通常非常小，#iteration $\ll r$，$p\ll n$，所以算法 5.3 的计算复杂度与乘法更新规则一次更新的计算复杂度$O\left(mnr+n^2r\right)$相当。尤其在$mr\leqslant n^2$的情况下，多步长快速线搜索带来的额外计算开销几乎可以忽略不计。由定理 5.4 的证明过程可以看出，多步长快速梯度下降算法搜索的目标函数更低，所以收敛速度更快。试验结果表明，多步长快速梯度下降算法加速乘法更新规则，并且在单步长快速梯度下降算法失效的情况下仍然能够高效地求解 NPAF^{K}。

算法 5.1 与算法 5.3 都不保证收敛到驻点，因此它们的解不是局部解。Lin 改进了乘法更新规则，使其收敛到驻点，但这种改进方法引入了额外计算开销，却并没有提高算法性能。因此，算法 5.1 和算法 5.3 中没有使用 Lin 提出的方法。

5.3.3 平衡多步长快速线搜索

如图 5.1（a）所示，多步长快速梯度下降算法为 $\boldsymbol{H}$ 和 $\boldsymbol{W}$ 设置的步长向量维数分别是 n 和 m，在 m 或 n 比较大时基于多变量牛顿法的线搜索的时间开销过大，可能增加多步长快速梯度算法的计算复杂度。因此，本章改进步长向量的设置方案，为 $\boldsymbol{H}$ 的每行和 $\boldsymbol{W}$ 的每列分别设置步长向量，如图 5.1（b）所示。因为改进步长向量设置方案中 $\boldsymbol{H}$ 和 $\boldsymbol{W}$ 的步长向量的维数是相同的，所以本章称这种线搜索方法为平衡多步长快速线搜索。

在块迭代的第 t 次迭代，考查 $\boldsymbol{W}^{t+1}$ 的更新过程，步长向量记为 $\boldsymbol{\theta}$，其更新公式为 $\boldsymbol{W}^{t+1}=\boldsymbol{W}^t+\nabla_{\boldsymbol{W}}^t\times\text{diag}(\boldsymbol{\theta})$，线搜索的目标函数为

$$\min_{\boldsymbol{\theta}} F\left(\boldsymbol{V},\boldsymbol{W}^{t+1}\boldsymbol{H}^t\right) \tag{5.40}$$

考虑等式 $\boldsymbol{W}^{t+1}\boldsymbol{H}^t=\boldsymbol{W}^t\boldsymbol{H}^t+\theta_1\nabla_{\boldsymbol{W}_{:1}}^t\boldsymbol{H}_{1:}^t+\cdots+\theta_r\nabla_{\boldsymbol{W}_{:r}}^t\boldsymbol{H}_{r:}^t$，记 $\boldsymbol{W}^t\boldsymbol{H}^t=\boldsymbol{Z}^t$、$\nabla_{\boldsymbol{W}_{:a}}^t\boldsymbol{H}_{a:}^t=\boldsymbol{S}_a^t$，则 $\boldsymbol{W}^{t+1}\boldsymbol{H}^t=\boldsymbol{Z}^t+\theta_1\boldsymbol{S}_1^t+\cdots+\theta_r\boldsymbol{S}_r^t$。式（5.40）中的目标函数为

$$F\left(\boldsymbol{V},\boldsymbol{W}^{t+1}\boldsymbol{H}^t\right)\triangleq\sum_{ij}(\boldsymbol{V}_{ij}\log\frac{\boldsymbol{V}_{ij}}{\left(\boldsymbol{Z}^t+\theta_1\boldsymbol{S}_1^t+\cdots+\theta_r\boldsymbol{S}_r^t\right)_{ij}}-\boldsymbol{V}_{ij}+(\boldsymbol{Z}^t+\theta_1\boldsymbol{S}_1^t+\cdots+\theta_r\boldsymbol{S}_r^t)_{ij}) \tag{5.41}$$

由式（5.41）可得 $\phi(\boldsymbol{\theta})$ 的一阶和二阶偏导数分别为

$$\frac{\partial\phi}{\partial\theta_a}=\sum_{ij}\left(-\frac{\boldsymbol{V}_{ij}\left(\boldsymbol{S}_a^t\right)_{ij}}{\left(\boldsymbol{Z}^t+\theta_1\boldsymbol{S}_1^t+\cdots+\theta_r\boldsymbol{S}_r^t\right)_{ij}}+\left(\boldsymbol{S}_a^t\right)_{ij}\right) \tag{5.42}$$

$$\frac{\partial^2\phi}{\partial\theta_a\partial\theta_b}=\sum_{ij}\left(-\frac{V_{ij}\left(S_a^t\right)_{ij}\left(S_b^t\right)_{ij}}{\left(Z^t+\theta_1 S_1^t+\cdots+\theta_r S_r^t\right)_{ij}^2}\right) \tag{5.43}$$

因为$V \geqslant 0$，所以式（5.43）等价于

$$\begin{aligned}\frac{\partial^2\phi}{\partial\theta_a\partial\theta_b}&=\sum_{ij}\frac{\sqrt{V_{ij}}\left(S_a^t\right)_{ij}}{\left(Z^t+\theta_1 S_1^t+\cdots+\theta_r S_r^t\right)_{ij}}\times\frac{\sqrt{V_{ij}}\left(S_b^t\right)_{ij}}{\left(Z^t+\theta_1 S_1^t+\cdots+\theta_r S_r^t\right)_{ij}}\\&=\sum_{ij}T_{a_{ij}}T_{b_{ij}}\end{aligned} \tag{5.44}$$

式中，$T_a=\sqrt{V}S_a^t\big/\left(Z^t+\theta_1 S_1^t+\cdots+\theta_r S_r^t\right)\in\mathbb{R}^{m\times n}$。把每个矩阵$T_a, a\in\{1,\cdots,r\}$按列排列成长向量，并把所有长向量合并成$mn\times r$维的矩阵为

$$U(\theta)=\begin{bmatrix}T_{1_{:1}} & \cdots & T_{r_{:1}}\\ \vdots & \ddots & \vdots\\ T_{1_{:n}} & \cdots & T_{r_{:n}}\end{bmatrix} \tag{5.45}$$

利用式（5.45）中的技巧，$\phi(\theta)$的 Hessian 矩阵为

$$\mathrm{Hessian}_{\phi}(\theta)=U(\theta)^{\mathrm{T}}U(\theta) \tag{5.46}$$

对于任意的$x\in\mathbb{R}^r$，有$x^{\mathrm{T}}\,\mathrm{Hessian}_{\phi}(\theta)x=x^{\mathrm{T}}U(\theta)^{\mathrm{T}}x=\left\|U(\theta)x\right\|_2^2\geqslant 0$，即$\mathrm{Hessian}_{\phi}(\theta)$是半正定的。因此，问题式（5.40）是凸的，可用多变量牛顿法求得最优解。

考查H^{t+1}的更新过程，记步长向量为θ，更新公式为$H^{t+1}=H^t+\mathrm{diag}(\theta)\nabla_H^t$，线搜索的目标函数为

$$\min_{\theta}\sum\left(V_{ij}\log\frac{V_{ij}}{\left(Z^t+\theta_1 Q_1^t+\cdots+\theta_r Q_r^t\right)_{ij}}-V_{ij}+\left(Z^t+\theta_1 Q_1^t+\cdots+\theta_r Q_r^t\right)_{ij}\right)+\frac{\gamma}{2}\mathrm{tr}\left(H^{t+1}LH^{t+1^{\mathrm{T}}}\right) \tag{5.47}$$

式中，$Q_a^t=W_{:a}^t\nabla_{H_{a:}}^t$。式（5.47）的第一项与式（5.41）一致，本节主要讨论

第二项，记为

$$\begin{aligned}\psi(\boldsymbol{\theta})&=\frac{\gamma}{2}\operatorname{tr}\left(\boldsymbol{H}^{t+1}\boldsymbol{L}\boldsymbol{H}^{t+1^{\mathrm{T}}}\right)=\frac{\gamma}{2}\sum_{a=1}^{r}\boldsymbol{H}_{a:}^{t+1}\boldsymbol{L}\boldsymbol{H}_{a:}^{t+1^{\mathrm{T}}}\\&=\frac{\gamma}{2}\sum_{a=1}^{r}\left(\boldsymbol{H}_{a:}^{t}+\theta_a\nabla_{\boldsymbol{H}_{a:}}^{t}\right)\boldsymbol{L}\left(\boldsymbol{H}_{a:}^{t}+\theta_a\nabla_{\boldsymbol{H}_{a:}}^{t}\right)^{\mathrm{T}}\\&=\frac{\gamma}{2}\sum_{a=1}^{r}\left(\boldsymbol{H}_{a:}^{t}\boldsymbol{L}\boldsymbol{H}_{a}^{t^{\mathrm{T}}}+2\theta_a\boldsymbol{H}_{a:}^{t}\boldsymbol{L}\nabla_{\boldsymbol{H}_{a:}}^{t^{\mathrm{T}}}+\theta_a^2\nabla_{\boldsymbol{H}_{a:}}^{t}\boldsymbol{L}\nabla_{\boldsymbol{H}_{a:}}^{t^{\mathrm{T}}}\right)\end{aligned}\tag{5.48}$$

由式（5.48）可得$\psi(\boldsymbol{\theta})$的一阶和二阶偏导数分别为

$$\frac{\partial\psi}{\partial\theta_a}=\gamma\left(\boldsymbol{H}_{a:}^{t}\boldsymbol{L}\nabla_{\boldsymbol{H}_{a:}}^{t^{\mathrm{T}}}+\theta_a\nabla_{\boldsymbol{H}_{a:}}^{t}\boldsymbol{L}\nabla_{\boldsymbol{H}_{a:}}^{t^{\mathrm{T}}}\right)\tag{5.49}$$

$$\frac{\partial^2\psi}{\partial\theta_a\partial\theta_b}=\begin{cases}\gamma\nabla_{\boldsymbol{H}_{a:}}^{t}\boldsymbol{L}\nabla_{\boldsymbol{H}_{a:}}^{t^{\mathrm{T}}}, & b=a\\ 0, & b\neq a\end{cases}\tag{5.50}$$

根据式（5.50），$\psi(\boldsymbol{\theta})$的 Hessian 矩阵为

$$\mathrm{Hessian}_{\psi}(\boldsymbol{\theta})=\gamma\operatorname{diag}\left(\operatorname{diag}\left(\boldsymbol{L}\nabla_{\boldsymbol{H}}^{t^{\mathrm{T}}}\nabla_{\boldsymbol{H}}^{t}\right)\right)\tag{5.51}$$

式中，$\operatorname{diag}(X)$表示由方阵对角线元素组成的向量。如果$\boldsymbol{L}$是半正定矩阵，那么$\nabla_{\boldsymbol{H}_{a:}}^{t}\boldsymbol{L}\nabla_{\boldsymbol{H}_{a:}}^{t\mathrm{T}}\geqslant 0$，所以$\mathrm{Hessian}_{\psi}(\boldsymbol{\theta})$是半正定的。将式（5.51）和式（5.46）合并，并用$\boldsymbol{Q}_a^t$替换式（5.41）中的$\boldsymbol{S}_a^t$，可得问题式（5.47）的 Hessian 矩阵

$$\mathrm{Hessian}_{\boldsymbol{H}}(\boldsymbol{\theta})=\mathrm{Hessian}_{\phi}(\boldsymbol{\theta})+\mathrm{Hessian}_{\psi}(\boldsymbol{\theta})\tag{5.52}$$

式中，$\mathrm{Hessian}_{\phi}(\boldsymbol{\theta})$是半正定的，其定义见式（5.46）。因此，$\mathrm{Hessian}_{\boldsymbol{H}}(\boldsymbol{\theta})$是半正定的，问题式（5.47）是凸问题，可用多变量牛顿法求解。

与多步长线搜索相比，平衡多步长线搜索的 Hessian 矩阵都是$r\times r$维的，因为$r\ll\min\{m,n\}$，所以平衡多步长线搜索中的 Hessian 矩阵求逆运算的计算复杂度为$O\left(r^3\right)$，远低于多步长线搜索的 Hessian 矩阵求逆运算的计算复杂度。虽然多步长线搜索利用 Sherman-Morrison-Woodbury 公式降低了计算复杂度，但是这种策略引入额外的计算开销，而平衡多步长线搜索弥补了这一缺点。

5.4 基于欧几里得距离的 NPAF 优化

本节用快速梯度下降算法求解基于欧几里得距离的非负块配准框架。理论分析表明，基于欧几里得距离的非负块配准框架的最优步长存在解析解，因此快速梯度下降算法以与乘法更新规则算法相同的计算开销大大加快了乘法更新规则算法的收敛速度。

5.4.1 NPAF^{E}快速梯度下降算法

快速梯度下降算法高效求解 NPAF^{K} 模型，该算法同样可用来求解基于其他度量距离的 NPAF 模型。本节以 NPAF^{E} 为例，介绍快速梯度下降算法在其他 NPAF 模型求解中的应用。

根据 3.2.2 节相关内容，NPAF^{E} 的目标函数为

$$\min_{\boldsymbol{W}\geqslant 0,\boldsymbol{H}\geqslant 0} F(\boldsymbol{W},\boldsymbol{H})=\frac{\gamma}{2}\operatorname{tr}\left(\boldsymbol{HLH}^{\mathrm{T}}\right)+\frac{1}{2}\|\boldsymbol{V}-\boldsymbol{WH}\|_F^2 \tag{5.53}$$

式中，$\|\cdot\|_F$ 表示矩阵 Frobenius 范数。3.2.2 节指出，目标函数（5.53）可用乘法更新规则算法 3.2 求解。为了利用快速梯度下降的思想，本节从梯度下降的角度分析乘法更新规则，提出改进乘法更新规则算法如下：

$$\boldsymbol{H}\leftarrow\boldsymbol{H}\frac{\gamma\boldsymbol{HL}^{-}+\boldsymbol{W}^{\mathrm{T}}\boldsymbol{V}}{\gamma\boldsymbol{HL}^{+}+\boldsymbol{W}^{\mathrm{T}}\boldsymbol{WH}} \tag{5.54}$$

$$\boldsymbol{W}\leftarrow\boldsymbol{W}\frac{\boldsymbol{VH}^{\mathrm{T}}}{\boldsymbol{WHH}^{\mathrm{T}}} \tag{5.55}$$

$\boldsymbol{W}$ 的更新式（5.55）与文献[4]中的内容一致，所以式（5.55）不增加 $F(\boldsymbol{W},\boldsymbol{H})$ 函数值。本节利用辅助函数技术证明乘法更新规则式（5.54）不增加 $F(\boldsymbol{W},\boldsymbol{H})$ 的函数值，证明过程见定理 5.5。

定理 5.5： 给定$\boldsymbol{W}$，式（5.54）不增加$F(\boldsymbol{W},\boldsymbol{H})$的函数值。

证明：给定$\boldsymbol{W}$，把$F(\boldsymbol{W},\boldsymbol{H})$写成$\boldsymbol{H}$的函数

$$F(\boldsymbol{W},\boldsymbol{H})=J(\boldsymbol{H})=\frac{\gamma}{2}\mathrm{tr}\left(\boldsymbol{H}\boldsymbol{L}^{+}\boldsymbol{H}^{\mathrm{T}}\right)-\frac{\gamma}{2}\mathrm{tr}\left(\boldsymbol{H}\boldsymbol{L}^{-}\boldsymbol{H}^{\mathrm{T}}\right)+\frac{1}{2}\mathrm{tr}\left(\boldsymbol{V}^{\mathrm{T}}\boldsymbol{V}\right)-\mathrm{tr}\left(\boldsymbol{V}^{\mathrm{T}}\boldsymbol{W}\boldsymbol{H}\right)+\frac{1}{2}\mathrm{tr}\left(\boldsymbol{H}^{\mathrm{T}}\boldsymbol{W}^{\mathrm{T}}\boldsymbol{W}\boldsymbol{H}\right)$$

根据引理 3.1，可得如下不等式

$$\mathrm{tr}\left(\boldsymbol{H}\boldsymbol{L}^{+}\boldsymbol{H}^{\mathrm{T}}\right)\leqslant\sum_{ij}\frac{\left(\boldsymbol{H}'\boldsymbol{L}^{+}\right)_{ij}h_{ij}^{2}}{h'_{ij}} \tag{5.56}$$

$$\mathrm{tr}\left(\boldsymbol{H}\boldsymbol{L}^{-}\boldsymbol{H}^{\mathrm{T}}\right)=\mathrm{tr}\left(\boldsymbol{L}^{-}\boldsymbol{H}^{\mathrm{T}}\boldsymbol{H}\right)=\sum_{ij}\boldsymbol{L}_{ij}^{-}\left(\boldsymbol{H}^{\mathrm{T}}\boldsymbol{H}\right)_{ij}\geqslant 2\sum_{ij}\boldsymbol{L}_{ij}^{-}\boldsymbol{H}_{ij} \tag{5.57}$$

$$\mathrm{tr}\left(\boldsymbol{H}^{\mathrm{T}}\boldsymbol{W}^{\mathrm{T}}\boldsymbol{W}\boldsymbol{H}\right)\leqslant\sum_{ij}\frac{\left(\boldsymbol{H}'\boldsymbol{W}^{\mathrm{T}}\boldsymbol{W}\right)_{ij}h_{ij}^{2}}{h'_{ij}} \tag{5.58}$$

综合不等式（5.56）、不等式（5.57）和不等式（5.58）可得

$$J(\boldsymbol{H})\leqslant\frac{\gamma}{2}\sum_{ij}\frac{\left(\boldsymbol{H}'\boldsymbol{L}^{+}\right)_{ij}h_{ij}^{2}}{h'_{ij}}-\sum_{ij}\boldsymbol{L}_{ij}^{-}\boldsymbol{H}_{ij}+\frac{1}{2}\mathrm{tr}\left(\boldsymbol{V}^{\mathrm{T}}\boldsymbol{V}\right)-\mathrm{tr}\left(\boldsymbol{V}^{\mathrm{T}}\boldsymbol{W}\boldsymbol{H}\right)+\frac{1}{2}\sum_{ij}\frac{\left(\boldsymbol{H}'\boldsymbol{W}^{\mathrm{T}}\boldsymbol{W}\right)_{ij}h_{ij}^{2}}{h'_{ij}}\triangleq G(\boldsymbol{H},\boldsymbol{H}')$$

很容易验证$G(\boldsymbol{H}',\boldsymbol{H}')=F(\boldsymbol{W},\boldsymbol{H}')$，则$G(\boldsymbol{H}',\boldsymbol{H}')$是$F(\boldsymbol{W},\boldsymbol{H})$的辅助函数。根据引理 A.1，$F\left(\boldsymbol{W},\arg\min_{\boldsymbol{H}}G(\boldsymbol{H},\boldsymbol{H}')\right)\leqslant F(\boldsymbol{W},\boldsymbol{H}')$。令$\frac{\partial G(\boldsymbol{H},\boldsymbol{H}')}{\partial h_{ij}}=0$，可得更新规则

$$h_{ij}=h'_{ij}\frac{\gamma\left(\boldsymbol{H}'\boldsymbol{L}^{-}\right)_{ij}+\left(\boldsymbol{W}^{\mathrm{T}}\boldsymbol{V}\right)_{ij}}{\gamma\left(\boldsymbol{H}'\boldsymbol{L}^{+}\right)+\left(\boldsymbol{W}^{\mathrm{T}}\boldsymbol{W}\boldsymbol{H}'\right)_{ij}} \tag{5.59}$$

显而易见，式（5.59）等价于式（5.54）。由引理 A.1 可知，式（5.54）

不增加 $F(\boldsymbol{W},\boldsymbol{H})$ 的函数值。证毕。

5.4.1.1 单步长快速线搜索

以更新 $\boldsymbol{H}$ 的过程为例，在第 t 次迭代，$F(\boldsymbol{W},\boldsymbol{H})$ 对于 $\boldsymbol{H}$ 的调整负梯度方向为

$$\nabla_{\boldsymbol{H}}^{t}=\boldsymbol{H}^{t}\frac{\gamma\boldsymbol{H}^{t}\boldsymbol{L}^{-}+\boldsymbol{W}^{t^{\mathrm{T}}}\boldsymbol{V}}{\gamma\boldsymbol{H}^{t}\boldsymbol{L}^{+}+\boldsymbol{W}^{t^{\mathrm{T}}}\boldsymbol{W}^{t}\boldsymbol{H}^{t}}-\boldsymbol{H}^{t}$$

首先为矩阵 $\boldsymbol{H}$ 设置单个步长 θ，则 $\boldsymbol{H}^{t+1}$ 的更新公式为

$$\boldsymbol{H}^{t+1}=\boldsymbol{H}^{t}+\theta\nabla_{\boldsymbol{H}}^{t},\qquad \theta\in D_{\theta}=\left\{\theta\mid\boldsymbol{H}^{t}+\theta\nabla_{\boldsymbol{H}}^{t}\geqslant 0,\theta\geqslant 0\right\}\tag{5.60}$$

由式（5.60）可知，单步长线搜索问题为

$$\min_{\theta\geqslant 0}F\left(\boldsymbol{W}^{t},\boldsymbol{H}^{t}+\theta\nabla_{\boldsymbol{H}}^{t}\right)\triangleq\phi(\theta)\tag{5.61}$$

问题式（5.61）是二次规划问题，其目标函数可写成

$$\begin{aligned}\phi(\theta)=&\frac{1}{2}\mathrm{tr}\left(\boldsymbol{V}^{\mathrm{T}}\boldsymbol{V}\right)+\frac{1}{2}\mathrm{tr}\left(\left(\boldsymbol{H}^{t}+\theta\nabla_{\boldsymbol{H}}^{t}\right)^{\mathrm{T}}\boldsymbol{W}^{t^{\mathrm{T}}}\boldsymbol{W}^{t}\left(\boldsymbol{H}^{t}+\theta\nabla_{\boldsymbol{H}}^{t}\right)\right)-\\&\mathrm{tr}\left(\boldsymbol{V}^{\mathrm{T}}\boldsymbol{W}^{t}\left(\boldsymbol{H}^{t}+\theta\nabla_{\boldsymbol{H}}^{t}\right)\right)+\frac{\gamma}{2}\mathrm{tr}\left(\left(\boldsymbol{H}^{t}+\theta\nabla_{\boldsymbol{H}}^{t}\right)\boldsymbol{L}\left(\boldsymbol{H}^{t}+\theta\nabla_{\boldsymbol{H}}^{t}\right)^{\mathrm{T}}\right)\\=&\frac{1}{2}\left\|\boldsymbol{V}-\boldsymbol{W}^{t}\boldsymbol{H}^{t}\right\|_{F}^{2}+\theta\left(\mathrm{tr}\left(\boldsymbol{W}^{t\mathrm{T}}\boldsymbol{W}^{t}\boldsymbol{H}^{t}\nabla_{\boldsymbol{H}}^{t\mathrm{T}}\right)+\gamma\,\mathrm{tr}\left(\boldsymbol{L}\nabla_{\boldsymbol{H}}^{t\mathrm{T}}\boldsymbol{H}^{t}\right)-\mathrm{tr}\left(\boldsymbol{V}^{\mathrm{T}}\boldsymbol{W}^{t}\nabla_{\boldsymbol{H}}^{t}\right)\right)+\\&\frac{\theta^{2}}{2}\left(\mathrm{tr}\left(\boldsymbol{W}^{t\mathrm{T}}\boldsymbol{W}^{t}\nabla_{\boldsymbol{H}}^{t}\nabla_{\boldsymbol{H}}^{t\mathrm{T}}\right)+\gamma\,\mathrm{tr}\left(\boldsymbol{L}\nabla_{\boldsymbol{H}}^{t}\nabla_{\boldsymbol{H}}^{t\mathrm{T}}\right)\right)\end{aligned}$$

利用拉格朗日乘子法，问题式（5.61）的解为

$$\theta_{*}=\max\left\{0,\frac{\mathrm{tr}\left(\boldsymbol{V}^{\mathrm{T}}\boldsymbol{W}^{t}\nabla_{\boldsymbol{H}}^{t}\right)-\mathrm{tr}\left(\boldsymbol{W}^{t\mathrm{T}}\boldsymbol{W}^{t}\boldsymbol{H}^{t}\nabla_{\boldsymbol{H}}^{t\mathrm{T}}\right)-\gamma\,\mathrm{tr}\left(\boldsymbol{L}\nabla_{\boldsymbol{H}}^{t\mathrm{T}}\boldsymbol{H}^{t}\right)}{\mathrm{tr}\left(\boldsymbol{W}^{t\mathrm{T}}\boldsymbol{W}^{t}\boldsymbol{H}^{t}\nabla_{\boldsymbol{H}}^{t\mathrm{T}}\right)+\gamma\,\mathrm{tr}\left(\boldsymbol{L}\nabla_{\boldsymbol{H}}^{t}\nabla_{\boldsymbol{H}}^{t\mathrm{T}}\right)}\right\}$$

与式（5.22）一致，更新 $\boldsymbol{H}^{t+1}$ 的最终步长设置为 $\theta^{t+1}=\min\{\theta_{*},\theta'\}$，其中 $\theta'=\left(\frac{1}{\sup\left(D_{\theta}\right)}\times 0.01+0.99\right)\sup\left(D_{\theta}\right)$。把 θ^{t+1} 代入式（5.60），即可更新 $\boldsymbol{H}^{t+1}$。

与定理 5.2 类似，可证明 $F\left(\boldsymbol{W}^{t}, \boldsymbol{H}^{t+1}\right) \leqslant F\left(\boldsymbol{W}^{t}, \boldsymbol{H}^{t}\right)$。

与算法 5.2 相比，NPAF^E 的单步长快速梯度下降算法的优点在于其最优步长存在解析解，可以高效地更新 $\boldsymbol{H}^{t+1}$。若令式（5.53）中的参数 $\gamma=0$，则 NPAF^E 的单步长快速梯度算法等价于非负矩阵分解的内点梯度法。

5.4.1.2 多步长快速线搜索

若为 $\boldsymbol{H}^{t+1}$ 的每列设置一个步长，所有列的步长组成向量 $\boldsymbol{\theta}$，则多步长线搜索的目标函数为

$$\min_{\boldsymbol{\theta}} F\left(\boldsymbol{W}^{t}, \boldsymbol{H}^{t}+\nabla_{\boldsymbol{H}}^{t} \operatorname{diag}(\boldsymbol{\theta})\right) \triangleq \phi(\boldsymbol{\theta}) \tag{5.62}$$

因为 $\phi(\boldsymbol{\theta})$ 的一阶和二阶偏导数分别为

$$\frac{\partial \phi}{\partial \theta_{j}}=\frac{\gamma}{2} \frac{\partial \mu}{\partial \theta_{j}}+\mathbf{1}^{\mathrm{T}}\left(\left(\boldsymbol{W}^{t} \boldsymbol{H}_{:j}+\theta_{j} \boldsymbol{W}^{t} \nabla_{\boldsymbol{H}_{:j}}^{t}-\boldsymbol{V}_{:j}\right)\left(\boldsymbol{W}^{t} \nabla_{\boldsymbol{H}_{:j}}^{t}\right)\right) \tag{5.63}$$

$$\frac{\partial^{2} \phi}{\partial \theta_{j} \partial \theta_{i}}=\begin{cases}\dfrac{\gamma}{2} \dfrac{\partial^{2} \mu}{\partial \theta_{j}^{2}}+\mathbf{1}^{\mathrm{T}}\left(\boldsymbol{W}^{t} \nabla_{\boldsymbol{H}_{:j}}^{t}\right)^{2}, & i=j \\ \dfrac{\gamma}{2} \dfrac{\partial^{2} \mu}{\partial \theta_{j} \partial \theta_{i}}, & i \neq j\end{cases} \tag{5.64}$$

式中，$\mu(\boldsymbol{\theta})=\operatorname{tr}\left(\boldsymbol{H}^{t+1} \boldsymbol{L} \boldsymbol{H}^{t+1^{\mathrm{T}}}\right)$。利用式（5.28）中的技巧，$\mu(\boldsymbol{\theta})$ 的一阶和二阶偏导数分别为

$$\frac{\partial \mu}{\partial \theta_{j}}=2 \boldsymbol{B}_{:j}^{\mathrm{T}} \nabla_{\boldsymbol{H}_{:j}}^{t}+2 \sum_{i} \theta_{i} \boldsymbol{L}_{ij}\left(\nabla_{\boldsymbol{H}}^{t \mathrm{T}} \nabla_{\boldsymbol{H}}^{t}\right)_{ij} \tag{5.65}$$

$$\frac{\partial^{2} \mu}{\partial \theta_{j} \partial \theta}=2 \boldsymbol{L}_{ij}\left(\nabla_{\boldsymbol{H}}^{t \mathrm{T}} \nabla_{\boldsymbol{H}}^{t}\right)_{ij} \tag{5.66}$$

式中，$\boldsymbol{B}=\boldsymbol{H}^{t} \boldsymbol{L}$。将式（5.65）和式（5.66）分别代入式（5.63）和式（5.64）并写成矩阵形式，可得 $\phi(\boldsymbol{\theta})$ 的梯度方向和 Hessian 矩阵分别为

$$\nabla_{\phi}(\boldsymbol{\theta})=\left(\left(\boldsymbol{W}^{t}\boldsymbol{H}^{t}+\boldsymbol{W}^{t}\nabla_{\boldsymbol{H}}^{t}\mathrm{diag}(\boldsymbol{\theta})-\boldsymbol{V}\right)\left(\boldsymbol{W}^{t}\nabla_{\boldsymbol{H}}^{t}\right)^{\mathrm{T}}\right)\mathbf{1}+\gamma\left(\left(\boldsymbol{B}\nabla_{\boldsymbol{H}}^{t}\right)^{\mathrm{T}}\mathbf{1}+\left(\boldsymbol{L}\left(\nabla_{\boldsymbol{H}}^{t\mathrm{T}}\nabla_{\boldsymbol{H}}^{t}\right)\right)\boldsymbol{\theta}\right) \tag{5.67}$$

$$\mathrm{Hessian}(\phi)=\mathrm{diag}\left(\left(\left(\boldsymbol{W}^{t}\nabla_{\boldsymbol{H}}^{t}\right)^{2}\right)^{\mathrm{T}}\mathbf{1}\right)+\gamma\boldsymbol{L}\left(\nabla_{\boldsymbol{H}}^{t\mathrm{T}}\nabla_{\boldsymbol{H}}^{t}\right) \tag{5.68}$$

因为$\nabla_{\boldsymbol{H}}^{t\mathrm{T}}\nabla_{\boldsymbol{H}}^{t}$是半正定矩阵，如果配准矩阵$\boldsymbol{L}$是半正定的，根据 Schur 乘积定理，$\boldsymbol{L}\left(\nabla_{\boldsymbol{H}}^{t\mathrm{T}}\nabla_{\boldsymbol{H}}^{t}\right)$是半正定的。因为$\mathrm{diag}\left(\left(\left(\boldsymbol{W}^{t}\nabla_{\boldsymbol{H}}^{t}\right)^{2}\right)^{\mathrm{T}}\mathbf{1}\right)$是正定的，所以$\mathrm{Hessian}(\phi)$是正定的。因此，问题式（5.62）是凸问题，存在最优解。通过解方程组$\nabla_{\phi}(\boldsymbol{\theta})=0$可得

$$\boldsymbol{\theta}_{*}=\mathrm{Hessian}(\phi)^{-1}\left(\left(\boldsymbol{V}-\boldsymbol{W}^{t}\boldsymbol{H}^{t}\right)\left(\boldsymbol{W}^{t}\nabla_{\boldsymbol{H}}^{t}\right)-\gamma\boldsymbol{B}\nabla_{\boldsymbol{H}}^{t}\right)^{\mathrm{T}}\mathbf{1}$$

显而易见，可以用式（5.38）中的技巧近似 Hessian 矩阵的逆，以降低计算复杂度。将$\boldsymbol{\theta}_{*}$代入式（5.39）可得步长向量$\boldsymbol{\theta}^{t+1}$，$\boldsymbol{H}^{t+1}$的更新公式为$\boldsymbol{H}^{t+1}=\boldsymbol{H}^{t}+\nabla_{\boldsymbol{H}}^{t}\mathrm{diag}\left(\boldsymbol{\theta}^{t+1}\right)$。与定理 5.4 类似，容易证明多步长快速梯度算法不增加 NPAF^{E} 的目标函数值，即$F\left(\boldsymbol{W}^{t},\boldsymbol{H}^{t+1}\right)\leqslant F\left(\boldsymbol{W}^{t},\boldsymbol{H}^{t}\right)$。与算法 5.3 相比，NPAF^{E} 多步长快速梯度下降算法的优点在于其最优步长存在解析解，因此可以高效地更新$\boldsymbol{H}^{t+1}$。

5.4.1.3　平衡多步长快速线搜索

按照图 5.1（b）的设置方案，为$\boldsymbol{H}$的每行和$\boldsymbol{W}$的每列设置步长，那么每次迭代更新$\boldsymbol{H}$（或$\boldsymbol{W}$）时的步长向量都是r维的。以第t次迭代更新$\boldsymbol{H}^{t+1}$的过程为例，记步长向量为$\boldsymbol{\theta}\in\mathbb{R}^{r}$，线搜索问题为

$$\min_{\boldsymbol{\theta}}\frac{1}{2}\left\|\boldsymbol{V}-\boldsymbol{W}^{t}\boldsymbol{H}^{t+1}\right\|_{F}^{2}+\frac{\gamma}{2}\mathrm{tr}\left(\boldsymbol{H}^{t+1}\boldsymbol{L}\boldsymbol{H}^{t+1^{\mathrm{T}}}\right) \tag{5.69}$$

将$\boldsymbol{H}^{t+1}=\boldsymbol{H}^{t}+\nabla_{\boldsymbol{H}}^{t}\mathrm{diag}\left(\boldsymbol{\theta}^{t+1}\right)\nabla_{\boldsymbol{H}}^{t}$代入式（5.69）并考虑$\boldsymbol{W}^{t}\boldsymbol{H}^{t+1}=\boldsymbol{W}_{:1}^{t}\boldsymbol{H}_{1:}^{t+1}+\cdots+\boldsymbol{W}_{:r}^{at}\boldsymbol{H}_{r:}^{t+1}$，则式（5.69）的目标函数为

$$\begin{aligned}\phi(\boldsymbol{\theta})&=\frac{1}{2}\left\|\boldsymbol{W}^t\boldsymbol{H}^t+\theta_1\boldsymbol{W}_{:1}^t\boldsymbol{\nabla}_{\boldsymbol{H}_{1:}}^t+\cdots+\theta_r\boldsymbol{W}_{:r}^t\boldsymbol{\nabla}_{\boldsymbol{H}_{r:}}^t-\boldsymbol{V}\right\|_F^2+\psi(\boldsymbol{\theta})\\&=\frac{1}{2}\sum_{ij}\left(\theta_1S_1^t+\cdots+\theta_rS_r^t-\boldsymbol{Z}^t\right)_{ij}^2+\psi(\boldsymbol{\theta})\end{aligned} \tag{5.70}$$

式中，$\psi(\boldsymbol{\theta})$的定义见式（5.48），$\boldsymbol{Z}^t=\boldsymbol{V}-\boldsymbol{W}^t\boldsymbol{H}^t,\boldsymbol{S}_a^t=\boldsymbol{W}_{:a}^t\boldsymbol{\nabla}_{\boldsymbol{H}_{a:}}^t$。$\phi(\boldsymbol{\theta})$的一阶和二阶偏导数分别为

$$\frac{\partial\phi}{\partial\theta_a}=\theta_1\sum_{ij}\left(\boldsymbol{S}_a^t\right)_{ij}\left(\boldsymbol{S}_1^t\right)_{ij}+\cdots+\theta_r\sum_{ij}\left(\boldsymbol{S}_a^t\right)_{ij}\left(\boldsymbol{S}_t^t\right)_{ij}-\sum_{ij}\boldsymbol{Z}_{ij}^t\left(\boldsymbol{S}_a^t\right)_{ij}+\frac{\partial\psi}{\partial\theta_a} \tag{5.71}$$

$$\frac{\partial^2\phi}{\partial\theta_a\partial\theta_b}=\sum_{ij}\left(\boldsymbol{S}_a^t\right)_{ij}\left(\boldsymbol{S}_t^t\right)_{ij}+\frac{\partial^2\psi}{\partial\theta_a\partial\theta_b} \tag{5.72}$$

将式（5.49）和式（5.50）分别代入式（5.71）和式（5.72）并写成矩阵形式，可得

$$\boldsymbol{\nabla}_\psi(\boldsymbol{\theta})=\boldsymbol{U}(\boldsymbol{\theta})^{\mathrm{T}}\boldsymbol{U}(\boldsymbol{\theta})\boldsymbol{\theta}-\boldsymbol{U}(\boldsymbol{\theta})^{\mathrm{T}}z_1+\gamma\mathrm{diag}\left(\boldsymbol{L}\left(\boldsymbol{\nabla}_{\boldsymbol{H}}^{t\mathrm{T}}\boldsymbol{\nabla}_{\boldsymbol{H}}^t\right)\right)\boldsymbol{\theta}+\gamma z_2$$

$$\mathrm{Hessian}_\psi(\boldsymbol{\theta})=\boldsymbol{U}(\boldsymbol{\theta})^{\mathrm{T}}\boldsymbol{U}(\boldsymbol{\theta})+\gamma\mathrm{diag}\left(\boldsymbol{L}\left(\boldsymbol{\nabla}_{\boldsymbol{H}}^{t\mathrm{T}}\boldsymbol{\nabla}_{\boldsymbol{H}}^t\right)\right)$$

式中，$z_2=\left[\boldsymbol{H}_{1:}^t\boldsymbol{L}\boldsymbol{\nabla}_{\boldsymbol{H}_{1:}}^{t\mathrm{T}},\cdots,\boldsymbol{H}_{r:}^t\boldsymbol{L}\boldsymbol{\nabla}_{\boldsymbol{H}_{r:}}^{t\mathrm{T}}\right]^{\mathrm{T}}$，$\boldsymbol{U}$和$\boldsymbol{z}_1$分别定义如下

$$\boldsymbol{U}(\boldsymbol{\theta})=\begin{bmatrix}\boldsymbol{S}_{1_{:1}}^t&\cdots&\boldsymbol{S}_{r_{:1}}^t\\\vdots&\ddots&\vdots\\\boldsymbol{S}_{1_{:n}}^t&\cdots&\boldsymbol{S}_{r_{:n}}^t\end{bmatrix},\boldsymbol{z}_2=\begin{bmatrix}\boldsymbol{Z}_{:1}^t\\\vdots\\\boldsymbol{Z}_{:n}^t\end{bmatrix} \tag{5.73}$$

因为$\boldsymbol{U}(\boldsymbol{\theta})^{\mathrm{T}}\boldsymbol{U}(\boldsymbol{\theta})$和$\mathrm{diag}\left(\boldsymbol{L}\left(\boldsymbol{\nabla}_{\boldsymbol{H}}^{t\mathrm{T}}\boldsymbol{\nabla}_{\boldsymbol{H}}^t\right)\right)$都是半正定的，所以$\mathrm{Hessian}_\psi(\boldsymbol{\theta})$是半正定的，问题式（5.69）是凸的。通常情况下，$\mathrm{diag}\left(\boldsymbol{L}\left(\boldsymbol{\nabla}_{\boldsymbol{H}}^{t\mathrm{T}}\boldsymbol{\nabla}_{\boldsymbol{H}}^t\right)\right)$是正定的，$\mathrm{Hessian}_\psi(\boldsymbol{\theta})$是可逆的。通过解方程组$\boldsymbol{\nabla}_\psi(\boldsymbol{\theta})=0$，可得问题式（5.69）的最优解

$$\boldsymbol{\theta}_*=\mathrm{Hessian}_\psi(\boldsymbol{\theta})^{-1}\left(\boldsymbol{U}(\boldsymbol{\theta})^{\mathrm{T}}\boldsymbol{z}_1-\gamma\boldsymbol{z}_2\right) \tag{5.74}$$

因为$\mathrm{Hessian}_\psi(\boldsymbol{\theta})\in\mathbb{R}^{r\times r}$，所以平衡多步长快速梯度下降算法解决了多

步长快速梯度下降算法矩阵求逆开销过大的问题。因此，它的时间开销与乘法法则类似，却大大提高乘法更新规则的收敛速度。

5.4.2 NPAF^E 投影梯度下降算法

驻点是局部解的必要条件，但是乘法更新规则算法难以保证收敛到驻点，Lin 指出乘法更新规则算法不能收敛到局部解，因此 Lin 提出通过投影梯度算法（Projected Gradient Descent，PGD）得到非负矩阵分解的驻点。快速梯度下降算法从乘法更新规则算法发展而来，也不能收敛到局部解，因此本节利用 PGD 求解 NPAF^E 模型，比较分析驻点对算法性能的影响。本节用下列过程求解 NPAF^E：

（1）初始化 $\boldsymbol{H}_1 \geqslant 0$，$\boldsymbol{W}_1 \geqslant 0$

（2）For $t=1,2,\cdots$

$$\boldsymbol{H}^{t+1}=\underset{\boldsymbol{H}\geqslant 0}{\arg\min}\, F\left(\boldsymbol{W}^t, P\left[\boldsymbol{H}-\lambda_{\boldsymbol{H}}\nabla_{\boldsymbol{H}}F\left(\boldsymbol{W}^t,\boldsymbol{H}\right)\right]\right) \tag{5.75}$$

$$\boldsymbol{W}^{t+1}=\underset{\boldsymbol{W}\geqslant 0}{\arg\min}\, f\left(P\left[\boldsymbol{W}-\lambda_{\boldsymbol{W}}\nabla_{\boldsymbol{W}}f\left(\boldsymbol{W},\boldsymbol{H}^{t+1}\right)\right],\boldsymbol{H}^{t+1}\right) \tag{5.76}$$

其中，$P[\cdot]$ 把矩阵中的负元素置为 0，$\lambda_{\boldsymbol{H}}$ 和 $\lambda_{\boldsymbol{W}}$ 分别是优化 $\boldsymbol{H}$ 和 $\boldsymbol{W}$ 时的步长。与文献[17]类似，本节用 Armijo 规则确定步长。以更新 $\boldsymbol{H}^{t+1}$ 的问题式（5.75）为例，PGD 的第 k 次迭代如下：

（1）初始化 $\boldsymbol{H}_1=\boldsymbol{H}^t$，给定 $0<\rho<1$，$0<\sigma<1$。

（2）For $k=1,2,\cdots$

$$\boldsymbol{H}^{t+1}=P\left[\boldsymbol{H}_k-\rho^{z_k}\nabla_{\boldsymbol{H}}F\left(\boldsymbol{W}^t,\boldsymbol{H}_k\right)\right] \tag{5.77}$$

其中，第 k 次迭代的步长为 $\lambda_{\boldsymbol{H}}^k=\rho^{z_k}$，$z_k$ 是满足下列条件的第一个非负整数 z：

$$F\left(\boldsymbol{H}_{k+1}\right)-F\left(\boldsymbol{H}_k\right)\leqslant<\nabla_{\boldsymbol{H}}F\left(\boldsymbol{W}^t,\boldsymbol{H}_k\right),\boldsymbol{H}_{k+1}-\boldsymbol{H}_t> \tag{5.78}$$

式（5.78）不停地尝试步长 $1,\rho,\rho^2,\cdots$，Bertsekas 证明步长 $\lambda_{\boldsymbol{H}}^k$ 存在，并

证明在式（5.77）产生的极值点序列$\{\boldsymbol{H}_k\}_{k=1}^{\infty}$中存在问题式（5.75）的驻点。通常情况下，设置参数$\sigma=0.01$和$\rho=0.1$。因为式（5.78）中计算目标函数值的开销过大，参考文献[17]，本节用下列公式降低式（5.78）的计算开销：

$$\begin{aligned}&(1-\sigma)<\nabla_{\boldsymbol{H}}F\left(\boldsymbol{W}^t,\boldsymbol{H}_k\right),\boldsymbol{H}_{k+1}-\boldsymbol{H}_k>+\\&\frac{1}{2}\left\langle\boldsymbol{H}_{k+1}-\boldsymbol{H}_k,\left(\boldsymbol{W}^{t^{\mathrm{T}}}\boldsymbol{W}^t\right)\left(\boldsymbol{H}_{k+1}-\boldsymbol{H}_k\right)\right\rangle+\frac{\gamma}{2}\left\langle\boldsymbol{H}_{k+1}-\boldsymbol{H}_k,\left(\boldsymbol{H}_{k+1}-\boldsymbol{H}_k\right)\boldsymbol{L}\right\rangle\leqslant 0\end{aligned} \tag{5.79}$$

根据文献[17]可知，交替求解问题式（5.75）和式（5.76），并分别用它们的解更新$\boldsymbol{H}^{t+1}$和$\boldsymbol{W}^{t+1}$，得到的极值点序列中存在驻点。为了保证 PGD 算法收敛到驻点，本节用文献[17]中介绍的基于投影梯度的终止条件终止 PGD 算法。

5.4.3 计算复杂性分析

因为乘法更新规则算法、快速梯度下降算法和投影梯度下降算法都是块迭代优化方法，所以本节比较它们一次迭代的计算复杂度。

（1）乘法更新规则算法（MUR）。利用文献[17]中的技巧，本节将终止条件中计算目标函数值的开销从$O(mnr)$降低到$O\left(\max\{m,n\}r^2\right)$。因此，MUR 的时间复杂度为$O\left(mnr+\max\{m,n\}r^2+rn^2\right)$。

（2）快速梯度下降算法（FGD）。FGD 中$\boldsymbol{H}$的更新式（5.60）的时间开销主要在于调整负梯度方向和步长θ^{t+1}的计算，其时间复杂度为$O\left(mnr+\max\{m,n\}r^2+rn^2\right)$。因此，FGD 每次迭代的时间复杂度与 MUR 相同。由于 FGD 的收敛速度比 MUR 快，所以 FGD 所需的迭代次数比 MUR 少，FGD 的时间开销小于 MUR。

（3）投影梯度下降算法（PGD）。PGD 的主要时间开销在于式（5.77）和式(5.79)的计算，根据文献[17]，PGD 的时间复杂度为$O(mnr)+\#\text{iterations}\times O\left(zmr^2\right)$，其中$z$是不等式（5.79）的尝试次数，#iterations 是式（5.77）的

迭代次数。因此，当#iterations 和 z 非常大时，PGD 的时间复杂度远高于 FGD。

根据以上分析结果，FGD 一次迭代以相同的时间复杂度得到比 MUR 更快的收敛速度。虽然 PGD 能收敛到驻点，但是其一次迭代的时间复杂度远高于 FGD。本章试验验证上述分析结果，同时表明 FGD 得到的解的分类效果与 PGD 的解相当。

5.5 非负块配准框架派生模型优化

根据所构建的样本块和局部优化的不同，非负块配准框架可派生新的模型、统一分析已有模型，如非负判别矩阵块配准、图正则非负矩阵分解和判别非负矩阵分解。由于非负判别矩阵块配准模型和判别非负矩阵分解的配准矩阵都是半正定的，可套用本章开发的快速梯度下降算法求解它们。DNMF 的配准矩阵是 $\boldsymbol{L}^W-\dfrac{\delta}{\gamma}\boldsymbol{L}^B$［见式（3.55）］，其中 $\boldsymbol{L}^W$ 和 $\boldsymbol{L}^B$ 都是半正定的。因此，如果参数 $\dfrac{\delta}{\gamma}$ 设置得足够小，那么 DNMF 也可套用本章所提快速梯度下降算法求解。具体求解过程只须用相应的配准矩阵替换 $\boldsymbol{L}$，此处不再一一赘述，本章试验部分将验证快速梯度下降算法的效率。

根据第 3 章，非负矩阵分解也可看成非负块配准框架派生模型，可套用本章所提快速梯度下降算法求解，只须设置权重参数 $\gamma=0$，本章试验部分将比较快速梯度下降算法与乘法更新规则的效率。

5.6 数值试验

本节通过试验比较单快速梯度下降算法（FGD）、多步长快速梯度下降算法（MFGD）和乘法更新规则算法（MUR）求解非负块配准框架的效率，同时在求解基于欧几里得距离的非负块配准框架的试验中比较了FGD与投影梯度下降算法（PGD）的效率和性能。

5.6.1 单步长快速梯度下降算法

本节以NDLA为例，比较FGD、MUR和PGD的效率。试验数据集是常用的人脸图像数据库，包括YALE、ORL和UMIST，所有的数据集都存储成稠密非负矩阵，详细介绍见第3章。为公平起见，所有试验中FGD、MUR和PGD的初始值均保持一致。为了比较算法在不同规模测试数据上的效率，本章设置不同低维空间维数，如表5.1所示。

表5.1 人脸数据库YALE、ORL和UMIST测试数据规模

数据库	样本维数（m）	样本个数	测试样本个数（n）	低维空间维数（r）
YALE	1600	165	105	25, 50
ORL	1024	400	200	50, 100
UMIST	1600	575	60	20, 50

5.6.1.1 FGD与MUR

因为FGD是为了求解NPAF^{K}而开发的，所以本节首先以改进NDLA^{K}为例比较FGD和MUR求解NPAF^{K}的效率。图5.3给出了FGD和MUR在YALE数据集（1600×165维的矩阵）上的目标函数值、迭代次数和CPU时间，可以看出FGD在180次迭代后收敛，时间开销是28秒，而MUR用了4450次迭代，时间开销是282秒。因此，FGD使用比MUR少得多的迭代次数和CPU时间收敛到相近的解。

表5.2比较了FGD和MUR在不同数据库和不同数据规模下的目标函数值、迭代次数和CPU时间，可以看出FGD在所有数据库上都能在相对较少的CPU时间和迭代次数内收敛，且所得到的解的目标函数值较低。因此，FGD的效率优于MUR。

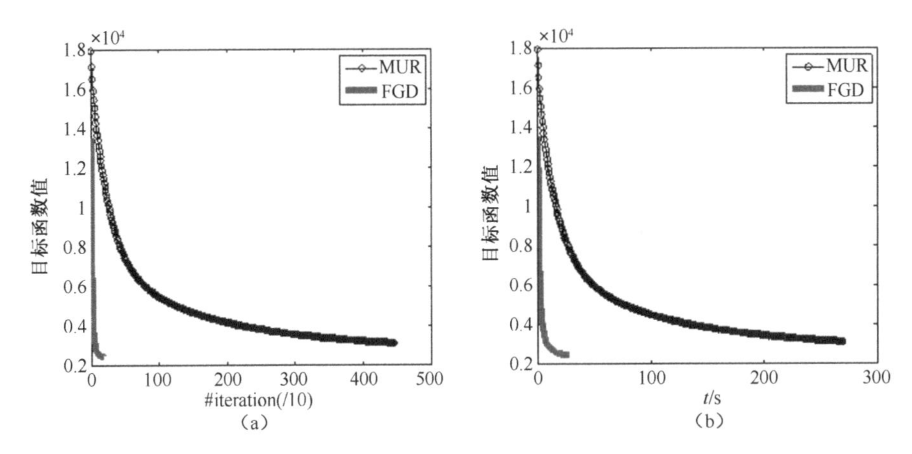

图 5.3　FGD 和 MUR 在 YALE 数据集上的测试结果比较

表 5.2　FGD 和 MUR 在 YALE、ORL 和 UMIST 数据集上的效率比较

数据集	(m,n)	YALE（1600,105）		ORL（1024,200）		UMIST（1600,60）	
低维空间维数	r	25	50	50	100	20	50
目标函数值	MUR	2239.103	1944.143	1744.841	1657.820	2614.495	1935.503
	FGD	2183.862	1822.838	1583.829	1461.882	2605.496	1930.227
迭代次数/次	MUR	2360	2880	1860	2470	510	1130
	FGD	40	40	40	40	60	300
CPU 时间/s	MUR	65.631	117.563	89.016	190.375	8.531	28.922
	FGD	2.984	4.187	4.609	7.266	2.688	20.672

5.6.1.2　FGD 与 PGD

基于欧几里得距离的 NPAF 模型可用 FGD、MUR 和 PGD 求解，表 5.3 比较了它们在 YALE、ORL 和 UMIST 数据集上求解 MNDLA^{E} 的目标函数值、迭代次数和 CPU 时间，所有试验中 FGD、MUR 和 PGD 的初始值和参数设置是一致的。从表 5.3 中可以看出，FGD 在较少的 CPU 时间内得到的解的目标函数值比 MUR 低。因为 PGD 收敛到 MNDLA^{E} 的局部解（驻点），所以 PGD 的目标函数值略低于 FGD。然而，PGD 所花费的 CPU 时间远多于 FGD。因此，FGD 比 PGD 更高效地求解 MNDLA^{E} 模型。虽然 FGD 不保证收敛到局部解，但是下文指出 FGD 得到的解的分类性能与 PGD 得到的解相当。

表 5.3　FGD、MUR 和 PGD 在 YALE、ORL 和 UMIST 数据集上的效率比较

数据集	(m, n)	YALE（1600,105）		ORL（1024, 200）		UMIST（1600, 60）	
低维空间维数	r	25	50	50	100	20	50
目标函数值	MUR	798.520	658.365	625.230	566.647	390.471	349.786
	FGD	720.227	589.210	484.776	443.586	354.360	293.840
	PGD	712.221	584.255	482.291	443.233	345.766	191.119
CPU 时间/s	MUR	65.006	126.236	114.099	218.074	18.486	43.618
	FGD	11.060	24.040	29.406	75.083	4.649	21.575
	PGD	64.522	157.483	137.952	2026.157	11.310	113.818
迭代次数/次	MUR	2771	2491	2251	1951	1481	1101
	FGD	331	351	431	511	231	381
	PGD	16	8	12	37	12	7

为了比较 PGD 得到的局部解与 FGD 得到的解的分类性能，本节测试它们在 ORL 数据库上的人脸识别效果。ORL 数据库由 40 个人的 400 张脸部图像组成，每个人的 10 张图像在不同的光照、表情及其他细节（戴或不戴眼镜）条件下拍摄。所以图像的背景都是黑色的，裁剪成尺寸为32×32的灰度图像（像素值为 0～255），并拉长一个长度为 1024 的长向量。本节从每个人的脸部图像中分别随机选取 3 幅、5 幅和 7 幅图像组成训练集，剩下的图像组成测试集。改进 NDLA^{E} 在训练集样本上得到基矩阵$\boldsymbol{W}$，然后把训练集和测试集样本用投影矩阵$\boldsymbol{W}^{\dagger}$投影到低维空间。在低维空间，测试集中的样本是训练集中与其最近的样本的标签，测试集中标签正确的样本的比例就是人脸识别准确率。为了消除随机因素的影响，本节重复 5 次上述试验，比较各算法所得到的平均人脸识别准确率。图 5.4 比较了低维空间维数从 5 到 120 以步长为 5 变化时，FGD 和 PGD 求解的 MNDLA^{E} 模型的识别准确率。从图 5.4 中可以看出，虽然 FGD 不保证收敛到局部解，但是其分类效果与 PGD 所得到的局部解的分类效果相当，说明驻点并不意味着具有理想的分类效果。

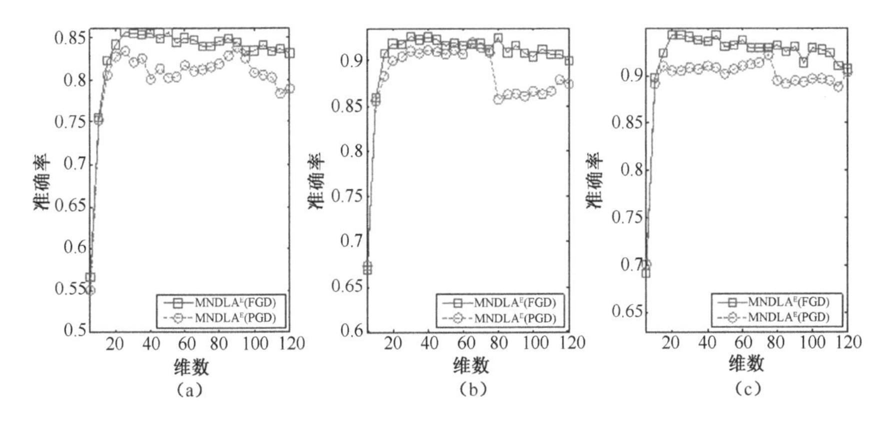

图 5.4　FGD 和 PGD 在 ORL 数据集上的人脸识别准确率比较

5.6.2　多步长快速梯度下降算法

本节分别以 NMF 和 NDLA 为例，比较 MFGD、FGD 和 MUR 求解 $\mathrm{NPAF}^{\mathrm{K}}$ 的效率。所有算法的初始值是一样的，对于 NDLA 模型，参数设置（包括 $\gamma=0.001$、$k_1=2$ 和 $k_2=15$）也是一样的。图 5.5（a）给出了 NMF 的 MFGD、FGD 和 MUR 算法的目标函数值，数据矩阵 $\boldsymbol{V}$ 是 2048×256 维的随机稠密矩阵，其低维空间维数为 128。图 5.5（b）给出了 NDLA 的 MFGD、FGD 和 MUR 算法的目标函数值，数据矩阵 $\boldsymbol{V}$ 是从 UMIST 数据集抽取的 300 个人脸图像组成的 1600×300 维的稠密矩阵，其低维空间维数为 200。从图 5.4 中可以看出，MFGD 和 FGD 每次迭代的目标函数值比 MUR 低，因此 MFGD 和 FGD 比 MUR 收敛速度快。根据图 5.5 中的 MFGD 和 FGD 曲线，MFGD 每次迭代的目标函数值比 FGD 低。

为了比较 MFGD、FGD 和 MUR 在不同规模数据上求解 NMF 的效率，本节在不同规模随机稠密矩阵上测试 MFGD、FGD 和 MUR 算法，表 5.4 给出了目标函数值、迭代次数和 CPU 时间。从表 5.4 中可以看出，MFGD 比 MUR 花费较少的迭代次数和 CPU 时间，即 MFGD 比 MUR 效率高。根据表 5.4 的第（c）和（d）列，低维空间维数 r 越高，MFGD 的效率比 MUR 越高。这是因为 MFGD 一次迭代的时间复杂度为$\#\text{iterations}\times O\left(mn+p^3\right)+O\left(mnr\right)$，而#iterations $\times O\left(mn+p^3\right)$不随 r 增加而增加，尤其是在 m 和 n 较大的时候。这意味着当 m、n 和 r 的值相对较大时，MFGD 一次迭代的时间复杂度与 MUR 的时间复杂度均为$O\left(mnr+nr^2\right)$，但是 MFGD 的目标函数值远低于 MUR，即 MFGD 的收敛速度比 MUR 快。从表 5.4 中可以看出，MFGD 的迭代次数和 CPU 时间比 FGD 少，即 MFGD 在不增加额外计算开销的情况下比 FGD 收敛得更快。

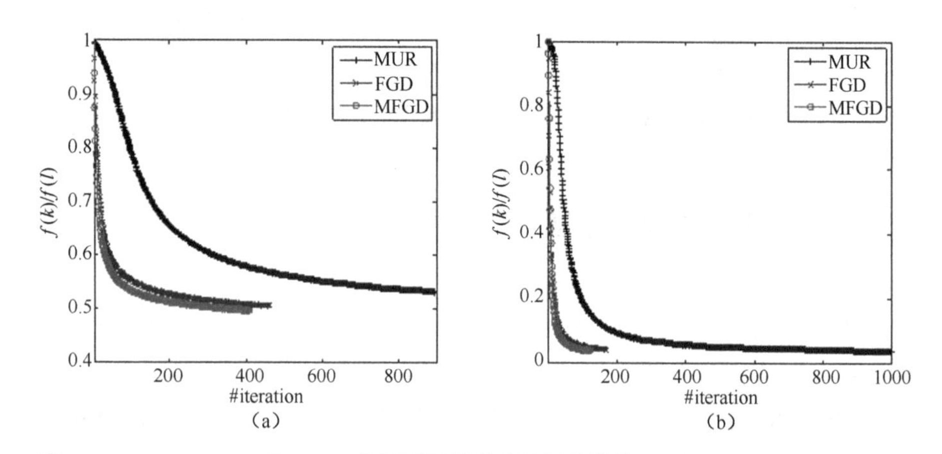

图 5.5　MFGD、FGD 和 MUR 求解不同模型的目标函数值：（a）NMF；（b）NDLA。

表 5.4　NMF 的 MFGD、FGD 和 MUR 算法的目标函数值、迭代次数和 CPU 时间

问题规模	（a）128×8×32			（b）128×16×32			（c）2048×32×256			（d）2048×128×256		
算法	MUR	FGD	MFGD	MUR	FGD	MFGD	MUR	FGD	MFGD	MUR	FGD	MFGD
f_k/f_1	0.643	0.643	0.643	0.409	0.409	0.409	0.846	0.846	0.846	0.530	0.530	0.530
迭代次数/次	411	160	83	383	55	48	759	138	86	895	173	105
CPU 时间/s	0.889	0.811	0.546	1.060	0.343	0.343	198.838	96.205	58.625	500.498	251.504	102.711

与表 5.4 类似，表 5.5 比较了在不同规模矩阵上 MFGD、FGD 和 MUR 求解 NDLA 的目标函数值、迭代次数和 CPU 时间。本节从 UMIST 人脸图像数据集和 MNIST 手写体图像数据集中抽取子集测试 NDLA 的 MFGD、FGD 和 MUR 算法，从 UMIST 数据集中选取 20 个人的 300 幅图像，每幅图像按列排列成$\mathbb{R}^{1600}$空间的向量，组成1600×300维的测试矩阵，低维空间维数分别设置为 50 和 200。MNIST 手写体图像数据集由 3000 幅中学生书

写的 0～9 数字的照片组成，每张照片规格化成 28×28 的图像，本节从每个数字的图像中随机抽取 50 幅图像组成 784×500 维的测试矩阵，低维空间维数分别设置为 100 和 300。根据表 5.5 给出的测试结果，可以看出 MFGD 花费的迭代次数和 CPU 时间比 FGD 和 MUR 较少，意味着 MFGD 的收敛速度比 FGD 和 MUR 快。表 5.5 的第（a）和（b）列显示了 FGD 在 UMIST 数据集上成功地加速了 MUR 的收敛，然而表 5.5 的第（c）和（d）列却显示了 FGD 在 MNIST 数据集上不能提高 MUR 的收敛速度。这是因为 MNIST 数据集中包含大量的零元素，导致 FGD 的最优步长很容易超出第一象限，因而 FGD 在这种情况下退化成 MUR。

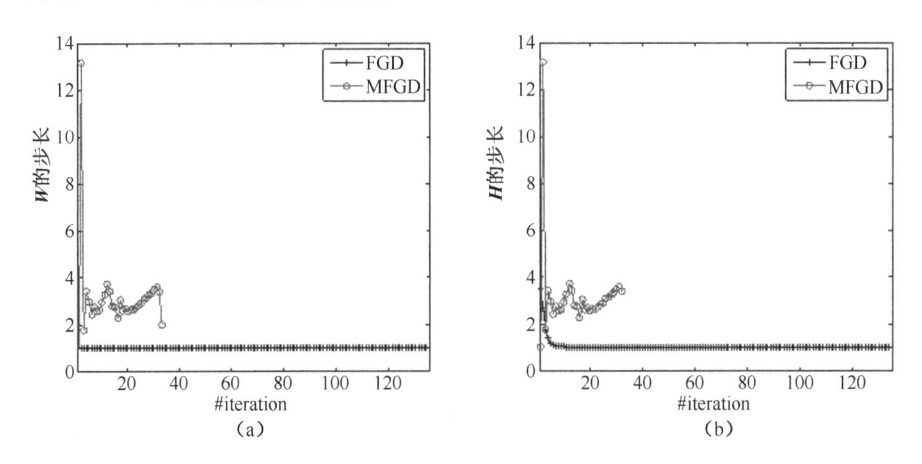

图 5.6　MNIST 数据集（r=300）上对应（a）$\boldsymbol{W}$ 和（b）$\boldsymbol{H}$ 的 MFGD 的平均步长和 FGD 的单步长变化情况。

如表 5.5 的第（c）和（d）列所示，MFGD 弥补了 FGD 的缺点，在 MNIST 数据集上成功地加速了 MUR 算法。为了进一步分析 MFGD 和 FGD 算法的行为，本节比较它们在表 5.5 的第（d）列对应的试验中的步长。图 5.5 给出 MFGD 算法对应 $\boldsymbol{W}$ 的行和 $\boldsymbol{H}$ 的列的步长的平均值，同时给出了 FGD 算法对应 $\boldsymbol{W}$ 和 $\boldsymbol{H}$ 的步长，可以看出 FGD 退化成 MUR，而 MFGD 仍然能很好地加快 MUR 的收敛速度。

表 5.5 NDLA 的 MFGD、FGD 和 MUR 算法的目标函数值、迭代次数和 CPU 时间

问题规模	(a) UMIST ($r=50$)			(b) UMIST ($r=200$)			(c) MNIST ($r=100$)			(d) MNIST ($r=300$)		
算法	MUR	FGD	MFGD	MUR	FGD	MFGD	MUR	FGD	MFGD	MUR	FGD	MFGD
f_k/f_1	0.131	0.131	0.131	0.041	0.041	0.041	0.162	0.162	0.010	0.055	0.055	0.003
迭代次数/次	655	166	98	1000	168	121	1000	579	32	278	135	33
CPU 时间/s	175.594	134.301	110.807	480.389	192.224	162.225	237.308	281.831	35.864	138.981	200.898	50.793

5.7 本章小结与讨论

本章提出快速梯度下降算法，以提高乘法更新规则算法优化非负块配准框架的收敛速度。首先，本章从梯度下降的角度改进乘法更新规则算法，把它变换成沿着调整负梯度方向步长为 1 的搜索的形式。然后，利用牛顿法快速搜索最优步长，在不超出第一象限的前提下尽可能地减小目标函数值。由于整个矩阵因子对应一个步长，以最优步长搜索很容易使某元素值为负，使得最终搜索步长依赖于第一象限边界而不是最优步长，因此快速梯度下降算法在某些应用中经常退化成乘法更新规则。本章为矩阵因子的每列（或每行）设置步长，提出多步长快速梯度下降算法，并提出平衡多步长快速梯度下降算法以减少多步长快速梯度下降算法的时间开销。试验结果表明，快速梯度下降算法大大提高了乘法更新规则算法的收敛速度，在某些快速梯度下降算法失效的情况下多步长快速梯度下降算法仍然能加速乘法更新规则算法的收敛。

多步长快速梯度下降算法根据 Sherman-Morrison-Woodbury 公式利用 Hessian 矩阵的特殊结构降低其求逆运算的复杂度，如果使用 BFGS（L-BFGS）或 BB 技术搜索最优步长向量，可能规避这一问题。由于 $\mathrm{NPAF}^{\mathrm{E}}$ 的单步长、多步长和平衡多步长快速梯度下降算法的最优步长存在解析解，多种加速乘法更新规则的技术（如文献[18]中的循环乘法更新规则技术）均可用于进一步加速快速梯度下降算法计算速度。

第6章

非负矩阵分解最优梯度下降算法

06

本章提出用最优梯度下降算法求解非负矩阵分解问题，并给出非负块配准框架的最优梯度优化算法。本章首先考查非负矩阵分解的优化问题，把该问题的求解过程看成两个非负最小二乘（Non-negative Lease Squares，NLS）问题，然后用最优梯度下降算法交替求解每个NLS问题，从而得到非负矩阵分解问题的局部最优解。本章通过理论分析，证明NLS问题是凸问题且其目标函数的梯度是李普希兹连续的。因此，最优梯度下降算法可以以$O\left(1/k^2\right)$的收敛速度求解该问题。该算法既规避了复杂的线搜索过程，又解决了已有非负矩阵分解优化算法中存在的问题，因而在极短的时间内以二阶收敛速度收敛到最优解。根据非负矩阵分解最优梯度下降算法设计思路，本章用最优梯度下降算法求解非负块配准框架，所开发的算法可用于求解非负块配准框架的各种派生模型。真实世界数据集和合成数据集上的测试表明，非负块配准最优梯度算法的计算效率远高于乘法更新规则算法。

6.1 引言

乘法更新规则算法是典型的非负块配准框架优化算法，但是该算法在优化过程中只利用一阶梯度信息，所以收敛速度慢。为了解决乘法更新规则算法收敛速度慢的问题，第 5 章提出快速梯度下降算法，该算法用牛顿法快速搜索最优步长，在不增加时间开销的情况下加速乘法更新规则的收敛，尤其适用于基于 KL 散度的非负块配准框架。虽然快速梯度下降算法可以高效求解基于欧几里得距离的非负块配准框架，但是其不能证明所得到的解满足 K.K.T.条件，因此无法保证快速梯度下降算法收敛到局部解。为了解决该问题，本章用最优梯度下降算法交替优化基矩阵和表示系数矩阵，提出非负块配准最优梯度下降算法。

在基于欧几里得距离的非负矩阵分解优化领域，常用的算法分为两大类：乘法更新规则算法和交替非负最小二乘法。乘法更新规则算法交替更新矩阵因子，每次更新本质上是沿负梯度方向搜索一步，通过巧妙选取步长保证矩阵因子的符号非负，属于不精确块迭代方法。交替非负最小二乘法虽然也是以块迭代的方式更新矩阵因子，但是它在一个矩阵因子固定的情况下把另一个矩阵因子的优化问题看作非负最小二乘（NLS）问题，并用 NLS 问题的最优解更新另一个矩阵因子，属于精确块迭代方法。根据 NLS 问题求解方法的不同，交替非负最小二乘法又可分为 3 类：

（1）投影最小二乘法。投影最小二乘（Projected NLS，PNLS）法[154]把不带约束的最小二乘解投影到第一象限以求解 NLS 问题，该算法的投影操作可能增加目标函数值，无法从理论上证明其收敛性。

（2）投影梯度下降算法。投影梯度下降（Projected Gradient，PG）算法[43]沿投影梯度方向搜索 NLS 问题的解，搜索步长由 Armijo 规则确定。因为线搜索时间开销过大，所以 PG 算法效率低。Zdunek 和 Cichocki[165]用投影伪牛顿（Quasi-Newton，QN）法求解 NLS 问题。与 PG 算法不同，QN 法用 NLS 问题的 Hessian 矩阵的逆计算搜索步长，收敛速度较快。QN 法的缺点在于 Hessian 矩阵的求逆运算计算量高，而且在矩阵奇异时可能导致数值不稳定。Kim 等人[266]利用 BFGS 技术近似 Hessian 矩阵的逆，弥补了 QN 法的缺点，但是 BFGS 算法的线搜索和 Hessian 矩阵逆的更新过程计算复杂度高。Han 等人[163]用“Barzilai-Borwein”策略确定搜索方向并用基于 Armijo

规则的线搜索保证全局收敛。Bonettini[160]在不精确块迭代的框架下提出循环块迭代（Cyclic Block Coordinate Gradient Projection，CBGP）算法，虽然每次迭代不必求解各块的最优解，但是基于 Armijo 规则的线搜索可以保证算法全局收敛。PG 算法和 CBGP 算法的问题是线搜索过程的计算开销过大。

（3）Active Set 方法。Kim 和 Park 用 Active Set（AS）方法求解 NLS 问题，该算法利用 K.K.T.条件把变量分成两组，即满足 K.K.T.条件的 Active 集和不满足 K.K.T.条件的 Free 集，则每次迭代只须优化 Free 集中的变量，变成无约束优化问题。通过把 Free 集中满足 K.K.T.条件的元素交换到 Active 集中，当 Free 集为空时，AS 算法得到约束优化问题的最优解。Kim 和 Park 改进了 AS 算法，每次从 Free 集交换多个元素到 Active 集中，提出 BPP（Block Principal Pivoting）算法。BPP 算法是非负矩阵分解“state-of-the-art”优化算法，但是它要求 NLS 问题是强凸的以保证无约束优化问题存在解析解。在实际应用中，如果 NLS 问题不强凸，那么 BPP 算法可能出现数值不稳定问题。

本章提出基于最优梯度下降算法的 NeNMF 算法，解决了交替非负最小二乘法的上述问题。本章证明 NLS 问题是凸问题且其目标函数的梯度是李普希兹连续的，因此最优梯度下降算法[271]可用于求解 NLS 问题，放宽了强凸的约束条件。最优梯度下降算法是 1983 年由俄罗斯数学家 Nesterov 提出的，该方法巧妙设计步长，利用历史梯度的组合加速梯度法的收敛，目前已经广泛应用于凸优化领域，如压缩传感[272]、迹范数最小化[273]和聚类[274]等。本章在固定一个矩阵因子的情况下用最优梯度下降算法求解另一个矩阵因子的 NLS 问题，最优梯度下降算法用 PG 算法更新近似解，其中步长为梯度的李普希兹常数。同时，它构造一个辅助序列，该序列保存搜索点（历史信息），每个搜索点是最相邻两个近似解的线性组合。这种策略在搜索的过程中引入历史信息，使梯度法以 $O\left(1/k^2\right)$ 的速度收敛到 NLS 问题的最优解。因为最优梯度下降算法无须线搜索、强凸约束和额外的计算开销，仅以少量增加存储空间为代价，以最优收敛速度求解 NLS 问题，所以与其他优化算法相比，NeNMF 高效而健壮地求解非负矩阵分解。根据 NeNMF 算法的设计思路，本章证明非负块配准问题的凸性及其梯度的李普希兹连续性，从而提出非负块配准最优梯度下降算法。该方法弥补了快速梯度下降算法的缺点，从理论上保证收敛到非负块配准的局部解。

6.1.1 非负矩阵分解优化算法研究现状

本书第 2.3 节概述了非负矩阵分解的优化算法，本节详细分析基于欧几里得距离的非负矩阵分解优化算法的研究现状。给定 n 个 m 维样本 $\boldsymbol{v}_i \in \mathbb{R}_+^m$ $(i=1,\cdots,n)$，记为非负矩阵 $\boldsymbol{V}=[\boldsymbol{v}_1,\cdots,\boldsymbol{v}_n]$，非负矩阵分解搜索两个子矩阵 $\boldsymbol{W}\in\mathbb{R}_+^{m\times r}$ 和 $\boldsymbol{H}\in\mathbb{R}_+^{r\times n}$，使其乘积近似为 $\boldsymbol{V}$。给定 $r<\min\{m,n\}$，非负矩阵分解的目标函数是

$$\min_{\boldsymbol{W},\boldsymbol{H}} \frac{1}{2}\|\boldsymbol{V}-\boldsymbol{W}\boldsymbol{H}\|_F^2,\ \boldsymbol{W}\in\mathbb{R}_+^{m\times r},\boldsymbol{H}\in\mathbb{R}_+^{r\times n} \tag{6.1}$$

式中，$\|\cdot\|_F$ 是矩阵 Frobenius 范数。

式（6.1）不是凸问题，不存在最优解。通常情况下，使用块迭代方法[254]得到式（6.1）的局部解。给定初始的 $\boldsymbol{W}^1 \geqslant 0$，块迭代方法交替求解下列两个非负最小二乘问题

$$\boldsymbol{H}^{t+1}=\arg\min_{\boldsymbol{H}\geqslant 0} F\left(\boldsymbol{W}^t,\boldsymbol{H}\right)=\frac{1}{2}\left\|\boldsymbol{X}-\boldsymbol{W}^t\boldsymbol{H}\right\|_F^2 \tag{6.2}$$

和

$$\boldsymbol{W}^{t+1}=\arg\min_{\boldsymbol{W}\geqslant 0} F\left(\boldsymbol{W},\boldsymbol{H}^{t+1}\right)=\frac{1}{2}\left\|\boldsymbol{X}^{\mathrm{T}}-\boldsymbol{H}^{t+1^{\mathrm{T}}}\boldsymbol{W}\right\|_F^2 \tag{6.3}$$

式中，t 是循环计数器。大多数非负矩阵分解优化算法使用这一策略，它们的本质差异在于问题式（6.2）和式（6.3）的优化方法不同。因为问题式（6.2）和式（6.3）是对称的，不失一般性，本章只讨论问题式（6.2）的求解，问题式（6.3）可用类似的方法求解。

6.1.1.1　乘法更新规则算法

虽然多数优化算法用 NLS 问题式（6.2）和式（6.3）的最优解交替更新 $\boldsymbol{H}$ 和 $\boldsymbol{W}$ ，但是每次迭代未必用式（6.2）和式（6.3）的最优解更新 $\boldsymbol{H}$ 和 $\boldsymbol{W}$ 。乘法更新规则算法每次迭代沿着 $\boldsymbol{H}$ 和 $\boldsymbol{W}$ 对应的调整负梯度方向搜索一步，即

$$\boldsymbol{H}^{t+1} = \boldsymbol{H}^{t} \frac{\boldsymbol{W}^{t^{\mathrm{T}}}\boldsymbol{V}}{\boldsymbol{W}^{t^{\mathrm{T}}}\boldsymbol{W}^{t}\boldsymbol{H}^{t}} \tag{6.4}$$

乘法更新规则的缺点包括零元素问题、数值不稳定问题、收敛速度慢，具体分析见 2.3 节。

6.1.1.2　投影最小二乘法

为了解决乘法更新规则算法的数值不稳定问题，Lin[95]在式（6.4）的分母上加以微小的扰动，保证分母不出现零元素。Berry 等人[154]提出投影最小二乘（PNLS）法解决该问题，每次迭代把非约束最小二乘解投影到第一象限以更新 $\boldsymbol{H}^{t+1}$，即

$$\boldsymbol{H}^{t+1} = P\left(\boldsymbol{W}^{t^{\dagger}}\boldsymbol{X}\right) \tag{6.5}$$

式中，$\boldsymbol{W}^{t^{\dagger}}$ 是 $\boldsymbol{W}^{t}$ 的伪逆，$P(\cdot)$ 强制把矩阵中的负元素置为零。因为投影操作 $P(\cdot)$ 可能增加目标函数的函数值，所以投影最小二乘法在某些问题中可能不收敛。

6.1.1.3　投影梯度下降算法

Lin[43]把 NLS 问题式（6.2）看成界约束优化问题，并用投影梯度下降算法求解该问题。在第 t 次迭代，投影梯度下降算法的求解序列是

$$\boldsymbol{H}_{k+1} = P\left(\boldsymbol{H}_{k} - \alpha_{k}\nabla_{\boldsymbol{H}}F\left(\boldsymbol{W}^{t},\boldsymbol{H}_{k}\right)\right) \tag{6.6}$$

式中，k 是内层循环计数器，$\nabla_{\boldsymbol{H}}F\left(\boldsymbol{W}^{t},\boldsymbol{H}_{k}\right)$ 是 $F\left(\boldsymbol{W}^{t},\boldsymbol{H}_{k}\right)$ 在 $\boldsymbol{H}_{k}$ 处的梯度。在式（6.6）中 α_{k} 是步长。Lin[43]用基于 Armijo 规则的线搜索确定该步长。因此，投影梯度下降算法的收敛速度是 $O(1/k)$，而且内层循环线搜索过程的计算开销过大。

6.1.1.4 伪牛顿法

Zdunek 和 Cichocki[165]提出用伪牛顿法求解 NLS 问题式（6.2），利用蕴含在 Hessian 矩阵中的二阶梯度信息提高投影梯度下降算法的收敛速度。在第 t 次迭代，H^{t+1} 的更新规则为

$$\boldsymbol{H}^{t+1}=P\left(\boldsymbol{H}^{t}-\gamma\boldsymbol{R}_{\boldsymbol{H}}^{t}\backslash\boldsymbol{Q}_{\boldsymbol{H}}^{t^{\mathrm{T}}}\nabla_{\boldsymbol{H}}F\left(\boldsymbol{W}^{t},\boldsymbol{H}^{t}\right)\right) \tag{6.7}$$

式中，γ 是步长。$\boldsymbol{Q}_{H}^{t}\boldsymbol{R}_{H}^{t}=\mathrm{Hessian}_{F}\left(\boldsymbol{H}^{t}\right)+\lambda I_{r}$ 是 $F\left(\boldsymbol{W}^{t},\boldsymbol{H}\right)$ 在 $\boldsymbol{H}^{t}$ 处的 Hessian 矩阵的 QR 分解，调整因子 λI_{r} 用以避免 $\mathrm{Hessian}_{F}\left(\boldsymbol{H}^{t}\right)$ 奇异。在式（6.7）中，$\boldsymbol{R}_{\boldsymbol{H}}^{t}\backslash\boldsymbol{Q}_{\boldsymbol{H}}^{t}$ 是方程组 $\boldsymbol{R}_{\boldsymbol{H}}^{t}\boldsymbol{X}=\boldsymbol{Q}_{\boldsymbol{H}}^{t}$ 的最小二乘解。因为伪牛顿法利用 Hessian 矩阵中蕴含的二阶梯度信息，所以伪牛顿法比投影梯度下降算法收敛速度快。然而，因为 $\mathrm{Hessian}_{F}\left(\boldsymbol{H}^{t}\right)$ 可能是奇异的，所以伪牛顿法存在数值不稳定问题。虽然调整因子 λI_{r} 从一定程度上解决了该问题，但是在实际应用中 λ 的值难以确定。

6.1.1.5 BFGS 算法

Kim 等人[266]改进了伪牛顿法，利用 BFGS 技术更新 Hessian 矩阵。在第 t 次迭代，BFGS 算法用下式搜索 $\boldsymbol{H}^{t+1}$

$$\boldsymbol{H}_{k+1}=P\left(\boldsymbol{H}_{k}-\mathrm{diag}\left(\boldsymbol{\alpha}_{k}\right)\boldsymbol{D}_{k}\nabla_{\boldsymbol{H}}F\left(\boldsymbol{W}^{t},\boldsymbol{H}_{k}\right)\right) \tag{6.8}$$

式中，$k=0,1,\cdots$ 是内层循环计数器，$\boldsymbol{H}$ 初始化为 $\boldsymbol{H}_{0}=\boldsymbol{H}^{t}$。$\boldsymbol{H}^{t+1}$ 用式（6.8）的搜索结果更新，即 $\boldsymbol{H}^{t+1}=\boldsymbol{H}_{K}$，其中 K 是迭代次数。在式（6.8）中，$\boldsymbol{D}_{k}$ 近似 Hessian 矩阵的逆，即 $\mathrm{Hessian}_{F}^{-1}\left(\boldsymbol{H}_{k}\right)$，每次迭代用 BFGS 技术更新 $\boldsymbol{D}_{k}$。向量 $\boldsymbol{\alpha}_{k}$ 是步长，通过基于 Armijo 规则的线搜索计算得到。

BFGS 算法的问题是 BFGS 更新过程和线搜索过程的计算开销过大，因此 Kim 等人[266]提出近似 BFGS 算法。在第 t 次迭代，近似 BFGS 算法用下式搜索 $\boldsymbol{H}^{t+1}$

$$\boldsymbol{H}_{k+1}=P\left(\boldsymbol{H}_{k}-\boldsymbol{\alpha}_{k}\left(\boldsymbol{W}^{t^{\mathrm{T}}}\boldsymbol{W}^{t}\right)^{-1}\nabla_{\boldsymbol{H}}F\left(\boldsymbol{W}^{t},\boldsymbol{H}_{k}\right)\right) \tag{6.9}$$

式中，$\boldsymbol{W}^{t^{\mathrm{T}}}\boldsymbol{W}^{t}$ 近似 $\mathrm{Hessian}_F\left(\boldsymbol{H}^t\right)$，步长 $\boldsymbol{\alpha}$ 手动设定。内层循环式（6.9）固定迭代次数，如 $K=10$，$\boldsymbol{H}^{t+1}$ 更新为 $\boldsymbol{H}^{t+1}=\boldsymbol{H}_K$。近似 BFGS 算法的问题是步长 $\boldsymbol{\alpha}$ 难以确定。

6.1.1.6　PBB 算法

Han 等人[163]提出 PBB（Projected Barzilai-Borwein）算法，PBB 算法用相邻两点的切方程确定投影梯度下降算法式（6.6）中的步长，避免了线搜索过程。PBB 算法内层循环的更新规则是

$$\boldsymbol{H}_{k+1}=\boldsymbol{H}_k+\lambda_k\nabla_{\boldsymbol{H}}^{P}F\left(\boldsymbol{W}^t,\boldsymbol{H}_k\right) \tag{6.10}$$

式中，$\nabla_{\boldsymbol{H}}^{P}F\left(\boldsymbol{W}^t,\boldsymbol{H}_k\right)=P\left(\boldsymbol{H}_k-\boldsymbol{\alpha}_k\nabla_{\boldsymbol{H}}F\left(\boldsymbol{W}^t,\boldsymbol{H}_k\right)\right)-\boldsymbol{H}_k$ 是 $F\left(\boldsymbol{W}^t,\boldsymbol{H}_k\right)$ 在 $\boldsymbol{H}_k$ 处的投影梯度，步长 $\boldsymbol{\alpha}_k$ 由 Barzilai-Borwein 策略计算得到：$\boldsymbol{\alpha}_k=\langle\boldsymbol{S},\boldsymbol{S}\rangle/\langle\boldsymbol{Y},\boldsymbol{S}\rangle$，其中 $\boldsymbol{S}=\boldsymbol{H}_k-\boldsymbol{H}_{k-1}$ 且 $\boldsymbol{Y}=\nabla_{\boldsymbol{H}}F\left(\boldsymbol{W}^t,\boldsymbol{H}_k\right)-\nabla_{\boldsymbol{H}}F\left(\boldsymbol{W}^t,\boldsymbol{H}_{k-1}\right)$。为了保证算法式（6.10）收敛到 NLS 问题的最优解，PBB 算法用基于 Armijo 规则的线搜索选择 λ_k。因此，PBB 算法仍然包含线搜索过程，计算复杂度过高。

6.1.1.7　CBGP 算法

Bonettini[160]提出循环块梯度投影（Cyclic Block Coordinate Gradient Projection，CBGP）算法，在不精确块迭代的框架下优化非负矩阵分解。在第 t 次迭代，CBGP 算法用下列公式更新 $\boldsymbol{H}_{k+1}$ 且固定内层循环次数

$$\boldsymbol{H}_{k+1}=\boldsymbol{H}_k+\lambda_k\nabla_{\boldsymbol{H}}^{P}F\left(\boldsymbol{W}^t,\boldsymbol{H}_k\right) \tag{6.11}$$

式中，$\nabla_{\boldsymbol{H}}^{P}F\left(\boldsymbol{W}^t,\boldsymbol{H}_k\right)=P\left(\boldsymbol{H}_k-\nabla_{\boldsymbol{H}}F\left(\boldsymbol{W}^t,\boldsymbol{H}_k\right)\right)-\boldsymbol{H}_k$ 是 $\boldsymbol{H}_k$ 处的投影梯度，λ_k 是由 Armijo 规则确定的步长。CBGP 算法每步迭代未必搜索 NLS 问题式（6.2）和式（6.3）的最优解，所使用的不精确块迭代框架保证 CBGP 算法收敛到局部解。与投影梯度下降算法和 PBB 算法一样，CBGP 算法的缺点是基于 Armijo 规则的线搜索计算开销过大。

6.1.1.8 AS 算法

与上述基于梯度的优化算法不同，Kim 和 Park[44]使用 AS（Active Set）算法优化 NLS 问题式（6.2）和式（6.3），提出 AS 算法。AS 算法在优化 NLS 问题式（6.2）时，把变量分成 Active 集和 Free 集两个集合，Active 集包含满足 K.K.T.条件的变量，Free 集包含不满足 K.K.T.条件的变量。初始时，Active 集为空，Free 集包含所有变量，AS 算法每次迭代求解 Free 集上的方程组，然后从 Free 集中选取一个变量放入 Active 集，直到 Free 集为空，则所有变量都满足 K.K.T.条件，即所得到的解是 NLS 问题的最优解。

6.1.1.9 BPP 算法

Kim 和 Park[74]改进了 AS 算法，每次迭代在 Free 集和 Active 集之间交换多个变量，提出 BPP（Block Principal Pivoting）算法。BPP 算法的变量交换规则是

$$F=\left(F-C_1\right)\cup C_2, G=\left(G-C_2\right)\cup C_1 \tag{6.12}$$

式中，F 和 G 分别是 Free 集和 Active 集。在式（6.12）中，C_1 和 C_2 分别由 $C_1=\left\{i\in F: H_{ij}<0\right\}$ 和 $C_2=\left\{i\in G: H_{ij}<0\right\}$ 计算得到，其中 Y_{ij} 是 H_{ij} 的拉格朗日乘子。AS 算法和 BPP 算法假设 NLS 问题式（6.2）和式（6.3）是强凸的，以保证 Free 集上的方程组有解，然而这种假设可能导致数值不稳定问题出现，尤其是在问题规模比较大的情况下，AS 算法和 BPP 算法可能得到奇异解。此外，因为非负块配准框架的目标函数对应的 Free 集上的方程组不存在解析解，所以 AS 算法和 BPP 算法不能用于优化非负块配准框架。

6.1.2 最优梯度下降算法

在最优化领域，考查如下优化问题：$\min\limits_{x\in\mathbb{R}^m} f(x)$。若 f 是凸函数且梯度是李普希兹连续的，记李普希兹常数为 L，则称 f 属于函数类 $\mathcal{F}_L^{1,1}\left(\mathbb{R}^m\right)$。根据文献[29]，若 $f\in\mathcal{F}_L^{1,1}\left(\mathbb{R}^m\right)$，则梯度法的收敛速度为

$$f\left(x_k\right)-f_*\leqslant\frac{2L\left\|x_0-x_*\right\|_2^2}{k+4} \tag{6.13}$$

式（6.13）与一阶优化方法的收敛速度下界不一致，Nesterov[271,275]改进梯度法，使其收敛速度与一阶优化方法的收敛速度下界一致，称为最优梯度下降算法。其主要思想是，构造辅助序列保存历史梯度信息，在梯度法的搜索中利用历史信息加速收敛，具体介绍见文献[271]和文献[275]。该技术广泛应用于压缩传感[272]和迹范数最小化问题[273]，以及在线优化问题[276]。Tseng[277]讨论最优梯度下降算法的步长构造方法，提出更加泛化的搜索策略，在一些应用中其收敛速度比最优梯度下降算法快。当 f 不平滑时，Nesterov[278]构造两个辅助序列，使得梯度法仍然达到收敛速度下界。对于约束优化问题，使用类似的策略，最优梯度下降算法同样可以达到 $O\left(1/k^2\right)$ 的收敛速度[275]。该技术广泛应用于聚类[274]、在线和随机优化问题[279]。

由于最优梯度下降算法利用一阶梯度信息以二阶收敛速度优化凸问题，本章考查非负矩阵分解的 NLS 问题的凸性。利用最优梯度下降算法交替求解 NLS 问题，得到最优解，并以最优解更新矩阵因子，从而提出高效非负矩阵分解优化算法 NeNMF。

6.2　非负矩阵分解最优梯度下降算法

根据 6.1.1 节的分析，已有非负矩阵分解优化算法存在以下缺点：

（1）收敛速度慢。乘法更新规则和投影梯度下降算法在搜索过程中只使用一阶梯度信息，所以收敛速度慢。

（2）计算开销大。投影梯度下降算法、BFGS 算法、PBB 算法和 CBGP 算法包含基于 Armijo 规则的线搜索，计算开销过大。

（3）数值不稳定。乘法更新规则的分母可能包含零元素，伪牛顿法的Hessian矩阵可能奇异，引起数值不稳定问题。AS算法和BPP算法假设子问题的目标函数是强凸的，在某些问题中这种假设不满足，导致Free集上方程组不可解，出现数值不稳定问题。

为了解决上述问题，本节提出非负矩阵分解的最优梯度下降算法，从理论上证明该方法可以高效地优化非负矩阵分解，得到非负矩阵分解的局部解。本节所提最优梯度下降算法每次迭代以$O\left(1/k^2\right)$的收敛速度得到每个NLS子问题的最优解，并且无须复杂的线搜索过程，也无须任何预设参数。与AS算法和BPP算法相比，最优梯度下降算法放宽了子问题强凸的假设条件，解决了数值不稳定问题，而且它不仅能高效地优化非负矩阵分解问题，还能高效地优化非负块配准框架。

6.2.1 非负最小二乘优化算法

给定$\boldsymbol{W}^t$，问题式（6.2）是典型的NLS问题，也称二次规划问题。根据引理6.1和引理6.2，问题式（6.2）的目标函数$F\left(\boldsymbol{W}^t,\boldsymbol{H}\right)$是凸的，而且其梯度是李普希兹连续的。因此，本章利用最优梯度下降算法求解NLS问题式（6.2）。

引理6.1：NLS问题式（6.2）的目标函数$F\left(\boldsymbol{W}^t,\boldsymbol{H}\right)$是凸的。

证明：任意给定两个矩阵$\boldsymbol{H}_1,\boldsymbol{H}_2\in\mathbb{R}^{r\times n}$和一个正数$\lambda\in(0,1)$，可得

$$\begin{aligned}&F\left(\boldsymbol{W}^t,\lambda\boldsymbol{H}_1+(1-\lambda)\boldsymbol{H}_2\right)-\left(\lambda F\left(\boldsymbol{W}^t,\boldsymbol{H}_1\right)+(1-\lambda)F\left(\boldsymbol{W}^t,\boldsymbol{H}_2\right)\right)\\&=\frac{1}{2}\mathrm{tr}\left(\left(\boldsymbol{X}-\boldsymbol{W}^t\left(\lambda\boldsymbol{H}_1+(1-\lambda)\boldsymbol{H}_2\right)\right)^{\mathrm{T}}\times\left(\boldsymbol{X}-\boldsymbol{W}^t\left(\lambda\boldsymbol{H}_1+(1-\lambda)\boldsymbol{H}_2\right)\right)\right)-\\&\frac{\lambda}{2}\mathrm{tr}\left(\left(\boldsymbol{X}-\boldsymbol{W}^t\boldsymbol{H}_1\right)^{\mathrm{T}}\left(\boldsymbol{X}-\boldsymbol{W}^t\boldsymbol{H}_2\right)\right)-\frac{1-\lambda}{2}\mathrm{tr}\left(\left(\boldsymbol{X}-\boldsymbol{W}^t\boldsymbol{H}_2\right)^{\mathrm{T}}\left(\boldsymbol{X}-\boldsymbol{W}^t\boldsymbol{H}_2\right)\right)\end{aligned}\tag{6.14}$$

经过简单的数学推导可知，式（6.14）等价于

$$
\begin{aligned}
&F\left(\boldsymbol{W}^t,\lambda\boldsymbol{H}_1+(1-\lambda)\boldsymbol{H}_2\right)-\left(\lambda F\left(\boldsymbol{W}^t,\boldsymbol{H}_1\right)+(1-\lambda)F\left(\boldsymbol{W}^t,\boldsymbol{H}_2\right)\right)\\
&=-\frac{\lambda(1-\lambda)}{2}\mathrm{tr}\left(\left(\boldsymbol{W}^t\left(\boldsymbol{H}_1-\boldsymbol{H}_2\right)\right)^{\mathrm{T}}\left(\boldsymbol{W}^t\left(\boldsymbol{H}_1-\boldsymbol{H}_2\right)\right)\right)\\
&=-\frac{\lambda(1-\lambda)}{2}\left\|\boldsymbol{W}^t\left(\boldsymbol{H}_1-\boldsymbol{H}_2\right)\right\|_F^2\leqslant 0
\end{aligned}
$$

因此，有

$$
F\left(\boldsymbol{W}^t,\lambda\boldsymbol{H}_1+(1-\lambda)\boldsymbol{H}_2\right)\leqslant\lambda F\left(\boldsymbol{W}^t,\boldsymbol{H}_1\right)+(1-\lambda)F\left(\boldsymbol{W}^t,\boldsymbol{H}_2\right)
$$

根据凸函数的定义，可知 $F\left(\boldsymbol{W}^t,\boldsymbol{H}\right)$ 是凸函数。证毕。

引理 6.2: NLS 问题式（6.2）的目标函数 $F\left(\boldsymbol{W}^t,\boldsymbol{H}\right)$ 的梯度 $\nabla_{\boldsymbol{H}}F\left(\boldsymbol{W}^t,\boldsymbol{H}\right)=\boldsymbol{W}^{t^{\mathrm{T}}}\boldsymbol{W}^t\boldsymbol{H}-\boldsymbol{W}^{t^{\mathrm{T}}}\boldsymbol{X}$ 是李普希兹连续的，且 $\nabla_{\boldsymbol{H}}F\left(\boldsymbol{W}^t,\boldsymbol{H}\right)$ 的李普希兹常数为 $L=\left\|\boldsymbol{W}^{t^{\mathrm{T}}}\boldsymbol{W}^t\right\|_2$，其中 $\|\cdot\|_2$ 是矩阵谱范数。

证明：任意给定两个矩阵 $\boldsymbol{H}_1,\boldsymbol{H}_2\in\mathbb{R}^{r\times n}$，有

$$
\begin{aligned}
&\left\|\nabla_{\boldsymbol{H}}F\left(\boldsymbol{W}^t,\boldsymbol{H}_1\right)-\nabla_{\boldsymbol{H}}F\left(\boldsymbol{W}^t,\boldsymbol{H}_2\right)\right\|_F^2\\
&=\left\|\boldsymbol{W}^{t^{\mathrm{T}}}\boldsymbol{W}^t\left(\boldsymbol{H}_1-\boldsymbol{H}_2\right)\right\|_F^2\\
&=\mathrm{tr}\left(\left(\boldsymbol{U\Sigma U}^{\mathrm{T}}\left(\boldsymbol{H}_1-\boldsymbol{H}_2\right)\right)^{\mathrm{T}}\left(\boldsymbol{U\Sigma U}^{\mathrm{T}}\left(\boldsymbol{H}_1-\boldsymbol{H}_2\right)\right)\right)
\end{aligned}
\tag{6.15}
$$

式中，$\boldsymbol{U\Sigma U}^{\mathrm{T}}$ 是 $\boldsymbol{W}^{t^{\mathrm{T}}}\boldsymbol{W}^t$ 的奇异值分解，且奇异值 $\{\delta_1,\cdots,\delta_u\}$ 按降序排列。经过简单的数学推导可知，根据 $\boldsymbol{U}^{\mathrm{T}}\boldsymbol{U}=\boldsymbol{I}_u$ 和 $\boldsymbol{UU}^{\mathrm{T}}=\boldsymbol{I}_r$，式（6.15）等价于

$$
\begin{aligned}
&\left\|\nabla_{\boldsymbol{H}}F\left(\boldsymbol{W}^t,\boldsymbol{H}_1\right)-\nabla_{\boldsymbol{H}}F\left(\boldsymbol{W}^t,\boldsymbol{H}_2\right)\right\|_F^2\\
&=\mathrm{tr}\left(\boldsymbol{U}^{\mathrm{T}}\left(\boldsymbol{H}_1-\boldsymbol{H}_2\right)\left(\boldsymbol{H}_1-\boldsymbol{H}_2\right)^{\mathrm{T}}\boldsymbol{U\Sigma}^2\right)\\
&\leqslant\delta_1^2\,\mathrm{tr}\left(\boldsymbol{U}^{\mathrm{T}}\left(\boldsymbol{H}_1-\boldsymbol{H}_2\right)\left(\boldsymbol{H}_1-\boldsymbol{H}_2\right)^{\mathrm{T}}\boldsymbol{U}\right)\\
&=\delta_1^2\left\|\left(\boldsymbol{H}_1-\boldsymbol{H}_2\right)\right\|_F^2
\end{aligned}
\tag{6.16}
$$

式中，δ_1 是最大的奇异值。根据式（6.16），可得

$$\left\|\nabla_{\boldsymbol{H}} F\left(\boldsymbol{W}^t, \boldsymbol{H}_1\right)-\nabla_{\boldsymbol{H}} F\left(\boldsymbol{W}^t, \boldsymbol{H}_2\right)\right\|_F^2 \leqslant \boldsymbol{L}\left\|\boldsymbol{H}_1-\boldsymbol{H}_2\right\|_F$$

因此，$\nabla_{\boldsymbol{H}} F\left(\boldsymbol{W}^t, \boldsymbol{H}\right)$是李普希兹连续的，且其李普希兹常数是$\boldsymbol{W}^{t^{\mathrm{T}}} \boldsymbol{W}^t$的最大奇异值，即$\boldsymbol{L}=\left\|\boldsymbol{W}^{t^{\mathrm{T}}} \boldsymbol{W}^t\right\|_2$。证毕。

最优化领域的最新研究结果[271,275,278]指出，连续函数的梯度优化算法的最优收敛速度为$O\left(1/k^2\right)$，并提出了最优梯度下降算法。根据引理 6.1 和引理 6.2，$F\left(\boldsymbol{W}^t, \boldsymbol{H}\right)$是凸的且其梯度是李普希兹连续的，因此最优梯度下降算法可用于高效地求解 NLS 问题。除了近似解序列$\left\{\boldsymbol{H}_k\right\}$，本节构造一个辅助的搜索点序列$\left\{\boldsymbol{Y}_k\right\}$保存历史信息，然后交替地求解$\left\{\boldsymbol{H}_k\right\}$和$\left\{\boldsymbol{Y}_k\right\}$。具体而言，在第$k$次迭代，近似解序列和搜索点序列分别为

$$\begin{aligned}\boldsymbol{H}_k= & \underset{\boldsymbol{H} \geqslant 0}{\arg \min }\{\phi\left(\boldsymbol{Y}_k, \boldsymbol{H}\right)=F\left(\boldsymbol{W}^t, \boldsymbol{Y}_k\right)+ \\ & \left\langle\nabla_{\boldsymbol{H}} F\left(\boldsymbol{W}^t, \boldsymbol{Y}_k\right), \boldsymbol{H}-\boldsymbol{Y}_k\right\rangle+\frac{L}{2}\left\|\boldsymbol{H}-\boldsymbol{Y}_k\right\|_F^2\}\end{aligned} \tag{6.17}$$

$$\boldsymbol{Y}_{k+1}=\boldsymbol{H}_k+\frac{\boldsymbol{\alpha}_k-1}{\boldsymbol{\alpha}_{k+1}}\left(\boldsymbol{H}_k-\boldsymbol{H}_{k-1}\right) \tag{6.18}$$

式中，$\phi\left(\boldsymbol{Y}_k, \boldsymbol{H}\right)$是$F\left(\boldsymbol{W}^t, \boldsymbol{H}\right)$的近似函数在$\boldsymbol{Y}_k$处的函数值，$L$是引理 6.2 给出的李普希兹常数，$\langle\cdot,\cdot\rangle$表示矩阵内积运算。$\boldsymbol{H}_k$是最小化$\min\limits_{\boldsymbol{H}} \phi\left(\boldsymbol{Y}_k, \boldsymbol{H}\right)$得到的近似解，搜索点$\boldsymbol{Y}_k$是最近两次迭代的近似解，即$\boldsymbol{H}_{k-1}$和$\boldsymbol{H}_k$的线性组合。根据文献[30]，最优梯度下降算法每次迭代更新组合系数如下：

$$\boldsymbol{\alpha}_{k+1}=\frac{1+\sqrt{4 \boldsymbol{\alpha}_k^2+1}}{2} \tag{6.19}$$

根据拉格朗日乘子法，问题式（6.17）的 K.K.T.条件为

$$\nabla_{\boldsymbol{H}} \phi\left(\boldsymbol{Y}_k, \boldsymbol{H}\right) \geqslant 0 \tag{6.20}$$

$$\boldsymbol{H}_k \geqslant 0 \tag{6.21}$$

$$\nabla_{\boldsymbol{H}} \phi\left(\boldsymbol{Y}_k, \boldsymbol{H}\right) \boldsymbol{H}_k=0 \tag{6.22}$$

式中，$\nabla_{\boldsymbol{H}}\phi(\boldsymbol{Y}_k,\boldsymbol{H})=\nabla_{\boldsymbol{H}}F(\boldsymbol{W}^t,\boldsymbol{Y}_k)+L(\boldsymbol{H}_k-\boldsymbol{Y}_k)$ 是 $\phi(\boldsymbol{Y}_k,\boldsymbol{H})$ 对于 $\boldsymbol{H}$ 在 $\boldsymbol{H}_k$ 处的梯度。求解式（6.20）～式（6.22），可得

$$\boldsymbol{H}_k=P\left(\boldsymbol{Y}_k-\frac{1}{L}\nabla_{\boldsymbol{H}}F\left(\boldsymbol{W}^t,\boldsymbol{Y}_k\right)\right) \tag{6.23}$$

其中，投影函数 $P(\boldsymbol{X})$ 把 $\boldsymbol{X}$ 中的所有负元素置为零。

分别利用式（6.23）、式（6.19）和式（6.18）更新 $\boldsymbol{H}_k$、$\boldsymbol{\alpha}_{k+1}$ 和 $\boldsymbol{Y}_{k+1}$，可得 NLS 问题式（6.2）的最优解，该算法可概括成算法 6.1。

算法 6.1　NLS 的最优梯度下降算法（OGM）

输入： $\boldsymbol{W}^t,\boldsymbol{H}^t$

输出： $\boldsymbol{H}^{t+1}$

1: 初始化 $\boldsymbol{Y}_0=\boldsymbol{H}^t$，$\boldsymbol{\alpha}_0=1$，$L=\left\|\boldsymbol{W}^{t^{\mathrm{T}}}\boldsymbol{W}^t\right\|$，$k=0$

repeat

2: 计算 $\boldsymbol{H}_k,\boldsymbol{\alpha}_{k+1}$ 和 $\boldsymbol{Y}_{k+1}$ 为

2.1:

$$\boldsymbol{H}_k=P\left(\boldsymbol{Y}_k-\frac{1}{L}\nabla_{\boldsymbol{H}}F\left(\boldsymbol{W}^t,\boldsymbol{Y}_k\right)\right) \tag{6.24}$$

2.2:

$$\boldsymbol{\alpha}_{k+1}=\frac{1+\sqrt{4\boldsymbol{\alpha}_k^2+1}}{2} \tag{6.25}$$

2.3:

$$\boldsymbol{Y}_{k+1}=\boldsymbol{H}_k+\frac{\boldsymbol{\alpha}_k-1}{\boldsymbol{\alpha}_{k+1}}\left(\boldsymbol{H}_k-\boldsymbol{H}_{k-1}\right) \tag{6.26}$$

3: 更新 $k\leftarrow k+1$

---

until 满足终止条件式（6.30）

4: 输出 $\boldsymbol{H}^{t+1}=\boldsymbol{H}_K$。

算法 6.1 的输入是第 t 次块迭代的解，即 $\boldsymbol{H}^t$ 和 $\boldsymbol{W}^t$，输出是第 $t+1$ 次迭代的 $\boldsymbol{H}^{t+1}$。算法 6.1 迭代更新式（6.24）、式（6.25）和式（6.26）直到满足终止条件式（6.30），其中 $k=\{0,1,\cdots\}$ 是迭代计数器，K 是迭代次数。

算法 6.1 使用非负矩阵分解优化算法（如投影梯度下降算法[43]、PBB 算法[163]和 AS 算法[44]）常用的 K.K.T.条件作为终止条件。NLS 问题式（6.2）的 K.K.T.条件为

$$\nabla_{\boldsymbol{H}}F\left(\boldsymbol{W}^t,\boldsymbol{H}_k\right)\geqslant 0 \tag{6.27}$$

$$\boldsymbol{H}_k\geqslant 0 \tag{6.28}$$

$$\nabla_{\boldsymbol{H}}F\left(\boldsymbol{W}^t,\boldsymbol{H}_k\right)\boldsymbol{H}_k\geqslant 0 \tag{6.29}$$

根据文献[43]，式（6.27）～式（6.29）中的 K.K.T.条件可写成

$$\nabla_{\boldsymbol{H}}^P F\left(\boldsymbol{W}^t,\boldsymbol{H}_k\right)=0 \tag{6.30}$$

式中，$\nabla_{\boldsymbol{H}}^P F\left(\boldsymbol{W}^t,\boldsymbol{H}_k\right)$ 是投影梯度，其定义如下

$$\nabla_{\boldsymbol{H}}^P F\left(\boldsymbol{W}^t,\boldsymbol{H}_k\right)_{ij}=\begin{cases}\nabla_{\boldsymbol{H}}F\left(\boldsymbol{W}^t,\boldsymbol{H}_k\right)_{ij},\left(\boldsymbol{H}_k\right)_{ij}>0\\ \min\left\{0,\nabla_{\boldsymbol{H}}F\left(\boldsymbol{W}^t,\boldsymbol{H}_k\right)_{ij}\right\},\left(\boldsymbol{H}_k\right)_{ij}=0\end{cases}$$

由于机器精度问题，终止条件式（6.30）可能导致算法 6.1 执行不必要的迭代，本节使用下列条件替代式（6.30）。

$$\left\|\nabla_{\boldsymbol{H}}^P F\left(\boldsymbol{W}^t,\boldsymbol{H}_k\right)\right\|_F\leqslant\epsilon_{\boldsymbol{H}}=\max\left(10^{-3},\epsilon\right)\times\left\|\left[\nabla_{\boldsymbol{H}}^P F\left(\boldsymbol{W}^1,\boldsymbol{H}^1\right),\nabla_{\boldsymbol{H}}^P F\left(\boldsymbol{W}^1,\boldsymbol{H}^1\right)^{\mathrm{T}}\right]\right\|_F$$

式中，$\epsilon_{\boldsymbol{H}}$ 是问题式（6.2）的收敛精度，这种方法最早由 Lin[43]提出并用于非负矩阵分解优化算法。为了确保算法 6.1 充分利用历史梯度信息，本节为算法 6.1 设置最小迭代次数，如 $K_{\min}^{\boldsymbol{H}}=10$。由于算法 6.1 所得到的解的质量

与收敛精度有关，如果收敛精度过低，会导致解的质量较差；如果收敛精度过高，会导致算法 6.1 的迭代次数过多，计算开销过大。因此，如何选择收敛精度是关键问题。本节使用如下策略自适应地调整收敛精度：如果算法 6.1 的迭代次数少于 $K_{\min}^{\boldsymbol{H}}$，那么更新收敛精度 $\epsilon_{\boldsymbol{H}} \leftarrow 0.1\epsilon_{\boldsymbol{H}}$。

根据文献[271]和[275]，算法 6.1 收敛到 NLS 问题的最优解。定理 6.1 指出，算法 6.1 的收敛速度为 $O\left(1/k^2\right)$。

定理 6.1：假设 $\left\{\boldsymbol{H}_k\right\}_{k=0}^{\infty}$ 和 $\left\{\boldsymbol{Y}_k\right\}_{k=0}^{\infty}$ 分别是式（6.24）和式（6.26）产生的序列，NLS 问题式（6.2）的最优解记为 $\boldsymbol{H}_*$，则

$$F\left(\boldsymbol{W}^t, \boldsymbol{H}_k\right) - F\left(\boldsymbol{W}^t, \boldsymbol{H}_*\right) \leqslant \frac{2L\left\|\boldsymbol{H}^t - \boldsymbol{H}_*\right\|_F^2}{\left(k+2\right)^2}$$

证明：根据文献[275]，对于任意 $\boldsymbol{H} \in \mathbb{R}_+^{r\times n}$ 和 $\boldsymbol{Y} \in \mathbb{R}^{r\times n}$，下列不等式成立

$$\begin{aligned} F\left(\boldsymbol{W}^t, \boldsymbol{H}\right) \geqslant & F\left(\boldsymbol{W}^t, P_L\left(\boldsymbol{Y}\right)\right) + L\left\langle P_L\left(\boldsymbol{Y}\right) - \boldsymbol{Y}, \boldsymbol{Y} - \boldsymbol{H}\right\rangle + \\ & \frac{1}{2}\left\|\boldsymbol{Y} - P_L\left(\boldsymbol{Y}\right)\right\|_F^2 \end{aligned} \tag{6.31}$$

式中，$P_L\left(\boldsymbol{Y}\right) = \underset{\boldsymbol{X}\geqslant 0}{\arg\min}\, \phi\left(\boldsymbol{Y}, \boldsymbol{X}\right)$。

把 $\boldsymbol{H} = \boldsymbol{H}_k, \boldsymbol{Y} = \boldsymbol{Y}_{k+1}$ 和 $\boldsymbol{H} = \boldsymbol{H}_*, \boldsymbol{Y} = \boldsymbol{Y}_{k+1}$ 分别代入式（6.31）并采用式（6.24）推导的等式 $\boldsymbol{H}_{k+1} = P_L\left(\boldsymbol{Y}_{k+1}\right)$，可得不等式

$$\begin{aligned} F\left(\boldsymbol{W}^t, \boldsymbol{H}_k\right) \geqslant & F\left(\boldsymbol{W}^t, \boldsymbol{H}_{k+1}\right) + L\left\langle \boldsymbol{H}_{k+1} - \boldsymbol{Y}_{k+1}, \boldsymbol{Y}_{k+1} - \boldsymbol{H}_k\right\rangle + \\ & \frac{1}{2}\left\|\boldsymbol{Y}_{k+1} - \boldsymbol{H}_{k+1}\right\|_F^2 \end{aligned} \tag{6.32}$$

和

$$\begin{aligned} F\left(\boldsymbol{W}^t, \boldsymbol{H}_*\right) \geqslant & F\left(\boldsymbol{W}^t, \boldsymbol{H}_{k+1}\right) + L\left\langle \boldsymbol{H}_{k+1} - \boldsymbol{Y}_{k+1}, \boldsymbol{Y}_{k+1} - \boldsymbol{H}_k\right\rangle + \\ & \frac{1}{2}\left\|\boldsymbol{Y}_{k+1} - \boldsymbol{H}_{k+1}\right\|_F^2 \end{aligned} \tag{6.33}$$

由于 $\boldsymbol{\alpha}_{k+1} > 1$，把不等式（6.32）两边同乘 $\boldsymbol{\alpha}_{k+1} - 1$ 并与不等式（6.33）相加，

可得

$$\begin{aligned}&(\boldsymbol{\alpha}_{k+1}-1)F(\boldsymbol{W}^t,\boldsymbol{H}_k)+F(\boldsymbol{W}^t,\boldsymbol{H}_*)\geqslant\boldsymbol{\alpha}_{k+1}F(\boldsymbol{W}^t,\boldsymbol{H}_{k+1})+\\&L\left\langle\boldsymbol{H}_{k+1}-\boldsymbol{Y}_{k+1},\boldsymbol{\alpha}_{k+1}\boldsymbol{Y}_{k+1}-(\boldsymbol{\alpha}_{k+1}-1)\boldsymbol{H}_k-\boldsymbol{H}_*\right\rangle+\\&\frac{L\boldsymbol{\alpha}_{k+1}}{2}\|\boldsymbol{Y}_{k+1}-\boldsymbol{H}_{k+1}\|_F^2\end{aligned}\tag{6.34}$$

由式（6.25）可得 $\boldsymbol{\alpha}_k^2=\boldsymbol{\alpha}_{k+1}^2-\boldsymbol{\alpha}_{k+1}$，并将不等式（6.34）两边同乘 $\boldsymbol{\alpha}_{k+1}$，可得

$$\begin{aligned}&\boldsymbol{\alpha}_k^2\left(F(\boldsymbol{W}^t,\boldsymbol{H}_k)-F(\boldsymbol{W}^t,\boldsymbol{H}_*)\right)-\boldsymbol{\alpha}_{k+1}^2\left(F(\boldsymbol{W}^t,\boldsymbol{H}_{k+1})-F(\boldsymbol{W}^t,\boldsymbol{H}_*)\right)\\\geqslant&\frac{L}{2}\Big(\|\boldsymbol{\alpha}_{k+1}\boldsymbol{H}_{k+1}-\boldsymbol{\alpha}_{k+1}\boldsymbol{Y}_{k+1}\|_F^2+\\&2\left\langle\boldsymbol{\alpha}_{k+1}\boldsymbol{H}_{k+1}-\boldsymbol{\alpha}_{k+1}\boldsymbol{Y}_{k+1},\boldsymbol{\alpha}_{k+1}\boldsymbol{Y}_{k+1}-\left((\boldsymbol{\alpha}_{k+1}-1)\boldsymbol{H}_k+\boldsymbol{H}_*\right)\right\rangle\Big)\end{aligned}\tag{6.35}$$

因为对于任意矩阵 $\boldsymbol{A}$、$\boldsymbol{B}$ 和 $\boldsymbol{C}$，有如下关系：$\|\boldsymbol{B}-\boldsymbol{A}\|_F^2+2\langle\boldsymbol{B}-\boldsymbol{A},\boldsymbol{A}-\boldsymbol{C}\rangle=\|\boldsymbol{B}-\boldsymbol{C}\|_F^2-\|\boldsymbol{A}-\boldsymbol{C}\|_F^2$，则不等式（6.35）可写成

$$\begin{aligned}&\boldsymbol{\alpha}_k^2\left(F(\boldsymbol{W}^t,\boldsymbol{H}_k)-F(\boldsymbol{W}^t,\boldsymbol{H}_*)\right)-\boldsymbol{\alpha}_{k+1}^2\left(F(\boldsymbol{W}^t,\boldsymbol{H}_{k+1})-F(\boldsymbol{W}^t,\boldsymbol{H}_*)\right)\\\geqslant&\frac{L}{2}\left(\left\|\boldsymbol{\alpha}_{k+1}\boldsymbol{H}_{k+1}-\left((\boldsymbol{\alpha}_{k+1}-1)\boldsymbol{H}_k+\boldsymbol{H}_*\right)\right\|_F^2-\left\|\boldsymbol{\alpha}_{k+1}\boldsymbol{Y}_{k+1}-\left((\boldsymbol{\alpha}_{k+1}-1)\boldsymbol{H}_k+\boldsymbol{H}_*\right)\right\|_F^2\right)\end{aligned}\tag{6.36}$$

由式（6.26）可得，$\boldsymbol{\alpha}_{k+1}\boldsymbol{Y}_{k+1}=\boldsymbol{\alpha}_{k+1}\boldsymbol{H}_k+(\boldsymbol{\alpha}_k-1)(\boldsymbol{H}_k-\boldsymbol{H}_{k-1})$。将该等式代入式（6.36），可得

$$\begin{aligned}&\boldsymbol{\alpha}_k^2\left(F(\boldsymbol{W}^t,\boldsymbol{H}_k)-F(\boldsymbol{W}^t,\boldsymbol{H}_*)\right)-\boldsymbol{\alpha}_{k+1}^2\left(F(\boldsymbol{W}^t,\boldsymbol{H}_{k+1})-F(\boldsymbol{W}^t,\boldsymbol{H}_*)\right)\\\geqslant&\frac{L}{2}\left(\left\|\boldsymbol{\alpha}_{k+1}\boldsymbol{H}_{k+1}-\left((\boldsymbol{\alpha}_{k+1}-1)\boldsymbol{H}_k+\boldsymbol{H}_*\right)\right\|_F^2-\left\|\boldsymbol{\alpha}_{k+1}\boldsymbol{H}_k-\left((\boldsymbol{\alpha}_k-1)\boldsymbol{H}_{k-1}+\boldsymbol{H}_*\right)\right\|_F^2\right)\end{aligned}\tag{6.37}$$

把不等式（6.37）的下标从 0 变化到 $k-1$ 并把所有不等式相加，可得

$$\begin{aligned}&F\left(\boldsymbol{W}^t,\boldsymbol{H}_0\right)-F\left(\boldsymbol{W}^t,\boldsymbol{H}_*\right)-\boldsymbol{\alpha}_k^2\left(F\left(\boldsymbol{W}^t,\boldsymbol{H}_k\right)-F\left(\boldsymbol{W}^t,\boldsymbol{H}_*\right)\right)\\&\geqslant\frac{L}{2}\left(\left\|\boldsymbol{\alpha}_k\boldsymbol{H}_k-\left(\left(\boldsymbol{\alpha}_k-1\right)\boldsymbol{H}_k+\boldsymbol{H}_*\right)\right\|_F^2\right)\geqslant-\frac{L}{2}\left\|\boldsymbol{H}_0-\boldsymbol{H}_*\right\|_F^2\end{aligned}\tag{6.38}$$

把 $\boldsymbol{H}=\boldsymbol{H}_*,\boldsymbol{Y}=\boldsymbol{Y}_0$ 代入不等式（6.31），可得

$$\begin{aligned}&F\left(\boldsymbol{W}^t,\boldsymbol{H}_0\right)-F\left(\boldsymbol{W}^t,\boldsymbol{H}_*\right)\\&\leqslant L\left\langle\boldsymbol{Y}_0-\boldsymbol{H}_0,\boldsymbol{Y}_0-\boldsymbol{H}_*\right\rangle-\frac{L}{2}\left\|\boldsymbol{Y}_0-\boldsymbol{H}_0\right\|_F^2\\&=\frac{L}{2}\left(\left\langle\boldsymbol{Y}_0-\boldsymbol{H}_*,2\boldsymbol{Y}_0-2\boldsymbol{H}_0\right\rangle-\left\langle\boldsymbol{Y}_0-\boldsymbol{H}_0,\boldsymbol{Y}_0-\boldsymbol{H}_0\right\rangle\right)\\&=\frac{L}{2}\left(\left\langle\boldsymbol{Y}_0-\boldsymbol{H}_*,\boldsymbol{Y}_0-\boldsymbol{H}_*+\boldsymbol{H}_*-\boldsymbol{H}_0+\boldsymbol{Y}_0-\boldsymbol{H}_0\right\rangle-\left\langle\boldsymbol{Y}_0-\boldsymbol{H}_0,\boldsymbol{Y}_0-\boldsymbol{H}_0\right\rangle\right)\\&=\frac{L}{2}(\left\langle\boldsymbol{Y}_0-\boldsymbol{H}_*,\boldsymbol{Y}_0-\boldsymbol{H}_*\right\rangle+\left\langle\boldsymbol{Y}_0-\boldsymbol{H}_*,\boldsymbol{H}_*-\boldsymbol{H}_0\right\rangle+\\&\left\langle\boldsymbol{Y}_0-\boldsymbol{H}_*,\boldsymbol{Y}_0-\boldsymbol{H}_0\right\rangle-\left\langle\boldsymbol{Y}_0-\boldsymbol{H}_0,\boldsymbol{Y}_0-\boldsymbol{H}_0\right\rangle\\&=\frac{1}{2}\left(\left\|\boldsymbol{Y}_0-\boldsymbol{H}_*\right\|_F^2+\left\langle\boldsymbol{Y}_0-\boldsymbol{H}_*,\boldsymbol{H}_*-\boldsymbol{H}_0\right\rangle+\left\langle\boldsymbol{H}_0-\boldsymbol{H}_*,\boldsymbol{Y}_0-\boldsymbol{H}_0\right\rangle\right)\\&=\frac{1}{2}\left(\left\|\boldsymbol{Y}_0-\boldsymbol{H}_*\right\|_F^2+\left\langle\boldsymbol{H}_0-\boldsymbol{H}_*,\boldsymbol{H}_*-\boldsymbol{H}_0\right\rangle\right)\\&=\frac{L}{2}\left(\left\|\boldsymbol{Y}_0-\boldsymbol{H}_*\right\|_F^2-\left\|\boldsymbol{H}_0-\boldsymbol{H}_*\right\|_F^2\right)\end{aligned}\tag{6.39}$$

综合不等式（6.38）和式（6.39），可得

$$\begin{aligned}&\boldsymbol{\alpha}_k^2\left(F\left(\boldsymbol{W}^t,\boldsymbol{H}_k\right)-F\left(\boldsymbol{W}^t,\boldsymbol{H}_*\right)\right)\\&\leqslant F\left(\boldsymbol{W}^t,\boldsymbol{H}_0\right)-F\left(\boldsymbol{W}^t,\boldsymbol{H}_*\right)+\frac{L}{2}\left\|\boldsymbol{H}_0-\boldsymbol{H}_*\right\|_F^2\\&\leqslant\frac{L}{2}\left(\left\|\boldsymbol{Y}_0-\boldsymbol{H}_*\right\|_F^2-\left\|\boldsymbol{H}_0-\boldsymbol{H}_*\right\|_F^2\right)+\frac{L}{2}\left\|\boldsymbol{H}_0-\boldsymbol{H}_*\right\|_F^2\\&\leqslant\frac{L}{2}\left\|\boldsymbol{Y}_0-\boldsymbol{H}_*\right\|_F^2\end{aligned}\tag{6.40}$$

把 $\boldsymbol{Y}_0=\boldsymbol{H}^t$ 代入式（6.40）并运用文献[271]中介绍的不等式 $\boldsymbol{\alpha}_k^2\geqslant(k+2)/2$，可得

$$F\left(\boldsymbol{W}^{t},\boldsymbol{H}_{0}\right)-F\left(\boldsymbol{W}^{t},\boldsymbol{H}_{*}\right)\leqslant\frac{L\left\|\boldsymbol{H}^{t}-\boldsymbol{H}_{*}\right\|_{F}^{2}}{2\boldsymbol{\alpha}_{k}^{2}}\leqslant\frac{2L\left\|\boldsymbol{H}^{t}-\boldsymbol{H}_{*}\right\|_{F}^{2}}{\left(k+2\right)^{2}}$$

证毕。

6.2.2 非负矩阵分解优化算法

用算法 6.1 交替优化问题式（6.2）和式（6.3），本节提出非负矩阵分解的最优梯度下降算法（记为 NeNMF），见算法 6.2。

与算法 6.1 类似，算法 6.2 的终止条件是非负矩阵分解问题式（6.1）的 K.K.T.条件

$$\boldsymbol{W}^{t}\geqslant 0,\boldsymbol{H}^{t}\geqslant 0 \tag{6.41}$$

$$\nabla_{\boldsymbol{H}}F\left(\boldsymbol{W}^{t},\boldsymbol{H}^{t}\right)\geqslant 0,\nabla_{\boldsymbol{W}}F\left(\boldsymbol{W}^{t},\boldsymbol{H}^{t}\right)\geqslant 0 \tag{6.42}$$

$$\nabla_{\boldsymbol{H}}F\left(\boldsymbol{W}^{t},\boldsymbol{H}^{t}\right)\boldsymbol{H}^{t}\geqslant 0,\nabla_{\boldsymbol{W}}F\left(\boldsymbol{W}^{t},\boldsymbol{H}^{t}\right)\boldsymbol{W}^{t}\geqslant 0 \tag{6.43}$$

算法 6.2 非负矩阵分解最优梯度下降算法（NeNMF 算法）

输入： $V\in\mathbb{R}_{+}^{m\times n}$，$1\leqslant r\leqslant\min\{m,n\}$

输出： $\boldsymbol{W}\in\mathbb{R}_{+}^{m\times r}$，$\boldsymbol{H}\in\mathbb{R}_{+}^{r\times n}$

1：初始化 $\boldsymbol{W}^{1}\geqslant 0$，$\boldsymbol{H}^{1}\geqslant 0$，$t=1$

repeat

2：更新 $\boldsymbol{H}^{t+1}=\mathrm{OGM}\left(\boldsymbol{W}^{t},\boldsymbol{H}^{t}\right)$

3：更新 $\boldsymbol{W}^{t+1^{\mathrm{T}}}=\mathrm{OGM}\left(\boldsymbol{H}^{t+1^{\mathrm{T}}},\boldsymbol{W}^{t^{\mathrm{T}}}\right)$

4：更新 $t\leftarrow t+1$

until 满足终止条件式（6.44）

5：输出 $\boldsymbol{W}=\boldsymbol{W}^{t},\boldsymbol{H}=\boldsymbol{H}^{t}$。

利用式（6.30）中定义的投影梯度，式（6.42）、式（6.43）可写成

$$\nabla_{\boldsymbol{H}}F\left(\boldsymbol{W}^t,\boldsymbol{H}^t\right)=0,\nabla_{\boldsymbol{W}}F\left(\boldsymbol{W}^t,\boldsymbol{H}^t\right)=0 \tag{6.44}$$

为了避免算法 6.2 执行不必要的迭代，根据文献[43]，本节把终止条件式（6.44）写成

$$\begin{aligned}&\left\|\left[\nabla_{\boldsymbol{H}}^{P}F\left(\boldsymbol{W}^t,\boldsymbol{H}^t\right),\nabla_{\boldsymbol{H}}^{P}F\left(\boldsymbol{W}^t,\boldsymbol{H}^t\right)^{\mathrm{T}}\right]\right\|_F\\ \leqslant&\,\epsilon\left\|\nabla_{\boldsymbol{H}}^{P}F\left(\boldsymbol{W}^1,\boldsymbol{H}^1\right),\nabla_{\boldsymbol{H}}^{P}F\left(\boldsymbol{W}^1,\boldsymbol{H}^1\right)^{\mathrm{T}}\right\|_F\end{aligned} \tag{6.45}$$

式中，ϵ 是收敛精度。

因为问题式（6.1）不是凸问题，不存在最优解。已有非负矩阵分解优化算法把驻点当作局部解[43,74,160,163]。在非线性优化领域，如果所有子问题的解都是唯一的，那么块迭代方法产生的极值点序列中存在驻点[254]。然而，由于问题式（6.2）和式（6.3）不是强凸的，所以其最优解不是唯一的。因此，文献[254]中的结论难以用于非负矩阵分解问题式（6.1）。为了解决这一问题，Grippo 和 Sciandrone[161]证明对于两个变量块的情况，块迭代方法的解序列上的任意极值点都是驻点，即算法 6.2 产生的任意极值点都是驻点。因为$\boldsymbol{V}\approx\boldsymbol{WH}$，所以$\boldsymbol{W}$ 和 $\boldsymbol{H}$ 中的元素都存在上界。根据文献[280]，算法 6.2 产生的解序列中至少存在一个极值点。因此，算法 6.2 收敛到驻点。

算法 6.2 的主要时间开销是算法 6.1 中梯度$\nabla_F\left(\boldsymbol{W}^t,\boldsymbol{H}_k\right)=\nabla_F\left(\boldsymbol{W}^t,\boldsymbol{H}_k\right)=\boldsymbol{W}^{t^{\mathrm{T}}}\boldsymbol{W}^t\boldsymbol{H}-\boldsymbol{W}^{t^{\mathrm{T}}}\boldsymbol{V}$ 的计算，其中第二项$\boldsymbol{W}^{t^{\mathrm{T}}}\boldsymbol{V}$ 可在算法 6.1 之前计算。因为$\boldsymbol{W}^t\in\mathbb{R}_+^{m\times r}$ 保持不变，所以$\boldsymbol{W}^{t^{\mathrm{T}}}\boldsymbol{W}^t$ 也可以在$O(mr^2)$ 时间内计算得到。因此，NeNMF 算法一次迭代的计算复杂度为$O(mr^2+mnr)+K\times\mathrm{O}(nr^2)$，$K$ 是 OGM 算法的迭代次数。由于 OGM 算法的收敛速度为$O\left(1/k^2\right)$，其迭代次数不会很多，通常情况下$K<r$。表 6.1 比较了 NeNMF 算法和已有非负矩阵分解优化算法一次迭代的时间复杂度，可以看出 NeNMF 算法的时间复杂度与其他算法相当，但是它以最优收敛速度求解两个 NLS 子问题，所以

NeNMF 算法的效率优于已有非负矩阵分解优化算法。

表 6.1　NeNMF 算法和已有非负矩阵分解优化算法一次迭代的时间复杂度比较

优化算法	时间复杂度
乘法更新规则算法[36]	$O\left(mnr+mr^2+nr^2\right)$
投影最小二乘法[154]	$O(mnr+mr^2+nr^2+r^3)$
投影梯度下降算法[43]	$O(mnr)+K\times O(tmr^2+tnr^2)$
伪牛顿法[165]	$O(mnr+m^3r^3+n^3r^3)$
BFGS 算法[266]	$O\left(mnr\right)+K\times O(mnr+tmr^2+tnr^2)$
AS 算法[44]	$O\left(mnr+mr^2+nr^2\right)+K\times O(mr^2+nr^2)$
BPP 算法[74]	$O\left(mnr+mr^2+nr^2\right)+K\times O(mr^2+nr^2+r^3+m\log_2 n+n\log_2 m)$
PBB 算法[163]	$O\left(mnr\right)+K\times O(tmr^2+tnr^2)$
CBGP 算法[160]	$O\left(mnr\right)+K\times O(tmnr+mr^2+nr^2)$
NeNMF 算法	$O\left(mnr+mr^2+nr^2\right)+K\times O(mr^2+nr^2)$

6.2.3　扩展模型优化算法

本节介绍两类典型非负矩阵分解扩展模型的最优梯度下降算法，即带稀疏项的非负矩阵分解和带平滑项的非负矩阵分解。

6.2.3.1　带稀疏项的非负矩阵分解

根据 2.1.2.1 节，非负矩阵分解得到的表示系数往往不稀疏。因此，通常在表示系数上加以稀疏约束以保证表示系数的稀疏性。Hoyer[71]率先考虑非负矩阵分解的这种扩展模型——非负稀疏编码模型（NSC），其目标函数是

$$\min_{\boldsymbol{W}\geqslant 0,\boldsymbol{H}\geqslant 0}\frac{1}{2}\left\|\boldsymbol{X}-\boldsymbol{W}\boldsymbol{H}\right\|_F^2+\beta\left\|\boldsymbol{H}\right\|_1 \tag{6.46}$$

式中，$\|\cdot\|_1$ 是 L_1 范数，因为 $\boldsymbol{H}\geqslant 0$，所以 $\left\|\boldsymbol{H}\right\|_1=\sum_{ij}\boldsymbol{H}_{ij}$。

Hoyer[71]开发乘法更新规则算法优化 NSC 问题，但是乘法更新规则的收敛速度过慢。2004 年，Hoyer 扩展 NSC 模型，提出用投影梯度下降算法

优化带稀疏项的非负矩阵分解（见 2.1.2.1 节），但是投影梯度下降算法中的线搜索过程过于复杂，导致计算开销过大。本节利用所开发的最优梯度下降算法求解 NSC 问题，在无须线搜索的情况下，以最优收敛速度更新$\boldsymbol{W}$ 和$\boldsymbol{H}$，因此算法效率远高于乘法更新规则和投影梯度下降算法。

由于$\boldsymbol{W}$ 的优化问题与稀疏约束无关，可用算法 6.1 优化。本节只考虑第t 次迭代$\boldsymbol{H}$ 有关的优化问题

$$\min_{\boldsymbol{H}\geqslant 0}\frac{1}{2}\left\|\boldsymbol{V}-\boldsymbol{W}^t\boldsymbol{H}\right\|_F^2+\beta\left\|\boldsymbol{H}\right\|_1 \triangleq r\left(\boldsymbol{H}\right) \tag{6.47}$$

根据引理 6.1，$\left\|\boldsymbol{V}-\boldsymbol{W}^t\boldsymbol{H}\right\|_F^2$ 是$\boldsymbol{H}$ 的凸函数。由于$\left\|\boldsymbol{H}\right\|_1$是凸函数，所以$r\left(\boldsymbol{H}\right)$是凸函数，问题式（6.47）存在最优解。$r\left(\boldsymbol{H}\right)$ 的梯度为$\nabla_r\left(\boldsymbol{H}\right)=\boldsymbol{W}^{t^{\mathrm{T}}}\boldsymbol{W}^t\boldsymbol{H}-\boldsymbol{W}^{t^{\mathrm{T}}}\boldsymbol{V}+\beta_{1\times r}$，对于任意两个矩阵$\boldsymbol{H}_1,\boldsymbol{H}_2\in\mathbb{R}^{r\times n}$，有

$$\begin{aligned}&\left\|\nabla_r\left(\boldsymbol{H}_1\right)-\nabla_r\left(\boldsymbol{H}_2\right)\right\|_F=\left\|\boldsymbol{W}^{t^{\mathrm{T}}}\boldsymbol{W}^t\left(\boldsymbol{H}_1-\boldsymbol{H}_2\right)\right\|_F\\ \leqslant&\left\|\boldsymbol{W}^{t^{\mathrm{T}}}\boldsymbol{W}^t\right\|_2\times\left\|\boldsymbol{H}_1-\boldsymbol{H}_2\right\|_F\end{aligned} \tag{6.48}$$

由式（6.48）可知，$\nabla_r\left(\boldsymbol{H}\right)$ 是李普希兹连续的，且李普希兹常数为$L_{\mathrm{NMF}}^{L_1}=\left\|\boldsymbol{W}^{t^{\mathrm{T}}}\boldsymbol{W}^t\right\|_2$。因此，OGM 算法可以$O\left(1/k^2\right)$的收敛速度优化问题式(6.47)，其优化算法只须用$\nabla_r\left(\boldsymbol{H}\right)$ 和$L_{\mathrm{NMF}}^{L_1}$ 分别替换算法 6.1 中的$\nabla_F\left(\boldsymbol{W}^t,\boldsymbol{H}\right)$ 和L 即可。

6.2.3.2　带平滑项的非负矩阵分解

为了避免$\boldsymbol{W}$ 和$\boldsymbol{H}$ 中某些元素过大，超出机器精度范围，传统的方法是在每次迭代结束时把$\boldsymbol{W}$ 中的基向量归一化。然而，归一化操作不但引入额外计算开销，而且可能增加某些模型的目标函数值，如 NPAF 模型（见第 3 章）。在最优化领域，Tikhonov 技术常被用于解决数值不稳定问题。Pauca 等人[87]提出用 Tikhonov 罚分项约束表示系数的平滑性（见 2.1.2.3 节），其目标函数为

$$\min_{\boldsymbol{W}\geqslant 0,\boldsymbol{H}\geqslant 0}\frac{1}{2}\left\|\boldsymbol{X}-\boldsymbol{W}\boldsymbol{H}\right\|_F^2+\frac{\beta}{2}\left\|\boldsymbol{H}\right\|_F^2 \tag{6.49}$$

Pauca 等人用乘法更新规则更新 $\boldsymbol{W}$ ，用非负最小二乘法更新 $\boldsymbol{H}$ ，提出 GD-CLS（Gradient Descent with Constrained Least Squares）算法。虽然 GD-CLS 算法的计算开销小，但是其收敛速度慢。Kim 等人[266]利用 BFGS 算法优化问题式（6.49），大大提高了收敛速度，但是其计算线搜索和 BFGS 更新过程的计算开销过大。本节用所提的最优梯度下降算法优化问题式(6.49)，以相对较少的计算开销优化问题式（6.49），能以二阶收敛速度更新 $\boldsymbol{H}$ 。

与带稀疏项的非负矩阵分解的最优梯度下降算法类似，本节只考虑第 t 次迭代与 $\boldsymbol{H}$ 有关的优化问题

$$\min_{\boldsymbol{H}\geqslant 0}\frac{1}{2}\left\|\boldsymbol{V}-\boldsymbol{W}^t\boldsymbol{H}\right\|_F^2+\frac{\beta}{2}\left\|\boldsymbol{H}\right\|_F^2 \triangleq g\left(\boldsymbol{H}\right) \tag{6.50}$$

根据引理 6.1，$\left\|\boldsymbol{V}-\boldsymbol{W}^t\boldsymbol{H}\right\|_F^2$ 是 $\boldsymbol{H}$ 的凸函数。由于 $\left\|\boldsymbol{H}\right\|_F^2$ 是凸函数，所以 $g\left(\boldsymbol{H}\right)$ 是凸函数，问题式(6.50)存在最优解。$g\left(\boldsymbol{H}\right)$ 的梯度为 $\nabla_g\left(\boldsymbol{H}\right)\boldsymbol{W}^{t^{\mathrm{T}}}\boldsymbol{W}^t\boldsymbol{H}-\boldsymbol{W}^{t^{\mathrm{T}}}\boldsymbol{V}+\beta\boldsymbol{H}$ ，对于任意两个矩阵 $\boldsymbol{H}_1,\boldsymbol{H}_2\in\mathbb{R}_+^{r\times n}$ ，有

$$\begin{aligned}&\left\|\nabla_g\left(\boldsymbol{H}_1\right)-\nabla_g\left(\boldsymbol{H}_2\right)\right\|_F=\left\|\left(\boldsymbol{W}^{t^{\mathrm{T}}}\boldsymbol{W}^t+\beta\boldsymbol{I}_r\right)\left(\boldsymbol{H}_1-\boldsymbol{H}_2\right)\right\|_F\\&\leqslant\left\|\boldsymbol{W}^{t^{\mathrm{T}}}\boldsymbol{W}^t+\beta\boldsymbol{I}_r\right\|_2\times\left\|\boldsymbol{H}_1-\boldsymbol{H}_2\right\|_F\end{aligned} \tag{6.51}$$

由式（6.51）可知，$\nabla_g\left(\boldsymbol{H}\right)$ 是李普希兹连续的，且李普希兹常数为 $L_{\mathrm{NMF}}^{L_2}=\left\|\boldsymbol{W}^{t^{\mathrm{T}}}\boldsymbol{W}^t+\beta\boldsymbol{I}_r\right\|_2$。因此，OGM 算法可以 $O\left(1/k^2\right)$ 的收敛速度优化问题式(6.50)，其优化算法只须用 $\nabla_g\left(\boldsymbol{H}\right)$ 和 $L_{\mathrm{NMF}}^{L_2}$ 分别替换算法 6.1 中的 $\nabla_F\left(\boldsymbol{W}^t,\boldsymbol{H}\right)$ 和 L 即可。

6.3 非负块配准最优梯度下降算法

在算法 6.2 的基础上，本节利用算法 6.1 优化非负块配准框架。由于基于欧几里得距离的非负块配准框架 $\mathrm{NPAF^E}$ 的目标函数的梯度存在解析形式的李普希兹常数，本节首先讨论 $\mathrm{NPAF^E}$ 模型的最优梯度下降算法。根据第

3 章内容，给定配准矩阵 $\boldsymbol{L}_{\mathrm{NPAF}}$，$\mathrm{NPAF}^{\mathrm{E}}$ 的目标函数为

$$\min_{\boldsymbol{W}\geqslant 0,\boldsymbol{H}\geqslant 0} F_{\mathrm{NPAF}^{\mathrm{E}}}\left(\boldsymbol{W},\boldsymbol{H}\right)=\frac{1}{2}\left\|\boldsymbol{V}-\boldsymbol{W}\boldsymbol{H}\right\|_F^2+\frac{\gamma}{2}\mathrm{tr}\left(\boldsymbol{H}\boldsymbol{L}_{\mathrm{NPAF}}\boldsymbol{H}^{\mathrm{T}}\right) \tag{6.52}$$

显而易见，式（6.52）中的 $\boldsymbol{W}$ 可由算法 6.1 优化，本节只讨论 $\boldsymbol{H}$ 更新。在第 t 次迭代，给定 $\boldsymbol{W}^t$，目标函数 $F\left(\boldsymbol{W}^t,\boldsymbol{H}\right)$ 可写成 $\boldsymbol{H}$ 的函数

$$\min_{\boldsymbol{H}\geqslant 0}\varphi\left(\boldsymbol{H}\right)=\frac{1}{2}\left\|\boldsymbol{V}-\boldsymbol{W}^t\boldsymbol{H}\right\|_F^2+\frac{\gamma}{2}\mathrm{tr}\left(\boldsymbol{H}\boldsymbol{L}_{\mathrm{NPAF}}\boldsymbol{H}^{\mathrm{T}}\right) \tag{6.53}$$

由于 $\varphi\left(\boldsymbol{H}\right)$ 由两部分组成，即 $F\left(\boldsymbol{W}^t,\boldsymbol{H}\right)=\frac{1}{2}\left\|\boldsymbol{V}-\boldsymbol{W}^t\boldsymbol{H}\right\|_F^2$ 和 $\mu\left(\boldsymbol{H}\right)=\mathrm{tr}\left(\boldsymbol{H}\boldsymbol{L}_{\mathrm{NPAF}}\boldsymbol{H}^{\mathrm{T}}\right)$的线性组合，所以只要证明这两部分是凸的且梯度是李普希兹连续的，即可证明 $\varphi\left(\boldsymbol{H}\right)$ 是凸的且梯度 $\nabla\varphi\left(\boldsymbol{H}\right)=\boldsymbol{W}^{t^{\mathrm{T}}}\boldsymbol{W}^t\boldsymbol{H}-\boldsymbol{W}^{t^{\mathrm{T}}}\boldsymbol{V}+\gamma\boldsymbol{H}\boldsymbol{L}_{\mathrm{NPAF}}$ 是连续的。由引理 6.2 可知，$F\left(\boldsymbol{W}^t,\boldsymbol{H}\right)$ 是凸的且其梯度是李普希兹连续的，$\nabla_{\boldsymbol{H}}F\left(\boldsymbol{W}^t,\boldsymbol{H}\right)$ 的李普希兹常数为 $\left\|\boldsymbol{W}^{t^{\mathrm{T}}}\boldsymbol{W}^t\right\|_2$。根据引理 6.3，如果配准矩阵 $\boldsymbol{L}_{\mathrm{NPAF}}$ 是半正定的，那么 $\mu\left(\boldsymbol{H}\right)$ 是凸的且其梯度是李普希兹连续的，$\nabla\mu\left(\boldsymbol{H}\right)$ 的李普希兹常数为 $\left\|\boldsymbol{L}_{\mathrm{NPAF}}\right\|_2$。定理 6.2 指出，$\varphi\left(\boldsymbol{H}\right)$ 是凸的且其梯度是李普希兹连续的，$\nabla\varphi\left(\boldsymbol{H}\right)$ 的李普希兹常数为 $L_{\mathrm{NPAF}}^{\mathrm{EUC}}=\left\|\boldsymbol{W}^{t^{\mathrm{T}}}\boldsymbol{W}^t\right\|_2+\gamma\left\|\boldsymbol{L}_{\mathrm{NPAF}}\right\|_2$。

引理 6.3： 如果配准矩阵 $\boldsymbol{L}_{\mathrm{NPAF}}$ 是半正定的，那么 $\mu\left(\boldsymbol{H}\right)$ 是凸函数且其梯度 $\nabla\mu\left(\boldsymbol{H}\right)=\boldsymbol{H}\boldsymbol{L}_{\mathrm{NPAF}}$ 是李普希兹连续的，$\nabla\mu\left(\boldsymbol{H}\right)$ 李普希兹常数为 $\left\|\boldsymbol{L}_{\mathrm{NPAF}}\right\|_2$。

证明：任意给定两个矩阵 $\boldsymbol{H}_1,\boldsymbol{H}_2\in\mathbb{R}^{r\times n}$ 和常数 $\lambda\in\left[0,1\right]$，有

$$\begin{aligned}
&\mu\left(\lambda\boldsymbol{H}_1+\left(1-\lambda\right)\boldsymbol{H}_2\right)-\lambda\mu\left(\boldsymbol{H}_1\right)-\left(1-\lambda\right)\mu\left(\boldsymbol{H}_2\right)\\
&=\mathrm{tr}\left(\left(\lambda\boldsymbol{H}_1+\left(1-\lambda\right)\boldsymbol{H}_2\right)\boldsymbol{L}_{\mathrm{NPAF}}\left(\lambda\boldsymbol{H}_1+\left(1-\lambda\right)\boldsymbol{H}_2\right)^{\mathrm{T}}\right)-\\
&\quad\lambda\,\mathrm{tr}\left(\boldsymbol{H}_1\boldsymbol{L}_{\mathrm{NPAF}}\boldsymbol{H}_1^{\mathrm{T}}\right)-\left(1-\lambda\right)\mathrm{tr}\left(\boldsymbol{H}_2\boldsymbol{L}_{\mathrm{NPAF}}\boldsymbol{H}_2^{\mathrm{T}}\right)\\
&=\lambda^2\,\mathrm{tr}\left(\boldsymbol{H}_1\boldsymbol{L}_{\mathrm{NPAF}}\boldsymbol{H}_1^{\mathrm{T}}\right)+\left(1-\lambda\right)^2\mathrm{tr}\left(\boldsymbol{H}_2\boldsymbol{L}_{\mathrm{NPAF}}\boldsymbol{H}_2^{\mathrm{T}}\right)+2\lambda\left(1-\lambda\right)\mathrm{tr}\left(\boldsymbol{H}_1\boldsymbol{L}_{\mathrm{NPAF}}\boldsymbol{H}_2^{\mathrm{T}}\right)\\
&=\lambda\left(1-\lambda\right)\left(\mathrm{tr}\left(\boldsymbol{H}_1\boldsymbol{L}_{\mathrm{NPAF}}\boldsymbol{H}_1^{\mathrm{T}}\right)+\mathrm{tr}\left(\boldsymbol{H}_2\boldsymbol{L}_{\mathrm{NPAF}}\boldsymbol{H}_2^{\mathrm{T}}\right)\right)-2\,\mathrm{tr}\left(\boldsymbol{H}_1\boldsymbol{L}_{\mathrm{NPAF}}\boldsymbol{H}_2^{\mathrm{T}}\right)\\
&=\lambda\left(1-\lambda\right)\mathrm{tr}\left(\left(\boldsymbol{H}_1-\boldsymbol{H}_2\right)\boldsymbol{L}_{\mathrm{NPAF}}\left(\boldsymbol{H}_1-\boldsymbol{H}_2\right)^{\mathrm{T}}\right)
\end{aligned} \tag{6.54}$$

因为$\boldsymbol{L}_{\text{NPAF}}$是半正定的，所以$\operatorname{tr}\left((\boldsymbol{H}_1-\boldsymbol{H}_2)\boldsymbol{L}_{\text{NPAF}}(\boldsymbol{H}_1-\boldsymbol{H}_2)^{\mathrm{T}}\right)\geqslant 0$。根据凸函数的定义，$\mu(\boldsymbol{H})$是凸函数。

对于任意两个矩阵$\boldsymbol{H}_1,\boldsymbol{H}_2\in\mathbb{R}^{r\times n}$，可得

$$
\begin{aligned}
&\left\|\nabla\mu(\boldsymbol{H}_1)-\nabla\mu(\boldsymbol{H}_2)\right\|_F^2=\left\|(\boldsymbol{H}_1-\boldsymbol{H}_2)-\boldsymbol{L}_{\text{NPAF}}\right\|_F^2\\
&=\operatorname{tr}\left(\left((\boldsymbol{H}_1-\boldsymbol{H}_2)\boldsymbol{L}_{\text{NPAF}}\right)^{\mathrm{T}}\left((\boldsymbol{H}_1-\boldsymbol{H}_2)\boldsymbol{L}_{\text{NPAF}}\right)\right)\\
&=\operatorname{tr}\left((\boldsymbol{H}_1-\boldsymbol{H}_2)\boldsymbol{U\Sigma U}^{\mathrm{T}}\left((\boldsymbol{H}_1-\boldsymbol{H}_2)\boldsymbol{U\Sigma U}^{\mathrm{T}}\right)^{\mathrm{T}}\right)\\
&=\operatorname{tr}\left(\boldsymbol{U}^{\mathrm{T}}(\boldsymbol{H}_1-\boldsymbol{H}_2)^{\mathrm{T}}(\boldsymbol{H}_1-\boldsymbol{H}_2)\boldsymbol{U\Sigma}^2\right)\\
&\leqslant\delta_1^2\operatorname{tr}\left(\boldsymbol{U}^{\mathrm{T}}(\boldsymbol{H}_1-\boldsymbol{H}_2)^{\mathrm{T}}(\boldsymbol{H}_1-\boldsymbol{H}_2)\boldsymbol{U}\right)
\end{aligned}
$$

式中，$\boldsymbol{U\Sigma U}^{\mathrm{T}}$是$\boldsymbol{L}_{\text{NPAF}}$的 SVD 分解，且奇异值$\left\{\delta_1^2,\cdots,\delta_v^2\right\}$按照降序排列。因为$\boldsymbol{UU}^{\mathrm{T}}=\boldsymbol{I}_n$，所以有

$$
\left\|\nabla\mu(\boldsymbol{H}_1)-\nabla\mu(\boldsymbol{H}_2)\right\|_F\leqslant\left\|\boldsymbol{L}_{\text{NPAF}}\right\|_2\times\left\|\boldsymbol{H}_1-\boldsymbol{H}_2\right\|_F
$$

式中，$\left\|\boldsymbol{L}_{\text{NPAF}}\right\|_2=\delta_1^2$是$\boldsymbol{L}_{\text{NPAF}}$的谱范数。因此，$\nabla\mu(\boldsymbol{H})$是李普希兹连续的且李普希兹常数为$\left\|\boldsymbol{L}_{\text{NPAF}}\right\|_2$。证毕。

定理 6.2：若配准矩阵$\boldsymbol{L}_{\text{NPAF}}$是半正定的，则$\varphi(\boldsymbol{H})$是凸的；$\varphi(\boldsymbol{H})$的梯度$\nabla\varphi(\boldsymbol{H})$是李普希兹连续的，且其李普希兹常数为$\boldsymbol{L}_{\text{NPAF}}^{\text{EUC}}=\left\|\boldsymbol{W}^{t^{\mathrm{T}}}\boldsymbol{W}^t\right\|_2+\gamma\left\|\boldsymbol{L}_{\text{NPAF}}\right\|_2$。

证明：根据引理 6.2 和引理 6.3，$\varphi(\boldsymbol{H})$是两个凸函数的和，因此$\varphi(\boldsymbol{H})$是凸函数。因为$\nabla_{\boldsymbol{H}}F\left(\boldsymbol{W}^t,\boldsymbol{H}\right)$和$\nabla\mu(\boldsymbol{H})$都是李普希兹连续的，其李普希兹常数分别是$\left\|\boldsymbol{W}^{t^{\mathrm{T}}}\boldsymbol{W}^t\right\|_2$和$\left\|\boldsymbol{L}_{\text{NPAF}}\right\|_2$，所以$\nabla\varphi(\boldsymbol{H})=\nabla_{\boldsymbol{H}}F\left(\boldsymbol{W}^t,\boldsymbol{H}\right)+\gamma\nabla\mu(\boldsymbol{H})$也是李普希兹连续的。根据文献[275]，$\nabla\varphi(\boldsymbol{H})$的李普希兹常数为$\left\|\boldsymbol{W}^{t^{\mathrm{T}}}\boldsymbol{W}^t\right\|_2+\gamma\left\|\boldsymbol{L}_{\text{NPAF}}\right\|_2$。证毕。

根据定理 6.2，如果配准矩阵$\boldsymbol{L}_{\text{NPAF}}$是半正定的，那么$\varphi(\boldsymbol{H})$是凸函数。因此，最优梯度下降算法以$O\left(1/k^2\right)$的收敛速度收敛到问题式（6.53）的最

优解。其求解过程非常简单，只须用$\nabla_{\boldsymbol{H}}F\left(\boldsymbol{W}^t,\boldsymbol{H}\right)+\gamma\nabla\mu\left(\boldsymbol{H}\right)$和$\boldsymbol{L}_{\text{NPAF}}^{\text{EUC}}$分别替换 OGM 算法 6.1 中的$\nabla_{\boldsymbol{H}}F\left(\boldsymbol{W}^t,\boldsymbol{H}\right)$和$L$即可，本章不再赘述。

根据第 4 章，非负判别局部块配准模型（NDLA）是典型的非负块配准框架派生框架。NDLA 利用样本的标签信息，为每个样本构建两类局部块，即类内块和类间块。假设类内块和类间块对应的配准矩阵分别是$\boldsymbol{L}_w$和$\boldsymbol{L}_b$，那么 NDLA 的目标是最小化同类样本之间的距离，同时最大化不同类样本之间的距离，即同时优化下列问题

$$\min_{\boldsymbol{H}}\operatorname{tr}\left(\boldsymbol{H}\boldsymbol{L}_w\boldsymbol{H}^{\mathrm{T}}\right) \tag{6.55}$$

$$\min_{\boldsymbol{H}}\operatorname{tr}\left(\boldsymbol{H}\boldsymbol{L}_b\boldsymbol{H}^{\mathrm{T}}\right) \tag{6.56}$$

利用第 4 章的方法，问题式（6.55）和式（6.56）合并为

$$\min_{\boldsymbol{W}\geqslant 0,\boldsymbol{H}\geqslant 0}\frac{\gamma}{2}\operatorname{tr}\left(\boldsymbol{H}\boldsymbol{L}_{\text{NPAF}}\boldsymbol{H}^{\mathrm{T}}\right)+\frac{1}{2}\left\|\boldsymbol{V}-\boldsymbol{W}\boldsymbol{H}\right\|_F^2 \tag{6.57}$$

式中，配准矩阵$\boldsymbol{L}_{\text{NDLA}}=\boldsymbol{L}_b^{-\frac{1}{2}}\boldsymbol{L}_w\boldsymbol{L}_b^{-\frac{1}{2}}$。问题式（6.57）用欧几里得距离度量近似误差，因此它是 NDLA^{E}模型。根据定理 4.1，$\boldsymbol{L}_{\text{NDLA}}$是半正定矩阵，所以在每步迭代用 OGM 算法的最优解更新$\boldsymbol{H}$。因此，NDLA^{E}可套用 NPAF^{E}的最优梯度下降算法优化，且得到的解是驻点。

非负块配准框架的其他派生模型，如判别非负矩阵分解（DNMF）、局部非负矩阵分解（LNMF）和图正则非负矩阵分解（GNMF）等模型都可套用非负块配准最优梯度下降算法优化，本章不再赘述。

6.4　试验结果

本节以非负矩阵分解和图正则非负矩阵分解为例，评估最优梯度下降算法求解非负块配准框架的效率。

6.4.1 非负矩阵分解优化

本节通过比较 NeNMF 和 9 个 NMF 优化算法的 CPU 时间和目标函数值，评估最优梯度下降算法求解非负矩阵分解的效率，这些算法包括乘法更新规则（MUR）算法[36]；投影最小二乘（PNLS[1]）法[154]；投影梯度下降（PG[2]）算法[43]；伪牛顿（QN[3]）法[165]；Kim 等人[266]的 Broyden Fletcher Goldfarb Shanno（BFGS[4]）算法；Han 等人[163]的 Projected Barzilai Borwein（PBB[5]）算法；循环块梯度投影（CBGP）算法[160]；Kim 等人[44]的 Active Set（AS[6]）算法和 Kim 等人[74]开发的 Block Principal Pivoting（BPP[7]）算法。

PNLS、PG、BFGS、AS、BPP 和 PBB 算法使用各自作者公布的代码。QN 法的代码来自 NMFLAB 工具箱，它实现伪牛顿法优化基于欧几里得距离的非负矩阵分解的更新规则式（6.7），其中参数 λ 从 10^{-13} 开始不断增加直到 Hessian 矩阵奇异。因为 QN 法在矩阵规模较大时 Hessian 矩阵很容易变成奇异矩阵，所以本节只在较小规模的矩阵上测试该算法。为了与各作者公布的代码保持一致，本节在 MATLAB 中实现 MUR、CBGP 和 NeNMF 算法。因为 MUR 和 PNLS 算法的收敛速度相对较慢，本节分两部分比较 NeNMF 与已有 NMF 优化算法的效率：MUR 和 PNLS 算法。基于 PG 和 AS 的算法。本试验在合成数据集和真实世界数据集上比较所有算法的效率，所用数据集情况如表 6.2 所示，其中合成数据集包括一个 500×100 维和

---

1 代码来源：http://www.cs.utexas.edu/users/dmkim/Source /software/nnma/index.html。

2 代码来源：http://www.csie.ntu.edu.tw/ cjlin/nmf/index.html。

3 NMFLAB 工具箱代码来源：http://www.bsp.brain.riken.go.jp/ICALAB/nmflab.html。

4 代码来源：http://www.cs.utexas.edu/users/dmkim/Source /software/nnma/index.html。

5 代码来源：http://www.math.uconn.edu/ neumann/nmf/。

6 代码来源：http://www.cc.gatech.edu/ hpark/nmfsoftware.php。

7 代码来源：http://www.cc.gatech.edu/ hpark/nmfsoftware.php。

5000×1000 维的随机稠密矩阵，真实世界数据集包括 Reuters-21578[281]和 TDT-2[282]文本数据集。Reuters-21578 数据集由 8293 个文档组成 18933×8293 维的矩阵，TDT-2 数据集由 9394 个文档组成 36771×9394 维的矩阵，详细介绍见第 8 章。本节从每个数据集中抽取 1/10 的行和列组成真实世界数据集测试矩阵，矩阵规模如表 6.2 所示。为了评估 NeNMF 算法的可拓展性，本节在不同规模矩阵和不同低维空间维数（m、n 和 r 不同）的条件下测试各算法的效率。为了比较的公平性，所有算法的初始值设置是一致的。

表 6.2　NeNMF 测试所用合成数据集和真实世界数据集

数据集	m	n	r
Synthetic 1	500	100	50
Synthetic 2	5000	1000	100
Reuters-21578	1893	829	50
TDT-2	3677	939	100

6.4.1.1　NeNMF 与 MUR 和 PNLS 算法

根据 6.2.2 节，式(6.45)定义的基于投影梯度的终止条件成功检查 NMF 优化算法的极值点是否是驻点。然而，由于 MUR 算法[36]和 PNLS 算法[154]不保证收敛到驻点，所以基于投影梯度的终止条件式（6.45）不适用于这两类算法。通常情况下，MUR 算法和 PNLS 算法的终止条件为

$$\frac{F\left(\boldsymbol{W}^{t},\boldsymbol{H}^{t}\right)-F\left(\boldsymbol{W}^{*},\boldsymbol{H}^{*}\right)}{F\left(\boldsymbol{W}^{1},\boldsymbol{H}^{1}\right)-F\left(\boldsymbol{W}^{*},\boldsymbol{H}^{*}\right)}\leqslant\tau \tag{6.58}$$

式中，τ 是预设精度，$F\left(\boldsymbol{W}^{*},\boldsymbol{H}^{*}\right)$ 是最终解。由于 $\left(\boldsymbol{W}^{*},\boldsymbol{H}^{*}\right)$ 未知，本节用 $\left(\boldsymbol{W}^{t+1},\boldsymbol{H}^{t+1}\right)$ 代替。为了比较的公平性，本节在这个试验中用式（6.58）作为终止条件，根据最优化领域的标准做法设置精度为非常小的数，如 $\tau=10^{-7}$。因为式（6.58）需要在每次迭代计算目标函数值 $F(\boldsymbol{W},\boldsymbol{H})$，时间开销过大，所以本节使用下列公式简化 $F(\boldsymbol{W},\boldsymbol{H})$ 的计算

$$
\begin{aligned}
F(\boldsymbol{W},\boldsymbol{H}) &= \|\boldsymbol{X}-\boldsymbol{W}\boldsymbol{H}\|_F^2 \\
&= \operatorname{tr}\left(\boldsymbol{X}^{\mathrm{T}}\boldsymbol{X}\right)-2\operatorname{tr}\left(\boldsymbol{H}^{\mathrm{T}}\boldsymbol{W}^{\mathrm{T}}\boldsymbol{X}\right)+\operatorname{tr}\left(\boldsymbol{W}^{\mathrm{T}}\boldsymbol{W}\boldsymbol{H}\boldsymbol{H}^{\mathrm{T}}\right)
\end{aligned} \tag{6.59}
$$

式（6.59）的第一项 $\operatorname{tr}\left(\boldsymbol{X}^{\mathrm{T}}\boldsymbol{X}\right)=\|\boldsymbol{X}\|_F^2$ 可在 NeNMF 的迭代之前计算，第二、三项计算为

$$
\operatorname{tr}\left(\boldsymbol{H}^{\mathrm{T}}\boldsymbol{W}^{\mathrm{T}}\boldsymbol{X}\right)=\sum_{i,j}h_{ij}\left(\boldsymbol{W}^{\mathrm{T}}\boldsymbol{X}\right)_{ij}, \quad \operatorname{tr}\left(\boldsymbol{W}^{\mathrm{T}}\boldsymbol{W}\boldsymbol{H}\boldsymbol{H}^{\mathrm{T}}\right)=\sum_{i,j}\left(\boldsymbol{W}^{\mathrm{T}}\boldsymbol{W}\right)_{ij}\left(\boldsymbol{H}\boldsymbol{H}^{\mathrm{T}}\right)_{ij}
$$

式中，$\boldsymbol{W}^{\mathrm{T}}\boldsymbol{X}$ 和 $\boldsymbol{W}^{\mathrm{T}}\boldsymbol{W}$ 已在算法 6.1 中计算，因此式（6.59）的计算开销主要用于 $\boldsymbol{H}\boldsymbol{H}^{\mathrm{T}}$ 上，其时间复杂度为 $O\left(nr^2\right)$。利用式（6.59），$F(\boldsymbol{W},\boldsymbol{H})$ 的计算复杂度从 $O(mnr)$ 降至 $O\left(nr^2\right)$。由于 $r \ll \min\{m,n\}$，式（6.59）大大降低了目标函数值的计算量。为了比较的公平性，本节把式（6.59）中的技巧也用于 MUR 和 PNLS 算法。

本节首先在合成数据集 Synthetic 1 和 Synthetic 2 上比较 NeNMF、MUR 和 PNLS 算法的效率，各算法的初始值 $\left(\boldsymbol{W}^1,\boldsymbol{H}^1\right)$ 一致，其中 $\boldsymbol{W}^1$ 和 $\boldsymbol{H}^1$ 是随机稠密矩阵。为了消除初始化的影响，本节重复试验 10 次。图 6.1 给出平均目标函数值随迭代次数和 CPU 时间的变化情况，所有算法的初始值一致，终止条件为式（6.58）且收敛精度为 $\tau=10^{-7}$，可以看出 NeNMF 在相同的迭代中比 MUR 和 PNLS 算法收敛得更快。其原因是，NeNMF 每次迭代交替固定某个矩阵（$\boldsymbol{W}$ 或 $\boldsymbol{H}$），以 $O\left(1/k^2\right)$ 的收敛速度优化另一个矩阵因子，即以子问题的最优解更新矩阵因子，而 MUR 算法和 PNLS 算法每次迭代以近似解更新矩阵因子。虽然在 Synthetic 1 数据集上 NeNMF 的 CPU 时间与 MUR 算法相当［见图 6.2（a）和（b)］，但是在 Synthetic 2 数据集上 NeNMF 的 CPU 时间远少于 MUR 算法［见图 6.2（c）和（d)］。这是因为当 $m \gg r$ 且 $n \gg r$ 时，NeNMF 一次迭代的时间复杂度与 MUR 算法相当（见表 6.1），但是每次迭代却能把目标函数值降到更低。

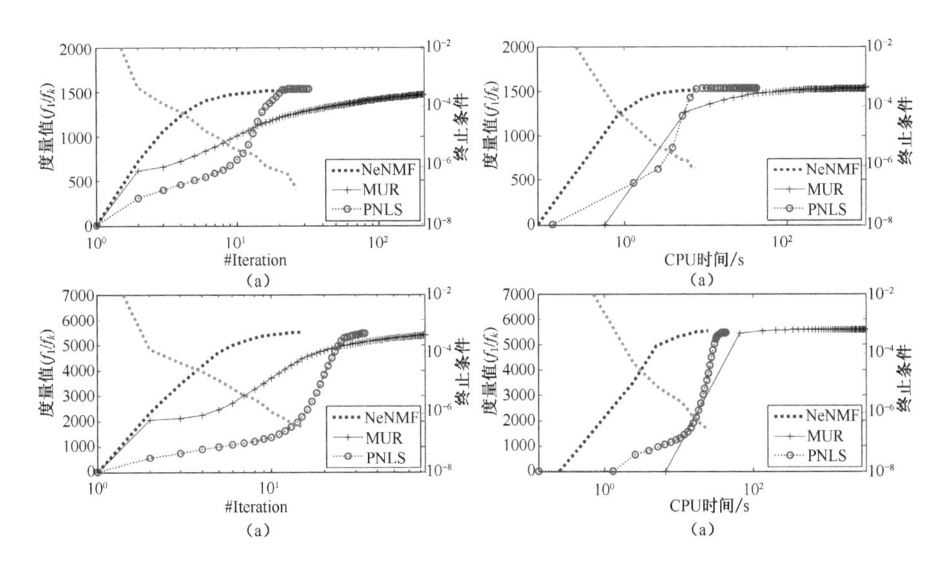

图 6.1　NeNMF、MUR 和 PNLS 算法在不同数据集上的平均终止条件度量值比较：（a）Synthetic 1；（b）Synthetic 2；（c）Reuter-21578；（d）TDT-2。

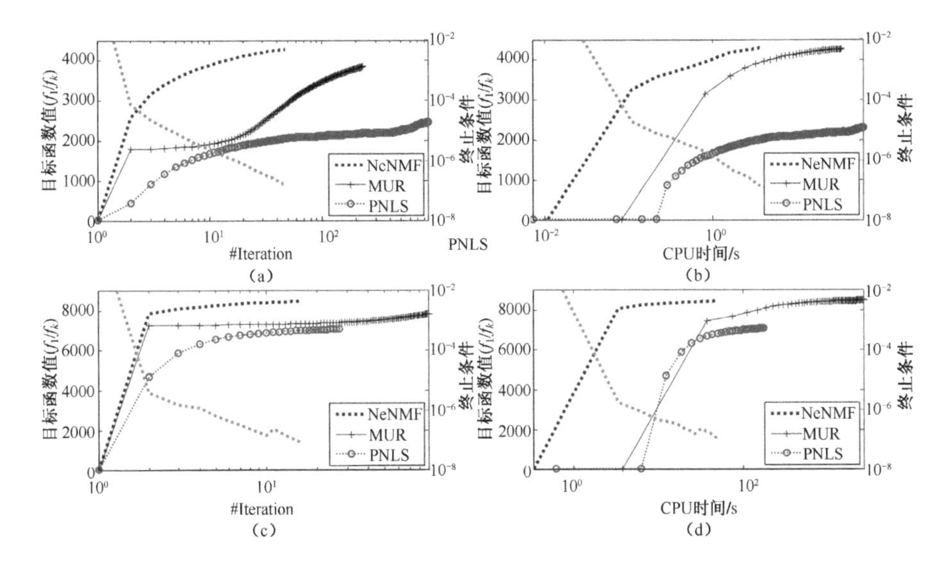

图 6.2　NeNMF、MUR 和 PNLS 算法在不同数据集上的平均目标函数数值比较：（a）Synthetic 1 数据集上的迭代次数；（b）Synthetic 1 数据集上的 CPU 时间；（c）Synthetic 2 数据集上的迭代次数；（d）Synthetic 2 数据集上的 CPU 时间。

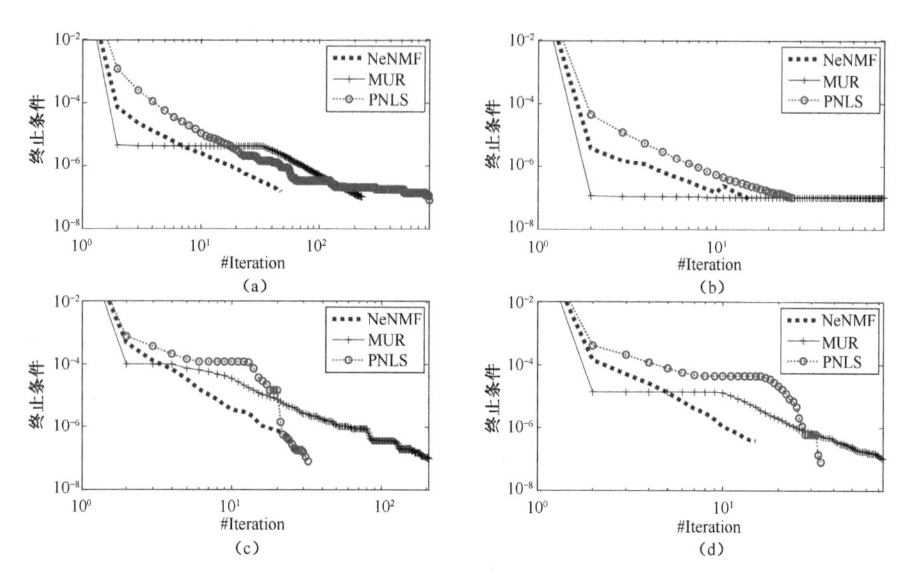

图 6.3　NeNMF、MUR 和 PNLS 算法在不同数据集上的平均终止条件度量值比较：（a）Synthetic 1；（b）Synthetic 2；（c）Reuter-21578；（d）TDT-2。

然后，本节在真实世界数据集 Reuters-21578 和 TDT-2 上比较 NeNMF、MUR 和 PNLS 算法的效率，各算法的初始值一致，终止条件为式（6.58）且收敛精度 $\tau=10^{-7}$。为了消除初始值的影响，本节重复上述试验 10 次，图 6.2 给出平均目标函数值随迭代次数和 CPU 时间的变化情况。

图 6.2 得到与图 6.1 一致的试验结果，其中右侧坐标轴的灰度曲线是式（6.58）定义的终止条件度量，即

$$\frac{F\left(\boldsymbol{W}^{t},\boldsymbol{H}^{t}\right)-F\left(\boldsymbol{W}^{*},\boldsymbol{H}^{*}\right)}{F\left(\boldsymbol{W}^{1},\boldsymbol{H}^{1}\right)-F\left(\boldsymbol{W}^{*},\boldsymbol{H}^{*}\right)}$$

该值度量算法得到的极值点与最终解之间的距离，值越小意味着极值点与最终解之间的距离越近。如图 6.1 和图 6.2 所示，NeNMF 在合成数据集和真实世界数据集上的收敛速度非常快。为了量化比较 NeNMF、MUR 和 PNLS 的收敛速度，图 6.3 给出 Synthetic 1、Synthetic 2、Reuter-21578 和 TDT-2 数据集上各算法的平均终止条件度量值随迭代次数的变化情况，可以看出 NeNMF 在较少次迭代内收敛。

6.4.1.2　NeNMF 与 MUR 和 PNLS 算法

本节比较 NeNMF 与基于 PG 和 AS 的 NMF 优化算法的效率，包括 PG、QN、BFGS、PBB、AS 和 BPP 算法。首先比较它们在合成数据集 Synthetic 1 和合成数据集 Synthetic 2 上的效率，所有算法的初始值$\left(\boldsymbol{W}^1,\boldsymbol{H}^1\right)$一致，$\boldsymbol{W}^1$ 和 $\boldsymbol{H}^1$ 都是随机稠密矩阵。算法的终止条件是式（6.45），收敛精度 $\epsilon=10^{-7}$。为了消除初始值的影响，本节重复上述试验 10 次，图 6.4 给出平均目标函数值随迭代次数和 CPU 时间的变化情况。因为 NMFLAB 中的 QN 在较大规模矩阵上可能出现数值不稳定问题，所以本节只在合成数据集 Synthetic 1 上测试 QN 法。

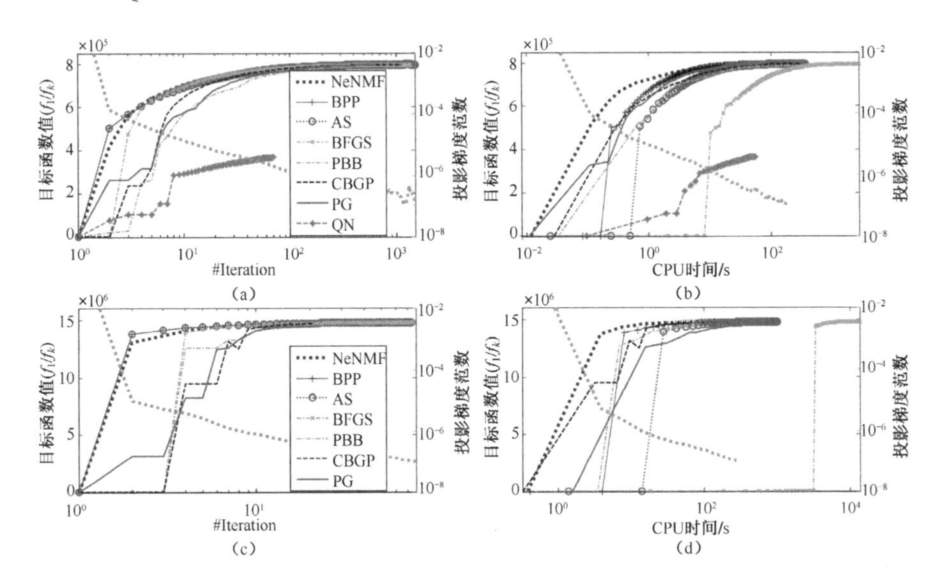

图 6.4　NeNMF 和基于 PG、AS 的 NMF 优化算法在合成数据集上的平均目标函数值比较：（a）Synthetic 1 数据集上的迭代次数；（b）Synthetic 1 数据集上的 CPU 时间；（c）Synthetic 2 数据集上的迭代次数；（d）Synthetic 2 数据集上的 CPU 时间。

如图 6.4 所示，在合成数据集上 NeNMF 比 PBB、CBGP、PG 和 QN 在较少的迭代次数和 CPU 时间内收敛。其原因是，NeNMF 每次迭代以最优收敛速度搜索每个矩阵因子（$\boldsymbol{W}$ 或 $\boldsymbol{H}$）的最优解，既不需要线搜索又没有 Hessian 求逆或更新运算，而 PBB、CBGP、PG 和 QN 存在上述缺陷。虽然

BFGS 算法的迭代次数与 NeNMF 相当［见图 6.4（a）和（c）］，但是 BFGS 算法的 CPU 时间远多于 NeNMF［见图 6.4（b）和（d）］。其原因是，BFGS 每次迭代独立更新 $\boldsymbol{H}$ 的列和 $\boldsymbol{W}$ 的行，包含冗余的 Hessian 逆矩阵更新运算。此外，如图 6.4 所示，BPP 和 AS 算法的迭代次数与 NeNMF 相当，但是其 CPU 时间多于 NeNMF，因此 NeNMF 的求解效率更高。

然后，本节比较 NeNMF 与基于 PG 和 AS 的 NMF 优化算法在真实世界数据集 Reuters-21578 和 TDT-2 上的效率，所有算法的初始值设置为相同的随机稠密矩阵，终止条件是式（6.45），收敛精度 $\epsilon=10^{-7}$。为了消除初始值的影响，本节重复上述试验 10 次，图 6.5 给出平均目标函数值随迭代次数和 CPU 时间变化情况。从图 6.5 可以得出与图 6.4 一致的结论，即 NeNMF 的求解效率优于基于 PG 和 AS 的 NMF 优化算法。在图 6.4 和图 6.5 中，右侧坐标轴显示 NeNMF 的投影梯度范数，即根据式（6.45）定义的终止条件度量

$$\frac{\left\|\left[\nabla_{\boldsymbol{H}}^{P}F\left(\boldsymbol{W}^{t},\boldsymbol{H}^{t}\right),\nabla_{\boldsymbol{H}}^{P}F\left(\boldsymbol{W}^{t},\boldsymbol{H}^{t}\right)^{\mathrm{T}}\right]\right\|_{F}}{\left\|\left[\nabla_{\boldsymbol{H}}^{P}F\left(\boldsymbol{W}^{1},\boldsymbol{H}^{1}\right),\nabla_{\boldsymbol{H}}^{P}F\left(\boldsymbol{W}^{1},\boldsymbol{H}^{1}\right)^{\mathrm{T}}\right]\right\|_{F}}$$

投影梯度范数度量算法得到的极值点与驻点之间的距离，投影梯度范数越小，极值点距离驻点越近，因此投影梯度范数可表征算法的收敛速度。图 6.4 和图 6.5 中的投影梯度范数曲线表明，NeNMF 在合成数据集和真实世界数据集上的收敛速度非常快。图 6.6 给出 Synthetic 1、Synthetic 2、Reuter-21578 和 TDT-2 数据集上 NeNMF 和基于 PG 和 AS 的 NMF 优化算法的投影梯度范数随迭代次数变化情况。如图 6.6（a）和（b）所示，在合成数据集上 PG、PBB 和 CBGP 在较 NeNMF 少的迭代内收敛，但是它们每次迭代的时间开销较 NeNMF 大，所以 NeNMF 收敛时花费的 CPU 时间比它们少（见图 6.4）。如图 6.6（c）和（d）所示，在真实世界数据集上 NeNMF 在较其他算法少的迭代次数内收敛，而且每次迭代的时间开销最少，所以 NeNMF 收敛时花费的 CPU 时间最少（见图 6.5）。

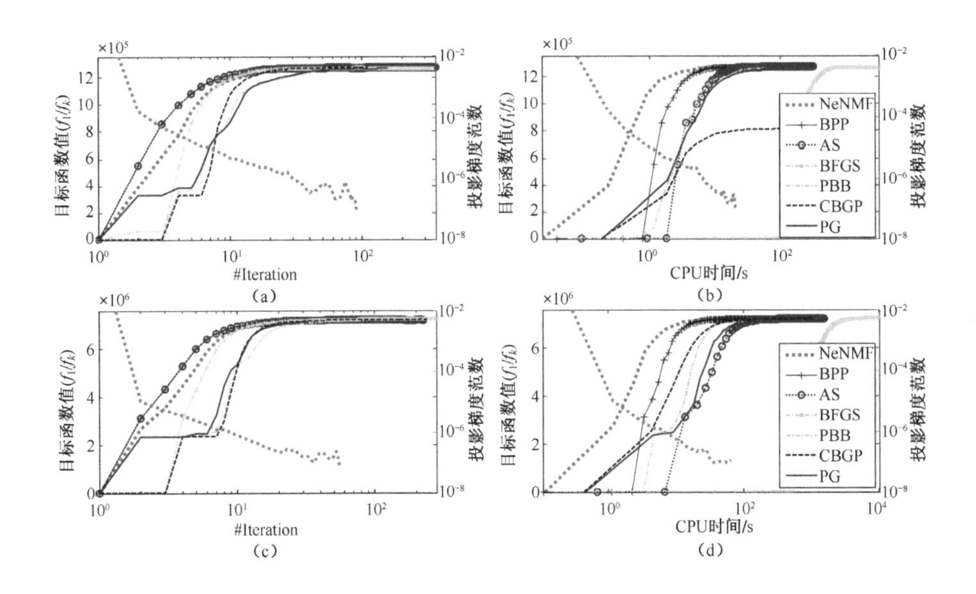

图 6.5　NeNMF 和基于 PG、AS 的 NMF 优化算法在真实世界数据集上的平均目标函数数值比较：（a）Reuters-21578 数据集上的迭代次数；（b）Reuters-21578 数据集上的 CPU 时间；（c）TDT-2 数据集上的迭代次数；（d）TDT-2 数据集上的 CPU 时间。

综上所述，由于 NeNMF 更新矩阵因子的 OGM 算法的最优收敛特性（见定理 6.1）而且避免了线搜索和 Hessian 矩阵的求逆和更新过程，所以 NeNMF 的效率高于基于 PG 的 NMF 优化算法。与基于 AS 的算法相比，NeNMF 在合成数据集和真实世界数据集上的效率稍高于 BPP 算法。然而，在矩阵 $\boldsymbol{HH}^{\mathrm{T}}$ 和 $\boldsymbol{W}^{\mathrm{T}}\boldsymbol{W}$ 不满秩时，BPP 算法中不带约束的方程组存在奇异解，导致出现数值不稳定问题，因此 BPP 算法在某些应用中可能失效。此外，由于在非负块配准问题中 Free 集上的不带约束方程组不存在解析解，BPP 算法不能用于非负块配准框架优化，而本文所提 NeNMF 算法成功用于优化非负块配准框架。第 8 章将 NeNMF 算法用于文本聚类，试验结果表明 NeNMF 算法在实际应用中既能高效地求解非负矩阵分解又能得到比较有效的解。

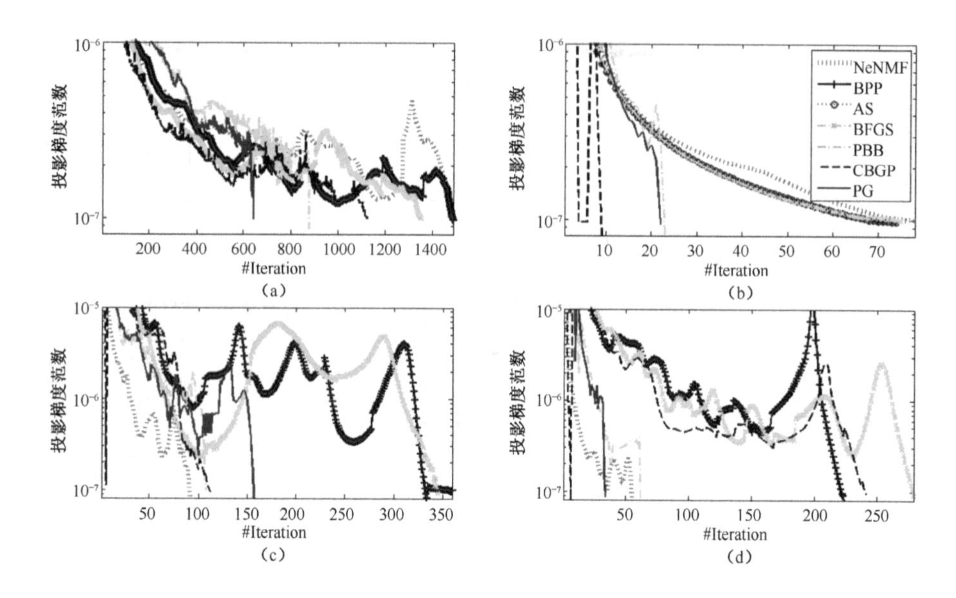

图 6.6 NeNMF 和基于 PG、AS 的算法在不同数据集上的平均投影梯度范数随迭代次数变化情况：（a）Synthetic 1；（b）Synthetic 2；（c）Reuter-21578；（d）TDT-2。

6.4.1.3 扩展模型优化

根据 6.2.3 节，本章所提最优梯度下降算法可用于带稀疏项和带平滑项的非负矩阵分解扩展模型，本章通过试验评估最优梯度下降算法在非负矩阵分解扩展模型优化中的效率。因为 NSC[71]和 GD-CLSGD[87]是基于 MUR 的优化算法，为了比较的公平性，本节采用式（6.58）作为算法终止条件。为表述方便，本节分别称带稀疏项和带平滑项的非负矩阵分解扩展模型的最优梯度优化算法为 NeNMF−L_1 和 NeNMF−L_2。

如图 6.7 所示，本节比较 NeNMF−L_1 和 NSC[71]算法在 1600×320 维随机稠密矩阵上的目标函数随迭代次数和 CPU 时间变化情况，低维空间维数为 64。带稀疏项的非负矩阵分解模型式（6.46）中的参数 β 设置为 1000，为了保证 NSC 算法的收敛性，本节根据文献[33]设置 NSC 算法的步长为 0.01。两算法的初始值是相同随机稠密矩阵经一步 MUR 后的值，终止条件为式（6.58），收敛精度 $\tau = 10^{-4}$。从图 6.7 可以看出，NeNMF−L_1 比 NSC 用较少的迭代次数和较短的 CPU 时间收敛，因此其计算效率高于 NSC。

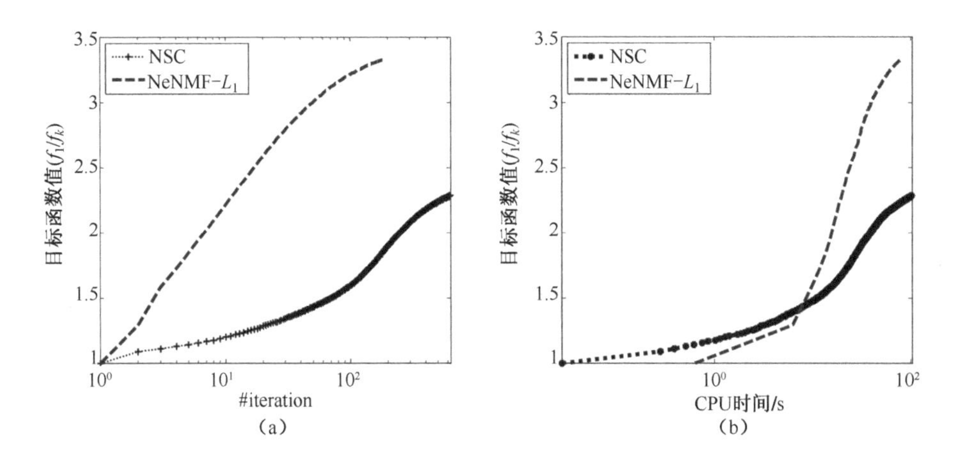

图 6.7　NeNMF-L_1 与 NSC 在 1600×320 维的稠密矩阵上的目标函数值比较

图 6.8 比较 NeNMF-L_2 与 GD-CLS 算法[87]和 BFGS-L_2 算法[266]在 1600×320 维稠密矩阵上的目标函数值随迭代次数和 CPU 时间变化情况，低维空间维数为 64，BFGS-L_2 是求解带平滑项的非负矩阵分解模型的 BFGS 算法。带平滑项的非负矩阵分解模型式(6.49)中的参数设置为$\alpha = 0.1, \beta = 0.1$，所有算法的初始值是相同随机稠密矩阵经一步 MUR 后的值，终止条件为式（6.58），收敛精度$\tau = 10^{-4}$。如图 6.8（a）所示，NeNMF-L_2 的收敛速度

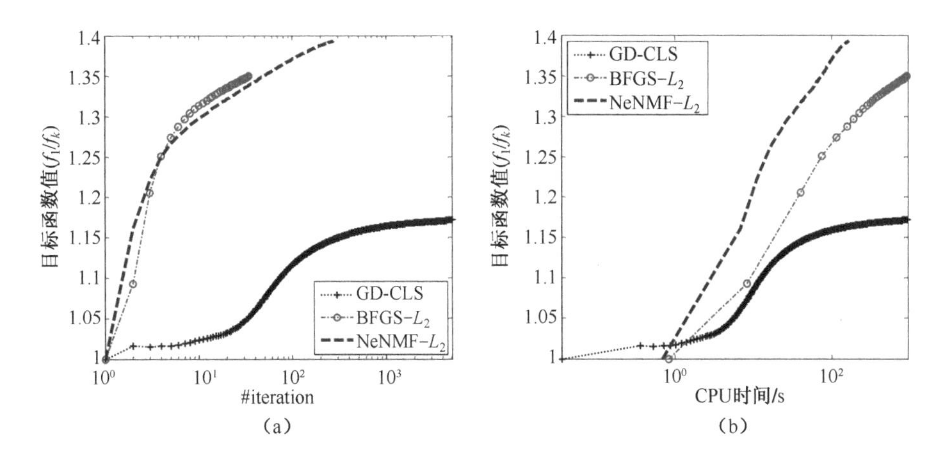

图 6.8　NeNMF-L_2 与 GD-CLS 和 BFGS-L_2 在 1600×320 维的稠密矩阵上的目标函数值比较：（a）迭代次数；（b）CPU 时间。

比 GD-CLS 快，其原因是它在每次迭代用子问题的最优解更新矩阵因子，而 GD-CLS 用近似解更新矩阵因子。如图 6.8（b）所示，NeNMF−L_2 用较短的 CPU 时间收敛到相同的解，因此 NeNMF−L_2 的效率比 GD-CLS 和 BFGS−L_2 高。

6.4.2 图正则非负矩阵分解优化

根据 6.3 节，如果非负块配准框架中的配准矩阵是半正定的，那么优化矩阵因子 $\boldsymbol{H}$ 的目标函数是凸的（见定理 6.3）。因此，最优梯度下降算法可在每次迭代用子问题的最优解更新 $\boldsymbol{H}$ 和 $\boldsymbol{W}$，即最优梯度下降算法产生的解序列中的任意极值点是驻点。根据文献[280]，最优梯度下降算法的解序列中必存在一个极值点，所以最优梯度下降算法收敛到驻点。由于图正则非负矩阵分解的配准矩阵（拉普拉斯矩阵）是半正定的，所以图正则非负矩阵分解的最优梯度下降算法收敛到驻点，基于投影梯度范数的终止条件［式（6.45）］可作为最优梯度下降算法的终止条件。然而，由于 GNMF[57]中的优化算法是基于 MUR 的算法，为了比较的公平性，本节采用式（6.58）作为图正则非负矩阵分解的最优梯度下降算法（为表述方便，记为 NeNMF−M）的终止条件。

本节在 1600×320 维随机稠密矩阵上比较 NeNMF−M 与 GNMF 的目标函数值随迭代次数和 CPU 时间的变化情况，如图 6.9 所示。根据文献[57]，本节设置图正则非负矩阵分解模型式（3.56）中的参数 $\lambda=1000$，最近邻样本个数 $k=5$，邻接图的边用参数 $\delta=1$ 的“热核权重”（见定义 2.2）度量。两算法的初始值是相同随机稠密矩阵经一步 MUR 后的值，终止条件是式（6.58），收敛精度 $\tau=10^{-4}$。如图 6.9 所示，NeNMF−M 在比 GNMF 少的迭代次数和 CPU 时间内收敛，其原因是 NeNMF−M 在每次迭代以子问题的最优解更新矩阵因子（$\boldsymbol{W}$ 或 $\boldsymbol{H}$），且最优解的搜索算法 OGM 以最优收敛速度收敛。相比较而言，GNMF 在每次迭代仅沿着调整负梯度方向完成矩阵因子的一步搜索。

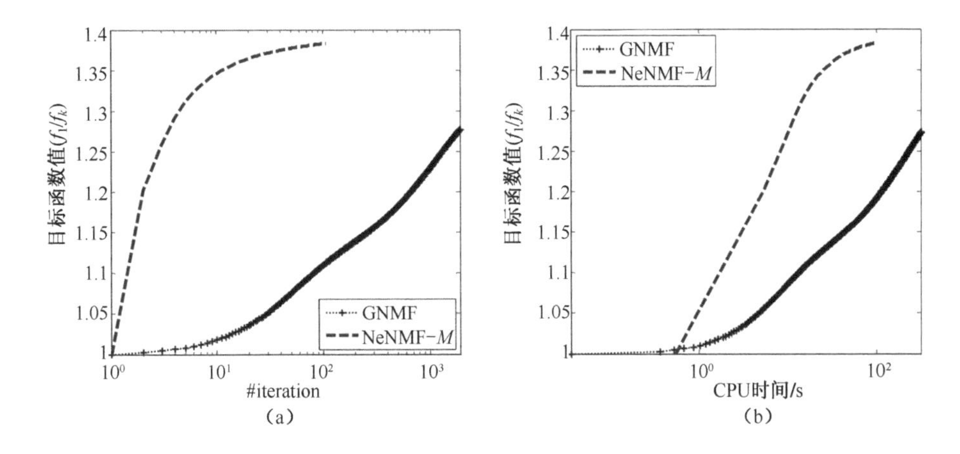

图 6.9　NeNMF-M 和 GNMF 在 1600×320 维的稠密矩阵上的目标函数值比较：（a）迭代次数；（b）CPU 时间。

如图 6.9 所示，本节所提最优梯度下降算法可以高效地求解图正则非负矩阵分解模型。事实上，在配准矩阵半正定的条件下，最优梯度下降算法可用于高效求解其他非负块配准框架，本书后续工作将继续讨论该算法在其他派生模型中的应用。

6.5　本章小结与讨论

本章提出非负块配准最优梯度下降算法，主要用于优化 $NPAF^E$。本章考查基于欧几里得距离的非负矩阵分解的优化算法，通过理论分析子问题 NLS 的凸性和梯度的李普希兹连续性，利用最优梯度下降算法以 $O\left(1/k^2\right)$ 的收敛速度优化 NLS 问题，从而交替更新矩阵因子，提出非负矩阵分解高效优化算法——NeNMF。在合成数据集和真实世界数据集上的试验结果表明，NeNMF 的效率优于已有非负矩阵分解优化算法且具有很强的健壮性。本章通过理论分析证明，若配准矩阵是半正定的，则非负块配准框架的子问题也是凸问题且其梯度是李普希兹连续的。因此，非负块配准框架的子问题可用最优梯度下降算法求解，本章提出非负块配准框架最优梯度下降算法。以图正则非负矩阵分解的优化为例，试验结果表明最优梯度下降算法的收敛速度远高于乘法更新规则算法。与乘法更新规则算法和快速梯度下降算法不同，最优梯度下降算法可以得到非负块配准框架的局部最优解（驻点）。

最优梯度下降算法在非负矩阵分解和非负块配准框架优化中取得了很大的成功，这是因为它们的子问题的梯度是李普希兹连续的且存在解析形式的李普希兹常数，避免了非常耗时的线搜索过程。最优梯度下降算法要求配准矩阵是半正定的，通常情况下 NPAF 满足该条件。对于 NPAF^{K}，因为难以证明其子问题的梯度是李普希兹连续的，所以难以用最优梯度下降算法优化该模型。

第 7 章

非负矩阵分解在线优化算法

本章开发基于健壮随机近似的在线非负矩阵分解算法，并用于优化非负矩阵分解扩展模型。所提基于健壮随机近似的在线优化算法还可用于优化非负块配准框架及其派生模型，如非负判别局部块配准模型。

7.1 引言

非负块配准框架从统一的角度分析非负数据降维算法，并且用于设计新的模型，如非负判别局部块配准模型。本书开发了乘法更新规则算法、快速梯度下降算法和最优梯度算法优化非负块配准框架，所有这些算法可用于优化非负块配准派生模型，提供了有效的非负数据降维算法框架和优化方法。然而，从最优化的角度看，乘法更新规则算法收敛速度慢；快速梯度下降算法和最优梯度法弥补乘法更新规则算法收敛速度慢的缺点，可以高效地优化非负块配准框架。然而，这些算法要求所有训练样本已知，面对流数据（如视频流）时需要在新的样本到达时重新启动算法计算分解结果，当数据量较大时这种方法的时间、空间开销都是不能承受的。主要原因是，重新启动计算分解结果的过程完全丢弃之前的分解结果，造成巨大的资源浪费，并带来巨大计算开销。

近年来，研究人员提出在线非负矩阵分解算法解决流数据处理中计算开销过大的问题。Cao[173]等人提出 ONMF（Online NMF）算法，用旧样本分解得到的基向量压缩表示旧样本并将其与新样本合并，然后用合并后的非负矩阵分解结果更新基矩阵和表示系数，达到在线优化的目的。Bucak 和 Gunsel[48]提出 INMF（Incremental NMF）算法，巧妙设计基向量和新样本表示系数的优化问题并通过块迭代方法求解得到新的基矩阵和新样本的表示系数。Mairal 等人[49]提出 OMF（Online Matrix Factorization）算法，设计两个中间矩阵保存历史信息并用历史信息更新基矩阵，其基矩阵更新算法是块迭代方法且搜索步长忽略 Hessian 矩阵对角线之外的二阶梯度信息。本章把非负矩阵分解看成随机规划化问题，利用健壮随机近似算法（Robust Stochastic Approximation，RSA）[283]以增量的方式更新基矩阵，提出基于 RSA 的在线非负矩阵分解算法（Online RSA-NMF，OR-NMF）。通过巧妙设计与样本无关的步长并使用解平均技术，RSA 以 $O\left(\frac{1}{\sqrt{k}}\right)$ 的收敛速度更新基矩阵，且在实际应用中具有很好的健壮性。通过证明随机规划的目标函数是准鞅过程，证明 OR-NMF 算法的收敛性。此外，本章利用缓冲池策略保持 OR-NMF 算法的空间复杂度不变，使其在流数据处理应用中保持恒定的存储开销。OR-NMF 算法可用于优化非负矩阵分解扩展模型，也可用于开发非负块配准的在线优化算法。

7.1.1 在线非负矩阵分解研究现状

本节简单介绍在线非负矩阵分解算法，包括 ONMF 算法[173]、INMF 算法[48]和 OMF 算法[49]，分析和比较它们的优缺点。

7.1.1.1 ONMF 算法

Cao 等人[173]率先提出 ONMF（Online NMF）算法，每次迭代接收新样本 $\boldsymbol{U}$，并将其与老样本 $\boldsymbol{V}$ 合并，ONMF 算法[1]将所有样本 $[\boldsymbol{V},\boldsymbol{U}]\in\mathbb{R}_{+}^{m\times n}$ 分解

---

1 m 和 n 分别是样本维数和数量。

成新的矩阵因子 $\boldsymbol{W}$ 和 $\boldsymbol{H}$。ONMF 不是简单地将$[\boldsymbol{V},\boldsymbol{U}]$分解成两个矩阵因子的乘积，而是利用已有分解结果$\boldsymbol{V}\approx\boldsymbol{W}_{\text{old}}\boldsymbol{H}_{\text{old}}$更新 $\boldsymbol{W}$ 和 $\boldsymbol{H}$。因此，ONMF 的问题是搜索$\boldsymbol{W}\in\mathbb{R}_+^{m\times r}$和$\boldsymbol{H}\in\mathbb{R}_+^{r\times n}$，使得

$$[\boldsymbol{V},\boldsymbol{U}]\approx\boldsymbol{W}[\boldsymbol{H}_1,\boldsymbol{H}_2] \tag{7.1}$$

基于近似关系$\boldsymbol{W}\boldsymbol{H}_1\approx\boldsymbol{V}\approx\boldsymbol{W}_{\text{old}}\boldsymbol{H}_{\text{old}}$，Cao 等人[284]证明：存在矩阵 $\boldsymbol{P}$ 使$\boldsymbol{W}\boldsymbol{P}=\boldsymbol{W}_{\text{old}},\boldsymbol{H}_1=\boldsymbol{P}\boldsymbol{H}_{\text{old}}$。ONMF 巧妙地将非负矩阵$[\boldsymbol{W}_{\text{old}}\wedge,\boldsymbol{U}]$[1]写成两个非负矩阵的乘积，即

$$[\boldsymbol{W}_{\text{old}}\wedge,\boldsymbol{U}]\approx\boldsymbol{W}_{\text{new}}\left[\boldsymbol{H}_{\text{new}}^1,\boldsymbol{H}_{\text{new}}^2\right] \tag{7.2}$$

式（7.2）意味着$\boldsymbol{W}_{\text{old}}\approx\boldsymbol{W}_{\text{new}}\boldsymbol{H}_{\text{new}}^1\wedge^{-1}$且$\boldsymbol{U}\approx\boldsymbol{W}_{\text{new}}\boldsymbol{H}_{\text{new}}^2$。令$\boldsymbol{W}=\boldsymbol{W}_{\text{new}}$且$\boldsymbol{P}=\boldsymbol{H}_{\text{new}}^1\wedge^{-1}$，ONMF 算法得到式（7.1）的解

$$\boldsymbol{W}=\boldsymbol{W}_{\text{new}},\boldsymbol{H}=\left[\boldsymbol{H}_{\text{new}}^1\wedge^{-1}\boldsymbol{H}_{\text{old}},\boldsymbol{H}_{\text{new}}^2\right] \tag{7.3}$$

Cao 等人[173]建议$\wedge$取值为$\wedge_{jj}=\left\|\boldsymbol{H}_{\text{old}:j}\right\|_2$。

因为式（7.2）的时间开销远小于式（7.1）的时间开销，所以 ONMF 降低了非负矩阵分解的时间复杂度。但是，ONMF 的空间复杂度$O(mn+rn)$随着 n 的增加而增加，因此 ONMF 难以用于大规模或流数据处理。

7.1.1.2　ONMF-IS 算法

Lefèvre 等人提出 ONMF-IS 算法增量式地学习基于 IS 距离的非负矩阵分解，其目标函数为

$$\min_{\boldsymbol{W}\geqslant 0}L_t(\boldsymbol{W})=\frac{1}{t}\sum_{j=1}^{t}d_{\text{IS}}(\boldsymbol{v}_j,\boldsymbol{W}\boldsymbol{h}_j) \tag{7.4}$$

式中，d_{IS}是 IS 距离［见式（7.47）］，$\{\boldsymbol{v}_1,\cdots,\boldsymbol{v}_t,\cdots\}$是样本列，$\{\boldsymbol{h}_1,\cdots,\boldsymbol{h}_t,\cdots\}$是其相应的表达系数：$h_t=\arg\min_{\boldsymbol{h}}d_{\text{IS}}(\boldsymbol{v}_t,\boldsymbol{W}_t\boldsymbol{h})$。

1　Λ是任意正对角矩阵。

通过扩展 ONMF-IS 算法，问题式（7.4）可通过下列公式迭代优化

$$\boldsymbol{A}_t = \boldsymbol{A}_{t-1} + \left(\frac{\boldsymbol{v}_t}{(\boldsymbol{W}_{t-1}\boldsymbol{h}_t)^2} \boldsymbol{h}_t^{\mathrm{T}} \right) \boldsymbol{W}_{t-1}^2$$

$$\boldsymbol{B}_t = \boldsymbol{B}_{t-1} + \frac{1}{\boldsymbol{W}_{t-1}\boldsymbol{h}_t} \times \boldsymbol{h}_t^{\mathrm{T}}, \boldsymbol{W}_t = \sqrt{\frac{\boldsymbol{A}_t}{\boldsymbol{B}_t}}$$

式中，$\boldsymbol{W}_0$、$\boldsymbol{A}_0$ 和 $\boldsymbol{B}_0$ 是初始值。ONMF-IS 算法简单且可扩展性好，可用于时长约 1 小时的音频序列处理。然而，ONMF-IS 算法难以优化其他非负矩阵分解模型，如基于欧几里得距离的非负矩阵分解模型。

7.1.1.3 INMF 算法

Bucak 和 Gunsel[48]提出 INMF 算法，可以解决大规模或流数据的非负矩阵分解问题。INMF 一次接收一个样本，当第 k+1 个样本到达时，INMF 通过优化如下目标函数更新基矩阵 $\boldsymbol{W}_{k+1}$

$$\min_{\boldsymbol{W}_{k+1}\geqslant 0, \boldsymbol{h}_{k+1}\geqslant 0} S_{\mathrm{old}} \frac{1}{2} \left\| \boldsymbol{V}_k - \boldsymbol{W}_{k+1}\boldsymbol{H}_k \right\|_2^2 + S_{\mathrm{new}} \frac{1}{2} \left\| \boldsymbol{v}_{k+1} - \boldsymbol{W}_{k+1}\boldsymbol{h}_{k+1} \right\|_2^2 \tag{7.5}$$

式中，$\boldsymbol{V}_k = [\boldsymbol{v}_1, \cdots, \boldsymbol{v}_k]$ 是旧样本，$\boldsymbol{H}_k = [\boldsymbol{h}_1, \cdots, \boldsymbol{h}_k]$ 是 $\boldsymbol{V}_k$ 的表示系数，$\boldsymbol{v}_{k+1}$ 是新样本，$\boldsymbol{h}_{k+1}$ 是新样本的表示系数。在式（7.5）中，S_{old} 和 S_{new} 旧样本和新样本对目标函数的贡献的权重，且 $S_{\mathrm{old}} + S_{\mathrm{new}} = 1$。INMF 用乘法更新规则迭代更新 $\boldsymbol{h}_{k+1}$ 和 $\boldsymbol{W}_{k+1}$ 直至收敛

$$\begin{aligned} \boldsymbol{h}_{k+1} &\leftarrow \boldsymbol{h}_{k+1} \frac{\boldsymbol{W}_{k+1}^{\mathrm{T}}\boldsymbol{v}_{k+1}}{\boldsymbol{W}_{k+1}^{\mathrm{T}}\boldsymbol{W}_{k+1}\boldsymbol{h}_{k+1}} \\ \boldsymbol{W}_{k+1} &\leftarrow \boldsymbol{W}_{k+1} \frac{S_{\mathrm{old}}\boldsymbol{V}_k\boldsymbol{H}_k^{\mathrm{T}} + S_{\mathrm{new}}\boldsymbol{v}_{k+1}\boldsymbol{h}_{k+1}^{\mathrm{T}}}{S_{\mathrm{old}}\boldsymbol{W}_{k+1}\boldsymbol{H}_k\boldsymbol{H}_k^{\mathrm{T}} + S_{\mathrm{new}}\boldsymbol{W}_{k+1}\boldsymbol{h}_{k+1}\boldsymbol{h}_{k+1}^{\mathrm{T}}} \end{aligned} \tag{7.6}$$

因为 $\boldsymbol{V}_k\boldsymbol{H}_k^{\mathrm{T}}$ 和 $\boldsymbol{H}_k\boldsymbol{H}_k^{\mathrm{T}}$ 可以以增量的方式计算如下

$$\boldsymbol{V}_{k+1}\boldsymbol{H}_{k+1}^{\mathrm{T}} = \boldsymbol{V}_k\boldsymbol{H}_k^{\mathrm{T}} + \boldsymbol{v}_{k+1}\boldsymbol{h}_{k+1}^{\mathrm{T}} \tag{7.7}$$

$$\boldsymbol{H}_{k+1}\boldsymbol{H}_{k+1}^{\mathrm{T}} = \boldsymbol{H}_k\boldsymbol{H}_k^{\mathrm{T}} + \boldsymbol{h}_{k+1}\boldsymbol{h}_{k+1}^{\mathrm{T}} \tag{7.8}$$

所以 INMF 算法式（7.6）的空间复杂度保持不变。INMF 算法的时间复杂

度为$O(mr+mr^2)\times K$，其中 K 是式（7.6）的迭代次数。INMF 算法的缺点是收敛速度慢和数值不稳定等。

7.1.2　INMF-VC 算法

Zhou 等人提出增量式非负矩阵分解算法 INMF-VC，利用行列式约束限制解的唯一性

$$\min_{\boldsymbol{W}\in C,\boldsymbol{H}\geqslant 0} D_{t+1} \triangleq \frac{1}{2}\|\boldsymbol{V}-\boldsymbol{WH}\|_F^2 + \mu\ln|\det\boldsymbol{W}| \tag{7.9}$$

最小化 $\boldsymbol{W}$ 的行列式使式（7.9）得到唯一解，参数 $\mu>0$ 是行列式约束项的权重。为了使式（7.9）得到唯一解，INMF-VC 设置 $\mu=\delta\exp(-\tau t)$，其中 δ 和 τ 都是正常数，且 μ 随样本个数 t 的增加而减小到 0。为了以增量的方式学习 $\boldsymbol{W}$ 和 $\boldsymbol{H}$，给定 $\boldsymbol{v}_{t+1}$，Zhou 等人利用 amnesic average 方法把式（7.9）写成下面两个部分

$$D_{t+1} \approx \alpha D_t + \beta d_{t+1} \tag{7.10}$$

式中，$d_{t+1}=\frac{1}{2}\|\boldsymbol{v}_{t+1}-\boldsymbol{W}_{t+1}\boldsymbol{h}_{t+1}\|_2^2+\mu\ln|\det\boldsymbol{W}_{t+1}|-\mu\ln|\det\boldsymbol{W}_t|$，$\alpha$ 和 β 是平滑参数，设置为$\alpha=1-L/t$ 且 $\beta=L/t$，其中 $L\in\{1,2,3,4\}$ 是 amnesic average 参数。当 t 趋向于无穷时，α 和 β 分别趋向于 1 和 0。

因为式（7.10）不是凸函数，INMF-VC 首先固定 $\boldsymbol{W}_t$ 更新 $\boldsymbol{h}_{t+1}$ 和 $\boldsymbol{v}_{t+1}$，然后固定 $\boldsymbol{W}_{t+1}$ 更新基矩阵，它们的更新规则都是乘法更新规则。INMF-VC 在盲源信号分离中效果很好，但是它要求 $\boldsymbol{W}$ 是方阵。

最近，Mairal 等人[49]提出 OMF 算法，在线非负矩阵分解是 OMF 的特例。与 ONMF 算法和 INMF 算法不同，OMF 算法通过最小化下列期望函数值更新基矩阵 $\boldsymbol{W}$：

$$\min_{\boldsymbol{W}} f(\boldsymbol{W}) = E_{\boldsymbol{v}}(l(\boldsymbol{v},\boldsymbol{W})) \tag{7.11}$$

式中，$l(\boldsymbol{v},\boldsymbol{W})=\min_{\boldsymbol{h}\in\mathbb{R}_+^r}\frac{1}{2}\|\boldsymbol{v}-\boldsymbol{Wh}\|_2^2$，OMF 算法通过最小化一个二次近似函数 $f_t(\boldsymbol{W})=\frac{1}{t}\sum_{i=1}^{t}l(\boldsymbol{v}_i,\boldsymbol{W})$ 求解问题式（7.11）。OMF 算法每次接收一个样本，对于第 t 个样本，OMF 算法用下式更新基矩阵

$$\boldsymbol{W}_n=\arg\min_{\boldsymbol{W}\in C}\frac{1}{t}\left(\frac{1}{2}\operatorname{tr}(\boldsymbol{W}^{\mathrm{T}}\boldsymbol{W}\boldsymbol{A}_k)-\operatorname{tr}(\boldsymbol{W}^{\mathrm{T}}\boldsymbol{B}_k)\right) \tag{7.12}$$

式中，$\boldsymbol{A}_t=\sum_{j=1}^{t}\boldsymbol{h}_j\boldsymbol{h}_j^{\mathrm{T}}$，$\boldsymbol{B}_t=\sum_{j=1}^{t}\boldsymbol{v}_j\boldsymbol{h}_j^{\mathrm{T}}$，它们分别用下列方式增量更新：$\boldsymbol{A}_t=\boldsymbol{A}_{t-1}+\boldsymbol{h}_t\boldsymbol{h}_t^{\mathrm{T}}$ 和 $\boldsymbol{B}_t=\boldsymbol{B}_{t-1}+\boldsymbol{v}_t\boldsymbol{h}_t^{\mathrm{T}}$。OMF 算法迭代更新 $\boldsymbol{W}$ 的列直到收敛，从而求解式（7.12），其更新规则如下：

$$\boldsymbol{W}_{:j}\leftarrow\Pi_C\left(\boldsymbol{W}_{:j}-\frac{1}{\boldsymbol{A}_{jj}}(\boldsymbol{W}\boldsymbol{A}_{:j}-\boldsymbol{B}_{:j})\right) \tag{7.13}$$

式中，$\Pi_C(\cdot)$ 把向量投影到定义域，OMF 算法中 C 是第一象限的单位球面，步长 $\frac{1}{A_{jj}}$ 是近似 Hessian 逆矩阵的对角线元素。

与 INMF 算法[48]类似，OMF 算法的优点是它用矩阵 $\boldsymbol{A}_n$ 和 $\boldsymbol{B}_n$ 存储历史信息，所以其存储空间保持不变。OMF 算法的缺点是 $\boldsymbol{W}$ 的更新式（7.13）中的步长忽略了 Hessian 逆矩阵对角线之外的大部分信息，因此其收敛速度慢。

7.1.3 OMF-DA 算法

Wang 等人[174]提出用二阶投影梯度法优化式（7.12），基矩阵 $\boldsymbol{W}_t$ 由 $\boldsymbol{W}_t^{k+1}=\Pi_C\left(\boldsymbol{W}_t^k-\mathrm{H}_t^{-1}(\boldsymbol{W}_t^k)\nabla_t(\boldsymbol{W}_t^k)\right)$ 更新，其中，$k\geqslant1$ 是迭代次数，$\boldsymbol{W}_t^k$ 是解序列，初始值为 $\boldsymbol{W}_{t-1}$，$\nabla_t(\boldsymbol{W}_t^k)$ 和 $\mathrm{H}_t(\boldsymbol{W}_t^k)$ 分别是式（7.12）的梯度和 Hessian 矩阵。

因为 Hessian 矩阵求逆的时间复杂度过高，Wang 等人[174]利用两种策略

近似 Hessian 矩阵的逆：对角近似（DA）仅用 Hessian 矩阵的对角线元素近似原矩阵；共轭梯度（CG）近似最后一项 $\boldsymbol{H}_t^{-1}(\boldsymbol{W}_t^k)\nabla_t(\boldsymbol{W}_t^k)$ 为方程 $\boldsymbol{H}_t(\boldsymbol{W}_t^k)\boldsymbol{Q}=\nabla_t(\boldsymbol{W}_t^k)$ 的最小二乘解，该解由共轭梯度法得到。

DA 完全忽略 Hessian 矩阵的对角线以外的信息，容易带来数值不稳定问题。虽然 CG 近似 Hessian 矩阵的逆，但是共轭梯度法的时间开销太大，因此本节主要比较基于 DA 策略的在线矩阵分解算法，称为 OMF-DA。

7.1.4　健壮随机近似算法

传统最优化方法，如梯度下降法的问题域是确定的，即优化目标和变量都是确定的。当优化目标中含有随机变量时，这类优化算法就显得力不从心了。假设 $D\in\mathbb{R}^m$ 是有界凸集，$\boldsymbol{\varepsilon}$ 是分布为 P 的随机向量，分布函数 P 的支撑集是 $\Xi\in\mathbb{R}^{\mathrm{d}}$，目标函数是关于 $x\in D$ 和 $\boldsymbol{\varepsilon}\in\Xi$ 的函数 $F:D\times\Xi\rightarrow\mathbb{R}$。优化 x 的问题称为随机规划问题，通常取基于期望的目标函数

$$\min_{x\in D} f(x)=E\left[F(x,\boldsymbol{\varepsilon})\right]=\int_{\Xi}F(x,\boldsymbol{\varepsilon})\mathrm{d}P(\boldsymbol{\varepsilon}) \tag{7.14}$$

假设对于任意给定的 $\boldsymbol{\varepsilon}$，$F(\cdot,\boldsymbol{\varepsilon})$ 是 D 上的凸函数。那么，$f(x)$ 在 D 上是连续的凸函数，式（7.14）变成常见的凸规划问题。求解随机优化问题的困难在于式（7.14）中的积分运算，目前有两类基于蒙特卡罗（Monto Carlo）采样的方法：随机近似（Stochastic Approximation，SA）和样本平均近似（Sample Average Approximation，SAA）。

SAA 方法的思想非常简单：随机生成 N 个样本 $\{\varepsilon_1,\cdots,\varepsilon_N\}$，用样本平均近似原问题

$$\min_{x\in D}\hat{f}_N(x)=\frac{1}{N}\sum_{j=1}^{N}F(x,\varepsilon_j) \tag{7.15}$$

因为 $F(x,\varepsilon_j)$ 是凸函数，所以 $\hat{f}_N(x)$ 是凸函数，用确定的优化算法高效地求解问题式（7.15）。SAA 方法简单实用，取得很好的优化效果。相比而言，SA 算法在某些随机优化问题中效果较差。给定初始值 x_1 和步长序列

$\lambda_j > 0(j=1,\cdots)$，SA 算法用下列公式迭代更新 x 的值

$$x_{j+1} = \Pi_D\left(x_j - \lambda_j \nabla_x F(x_j, \varepsilon_j)\right) \tag{7.16}$$

式中，$\nabla_x F(\cdot,\cdot)$ 是 $F(x,\varepsilon)$ 对于 x 的梯度；$\Pi_D(\cdot)$ 是定义域 D 上的正交投影。根据文献[283]，若令 $\lambda_j = \dfrac{\theta}{j}$ 且 $\theta > \dfrac{1}{2c}$，则

$$E\left[f(x_j) - f(x_*)\right] \leqslant \frac{\frac{1}{2} L \max\left\{\theta^2 M^2 (2c\theta - 1)^{-1}, \|x_1 - x_*\|_2^2\right\}}{j} \tag{7.17}$$

式中，L 是 $\nabla_x F(\cdot,\cdot)$ 的李普希兹常数；M^2 的是 $E\left[\|\nabla_x F(\cdot,\cdot)\|_2^2\right]$ 的上界。虽然 SA 算法获得 $O(1/k)$ 的收敛速度，但是式（7.17）受 $f(x)$ 的强凸因子 c 影响较大，尤其在 c 被过高地估计的时候 SA 算法的效果较 SAA 方法差很多。

Nemirovski 等人[283]给出一个例子说明 SA 算法的这个问题。考查 $f(x) = x^2/10$，$D = [-1,1] \subset \mathbb{R}$，假设 $\nabla_x F(x,\varepsilon) = \nabla_x f(x)$，$\theta = 1$（$c=1$）。SA 算法的初始值为 $x_1 = 1$，迭代过程为 $x_{j+1} = \left(1 - \dfrac{1}{5j}\right) x_j$，则 $x_j = \prod_{s=1}^{j-1}\left(1 - \dfrac{1}{5s}\right) > 0.8 j^{-\frac{1}{5}}$。当 $j = 10^9$ 时，解的误差为 0.015。这种情况下，SA 算法的收敛速度非常慢。然而，当 $c = 0.2$ 时（$\theta = 5$），SA 算法只需一步即可收敛到最优解 $x_* = 0$。此外，当 f 不强凸时，传统 SA 算法的步长设置策略 $\lambda_j = \dfrac{\theta}{j}$ 导致 SA 算法收敛极慢。例如，$f(x) = x^4, D = [-1,1]$，SA 算法的解误差 $|x_j| \geqslant 0\left(\left[\ln(j+1)\right]^{-\frac{1}{2}}\right)$，优化效果不理想。因此，Nemirovski 等人[283]提出健壮随机近似算法（Robust SA，RSA）求解凸规划问题式（7.14），其基本思想是设置步长 $\lambda_j = O\left(\dfrac{1}{\sqrt{j}}\right)$，把解的平均值作为测试点，更新式为

$$\lambda_j = \frac{\theta D_D}{M\sqrt{j}}, x_{j+1} = \Pi_D\left(x_j - \lambda_j \nabla_x F(x_j, \varepsilon_j)\right), x_i^j = \frac{\sum_{t=i}^{j} \lambda_t x_t}{\sum_{t=i}^{j} \lambda_t} \tag{7.18}$$

若采样次数 N 固定，也可设置固定步长 $\lambda_j = \dfrac{\theta D_D}{M\sqrt{N}}$，其中 $D_D = \max\limits_{x\in D}\|x-x_1\|_2$。根据文献[283]，RSA 的收敛速度为

$$E\left[f\left(\overline{x}_K^N\right)-f(x_*)\right]\leqslant C(r)\max\left\{\theta,\theta^{-1}\right\}\frac{D_D M}{\sqrt{N}}$$

式中，N 是迭代次数；$K=\lceil rN\rceil$ 且 $r\in(0,1)$；$C(r)$ 是常数。

由于 RSA 算法保证以 $O\left(\dfrac{1}{\sqrt{k}}\right)$ 的收敛速度优化凸问题而且其收敛不受其他因素影响，RSA 算法在实际应用中健壮性较好。因此，本章利用 RSA 算法更新基矩阵，用于非负矩阵分解的在线优化算法中。

7.2 基于 RSA 的在线非负矩阵分解算法

根据前文分析，在线非负矩阵分解算法存在存储空间大或收敛速度慢等缺点，本节利用健壮随机近似算法更新基矩阵，提出非负矩阵分解在线优化算法（RSA-NMF）。从理论上证明算法的全局收敛性，并保证算法以 $O\left(\dfrac{1}{\sqrt{k}}\right)$ 的收敛速度更新基矩阵。利用缓冲池技术，RSA-NMF 算法的存储空间不变。

给定 n（n 可以取 ∞）个分布在概率空间 $P\in\mathbb{R}_+^m$ 中的样本 $\{\boldsymbol{v}_1,\cdots,\boldsymbol{v}_n\}\in\mathbb{R}_+^m$，非负矩阵分解搜索由 $r\ll\min\{m,n\}$ 个基向量 $\{\boldsymbol{w}_1,\cdots,\boldsymbol{w}_r\}\in\mathbb{R}_+^m$ 张成的子空间 $Q\subset P$，即

$$\min_{\boldsymbol{W}\in\mathbb{R}_+^{m\times r}} f_n(\boldsymbol{W})=\frac{1}{n}\sum_{i=1}^{n}l(\boldsymbol{v}_i,\boldsymbol{W}) \tag{7.19}$$

其中，矩阵 $\boldsymbol{W}$ 是基矩阵且

$$l(\boldsymbol{v}_i,\boldsymbol{W})=\min_{h\in\mathbb{R}_+^{m\times r}} f(\boldsymbol{W})=E_{\boldsymbol{v}\in P}\left(l(\boldsymbol{v},\boldsymbol{W})\right) \tag{7.20}$$

式中，h 表示系数。根据文献[287]，在概率意义上期望值往往比经验平均值更有意义。因此，本节考查式（7.19）的期望形式：

$$\min_{\boldsymbol{W}\in\mathbb{R}_+^{m\times r}} f(\boldsymbol{W})=E_{\boldsymbol{v}\in P}\left(l(\boldsymbol{v},\boldsymbol{W})\right) \tag{7.21}$$

式中，$E_{\boldsymbol{v}\in P}$ 是概率空间 P 上的期望。

本节所提 RSA-NMF 高效地求解期望目标函数式（7.21），RSA-NMF 算法每次迭代接收一个样本或一簇样本，以增量的方式更新基矩阵。因为问题式（7.21）不是凸问题，无法直接求解该问题的最优解。本节交替求解问题式（7.20）和问题式（7.21），首先固定 $\boldsymbol{W}$ 求解 h，然后固定 h 更新 $\boldsymbol{W}$。具体而言，在第 $t\geqslant 1$ 步 RSA-NMF 算法接收样本 $\boldsymbol{v}^t$，RSA-NMF 通过式（7.22）得到 $\boldsymbol{v}^t$ 的表示系数 $h(\boldsymbol{v}^t)$：

$$h(\boldsymbol{v}^t)=\arg\min_{h\in\mathbb{R}_+^r}\frac{1}{2}\left\|\boldsymbol{v}^t-\boldsymbol{W}^{t-1}h\right\|_2^2 \tag{7.22}$$

式中，$\boldsymbol{W}^{t-1}$ 是上一步迭代的基矩阵，$\boldsymbol{W}^0$ 用随机稠密矩阵初始化。然后更新 $\boldsymbol{W}^t$ 为

$$\boldsymbol{W}^t=\arg\min_{\boldsymbol{W}\in\mathbb{R}_+^{m\times r}} E_{\boldsymbol{v}}\left(\frac{1}{2}\left\|\boldsymbol{v}-\boldsymbol{W}h(\boldsymbol{v})\right\|_2^2\right) \tag{7.23}$$

假设样本 $\boldsymbol{v}$ 对应的表示系数为 $h(\boldsymbol{v})$，为表述方便，记 $G_t\left(\boldsymbol{W},\boldsymbol{v}\right)=\frac{1}{2}\left\|\boldsymbol{v}-\boldsymbol{W}h(\boldsymbol{v})\right\|_2^2$，则式（7.24）可写成

$$\min_{\boldsymbol{W}\in\mathbb{R}_+^{m\times r}} g_t\left(\boldsymbol{W}\right)=E_{\boldsymbol{v}}\left(G_t(\boldsymbol{W},\boldsymbol{v})\right) \tag{7.24}$$

式中，$G_t(\boldsymbol{W},\boldsymbol{v})$ 是 $\boldsymbol{W}$ 的凸函数，且 $g_t(\boldsymbol{W})$ 在 $\boldsymbol{W}$ 处的值时有限的。根据文献[288]，有

$$\nabla_{\boldsymbol{W}} g_t(\boldsymbol{W})=E_{\boldsymbol{v}}\left(\nabla_{\boldsymbol{W}} G_t(\boldsymbol{W},\boldsymbol{v})\right) \tag{7.25}$$

式中，$\nabla_{\boldsymbol{W}} g_t(\boldsymbol{W})$ 和 $\nabla_{\boldsymbol{W}} G_t(\boldsymbol{W},\boldsymbol{v})$ 分别是 $g_t(\boldsymbol{W})$ 和 $G_t(\boldsymbol{W},\boldsymbol{v})$ 的梯度方向。

根据式（7.26），本节采用健壮随机近似算法（RSA）[283]优化问题式（7.24）。RSA 算法是随机规划领域的最新研究成果，它通过巧妙地选取步长并利用

解平均技术，保证在最困难的情况下基于梯度的随机规划算法以$O\left(\frac{1}{\sqrt{k}}\right)$的收敛速度求解随机规划问题。RSA 算法从概率空间随机抽取 N 个独立同分布（I.I.D.）的样本$\boldsymbol{v}_1,\cdots,\boldsymbol{v}_N$，循环更新基矩阵 $\boldsymbol{W}$ 如下

$$\boldsymbol{W}_{k+1}=\Pi_C\left(\boldsymbol{W}_k-r_k\nabla_{\boldsymbol{W}}G_t(\boldsymbol{W}_k,\boldsymbol{v}_k)\right),k=1,\cdots,N \tag{7.26}$$

式中，k 是循环计数器，r_k 是步长，$\Pi_C(\cdot)$是矩阵往定义域 C 上的正交投影。为了消除 $\boldsymbol{W}$ 和 h 存在等价变换[1] $\boldsymbol{W}\leftarrow\boldsymbol{W}\boldsymbol{\Lambda}$ 和 $h\leftarrow\boldsymbol{\Lambda}^{-1}h$ 的可能，本节约束 $\boldsymbol{W}$ 的列分布在单形体上。因此，$C=\left\{\boldsymbol{W}=[\boldsymbol{w}_1,\cdots,\boldsymbol{w}_r],\|\boldsymbol{w}_j\|_1=1,\boldsymbol{w}_j\in\mathbb{R}_+^m,j=1,\cdots,r\right\}$。

为了加快算法式（7.26）的收敛速度，本节用前一次迭代得到的基矩阵“热启动”搜索，即$\boldsymbol{W}_1=\boldsymbol{W}^{t-1}$。因为在实际应用中，尤其在 N 比较大时，难以得到绝对独立同分布的样本$\boldsymbol{v}_1,\cdots,\boldsymbol{v}_N$，通常从已有样本$\boldsymbol{v}^1,\cdots,\boldsymbol{v}^t$循环随机采样得到，它们的表示系数由已有 t 次迭代计算得到。根据文献[283]，如果按照下列方式确定步长，那么解的平均值$\bar{\boldsymbol{W}}_k=\sum_{j=1}^{k}r_k\boldsymbol{W}_k\Big/\sum_{j=1}^{k}r_k$以概率 1 收敛到式（7.24）的最优解，其收敛速度为$O\left(\frac{1}{\sqrt{k}}\right)$

$$r_k=\frac{\theta D_W}{M_*\sqrt{k}} \tag{7.27}$$

式中，$D_W=\max\limits_{\boldsymbol{W}\in C}\|\boldsymbol{W}-\boldsymbol{W}_0\|_F$，$M_*=\sup\limits_{\boldsymbol{W}\in C}E_{\boldsymbol{v}}^{\frac{1}{2}}\left(\|\nabla_{\boldsymbol{W}}G_t(\boldsymbol{W},\boldsymbol{v})\|_F^2\right)$，$\theta>0$是步长的调整因子。根据文献[283]，$D_W$ 是定义域 C 的直径，M_* 值可用已有样本预估。

算法 7.1　基于 RSA 的非负矩阵分解在线优化算法（OR-NMF）

已知：$\boldsymbol{v}^t\in\mathbb{R}_+^m\sim P(\boldsymbol{v})$：分布为 P 的采样算法。T：采样次数。r：子空间维数。

求：$\boldsymbol{W}\in\mathbb{R}_+^{m\times r}$，基矩阵

1: 初始化$\boldsymbol{W}^0\in\mathbb{R}_+^{m\times r}$；$B=\varnothing$

---

1 Λ是任意正对角矩阵。

---

for $t=0$ to T **do**

2: 从概率空间 $P(\boldsymbol{v})$ 随机采样 $\boldsymbol{v}^t$

3: 根据式（7.23）计算表示系数 $\boldsymbol{h}^t$

4: 将 $\boldsymbol{v}^t$ 和 $\boldsymbol{h}^t$ 存入样本集合 B

5: 设置步长调整参数 $\theta^t = \mathbf{1}\cos\left(\dfrac{(t-1)\pi}{2T}\right)$

6: 用算法 7.2 更新基矩阵 $\boldsymbol{W}^t$， $\boldsymbol{W} = \boldsymbol{W}^{\mathrm{T}}$

end for

return $\boldsymbol{W} = \boldsymbol{W}^{\mathrm{T}}$ 。

本节所提非负矩阵分解在线优化算法 OR-NMF（Online RSA-NMF）见算法 7.1，基矩阵更新算法见算法 7.2。为了保存样本及其表示系数，本节引入一个样本集合 B，初始化时B置为空（见算法 7.1 语句 1）。在 OR-NMF 算法接收第 t 个样本 $\boldsymbol{v}^t$之后，OR-NMF 算法把 $\boldsymbol{v}^t$ 及其表示系数 $\boldsymbol{h}^t$ 存入样本集合 B，算法 7.2 利用该集合更新基矩阵（见算法 7.2 语句 6）。因为随着时间推移样本集合 B 的容量不断增加，导致 OR-NMF 算法的空间开销过大。因此，实际应用中可能把 B 存入外存储器，但是这种方法会带来额外的计算开销。本节使用缓冲池策略解决存储空间的问题，用新样本替代旧样本，从而保证 OR-NMF 算法用最新的信息更新基矩阵。在算法 7.2 中， $D_{\boldsymbol{W}}$ 和 M 是计算步长的关键参数（见算法 7.2 语句 3）。根据文献[283]，因为单纯形 $X=\left\{\boldsymbol{w},\|\boldsymbol{w}\|_1=1,\boldsymbol{w}\in R_+^m\right\}$ 的直径是 $\sqrt{2}$ ， $D_{\boldsymbol{W}}=\sqrt{2r}$ 是定义域 C 的直径。由 M_* 的定义可知

$$M_* = \sup_{\boldsymbol{W}\in C} E_{\boldsymbol{v}}^{\frac{1}{2}}\left(\left\|\nabla_{\boldsymbol{W}} G_t(\boldsymbol{W},\boldsymbol{v})\right\|_F^2\right)$$

本节在算法 7.1 运行过程中用 $\left\|\nabla_{\boldsymbol{W}} G_t(\boldsymbol{W}_k,\boldsymbol{v}_k)\right\|_F, k=1,\cdots,N$ 的最大值自适应的更新 M_*，试验结果表明这种更新策略使算法 7.2 可以高效地更新基矩阵。算法 7.2 的语句 3 中的另一个关键参数是 θ，根据文献[283]，该参数引

入算法 7.2 的收敛速度公式中的常数因子 $\max\left\{\theta,\theta^{-1}\right\}$。本节试验中，为了避免目标函数值在最优解附近的扰动，不断更新该参数为 $\theta^t = \mathbf{1}\cos\left(\frac{(t-1)\pi}{2T}\right)$。

算法 7.2　基于 RSA 的基矩阵更新算法

已知： $\boldsymbol{W}^{t-1}$：上次迭代的基矩阵。θ^t：步长调整参数。B：缓冲池。N：采样次数。

求： $\boldsymbol{W} \in \mathbb{R}_+^{m\times r}$：更新的基矩阵

1: 初始化 $\Sigma_{\boldsymbol{W}} \in \mathbb{R}_+^{m\times r} = 0$； $\Sigma = 0$； $\boldsymbol{W}_1 = \boldsymbol{W}^{t-1}$

for $k = 0$ to N **do**

2: 计算 $r_k = \theta^t D_{\boldsymbol{W}} / M_* \sqrt{k}$

3: 更新 $\Sigma_{\boldsymbol{W}} \leftarrow \Sigma_{\boldsymbol{W}} + r_k \boldsymbol{W}_k$

4: 更新 $\Sigma \leftarrow \Sigma + r_k$

5: 从 B 中随机抽取 $\boldsymbol{v}_k$ 和 $\boldsymbol{h}_k$

6: 计算 $\boldsymbol{W}_{k+1} = \Pi_C\left(\boldsymbol{W}_k - r_k \nabla_{\boldsymbol{W}} G_t(W_k, \boldsymbol{v}_k)\right)$

end for

return $\boldsymbol{W}^t = \Sigma_{\boldsymbol{W}} / \Sigma$。

7.2.1　缓冲池策略

因为算法 7.1 的空间复杂度 $O(mt + rt + mr)$ 随着时间 t 的增长而增长，在流数据处理中这种存储开销是无法满足的。因此，本节提出改进 OR-NMF（Modified OR-NMF，MOR-NMF）算法，把样本集合 B 看成一个缓冲池，存储最新到达的 l 个样本，从而大大降低算法 7.1 的空间复杂度。具体而言，在第 $t(t \geqslant l)$ 步，用最新到达的样本 $\boldsymbol{v}^t$ 替换缓冲池 B 中最早得样本 $\boldsymbol{v}^{t-l}$，l 是预设的缓冲池长度。利用缓冲池策略，MOR-NMF 算法把 OR-NMF 的空间复杂度降为$O(ml+rl+mr)$（见算法 7.3）。

由于算法 7.3 的空间复杂度是常数量级，MOR-NMF 适用于大规模和流数据处理等应用。多个真实世界数据库上的试验结果表明，MOR-NMF 算法的计算效率非常高。此外，缓冲池的长度是关键参数，其选择需要权衡以下两个因素：

（1）因为算法 7.3 的空间复杂度与 l 成正比，所以 l 不宜过大。

（2）由算法 7.2 的语句 6 可知，缓冲池 B 需要提供足够多的信息以更新基矩阵，所以l不宜过小。

在本节的试验中，使用如下策略设置l：$l=\min\left\{\left\lceil\frac{n}{10}\right\rceil,20\right\}$，其中$\lceil x\rceil$表示大于 x 的最小整数。

算法 7.3 基于 RSA 的非负矩阵分解改进在线优化算法（MOR-NMF）

已知： $v^t\in\mathbb{R}_+^m\sim P(v)$：分布为 P 的采样算法。T: 采样次数。r: 子空间维数。l: 缓冲池长度。

求： $\boldsymbol{W}\in\mathbb{R}_+^{m\times r}$：基矩阵。

1：初始化$\boldsymbol{W}^0\in\mathbb{R}_+^{m\times r}$；$B=\varnothing$。

for $t=0$ to T **do**

2：从概率空间 $P(v)$ 随机采样 $\boldsymbol{v}^t$。

3：据式（7.22）计算表示系数 $\boldsymbol{h}^t$。

if $t\geqslant l$ **then**

4：用 $\boldsymbol{v}^t$ 和 $\boldsymbol{h}^t$ 分别替换 B 中的 $\boldsymbol{v}^{t-1}$ 和 $\boldsymbol{h}^{t-1}$。

end if

5：设置步长调整参数 $\theta=\mathbf{1}\cos\left(\frac{(t-1)\pi}{2T}\right)$。

6：用算法 7.2 更新基矩阵 $\boldsymbol{W}^t$，$\boldsymbol{W}=\boldsymbol{W}^{\mathrm{T}}$。

---

end for

return $\boldsymbol{W}=\boldsymbol{W}^{\mathrm{T}}$ 。

7.2.2 计算复杂性

OR-NMF 算法的主要计算开销在于调用算法 7.2 更新基矩阵（见算法 7.1 语句 5）。因为式（7.27）中的梯度$\nabla_{\boldsymbol{W}} G_t(\boldsymbol{W}_k,\boldsymbol{v}_k)$和投影操作$\Pi_C$可在$O(mr)$时间内计算得到，算法 7.2 的时间复杂度为$O(mrN)$，$N$是预设的采样次数。因为算法 7.2 的时间复杂度与样本数量t无关，所以 OR-NMF 的时间复杂度与样本数量t成正比。

MOR-NMF 算法的时间复杂度与 OR-NMF 算法的时间复杂度保持一致，所不同的是空间复杂度。OR-NMF 算法的存储空间开销主要在于$\boldsymbol{W}$和B，其空间复杂度分别是$O(mr)$和$O(mt+rt)$。因此，OR-NMF 算法的空间复杂度随样本数量t增长而增长，空间开销过大。MOR-NMF 算法利用缓冲池策略把B的长度限制为l，其空间复杂度为$O(mr+ml+rl)$与样本数量t无关，解决了 OR-NMF 算法空间复杂度过高的问题。

7.2.3 收敛性分析

本节证明 OR-NMF 算法 7.1 的解对应的目标函数值几乎确定（Almost Surely，记为 a.s.）收敛，见定理 7.1。MOR-NMF 算法 7.3 的收敛性可用类似的方法证明。

定理 7.1： 问题式（7.21）的目标函数值$f(\boldsymbol{W})$在算法 7.1 中几乎确定收敛。

证明：与文献[49]类似，本节分三步证明$f(\boldsymbol{W})$的收敛性。① 证明$g_t(\boldsymbol{W}^t)$几乎确定收敛；② 证明$\left\|\boldsymbol{W}^{t+1}-\boldsymbol{W}^t\right\|_F=O\left(\dfrac{1}{t}\right)$；③ 证明当$t$趋向于无穷大时，$f(\boldsymbol{W}^t)-g_t(\boldsymbol{W}^t)$几乎确定收敛到零。虽然证明过程都分为三步，本

节的证明策略与文献[49]的策略有很大不同。

第①步证明正随机序列 $g_t(\boldsymbol{W}^t)\geqslant 0$ 是准鞅（Quasi-Martingale）过程即可。考虑 $g_t(\boldsymbol{W}^t)$ 的相邻差

$$g_{t+1}(\boldsymbol{W}^{t+1})-g_t(\boldsymbol{W}^t)=g_{t+1}(\boldsymbol{W}^{t+1})-g_{t+1}(\boldsymbol{W}^t)+g_{t+1}(\boldsymbol{W}^t)-g_t(\boldsymbol{W}^t) \quad (7.28)$$

根据大数定律，式（7.28）可写成

$$g_{t+1}(\boldsymbol{W}^t)=E_{\boldsymbol{v}}\left(G_{t+1}(\boldsymbol{W}^t,\boldsymbol{v})\right)=\lim_{n\to 0}\frac{\sum_{k=1}^{n}\frac{1}{2}\left\|\boldsymbol{v}_k-\boldsymbol{W}^t\boldsymbol{h}_k\right\|_2^2}{n}\text{a.s.} \quad (7.29)$$

式中，$\boldsymbol{v}_k$ 和 $\boldsymbol{h}_k$ 从已有样本 $\boldsymbol{v}^1,\cdots,\boldsymbol{v}^{t+1}$ 及其表示系数 $\boldsymbol{h}(\boldsymbol{v}^1),\cdots,\boldsymbol{h}(\boldsymbol{v}^{t+1})$ 中随机抽取。因为所有样本被算法 7.2 的语句 2 采样的概率是相等的，所以式(7.29)等价于

$$g_{t+1}(\boldsymbol{W}^t)=\frac{tE_{\boldsymbol{v}}\left(G_t(\boldsymbol{W}^t,\boldsymbol{v})\right)+l\left(\boldsymbol{v}^{t+1},\boldsymbol{W}^t\right)}{t+1}=\frac{tg_t\left(\boldsymbol{W}^t\right)+l\left(\boldsymbol{v}^{t+1},\boldsymbol{W}^t\right)}{t+1}\text{a.s.} \quad (7.30)$$

将式（7.30）代入式（7.28），经过数学推导得到

$$g_{t+1}(\boldsymbol{W}^{t+1})-g_t(\boldsymbol{W}^t)=g_{t+1}(\boldsymbol{W}^{t+1})-g_{t+1}(\boldsymbol{W}^t)+\frac{l(\boldsymbol{v}^{t+1},\boldsymbol{W}^t)-g_t(\boldsymbol{W}^t)}{t+1} \quad (7.31)$$

因为 $\boldsymbol{W}^{t+1}$ 在 C 上最小化 $g_{t+1}(\boldsymbol{W})$，所以 $g_{t+1}(\boldsymbol{W}^{t+1})\leqslant g_{t+1}(\boldsymbol{W}^t)$。通过过滤历史信息 $F_t=\left\{\boldsymbol{v}^1,\cdots,\boldsymbol{v}^t,\boldsymbol{h}(\boldsymbol{v}^1),\cdots,\boldsymbol{h}(\boldsymbol{v}^t)\right\}$ 并将等式（7.31）两边同时取期望，可得

$$\begin{aligned}&E\left[g_{t+1}(\boldsymbol{W}^{t+1})-g_t(\boldsymbol{W}^t)F_t\right]\leqslant\frac{E\left[l(\boldsymbol{v}^{t+1},\boldsymbol{W}^t)F_t\right]-g_t(\boldsymbol{W}^t)}{t+1}\leqslant\\&\frac{f(\boldsymbol{W}^t)-f_t(\boldsymbol{W}^t)}{t+1}\leqslant\frac{\left\|f(\boldsymbol{W}^t)-f_t(\boldsymbol{W}^t)\right\|_\infty}{t+1}\end{aligned} \quad (7.32)$$

式中，$f_t(\boldsymbol{W}^t)$ 是 $f(\boldsymbol{W}^t)$ 的经验近似，即 $f_t(\boldsymbol{W}^t)=\frac{\sum_i^t l(\boldsymbol{v}^i,\boldsymbol{W}^t)}{t}$。不等式(7.32)的第二个不等式源于如下不等式

$$g_t(\boldsymbol{W}^t)=\lim_{n\to 0}\frac{\sum_{k=1}^{n}\frac{1}{2}\left\|\boldsymbol{v}_k-\boldsymbol{W}^t\boldsymbol{h}_k\right\|_2^2}{n}\geqslant\lim_{n\to 0}\frac{\sum_{k=1}^{n}l(\boldsymbol{v}_k\boldsymbol{W}^t)}{n}=f_t(\boldsymbol{W}^t)$$

式中，不等式$\frac{1}{2}\|\boldsymbol{v}_k-\boldsymbol{W}^t\boldsymbol{h}_k\|_2^2 \geqslant l(\boldsymbol{v}_k,\boldsymbol{W}^t)$由式（7.22）而来。因为$l(\boldsymbol{v},\boldsymbol{W})$是李普希兹连续、有界的且其期望$E_{\boldsymbol{v}}\left[l^2(\boldsymbol{v},\boldsymbol{W})\right]$一致有界，根据 Donsker 定理的推理[289]，可得

$$E\left[\left\|\sqrt{t}\left(f(\boldsymbol{W}^t)-f_t(\boldsymbol{W}^t)\right)\right\|_\infty\right]=O(1) \tag{7.33}$$

将不等式（7.32）两边取期望并与式（7.33）结合可知，存在常数$K_1>0$，使得

$$E\left[E\left[g_{t+1}(\boldsymbol{W}^{t+1})-g_t(\boldsymbol{W}^t)F_t\right]^+\right]\leqslant\frac{K_1}{\sqrt{t}(t+1)} \tag{7.34}$$

令$t\to\infty$并把由式（7.34）派生的所有不等式相加，可得

$$\begin{aligned}\sum_{t=1}^{\infty}E\left[E\left[g_{t+1}(\boldsymbol{W}^{t+1})-g_t(\boldsymbol{W}^t)F_t\right]^+\right]&=\sum_{t=1}^{\infty}E\left[\delta_t\left(g_{t+1}(\boldsymbol{W}^{t+1})-g_t(\boldsymbol{W}^t)\right)\right]\\&=\sum_{t=1}^{\infty}\frac{K_1}{\sqrt{t}\left(t+1\right)}<\infty\end{aligned}$$

式中，δ_t的定义见文献[290]。因为$g_t(\boldsymbol{W}^t)>0$，根据文献[290]，可以证明$g_t(\boldsymbol{W}^t)$是准鞅过程且几乎确定收敛。由上述证明过程可得

$$\sum_{t=1}^{\infty}\left|E\left[g_{t+1}(\boldsymbol{W}^{t+1})-g_t(\boldsymbol{W}^t)\mid F_t\right]\right|<\infty\ \text{a.s.} \tag{7.35}$$

为了证明第③步中$f(\boldsymbol{W}^t)$的收敛性,第②步首先证明$\left\|\boldsymbol{W}^{t+1}-\boldsymbol{W}^t\right\|_F=O\left(\frac{1}{t}\right)$。为表述方便，$g_t(\boldsymbol{W})$的相邻差记为

$$u_t(\boldsymbol{W})=g_t(\boldsymbol{W})-g_{t+1}(\boldsymbol{W})$$

因为$g_{t+1}(\boldsymbol{W}^{t+1})\leqslant g_{t+1}(\boldsymbol{W}^t)$，所以

$$\begin{aligned}&g_t(\boldsymbol{W}^{t+1})-g_t(\boldsymbol{W}^t)\\&=g_t(\boldsymbol{W}^{t+1})-g_{t+1}(\boldsymbol{W}^{t+1})+g_{t+1}(\boldsymbol{W}^{t+1})-g_{t+1}(\boldsymbol{W}^t)+g_{t+1}(\boldsymbol{W}^t)-g_t(\boldsymbol{W}^t)\\&\leqslant g_t(\boldsymbol{W}^{t+1})-g_{t+1}(\boldsymbol{W}^{t+1})+g_{t+1}(\boldsymbol{W}^t)-g_t(\boldsymbol{W}^t)\\&=u_t(\boldsymbol{W}^{t+1})-u_t(\boldsymbol{W}^t)\end{aligned} \tag{7.36}$$

考虑$u_t(\boldsymbol{W})$的梯度

$$\nabla_{W} u_t(\boldsymbol{W}) = \nabla_{W} g_t(\boldsymbol{W}) - \nabla_{W} g_{(t+1)}(\boldsymbol{W})$$
$$= \frac{1}{t}\left(\frac{\sum_{i=1}^{t}\boldsymbol{v}_i\boldsymbol{h}_i^{\mathrm{T}} - t\boldsymbol{v}_{t+1}\boldsymbol{h}_{t+1}^{\mathrm{T}}}{t+1} - \boldsymbol{W}\frac{\sum_{i=1}^{t}\boldsymbol{h}_i\boldsymbol{h}_i^{\mathrm{T}} - t\boldsymbol{h}_{t+1}\boldsymbol{h}_{t+1}^{\mathrm{T}}}{t+1}\right) \tag{7.37}$$

因为$\boldsymbol{W} \in C$，所以$\|\boldsymbol{W}\|_F < \sqrt{r}$。根据三角不等式，式（7.37）意味着

$$\|\nabla_{W} u_t(\boldsymbol{W})\|_F \leqslant \frac{1}{t}\left(\left\|\frac{\sum_{i=1}^{t}\boldsymbol{v}_i\boldsymbol{h}_i^{\mathrm{T}} - t\boldsymbol{v}_{t+1}\boldsymbol{h}_{t+1}^{\mathrm{T}}}{t+1}\right\|_F + \sqrt{r}\left\|\frac{\sum_{i=1}^{t}\boldsymbol{h}_i\boldsymbol{h}_i^{\mathrm{T}} - t\boldsymbol{h}_{t+1}\boldsymbol{h}_{t+1}^{\mathrm{T}}}{t+1}\right\|_F\right) = L_t$$

式中，$L_t = O\left(\frac{1}{t}\right)$。因此，$u_t(\boldsymbol{W})$是李普希兹连续的且李普希兹常数为$L_t$。

根据三角不等式，由式（7.36）可得

$$\left\|g_t(\boldsymbol{W}^{t+1}) - g_t(\boldsymbol{W}^t)\right\|_F \leqslant L_t\left\|\boldsymbol{W}^{t+1} - \boldsymbol{W}^t\right\|_F \tag{7.38}$$

由于$g_t(\boldsymbol{W})$是凸函数，可以假设其 Hessian 矩阵存在下界K_2，即

$$\left\|g_t(\boldsymbol{W}^{t+1}) - g_t(\boldsymbol{W}^t)\right\|_F \geqslant K_2\left\|\boldsymbol{W}^{t+1} - \boldsymbol{W}^t\right\|_F^2 \tag{7.39}$$

结合式（7.38）和式（7.39），可得

$$\left\|\boldsymbol{W}^{t+1} - \boldsymbol{W}^t\right\|_F \leqslant \frac{L_t}{K_2} \tag{7.40}$$

由于$L_t = O\left(\frac{1}{t}\right)$，所以$\left\|\boldsymbol{W}^{t+1} - \boldsymbol{W}^t\right\|_F = O\left(\frac{1}{t}\right)$。

第③步证明当t趋于无穷大时$f(\boldsymbol{W}^t) - g_t(\boldsymbol{W}^t)$几乎确定收敛到 0。由式（7.31）可得

$$\frac{g_t(\boldsymbol{W}^t) - f_t(\boldsymbol{W}^t)}{t+1} < g_t(\boldsymbol{W}^t) - g_{t+1}(\boldsymbol{W}^{t+1}) + \frac{l(\boldsymbol{v}^{t+1}, \boldsymbol{W}^t) - f_t(\boldsymbol{W}^t)}{t+1} \tag{7.41}$$

将不等式（7.41）两边同时取期望并令t趋向于无穷大，将所有派生出来的

不等式相加可得

$$\sum_{t=1}^{\infty}\frac{g_t(\boldsymbol{W}^t)-f_t(\boldsymbol{W}^t)}{t+1} < \sum_{t=1}^{\infty}\left|E\left[g_{t+1}(\boldsymbol{W}^{t+1})-g_t(\boldsymbol{W}^t)\mid F_t\right]\right|+\sum_{t=1}^{\infty}\frac{\left\|f(\boldsymbol{W}^t)-f_t(\boldsymbol{W}^t)\right\|_{\infty}}{t+1} \tag{7.42}$$

其中，不等式关系源于三角不等式和 $g_t(\boldsymbol{W}^t)\geqslant f_t(\boldsymbol{W}^t)$。由式（7.33）、式（7.35）和式（7.42）可知

$$\sum_{t=1}^{\infty}\frac{g_t(\boldsymbol{W}^t)-f_t(\boldsymbol{W}^t)}{t+1}<\infty \text{ a.s.} \tag{7.43}$$

因为 $g_t(\boldsymbol{W})$ 和 $f_t(\boldsymbol{W})$ 都是李普希兹连续的，存在常数 $K_3>0$ 使

$$\left|g_{t+1}(\boldsymbol{W}^{t+1})-f_{t+1}(\boldsymbol{W}^{t+1})-\left(g_t(\boldsymbol{W}^t)-f_t(\boldsymbol{W}^t)\right)\right|\leqslant K_3\left\|\boldsymbol{W}^{t+1}-\boldsymbol{W}^t\right\|_F \tag{7.44}$$

由第②步可知 $\left\|\boldsymbol{W}^{t+1}-\boldsymbol{W}^t\right\|_F=O\left(\frac{1}{t}\right)$，根据文献[253]，式（7.43）和式（7.44）意味着

$$g_t(\boldsymbol{W}^t)-f_t(\boldsymbol{W}^t)\to 0\mid(t\to\infty)\text{ a.s.}$$

因为 $f(\boldsymbol{W}^t)-f_t(\boldsymbol{W}^t)\to 0\mid(t\to\infty)$ a.s.，所以 $f(\boldsymbol{W}^t)$ 几乎确定收敛。证毕。

由定理 7.1 可知，OR-NMF 算法得到的解序列对应的目标函数值几乎确定收敛，即 OR-NMF 算法 7.1 收敛。

7.3 非负矩阵分解扩展模型的在线优化

本节介绍 5 类 OR-NMF 扩展算法，即滑动窗口更新扩展、距离度量扩展、稀疏约束扩展、平滑约束扩展和盒约束扩展。

7.3.1 滑动窗口更新扩展

算法 7.1 每次更新只接收一个样本，本节扩展该算法使其每次更新接收一簇样本，即采用滑动窗口技术，第 t 次更新从概率空间 P 中随机采样 j 个样本，记为 $\boldsymbol{v}^{(t-1)j+1},\cdots,\boldsymbol{v}^{tj}$。样本簇的表示系数 $h(\boldsymbol{v}_1^t),\cdots,h(\boldsymbol{v}_j^t)$ 由下式得到

$$\min_{\boldsymbol{H}^t\geqslant 0}\frac{1}{2}\left\|\boldsymbol{V}^t-\boldsymbol{W}^{t-1}\boldsymbol{H}^t\right\|_F^2 \tag{7.45}$$

式中，$\boldsymbol{V}^t=\left[\boldsymbol{v}^{(t-1)j+1},\cdots,\boldsymbol{v}^{tj}\right]$，$\boldsymbol{H}^t=\left[h\left(\boldsymbol{v}^{(t-1)j+1}\right),\cdots,h(\boldsymbol{v}^{tj})\right]$。式（7.45）是 NLS 问题，可用 BFGS 算法[266]和 BPP 算法[74]高效地求解。因此，很容易扩展算法 7.1 使其接收样本簇。通过在 $t>l$ 时用新到的样本簇替换缓冲池中最旧的簇 $\boldsymbol{v}^{j(t-1)-jl+1},\cdots,\boldsymbol{v}^{j(t-1)-jl+j}$，很容易扩展 OR-NMF 算法使其接收样本簇，称为基于滑动窗口的 OR-NMF（简称 WOR-NMF）。

7.3.2 距离度量扩展

OR-NMF 用欧几里得距离度量近似误差，本节扩展 OR-NMF 使其在线优化基于 Itakura-Saito（IS）距离的非负矩阵分解模型[39]，即

$$\min_{\boldsymbol{W}\in\mathbb{R}_+^{m\times r}}\frac{1}{n}\sum_{j=1}^{n}l_{\mathrm{IS}}\left(\boldsymbol{v}_j,\boldsymbol{W}\right) \tag{7.46}$$

式中，$l_{\mathrm{IS}}\left(\boldsymbol{v}_j,\boldsymbol{W}\right)=\min\limits_{h_j\in\mathbb{R}_+^r}d_{\mathrm{IS}}\left(\boldsymbol{v}_j,\boldsymbol{W}h_j\right)$ 且 IS 距离定义为

$$d_{\mathrm{IS}}(x,y)=\sum_{i=1}^{m}\left(\frac{x_i}{y_i}-\log\frac{x_i}{y_i}-1\right) \tag{7.47}$$

当样本数量无限增加时，式（7.46）可写成期望形式 $\min\limits_{\boldsymbol{W}\in\mathbb{R}_+^{m\times r}}E_{\boldsymbol{v}\in p}\left(l_{\mathrm{IS}}(\boldsymbol{v},\boldsymbol{W})\right)$ 并可用 OR-NMF 算法以增量的方式求解。

当样本 $\boldsymbol{v}_t$ 到达时，其表达系数 h_t 由下式得到

$$h_t = \arg\min_{h_t \in \mathbb{R}_+^r} d_{\mathrm{IS}}\left(\boldsymbol{v}_t, \boldsymbol{W}_t h_t\right) \tag{7.48}$$

根据文献[39]，式（7.47）可以下列乘法更新规则迭代更新 h_t 得到：$h_t \leftarrow h_t\left(\boldsymbol{W}_t^{\mathrm{T}} \times \dfrac{\boldsymbol{v}_t}{\left(\boldsymbol{W}_t h_t\right)^2}\right) / \left(\boldsymbol{W}_t^{\mathrm{T}} \times \dfrac{1}{\boldsymbol{W}_t h_t}\right)$。给定样本 $\{\boldsymbol{v}_1, \cdots, \boldsymbol{v}_t\}$ 和它们的系数 $\{h_1, \cdots, h_t\}$，基矩阵更新为

$$W_{t+1} = \arg\min_{\boldsymbol{W} \in \mathbb{R}_+^{m \times r}} E_{\boldsymbol{v} \in p}\left(d_{\mathrm{IS}}(\boldsymbol{v}, \boldsymbol{W}h)\right) \tag{7.49}$$

因为 $d_{\mathrm{IS}}\left(\boldsymbol{v}, \boldsymbol{W}h\right)$ 相对于 $\boldsymbol{W}$ 是凸问题，问题式（7.49）相对于 $\boldsymbol{W}$ 是凸的，因此可以扩展 OR-NMF 求解问题式（7.49），称为基于 IS 距离的 OR-NMF，简称 OR-NMF-IS。OR-NMF-IS 将算法 7.1 和算法 7.3 的语句 4 替换成式(7.48)，将语句 5 中的 $\nabla_{\boldsymbol{W}} \boldsymbol{G}_t\left(\boldsymbol{W}_k, \boldsymbol{v}_k\right)$ 替换成 $\nabla_{\boldsymbol{W}} d_{\mathrm{IS}}\left(\boldsymbol{v}_k, \boldsymbol{W}_k \boldsymbol{h}_k\right) = \dfrac{\boldsymbol{W}_k \boldsymbol{h}_k - \boldsymbol{v}_k}{\left(\boldsymbol{W}_k \boldsymbol{h}_k\right)^2} \times \boldsymbol{h}_k^{\mathrm{T}}$ 即可。

Lefèvre 等人提出 ONMF-IS 算法增量式地学习 IS-NMF，根据前述现状分析，OR-NMF-IS 不同于 ONMF-IS，试验结果表明 OR-NMF-IS 的计算效率明显优于 ONMF-IS。

7.3.3　稀疏约束扩展

由于非负矩阵分解不保证表示系数的稀疏性，Hoyer[71]在表示系数上引入稀疏约束，即在非负矩阵分解模型中最小化表示系数的 L_1 范数

$$\min_{\boldsymbol{W} \in \mathbb{R}_+^{m \times r}} f_n\left(\boldsymbol{W}\right) = \frac{1}{n}\sum_{i=1}^{n} l_1\left(\boldsymbol{v}_i, \boldsymbol{W}\right) \tag{7.50}$$

式中，$l_1\left(\boldsymbol{v}_i, \boldsymbol{W}\right) = \min_{h \in \mathbb{R}_+^r} \frac{1}{2}\left\|\boldsymbol{v}_i - \boldsymbol{W}h\right\|_2^2 + \lambda\left\|h\right\|_1$，$\lambda$ 是权重参数。通过把算法 7.1 的语句 3 替换成 $h_t = \arg\min_{h \in \mathbb{R}_+^r} \frac{1}{2}\left\|\boldsymbol{v}_t - \boldsymbol{W}_t h\right\|_2^2 + \lambda\left\|h\right\|_1$，很容易用 OR-NMF 算法在线优化带稀疏约束的非负矩阵分解问题式（7.50）。

7.3.4 平滑约束扩展

为了保证表示系数中的元素不超出机器精度范围，Pauca 等人在表示系数上引入 Tikhonov 罚分项，即在非负矩阵分解模型中最小化表示系数的 L_2 范数

$$\min_{W\in\mathbb{R}_+^{m\times r}} f_n(W)=\frac{1}{n}\sum_{i=1}^{n} l_2(\boldsymbol{v}_i,\boldsymbol{W}) \tag{7.51}$$

式中，$l_2(\boldsymbol{v}_i,\boldsymbol{W})=\min_{h\in\mathbb{R}_+^r}\left(\frac{1}{2}\|\boldsymbol{v}_i-\boldsymbol{W}h\|_2^2+\frac{\alpha}{2}\|\boldsymbol{W}\|_F^2+\frac{\beta}{2}\|h\|_2^2\right)$，$\alpha$ 和 β 分别是对应 $\boldsymbol{W}$ 和 $\boldsymbol{H}$ 的权重。通过扩展 OR-NMF 算法，很容易得到问题式（7.51）的在线优化算法。具体而言，在算法接收第 t 个样本 $\boldsymbol{v}_t$ 之后，可用下列公式求解其表示系数

$$h_t=\arg\min_{h\in\mathbb{R}_+^r}\frac{1}{2}\|\boldsymbol{v}_t-\boldsymbol{W}_t h\|_2^2+\frac{\beta}{2}\|h\|_2^2 \tag{7.52}$$

因为式（7.52）是强凸问题，所以很容易求得其唯一的最优解。因为常数的期望保持不变，给定样本 $\{\boldsymbol{v}_1,\cdots,\boldsymbol{v}_t\}$ 及其表示系数 $\{h_1,\cdots,h_t\}$，基矩阵 $\boldsymbol{W}_{t+1}$ 的更新公式为

$$W^{t+1}=\arg\min_{\boldsymbol{W}\in\mathbb{R}_+^{m\times r}} g_2(\boldsymbol{W})=E_{\boldsymbol{v}}\left(G_2(\boldsymbol{W},\boldsymbol{v})\right) \tag{7.53}$$

式中，$G_2(\boldsymbol{W},\boldsymbol{v})=\frac{1}{2}\|\boldsymbol{v}-\boldsymbol{W}h\|_2^2+\frac{\alpha}{2}\|\boldsymbol{W}\|_F^2$。因为 $G_2(\boldsymbol{W},\boldsymbol{v})$ 是凸函数，通过将算法 7.2 的语句 6 中的 $\nabla_{\boldsymbol{W}}G(\boldsymbol{W}_k,\boldsymbol{v}_k)$ 替换成 $\nabla_{\boldsymbol{W}}G_2(\boldsymbol{W}_k,\boldsymbol{v}_k)$，可扩展算法 7.2 以更新基矩阵。由此可以看出，很容易扩展 OR-NMF 算法以在线优化带平滑约束的非负矩阵分解。

7.3.5 盒约束扩展

OR-NMF 算法可以在线优化非负矩阵分解模型，它也可用于在线优化带盒约束的优化问题[253]，如

$$\min_{P \leqslant W \leqslant Q} f_n(W) = \frac{1}{n}\sum_{i=1}^{n} l_b(v_i, W) \tag{7.54}$$

式中，P 和 Q 与 W 的维度相同，约束条件 $P \leqslant W \leqslant Q$ 意味着 $P_{ij} \leqslant W_{ij} \leqslant Q_{ij}$。问题式（7.54）可通过扩展 OR-NMF 在线优化，只须替换定义域 C 为 $C_b = \{W \mid P_{ij} \leqslant W_{ij} \leqslant Q_{ij}, \forall ij\}$。在这种情况下，基矩阵 W_{t+1} 由下式得到

$$W^{t+1} = \arg\min_{W \in C_b} g(W) = E_v(G(W, v)) \tag{7.55}$$

因为 C_b 是凸集且 $G(W,v)$ 是凸函数，所以问题式（7.55）是凸问题，只须简单修改算法 7.2 中的投影操作（见语句 6）即可得到问题式（7.54）的在线优化算法。

表 7.1　OR-NMF 算法测试数据集情况

数据集	效率比较				人脸识别		
	样本维数/维	样本数/个	低维空间维数/维	稀疏度	训练样本数/个	测试样本数/个	低维空间维数/维
CBCL	361	2429	10/50	0.131	30/50/70	2399/2379/2359	10～80
ORL	1024	400	10/50	0.042	120/200/280	280/200/120	10～150
Corel 5K	100	500	50/80	0.783	—	—	—
IAPR TC12	100	500	50/80	0.745	—	—	—
ESP Game	100	500	50/80	0.828	—	—	—

7.4　数值试验

本节通过试验比较 OR-NMF 算法与已有三类在线非负矩阵分解算法，即 ONMF、INMF 和 OMF 的效率和人脸识别效果，本节第 8 章将通过图像标注试验评估 OR-NMF 在实际应用中的效果。本节所用数据集是 CBCL 和 ORL 人脸图像数据集，其概况见表 7.1，试验设置如下：

（1）投影算子。根据定义域 C 的定义［见式（7.27）］，投影算子 $\Pi_C(\cdot)$

是算法 7.1 中的重要运算。因此，该算子的计算开销影响算法的时间复杂性，本节使用文献[291]中的方法在 $O(mr)$的时间内把 $\boldsymbol{W}$ 的列投影到单纯形上。

（2）NLS 算法。算法 7.1 中的另一个重要运算是样本表示系数的计算（见语句 3），即 NLS 问题的求解算法，本节使用 MATLAB 工具箱中的“lsnonneg”程序求解 NLS 问题式（7.22）。

（3）ONMF 和 INMF 设置。ONMF 算法每次接收一个样本块作为输入，本节设置其样本块大小为低维空间维数 r；在 INMF 算法中，每次更新需要求解问题式（7.6），本节用乘法更新规则算法求解该问题。为了比较的公平性，本节设置新旧样本的权重为 $S_{\text{old}} = S_{\text{new}} = 1$。

（4）低维空间维数。在效率比较试验中，低维空间维数设置为 10 和 50；在人脸识别试验中，低维空间维数以 20 为步长从 10 变化到 150。

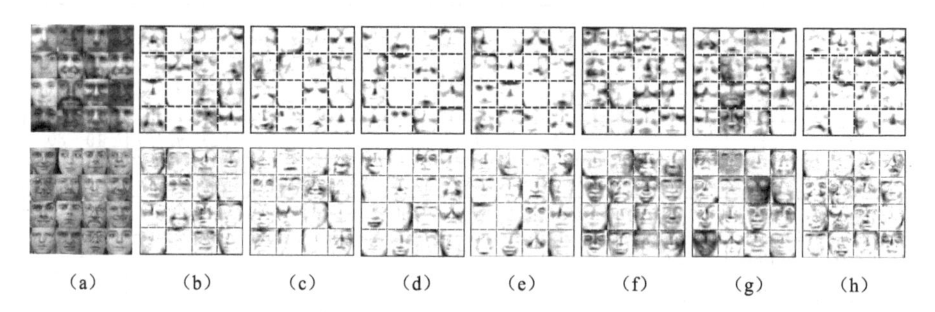

图 7.1　CBCL（第 1 行）和 ORL（第 2 行）数据集的图像示例（a）及 OR-NMF（b），MOR-NMF（c），OMF（d），OMF-DA（e），INMF（f）WOR-NMF（g）和 ONMF（h）算法得到的基向量。

7.4.1　在线非负矩阵分解效率比较

本节分三个部分评估 OR-NMF 算法的效率，首先比较 OR-NMF、MOR-NMF 和 OMF、OMF-DA 和 INMF 的效率，其次比较 WOR-NMF 和 ONMF 的效率，最后比较 OR-NMF-IS 和 ONMF-IS 的效率。

7.4.1.1　OR-NMF 和 MOR-NMF 的效率

本节在 CBCL 数据集[84]和 ORL 数据集[85]上比较 OR-NMF 与 ONMF、INMF 和 OMF 的目标函数值，与文献[51]类似，本节用样本平均值近似 OR-NMF 式（7.21）中的期望值

$$f_n\left(\boldsymbol{W}\right)=\frac{1}{n}\sum_{i=1}^{n}\frac{1}{2}\left\|\boldsymbol{v}_i-\boldsymbol{W}\boldsymbol{h}_i\right\|_2^2$$

CBCL[84]数据集包含收集自 10 个人的 2429 幅人脸图像，图 7.1（a）给出部分人脸图像示例。把人脸图像排列成向量，CBCL 数据集由 2429 个 R^{361} 维空间的样本组成。本节把所有样本随机排序，然后输入在线非负矩阵分解算法，学习得到基向量，这个过程称为“epoch”。为了消除初始值的干扰，本节在两个“epoch”上测试所有算法，且重复该试验 10 次，每次试验各算法的初始值是相同的随机稠密矩阵。图 7.2 给出平均目标函数值随迭代次数和 CPU 时间的变化情况，可以看出 OR-NMF 和 MOR-NMF 的收敛速度比 OMF，OMF-DA 和 INMF 算法快。

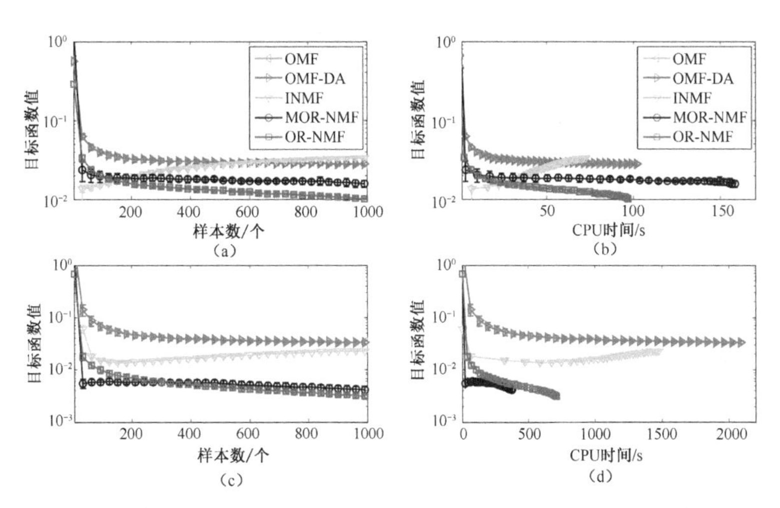

图 7.2　CBCL 数据集上 OR-NMF，MOR-NMF，OMF，OMF-DA 和 INMF 算法的目标函数值和 CPU 时间比较：（a）维数为 10；（b）维数为 10；（c）维数为 50；（d）维数为 50。

ORL 数据集[85]由 400 幅收集自 40 个人的人脸图像组成，部分人脸图像示例见如 7.1（b），由这些图像组成 400 个 R^{1024} 维空间的样本。如图 7.3

所示，OR-NMF 的收敛速度比 ONMF、INMF 和 OMF 算法快。由图 7.3（b）可以看出，OR-NMF 和 MOR-NMF 算法用较少的 CPU 时间得到较低的目标函数值，因此其收敛速度快于其他在线非负矩阵分解算法。

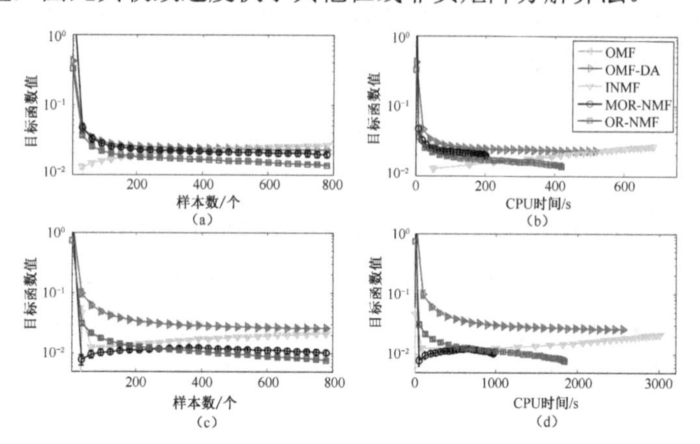

图 7.3 ORL 数据集上 OR-NMF，MOR-NMF，OMF，OMF-DA 和 INMF 算法的目标函数值和 CPU 时间比较：（a）维数为 10；（b）维数为 10；（c）维数为 50；（d）维数为 50。

Corel 5K 数据集[292]由从 Corel CD 集中收集的 5000 幅图像组成，已经成为图像标注的标准测试集。Corel 5K 中的每幅图像被人工标记 1 到 5 个关键词，平均每幅图像有 3.5 个关键词。这些图像被归为 50 类，每类有 100 幅相似的图像，如“beach”、“air-craft”和“tiger”。字典由 260 个关键词组成。本节从 Corel 5K 数据集中随机选取 500 幅图像评估 OR-NMF 和 MOR-NMF 的效率，由图 7.4 可以看出，OR-NMF 的收敛速度比 OMF、OMF-DA 和 INMF 算法快。

IAPR TC12 数据集[293]由 20000 幅自然场景图像组成，包括不同的运动和行为、人的照片、动物、城市、地面景观和生活其他方面的图景。通过利用“part-of-speech tagger”去除有树形标记的关键词，文献[44]构建了包含 291 个关键词的字典，平均每幅图像对应 4.7 个关键词。从中随机选取 500 幅图像评估 OR-NMF 和 MOR-NMF 的效率，图 7.5 给出平均目标函数值随迭代次数和 CPU 时间的变化情况。由图可以看出，OR-NMF 的收敛速度比 OMF，OMF-DA 和 INMF 算法快。

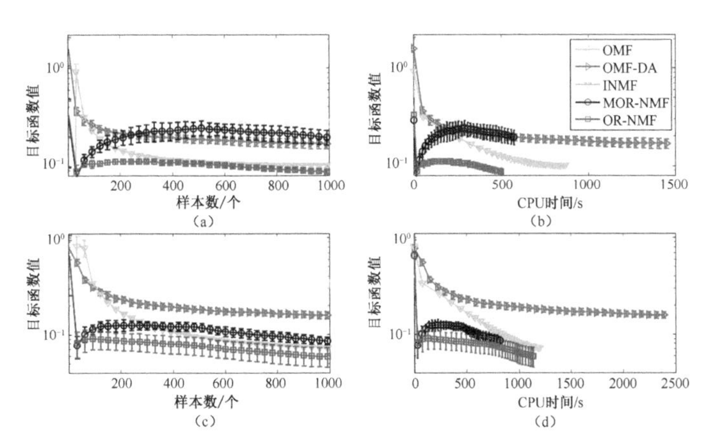

图 7.4　Corel 5K 数据集上 OR-NMF，MOR-NMF，OMF，OMF-DA 和 INMF 算法的目标函数值和 CPU 时间比较：维数分别为（a）50；（b）50；（c）80；（d）80。

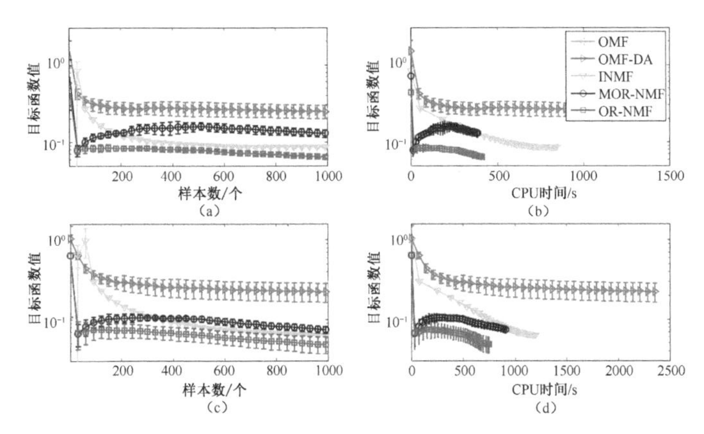

图 7.5　IAPR TC12 数据集上 OR-NMF，MOR-NMF，OMF，OMF-DA 和 INMF 算法的目标函数值和 CPU 时间比较：维数分别为（a）50；（b）50；（c）80；（d）80。

ESP Game 数据集[295]是标注难度较大的数据集，它从在线 ESP 合作图像标注游戏（ESP Game）收集 21884 幅图像。该游戏中，两名选手独立为同一幅图像指派标签。字典由 269 个关键词组成，每幅图像最多标记 15 个关键词，平均每幅图像标记 4.6 个关键词。从中随机选取 500 幅图像评估 OR-NMF 和 MOR-NMF 的效率，图 7.6 给出平均目标函数值随迭代次数和 CPU 时间的变化情况。由图可以看出，OR-NMF 的收敛速度比 OMF，OMF-DA 和 INMF 算法快。

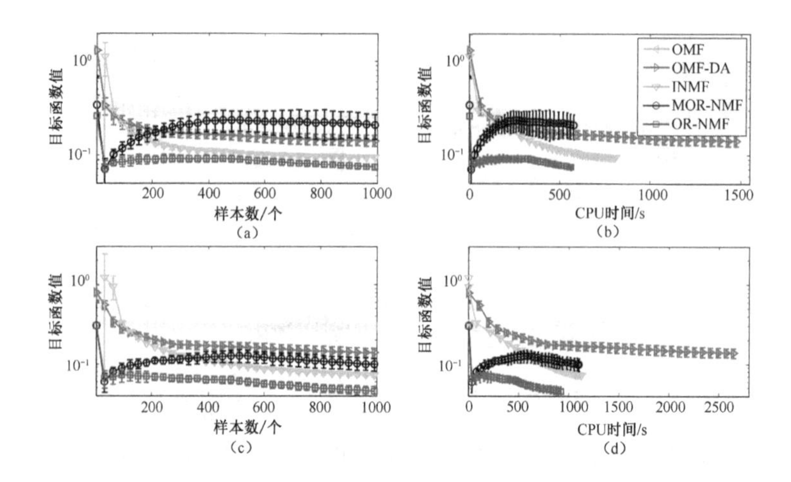

图 7.6　ESP Game 数据集上 OR-NMF，MOR-NMF，OMF，OMF-DA 和 INMF 算法的目标函数值和 CPU 时间比较：维数分别为（a）50；（b）50；（c）80；（d）80。

如图 7.4～图 7.6 所示，MOR-NMF 算法在稀疏数据集上优化效果明显不如 OR-NMF，其原因是缓冲池中的少量的稀疏的样本不能提供足够多的信息更新基矩阵，这一现象将在第 8 章的图像标注试验中再次得到验证。

7.4.1.2　WOR-NMF 的效率

由于 WOR-NMF 和 ONMF 每次更新都接收一个样本簇，即都是基于滑动窗口的在线非负矩阵分解算法。本节在 2 个稠密数据集 CBCL、ORL 和 3 个稀疏数据集 Corel 5K、IAPR TC12 和 ESP Game 上单独比较它们的效率。

由图 7.7～图 7.11 可知，在稠密数据集和稀疏数据集上 WOR-NMF 的收敛速度明显快于 ONMF 算法。

7.4.1.3　OR-NMF-IS 的效率

本节不但利用 RSA 开发非负矩阵分解的在线优化算法，而且利用 RSA 在线优化基于 IS 距离的非负矩阵分解问题，即 OR-NMF-IS 算法，同样取得良好的优化效果。本节在 CBCL 和 ORL 数据集上比较 OR-NMF-IS 和 ONMF-IS 算法的效率。

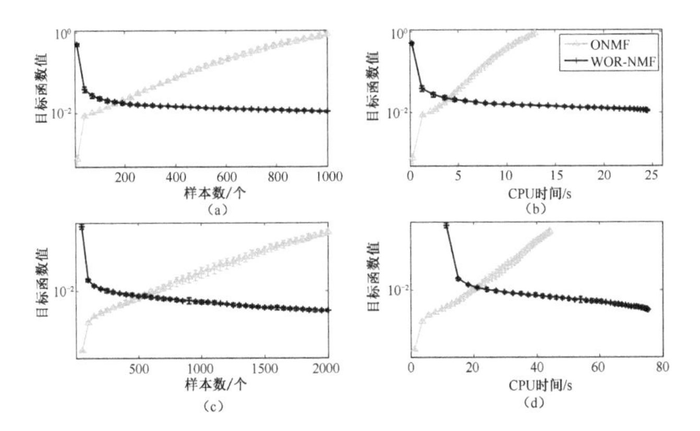

图 7.7　CBCL 数据集上 WOR-NMF 和 ONMF 算法的目标函数值和 CPU 时间比较：维数分别为（a）10；（b）10；（c）50；（d）50。

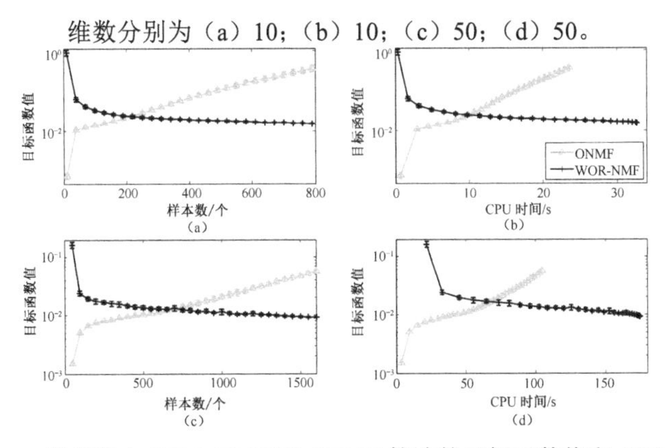

图 7.8　ORL 数据集上 WOR-NMF 和 ONMF 算法的目标函数值和 CPU 时间比较维数分别为（a）10；（b）10；（c）50；（d）50。

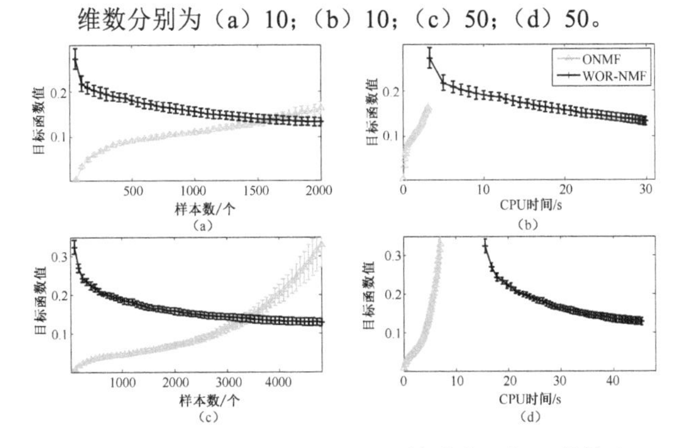

图 7.9　Corel 5K 数据集上 WOR-NMF 和 ONMF 算法的目标函数值和 CPU 时间比较：维数分别为（a）50；（b）50；（c）80；（d）80。

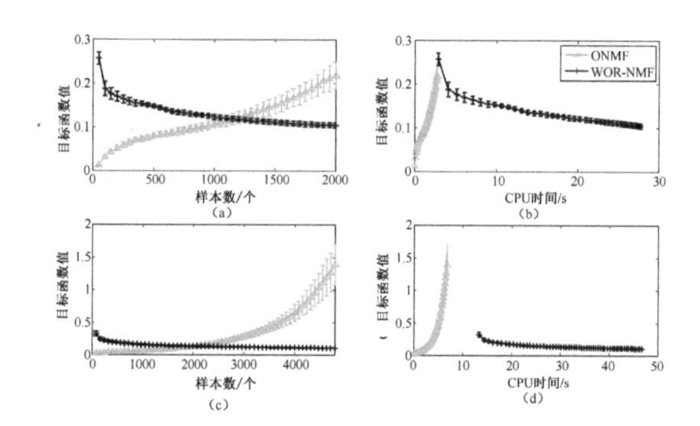

图 7.10　IAPR TC12 数据集上 WOR-NMF 和 ONMF 算法的目标函数值和 CPU 时间比较：维数分别为（a）50；（b）50；（c）80；（d）80。

由图 7.12 和图 7.13 可知，OR-NMF-IS 的收敛速度和计算效果明显优于 ONMF-IS 算法。综上所述，可得下列结论：

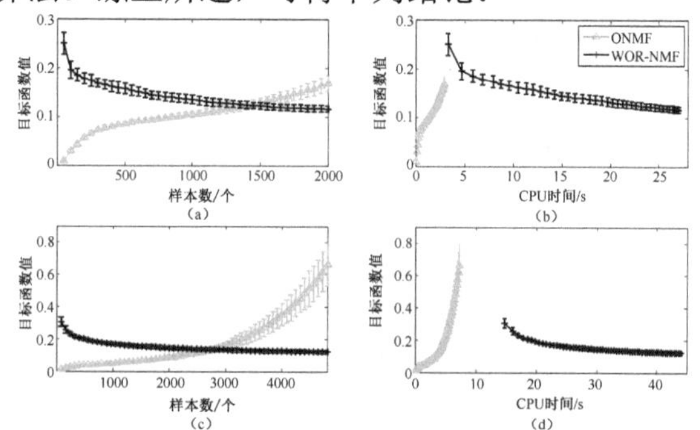

图 7.11　ESP Game 数据集上 WOR-NMF 和 ONMF 算法的目标函数值和 CPU 时间比较：维数分别为（a）50；（b）50；（c）80；（d）80。

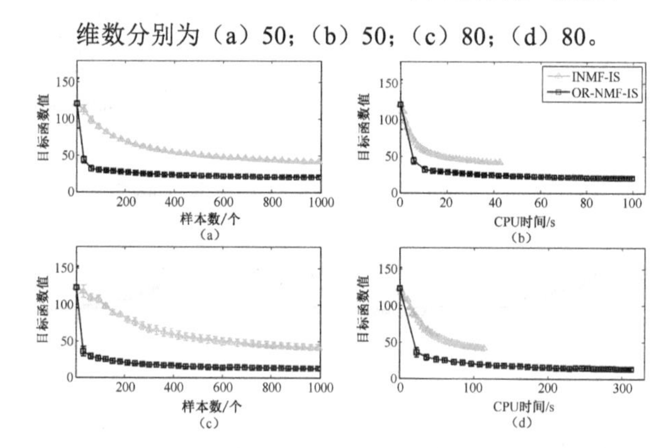

图 7.12　CBCL 数据集上 OR-NMF-IS 和 ONMF-IS 算法的目标函数值和 CPU 时间比较：维数分别为（a）10；（b）10；（c）50；（d）50。

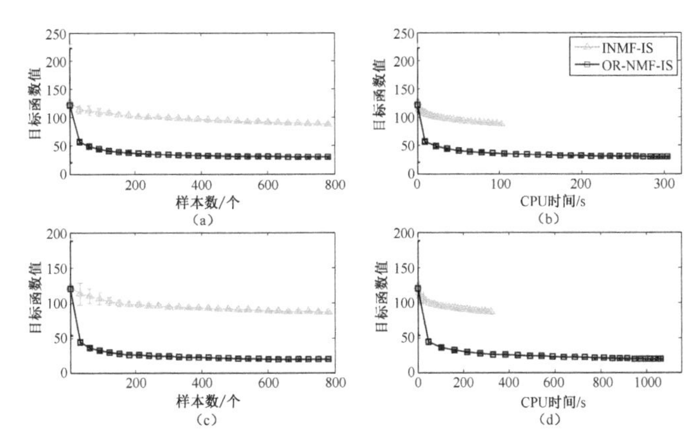

图 7.13　ORL 数据集上 OR-NMF-IS 和 ONMF-IS 算法的目标函数值和 CPU 时间比较：维数分别为（a）10；（b）10；（c）50；（d）50。

（1）OR-NMF 的收敛速度比其他在线非负矩阵分解算法快，所得到的解的近似误差也较低。

（2）MOR-NMF 在稠密数据集上的表现优于其在稀疏数据集上的表现，因此 MOR-NMF 更适合于处理稠密数据集。

（3）WOR-NMF 的收敛速度比 ONMF 快。

（4）OR-NMF 算法可用于求解其他非负矩阵分解模型，其优化 IS-NMF 时的收敛速度比 ONMF-IS 快。

7.4.2　人脸识别

由图 7.1 可知，OR-NMF 得到的基向量是基于局部的数据表示，为了评估其应用效果，本节比较了所得到的基向量在 CBCL 和 ORL 数据集上的分类效果。本节从每个人的人脸图像中随机选取 $(3,5,7)$ 幅图像组成训练集，其余图像组成测试集。训练集样本用来学习低维空间基向量，在低维空间中正确识别的测试集样本的比例作为人脸识别准确率。重复试验 10 次，用平均识别准确率比较各算法的数据表示能力。

按照本节的数据集划分方案，训练集的最大样本数量为 70，因此本节的低维空间维数以 10 为步长从 10 变化到 80，图 7.14 给出 OR-NMF、MOR-NMF、WOR-NMF、OMF、OMF-DA、ONMF 和 INMF 的识别准确率。如

图 7.14 所示，ONMF 和 INMF 在低维空间维数增加时识别准确率降低，说明其数据表示的健壮性不理想，而 OR-NMF 和 OMF 的识别准确率在这种情况下依然较高。从图 7.14 可以看出，OR-NMF 的识别准确率比 OMF 和 OMF-DA 高，因此 OR-NMF 得到的基向量能较好地表示数据。ORL 数据集的训练集的最大样本数量为 280，因此本节的低维空间维数以 10 为步长从 10 变化 160，图 7.15 给出 ORL 数据集上 OR-NMF、MOR-NMF、WOR-NMF、OMF、OMF-DA、ONMF 和 INMF 算法的识别准确率，可以得到与图 7.14 相同的结论。

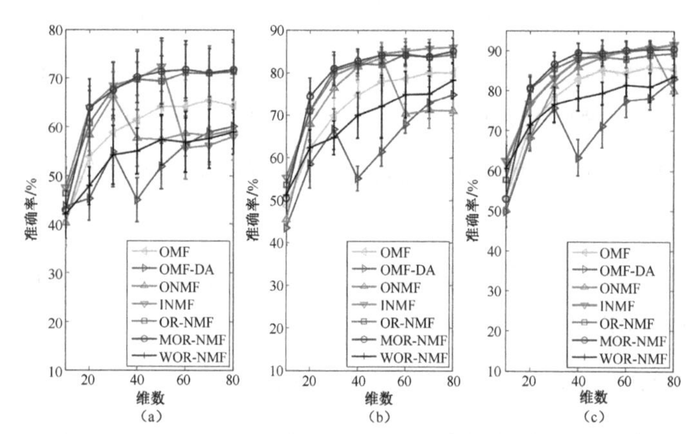

图 7.14　OR-NMF，OMF，ONMF 和 INMF 算法在 CBCL 数据集的三种划分下的识别准确率

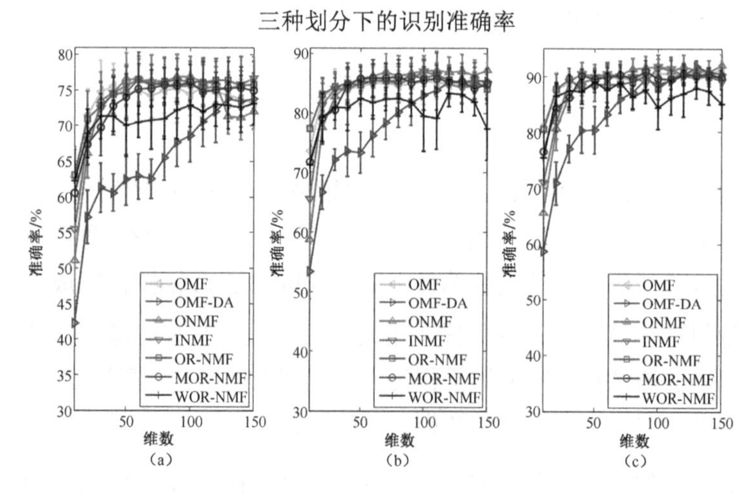

图 7.15　OR-NMF，OMF，ONMF 和 INMF 算法在 ORL 数据集的三种划分下的识别准确率

7.5 本章小结与讨论

本章研究非负矩阵分解的在线优化问题，提出基于健壮随机近似的在线优化算法。首先，本章将非负矩阵分解问题转化成随机规划问题。由于非负矩阵分解问题非凸，本章采用迭代优化策略更新基矩阵，即在新样本到达时计算其在旧的基矩阵上的表示系数，然后利用新样本及其表示系数计算新的基矩阵。本章使用健壮随机近似算法更新基矩阵，消除噪声和矩阵不满秩对基矩阵造成的影响，提高在线优化算法的健壮性。利用准鞅理论，本章证明了在线优化算法几乎确定收敛到非负矩阵分解的局部解。人脸图像数据集上测试表明，基于健壮随机近似的在线优化算法效率高于其他在线非负矩阵分解算法。

虽然健壮随机近似算法几乎确定以 $O\left(1/\sqrt{t}\right)$ 的收敛速度更新基矩阵，但是它要求存储历史信息，存储开销过大。如图 7.3 所示，所有在线优化算法的目标函数值在某一时刻之后几乎保持不变。直观地分析，出现这种现象的原因可能是固定维数的低维空间基向量中包含的信息在某一时刻之后逐渐“饱和”，导致新的样本信息被“抑制”而对目标函数值的贡献微不足道。

第 8 章

非负矩阵分解典型应用实例

本章介绍高维数据非负矩阵分解方法在若干领域的应用实例，包括模式识别、数据挖掘和信息检索，主要讨论 NDLA 的人脸识别效果、NeNMF 的文本聚类性能及 OR-NMF 的图像标注性能。

8.1 引言

非负矩阵分解算法已广泛应用于生物特征识别、数据挖掘和信息检索等领域，本章介绍非负块配准派生模型在这些领域的应用。

在生物特征识别领域，人脸识别由于其自然特性和非接触特性而受到广泛关注。所谓自然特性是指，人脸是人脑辨别他人身份的最常用特征，因此研究计算机的人脸识别能力是非常自然的想法。所谓非接触特性是指，人脸图像的采集无须人工参与，不影响采集对象的行动。人脸识别的研究成果也可拓展到其他生物特征识别技术，因而人脸识别在生物特征识别领域具有一定的代表性。本章把所开发的 MNDLA 算法用于人脸识别，一方面评估其人脸识别效果，另一方面通过与其他非负数据降维算法的比较验证该模型的有效性。试验结果表明，MNDLA 算法的人脸识别效果优于 PCA 算法和其他非负数据降维算法。与 NMF、LNMF 和 GNMF 相比，MNDLA

的识别效果较好，意味着判别信息提高了模型的分类效果；与 DNMF 相比，MNDLA 的识别效果较好，意味着 MNDLA 模型放宽了高斯分布假设，提高了模型的健壮性。

在数据挖掘领域，本章把非负矩阵分解用于文本聚类，比较所开发的基于最优梯度法的优化算法 NeNMF 与其他优化算法得到的解的聚类效果。一方面评估最优梯度法得到的解的有效性，另一方面比较最优梯度法与其他优化算法在实际应用中的计算效率。试验结果表明，NeNMF 得到的解的聚类效果更好，意味着目标函数值更低、近似效果更好；在聚类效果一致的情况下，NeNMF 的时间开销较小。

随着互联网和多媒体技术的发展，基于图像内容的信息检索的应用需求越来越突出，图像标注成为当前的热点研究问题之一。本章将所开发的基于健壮随机近似的在线非负矩阵分解算法（OR-NMF）用于图像标注，一方面考查 OR-NMF 的图像标注性能，另一方面通过与其他在线非负矩阵分解算法的比较，评估 OR-NMF 算法的健壮性。试验结果表明，OR-NMF 的图像标注性能优于其他在线非负矩阵分解算法，意味着 OR-NMF 的健壮性更强。

8.2　模式识别

人体生物特征包括人脸、指纹、手掌纹、掌型、虹膜、视网膜、静脉、声音（语音）、体形、红外温谱、耳型、气味以及个人习惯，如敲击键盘的力度和频率、签名字体和步态等，利用这些特征自动识别人的身份具有重要应用价值。随着视频监控技术的快速普及，众多视频监控应用迫切需要一种远距离、在用户非接触状态下的快速身份识别技术，从而远距离、快速确认人员身份。人脸识别技术无疑是最佳的选择，它能够从监控视频图像中实时检测人脸并与人脸数据库进行实时匹配，实现快速身份识别。由于人脸识别技术自然友好的人机交互方式，其已经在政府、金融、安防和社会安全等领域得到广泛应用，且具有广阔的应用前景。

由于不同个体的人脸图像相似度高、单个个体的人脸图像具有易变性强的特点，人脸识别技术被认为是人工智能领域最困难的研究课题之一。广义的人脸识别技术包括人脸图像采集、人脸检测、人脸图像预处理、人脸匹配和身份确认等技术，其中人脸特征发挥了关键性的作用：好的特征尽可能地去除来自采集系统、检测系统和预处理系统的噪声，提高人脸匹配的准确率；好的特征降低数据的维数，提高人脸匹配的效率；好的特征尽可能地利用数据中蕴含的信息，如几何结构和判别信息，具有强的可分性。所谓特征是指从人脸图像中提取的表示该人脸的向量，如特征脸方法用 PCA 算法提取特征。本节用所开发的非负数据降维模型——非负判别局部块配准模型提取人脸图像的特征，用人脸识别的准确率验证模型的有效性。

根据第 4 章，改进 NDLA 模型（MNDLA）在低维空间保持了数据的局部几何结构和判别信息，放宽了判别非负矩阵分解的高斯分布假设。MNDLA 引入基向量的正交约束和表示系数的平滑性约束，增强了 NDLA 的局部数据表示能力。本节在四种典型的人脸数据集（YALE、ORL、UMIST 和 CMU PIE）上测试 MNDLA 得到的低维空间的分类效果，并把它与五种典型的非负数据降维算法（NMF、LNMF、GNMF、DNMF 和 NGE）的分类结果进行比较。本节用 PCA 算法的分类结果作为参考标准。图 8.1 给出四种典型数据集中部分人脸图像示例，所有图像按照人眼的位置对齐，图像的像素值归一化到0～255，每幅图像的像素排列成一个长向量。

为了测试非负数据降维算法的分类效果，对于每个数据库，本节从每个人的人脸图像中分别随机选取 3 幅、5 幅和 7 幅图像组成训练集，其余图像组成测试集。为表述方便，本节分别称这些不同的划分策略为“P3”“P5”“P7”。训练集用于学习低维空间的基向量，测试集用于计算低维空间中人脸识别的准确率，即测试集中用最近邻（Nearest Neighbor，1-NN）分类器正确识别的人脸图像的比例。为了消除随机因素的影响，本节重复上述试验 5 次，分类效果用平均识别准确率评估。本试验测试了 $MNDLA^K$ 和 $MNDLA^E$ 模型的分类效果，它们的优化算法是快速梯度下降法。

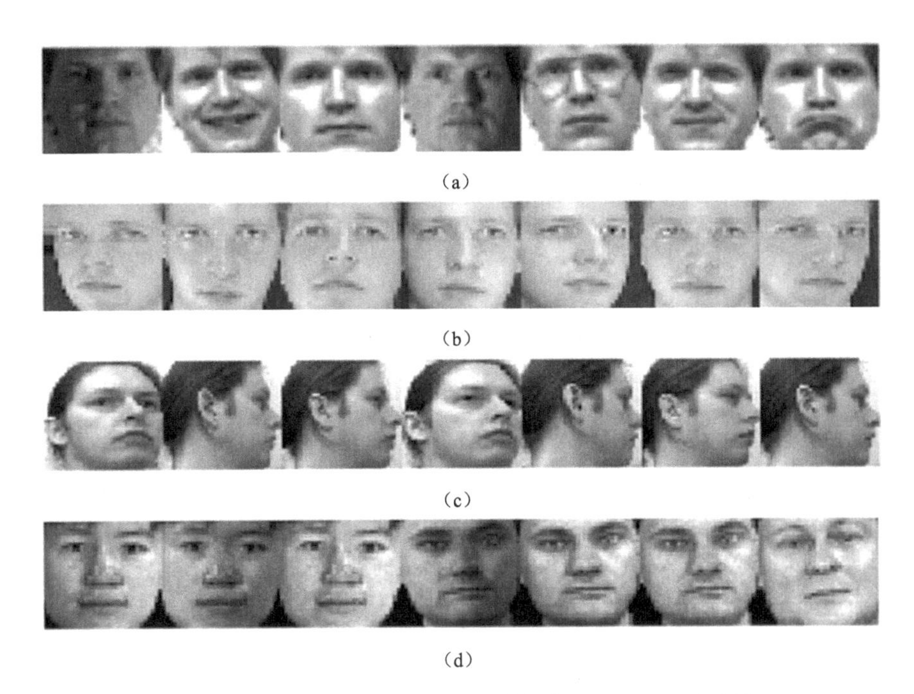

图 8.1　人脸图像示例：（a）YALE 数据集；（b）ORL 数据集；（c）UMIST 数据集；（d）PIE 数据集。

8.2.1　YALE 数据集

YALE 数据集由 15 个人的 165 幅人脸图像组成，每个人的 11 幅图像是在脸部表情不同（如“微笑”或“悲伤”）的情况下拍摄的，每幅图像规格化成40×40像素的矩阵并按列排列成一个1600维的向量。图 8.2 给出各算法得到的不同维数低维空间中各种划分方法（“P3”“P5”“P7”）下的人脸识别准确率，可以看出 $MNDLA^K$ 的分类效果在 YALE 数据集上优于大多数算法，在训练样本相对较多时与 LNMF 相当［见图 8.2（c）］。

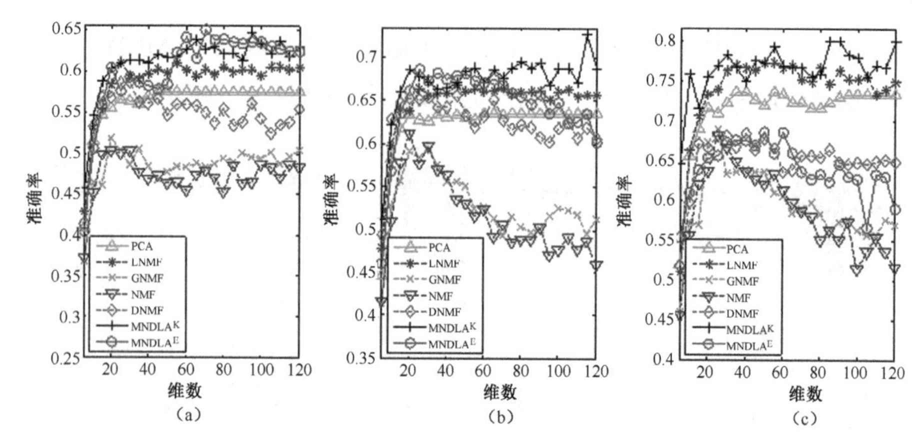

图 8.2 YALE 数据集的三种划分方法下的人脸识别准确率：(a) P3；(b) P5；(c) P7。

表 8.1 给出各算法的最高识别准确率和对应的低维空间维数，可以得出以下两点结论：(1) $MNDLA^K$ 在 YALE 数据集上的分类效果优于所有非负数据降维算法；(2) $MNDLA^E$ 在 YALE 数据集上的分类效果与 NGE 相当。

表 8.1 YALE 数据集的三种划分下的最高人脸识别准确率

算法	P3	P5	P7
PCA	0.576(45)	0.632(60)	0.737(35)
NMF	0.503(30)	0.612(20)	0.683(25)
LNMF	0.611(25)	0.671(45)	0.773(50)
GNMF	0.518(20)	0.598(30)	0.690(25)
DNMF	0.587(30)	0.657(45)	0.685(40)
NGE	0.591(60)	0.663(45)	0.714(45)
$MNDLA^K$	0.648(95)	0.728(115)	0.800(85)
$MNDLA^E$	0.652(70)	0.687(90)	0.687(60)

8.2.2 ORL 数据集

ORL 数据集由 40 个人的 400 幅人脸图像组成，每个人的10幅图像是在光照、面部表情及其他面部细节不同（如戴与不戴眼镜）的情况下拍摄的。所有图像的背景都是黑色的，其中每幅图像规格化成 32×32 维的像素矩阵并按列排列成 1024 维的长向量。

图 8.3 给出各算法得到的不同维数低维空间中各种划分方法（“P3”“P5”“P7”）下的人脸识别准确率，表 8.2 给出各算法的最高识别准确率和对应的低维空间维数。从图 8.3 和表 8.2 可以看出，MNDLA^K 在 ORL 数据集上的分类效果优于其他算法，而 MNDLA^E 在 ORL 数据集上的分类效果与 NGE 相当。

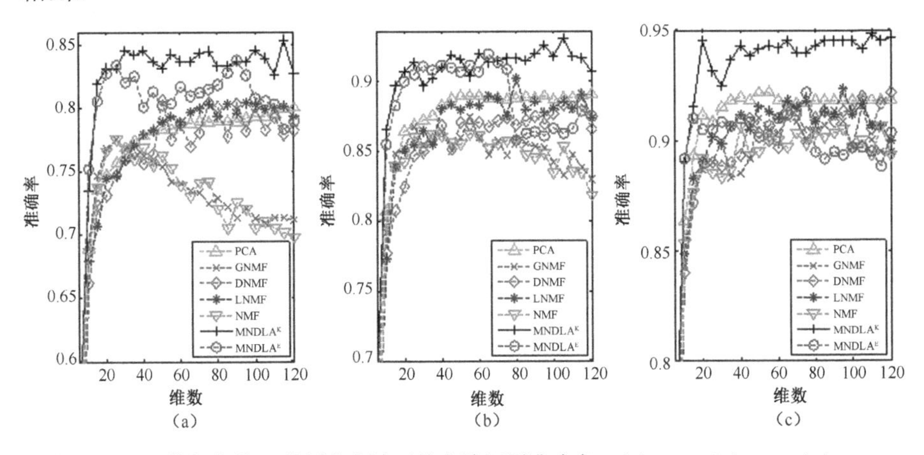

图 8.3 ORL 数据集的三种划分方法下的人脸识别准确率：（a）P3；（b）P5；（c）P7。

表 8.2 ORL 数据集的三种划分下的最高人脸识别准确率

算法	P3	P5	P7
PCA	0.800(115)	0.889(50)	0.922(50)
NMF	0.775(25)	0.862(35)	0.907(40)
LNMF	0.804(95)	0.901(80)	0.923(95)
GNMF	0.776(25)	0.874(55)	0.915(105)
DNMF	0.806(50)	0.883(115)	0.922(120)
NGE	0.804(75)	0.887(115)	0.919(95)
MNDLA^K	0.854(115)	0.930(105)	0.948(110)
MNDLA^E	0.838(90)	0.919(65)	0.922(75)

8.2.3 UMIST 数据集

UMIST 数据集由 575 幅拍摄自 20 个人的人脸图像组成，每个人从侧面到正面以不同姿势拍摄 41 到 82 幅照片。每幅照片规格化成 40×40 维的像素矩阵，然后按列排列成一个 1600 维的向量。

图 8.4 给出各算法得到的不同维数低维空间中各种划分方法（“P3”“P5”“P7”）下的人脸识别准确率，表 8.3 给出各算法的最高识别准确率和对应的低维空间维数。从图 8.4 和表 8.3 可以看出，$MNDLA^K$ 在 UMIST 数据集上的分类效果优于其他算法，而 $MNDLA^E$ 在 UMIST 数据集上的分类效果与 NGE 相当。

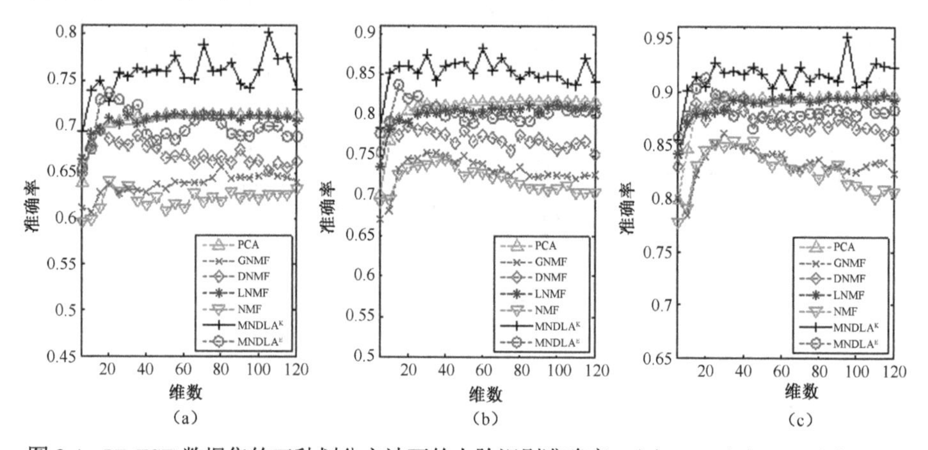

图 8.4　UMIST 数据集的三种划分方法下的人脸识别准确率：（a）P3；（b）P5；（c）P7。

表 8.3　UMIST 数据集的三种划分下的最高人脸识别准确率

算法	P3	P5	P7
PCA	0.713(60)	0.818(90)	0.898(115)
NMF	0.640(20)	0.744(40)	0.853(45)
LNMF	0.713(55)	0.812(100)	0.896(115)
GNMF	0.696(80)	0.753(30)	0.860(30)
DNMF	0.696(15)	0.789(10)	0.889(15)
NGE	0.698(20)	0.793(30)	0.888(40)
$MNDLA^K$	0.802(105)	0.882(60)	0.952(95)
$MNDLA^E$	0.736(20)	0.837(15)	0.913(20)

8.2.4　CMU PIE 数据集

CMU PIE 由 41368 幅拍摄自 68 个人的人脸照片组成，每个人的人脸照片是在 13 种姿势、43 种光照条件和 4 种表情下拍摄的。本节选用每个人以编号为 C27 的姿势拍摄的人脸图像子集做测试，每个人有 21 幅人脸照片，每幅照片规格化成 32×32 维的像素矩阵并按列排列成一个 1024 维的长向量。

图 8.5 给出各算法得到的不同维数低维空间中各种划分方法（“P3”“P5”“P7”）下的人脸识别准确率，表 8.4 给出各算法的最高识别准确率和对应的低维空间维数。从图 8.5 和表 8.4 可以看出，MNDLA^K 和 MNDLA^E 在 PIE 数据集上的分类效果接近于 100%。

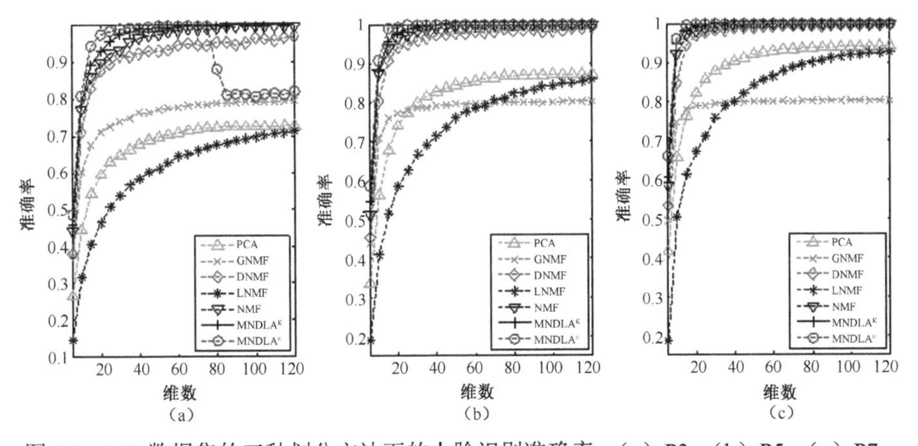

图 8.5　PIE 数据集的三种划分方法下的人脸识别准确率：（a）P3；（b）P5；（c）P7。

表 8.4　PIE 数据集的三种划分下的最高人脸识别准确率

算法	P3	P5	P7
PCA	0.727(120)	0.874(120)	0.944(120)
NMF	0.999(100)	1.000(80)	1.000(80)
LNMF	0.713(120)	0.859(120)	0.928(120)
GNMF	0.795(115)	0.802(110)	0.803(110)
DNMF	0.971(120)	0.992(120)	0.998(120)
NGE	0.986(120)	0.997(120)	1.000(120)
MNDLA^K	1.000(90)	1.000(60)	1.000(35)
MNDLA^E	0.999(70)	1.000(55)	1.000(25)

本节用试验的方法选择各算法的最佳低维空间维数，表 8.1 到表 8.4 的

括号内的数字是每个数据集上各算法的最佳低维空间维数。这种方法是非负矩阵分解研究领域常用的方法。从图 8.2、图 8.3 和图 8.4 看出，$MNDLA^K$ 的人脸识别准确率曲线高于其他算法，因此 $MNDLA^K$ 的最佳低维空间维数范围比其他算法更宽。因为 $MNDLA^K$ 得到的基向量比其他非负数据降维算法得到的基向量更稀疏（见图 8.6 和表 8.5），所以 $MNDLA^K$ 的最佳低维空间维数相对较高。因为 LNMF 得到的基向量是最稀疏的，所以在表 8.1 到表 8.4 中 LNMF 的最佳低维空间维数比 $MNDLA^K$ 高。

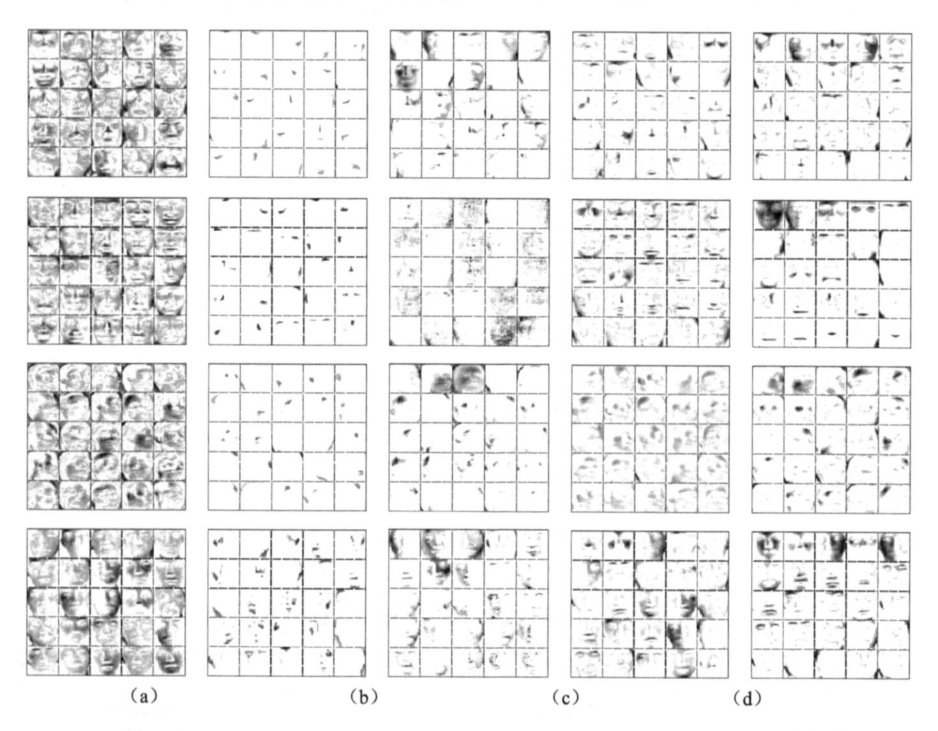

图 8.6　YALE（第 1 行）、ORL（第 2 行）、UMIST（第 3 行）和 PIE（第 4 行）数据集上各算法的基向量：（a）NMF；（b）LNMF；（c）NGE；（d）$MNDLA^K$；（e）$MNDLA^E$。

8.2.5　基于局部的数据表示

从人脸识别试验的结果看，$MNDLA^K$ 得到的低维空间具有更好的分类效果。PCA 的数据表示是基于全局的，因此每个人脸图像表示成所有特征脸的线性组合。NMF 的数据表示是基于局部的，其基向量中含有各种版本的“眼”“口”“鼻”和其他脸部特征，因此每个人脸图像是少数几个基向量的线性组合。基于局部的数据表示可以更好地去除噪声，因此分类效果相对较好。本节比较在四种数据集（YALE、ORL、UMIST 和 PIE）上 $MNDLA^K$、$MNDLA^E$、NMF、LNMF 和 NGE 得到的基向量（见图 8.6），其中基向量是按照 $\boldsymbol{HH}^T$ 对角线元素的降序排列的。由图 8.6 可知，$MNDLA^K$ 和 $MNDLA^E$ 得到的基向量是基于局部的。

为了量化比较这些基向量的稀疏性，表 8.5 给出 $MNDLA^K$、$MNDLA^E$、NMF、LNMF 和 NGE 得到的基向量的平均稀疏度（见定义 2.1）。从表 8.5 看出，$MNDLA^K$ 和 $MNDLA^E$ 比 NMF 和 NGE 的基向量更加稀疏，与图 8.6 显示的结果一致。因为 LNMF 没有保持判别信息，虽然 LNMF 的基向量比 $MNDLA^K$ 的基向量稀疏，但是其分类效果不如 $MNDLA^K$。

表 8.5　NMF、LNMF、NGE、$MNDLA^K$ 和 $MNDLA^E$ 在 YALE、ORL、UMIST 和 PIE 数据集上的基向量的平均稀疏度

数据集	NMF	LNMF	NGE	$MNDLA^K$	$MNDLA^E$
YALE	0.4420	0.8670	0.6548	0.6503	0.7017
ORL	0.3493	0.8673	0.3537	0.6210	0.7424
UMIST	0.4167	0.8626	0.7256	0.8066	0.6634
PIE	0.3889	0.7983	0.5726	0.5876	0.6969

8.2.6　参数选择

在 $MNDLA^K$ 模型中，需要设置 α、β 和 γ 三个参数。通常情况下，用网格搜索（Grid Search）方法设置这些参数，将每个参数的取值范围分成若干区间，即将其取值区间划分成网格，然后遍历所有网格结点找到合适的取值范围，在新搜索的取值范围内继续进行更细粒度的划分，如此往复直到找到最优的参数。但是，网格搜索方法的时间开销非常大，很难在实际中应用。经过试验发现，若 α、β、γ 按如下方法在一定范围内取值，则它们

对分类效果的影响很小。本节的参数选择步骤为：①给定数据集$\boldsymbol{V}$，把所有参数α、β、γ设置为零，用 MNDLA^{K} 得到$\boldsymbol{W}$和$\boldsymbol{H}$；②计算$S_{\alpha}=D_{\mathrm{KL}}\left(\boldsymbol{V}\,|\,\boldsymbol{WH}\right)/\mathrm{tr}\left(\boldsymbol{WeW}^{\mathrm{T}}\right)$、$S_{\beta}=D_{\mathrm{KL}}\left(\boldsymbol{V}\,|\,\boldsymbol{WH}\right)/\mathrm{tr}\left(\boldsymbol{HH}^{\mathrm{T}}\right)$和$S_{\gamma}=D_{\mathrm{KL}}\left(\boldsymbol{V}\,|\,\boldsymbol{WH}\right)/\mathrm{tr}(\boldsymbol{HLH}^{\mathrm{T}})$；③参数$\alpha$、$\beta$、$\gamma$的选择范围分别是$\alpha\in\left[S_{\alpha}\times10^{-3},S_{\alpha}\times10^{2}\right]$、$\beta\in\left[S_{\beta}\times10^{-3},S_{\beta}\times10^{2}\right]$和$\gamma\in\left[S_{\gamma}\times10^{-3},S_{\gamma}\times10^{2}\right]$。

图 8.7 所示为数据集 YALE 、ORL 和 UMIST 数据集在“P3”划分下的 MNDLA^{K} 中参数变化时的分类效果，其中图 8.7（a）给出固定β和γ，α在上述范围内变化时的人脸识别准确率，图 8.7（b）给出固定α和γ，β在上述范围内变化时的人脸识别准确率，图 8.7（c）给出固定α和β，γ在上述范围内变化时的人脸识别准确率。从图 8.7 可以看出，当α、β和γ按照上述方法分别在$\left(10^{-4},10^{-2}\right)$、$\left(10^{-2},1\right)$和$(10,100)$范围内变化时人脸识别准确率保持一致，因此本节试验固定α=0.01、β=0.1 和γ=100。

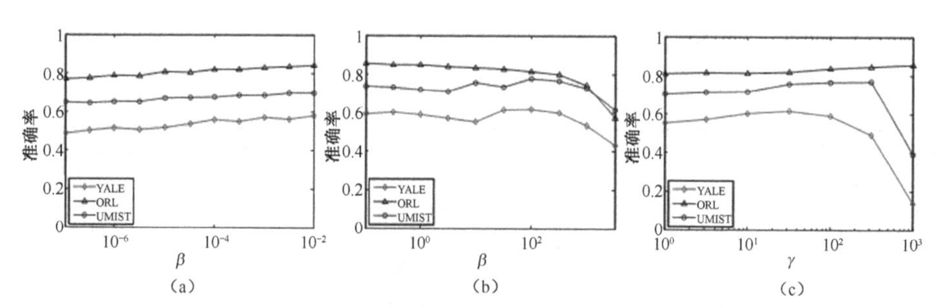

图 8.7　YALE、ORL 和 UMIST 数据集上 MNDLA^{K}在参数α、β和 γ取不同值时的人脸识别准确率：（a）α；（b）β；（c）γ。

在 NDLA 中另外 2 个关键参数是构建 2 类样本块（类内块和类间块）时的最近邻数量k_1和k_2，本节在 YALE 数据集上考察它们对人脸识别准确率的影响，试验选用的划分是“P7”。其他数据库及其他划分下可以用同样的方法考察k_1和k_2对人脸识别准确率的影响，本节不再赘述。根据类内块最近邻的定义可知，k_1的取值范围是$\left[1,\dfrac{N}{C}-1\right]$，其中$N$是训练集中的样本数，$C$是类数；$k_2$的取值范围是$\left[1,\dfrac{N}{C}\times(C-1)\right]$。由试验设置可知，$C=15$

且 $N=105$，因此 $1\leqslant k_1\leqslant 6$，$1\leqslant k_2\leqslant 98$。图 8.8（a）给出 $k_1=4$、k_2 取不同值时的识别准确率，在 $k_2=37$ 处曲线出现最高点。图 8.8（b）给出 $k_2=37$、k_1 取不同值时的识别准确率，在 $k_1=4$ 处曲线出现最高点。因此，k_1 和 k_2 取不同值时识别准确率不断变化。

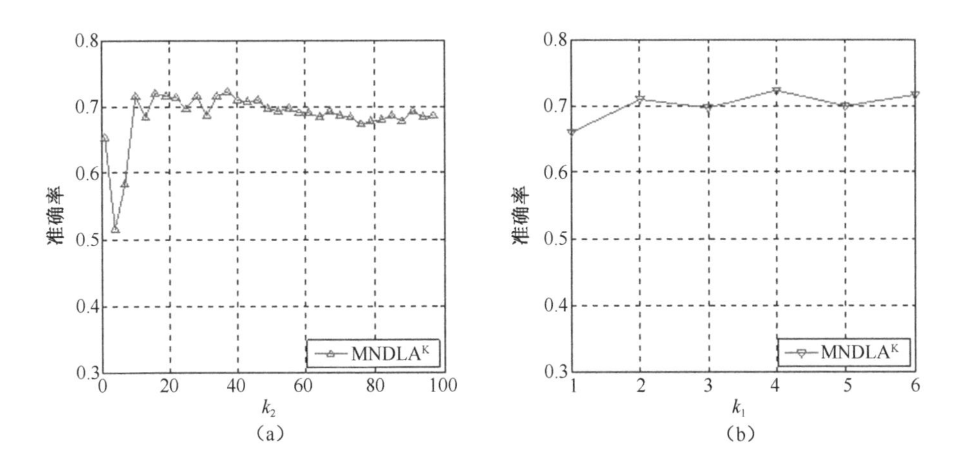

图 8.8　YALE 数据集上变化 k_2 和 k_1 时的人脸识别准确率：（a）$k_1=4$，k_2 变化；（b）$k_2=37$，k_1 变化。

表 8.6 给出 YALE、ORL 和 UMIST 数据集上 $\mathrm{MNDLA^K}$ 的最佳样本块结构，即最高识别准确率对应的 k_1 和 k_2 的取值。从表 8.6 可以看出，最佳样本块结构中 k_1 通常在 N_c-1 附近取值，其中 N_c 是训练集中每类的样本总数。因此，本节在 PIE 数据集上固定 $k_1=\min\{N_c,3\}$ 并设置 $k_2=20$，图 8.5 和表 8.4 表明这种设置下 $\mathrm{MNDLA^K}$ 的分类效果接近 100%。

表 8.6　YALE、ORL 和 UMIST 数据集上 $\mathrm{MNDLA^K}$ 的最佳样本块结构

数据集划分	YALE			ORL			UMIST		
	P3	P5	P7	P3	P5	P7	P3	P5	P7
k_1	1	4	6	1	4	4	2	3	6
k_2	13	15	20	9	27	9	12	9	12

8.3 数据挖掘

文本聚类是数据挖掘领域的经典问题，非负矩阵分解已经成功应用于文本聚类。本节用 NeNMF 求解非负矩阵分解，并将分解结果用于文本聚类，利用聚类性能验证最优梯度法所得到的解的有效性。在聚类效果一致的情况下，比较 NeNMF 算法和其他非负矩阵分解优化算法的效率。

聚类分析是无监督学习问题，本节把非负矩阵分解得到的解直接应用于文本聚类。给定数据集中的所有文档组成的“文档—单词”矩阵$\boldsymbol{V}\in\mathbb{R}^{m\times n}$，文档对应其列向量，文本聚类的目标是将所有文档分成r组，其过程如下：

（1）归一化$\boldsymbol{V}$使其列向量的$\boldsymbol{L}_2$范数为 1。

（2）用非负矩阵分解得到$\boldsymbol{W}\in\mathbb{R}^{m\times r}$和$\boldsymbol{H}\in\mathbb{R}^{r\times n}$。

（3）归一化$\boldsymbol{H}$的列：$\boldsymbol{H}_{:j}=\dfrac{H_{:j}}{\|H_{:j}\|_2}$。

（4）取$l_j=\arg\max\limits_{i}\boldsymbol{H}_{ij}$，把第$j$个文档分到第$l_j$类中，为文档$j$指派标签$l_j$。

为了评估本书所提最优梯度法所得到的解的有效性，本章把它所得到的解的聚类性能与已有非负矩阵分解优化算法所得到的解的聚类性能进行比较。根据第 6 章，MUR 算法不保证收敛到局部解，所以 MUR 使用基于目标函数值的终止条件［见式（6.58）］，收敛精度$\tau=10^{-7}$。因为 PNLS 算法和 QN 法在较大规模的数据矩阵上存在数值不稳定问题，所以本章不比较它们的聚类性能。由于 PG 算法、BFGS 算法、PBB 算法、CBGP 算法、AS 算法、BPP 算法及本书所提 NeNMF 算法保证收敛到局部解，所以本书使用基于投影梯度范数的终止条件［见式（6.45）］，收敛精度$\epsilon=10^{-7}$。本书把 K-Means 算法的聚类性能作为参考标准，在两个常用的文本数据集即（Reuter-21578 和 TDT-2）上比较各种 NMF 优化算法和 K-Means 算法得到的解的聚类性能，聚类性能用两种指标度量，即聚类准确率（Accuracy，AC）和互信息（Mutual Information，MI）。给定文档 d_j，令 l_j 和 c_j 分别是 d_j 的指派标签和真实标签，L 和 C 分别是指派标签和真实标签的集合，则 AC 和 MI 的定义如下

$$\mathrm{AC}=\frac{\sum_{j=1}^{n}\delta\left(c_j,\mathrm{map}\left(l_j\right)\right)}{n}$$

$$\mathrm{MI}\left(L,C\right)=\sum_{l_i,c_j}p\left(l_i,c_j\right)\log_2\frac{p\left(l_i,c_j\right)}{p\left(l_i\right)p\left(c_j\right)}$$

式中，$\mathrm{map}(\cdot)$ 表示“Best Mapping”算法；$\delta(\cdot)$ 是示性函数；$p\left(l_i,c_j\right)$ 表示文档的指派标签是 l_i 同时真实标签是 c_j 的概率；$p\left(l_i\right)$ 表示文档的指派标签是 l_i 的概率；$p\left(c_j\right)$ 表示文档的真实标签是 c_j 的概率。根据定义，$0\leqslant\mathrm{MI}\left(L,C\right)\leqslant\max\left\{H\left(L\right),H\left(C\right)\right\}$，其中 $H\left(L\right)$ 和 $H\left(C\right)$ 分别表示 L 和 C 的熵。$\mathrm{MI}\left(L,C\right)=\max\left\{H\left(L\right),H\left(C\right)\right\}$ 表明 L 和 C 完全相同，$\mathrm{MI}\left(L,C\right)=0$ 表明 L 和 C 完全独立。本书用归一化的互信息（Normalized MI，NMI）代替 MI

$$\mathrm{NMI}\left(L,C\right)=\frac{\mathrm{MI}\left(L,C\right)}{\max\left\{H\left(L\right),H\left(C\right)\right\}}\tag{8.1}$$

Reuter-21578[1]数据库由 135 类共 21578 个文档组成，通过去除样本中多标签的文档并选择文档数量最多的 30 类，本章从 Reuter-21578 数据库中抽取 8292 个文档构成测试数据集。TDT-2[2]数据库由 11201 个收集自 6 个新闻机构即 ABC、CNN、VOA、NYT、PRI 和 APW 的文档组成，所有文档分成 96 类，每类报道 1998 年 1—6 月发生的一个主要新闻事件。通过去除同时出现在两类的文档并选择文档数量最多的 30 类，本章从 TDT-2 数据库中抽取 9394 个文档构成测试数据集。Reuter-21578 数据集和 TDT-2 数据集

---

1 Reuter-21578 数据库可通过以下网址下载：http://www.daviddlewis.com/resources/testcollections/reuters21578/。

2 TDT-2（Nist Topic Detection and Tracking）数据库可通过以下网址下载：http://www.itl.nist.gov/iad/mig/tests/tdt/2001/dryrun.html。

中的文档表示成归一化的“单词—频率”矩阵，即将所有文档中出现的单词组成字典（假设含有 m 个单词），用字典中的所有单词在文档中出现的频率把文档表示成m维的向量。每次试验从数据集中随机选取 210 类文档做测试，所有 NMF 优化算法在达到收敛精度（即10^{-7}）时终止，用所得到的解计算聚类准确率和互信息。重复试验 50 次，用平均准确率和平均互信息比较各算法的聚类性能，如图 8.9 所示。

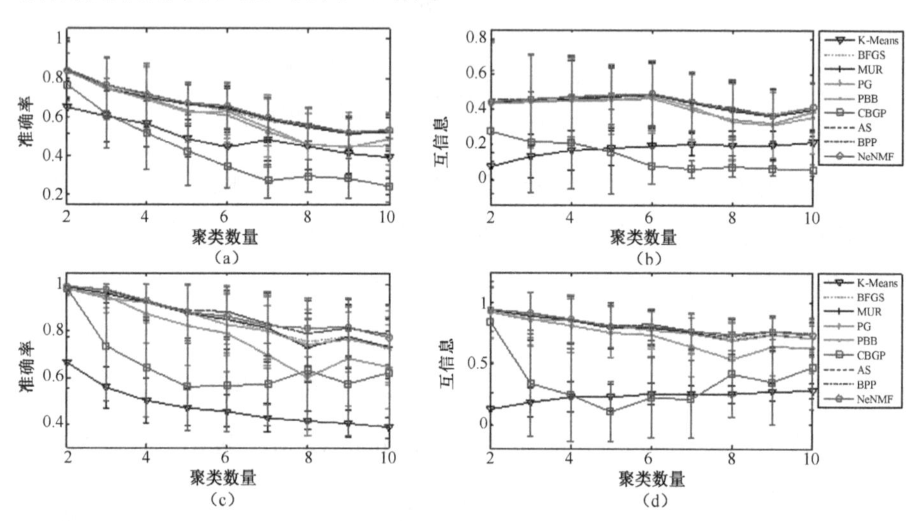

图 8.9 NeNMF 算法与其他 NMF 优化算法在 Reuter-21578 和 TDT-2 数据集上的平均聚类准确率和互信息比较：(a) Reuter-21578 数据集上的平均聚类准确率；(b) Reuter-21578 数据集上的互信息；(c) TDT-2 数据集上的平均聚类准确率；(d) TDT-2 数据集上的互信息。

如图 8.9 所示，NeNMF 在两个数据集上的聚类性能均优于 K-Means 算法、PG 算法、PBB 算法和 CBGP 算法。其原因是 NeNMF 的目标函数值相对较小（见图 6.6），所以 NeNMF 在满足相同收敛精度的终止条件时所得到的解的近似误差更小。虽然 NeNMF 与 BFGS 算法和 MUR 算法的聚类性能相当，但是 NeNMF 的效率比它们高（见图 6.3 和图 6.6），因此更容易应用于文本聚类。如图 8.9 所示，NeNMF 与 AS 算法和 BPP 算法的聚类性能相当，但是 NeNMF 算法解决了数值不稳定问题，因而健壮性更强。

上述试验中，各 NMF 优化算法的聚类性能差异很大。这是因为所用的基于投影梯度范数的终止条件［见式（6.45）］检查各算法得到的最终解是否接近于某驻点，这种终止条件使得算法可能在近似误差很大的某个驻点停止，导致某些使用这种终止条件的算法的聚类效果可能很差。

虽然上述试验分析了使用基于投影梯度范数的终止条件的各算法的聚类性能差异，但是这种评估可能不公平。因此，本章进一步评估了目标函数值对各种 NMF 优化算法的聚类性能的影响。

本章重复上述试验，所不同的是 NeNMF 和其他 NMF 优化算法在它们的目标函数值达到某个预设值时结束，则它们所得到的最终解的目标函数值相同。本章试验中预设值是 NeNMF 算法满足精度 ϵ 为10^{-7}的终止条件［基于投影梯度范数的终止条件，见式（6.45）］时的目标函数值。如图 8.10（a)、(b)、(d)、(e）所示，所有 NMF 优化算法在目标函数值相同时聚类性能相当。然而，如图 8.10（c)、(f）所示，NeNMF 算法比其他基于 PG 的优化算法更高效，因此 NeNMF 算法更容易应用于文本聚类。

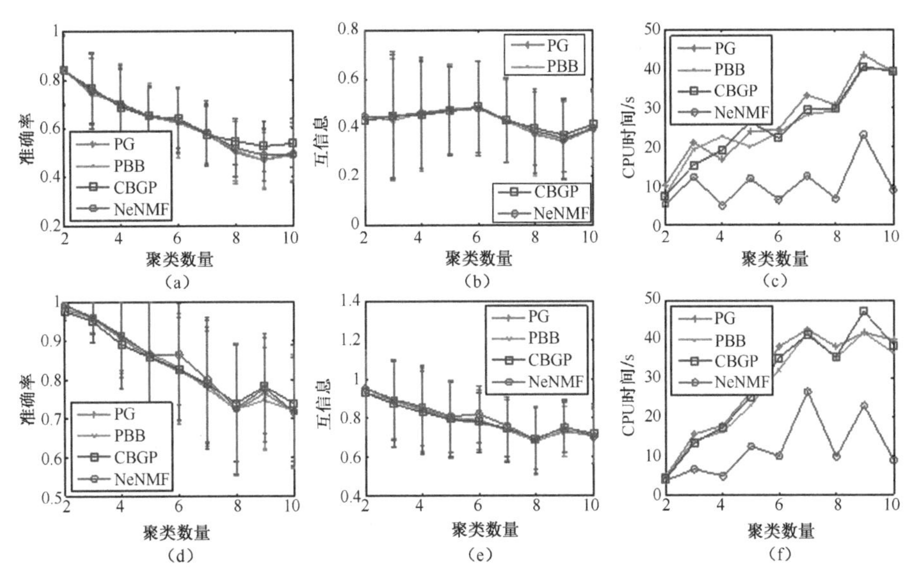

图 8.10　Reuter-21578 和 TDT-2 数据集上 NeNMF、PG、PBB 和 CBGP 算法在目标函数值相同时平均聚类准确率、互信息和 CPU 时间比较：(a) Reuter-21578 数据集上各算法平均聚类准确率；(b) Reuter-21578 数据集上各算法互信息；(c) Reuter-21578 数据集上各算法 CPU 时间；(d) TDT-2 数据集上各算法平均聚类准确率；(e) TDT-2 数据集上各算法互信息；(f) TDT-2 数据集上各算法 CPU 时间。

8.4 信息检索

信息检索（Information Retrieval）是指信息按照一定的方式组织起来，并根据用户的需要查询有关信息的过程。20 世纪 80 年代，在信息处理技术、通信技术、计算机和数据库技术的推动下，信息检索在教育、军事和商业等领域高速发展，得到了广泛的应用。如今，与计算机用户息息相关的Google、Baidu、Yahoo 等搜索引擎作为成功的典范为人们的生活带来便利。随着互联网和多媒体技术的发展，信息检索的需求逐步扩展到多媒体应用领域。例如，用户可能想通过互联网得到“克林顿的照片”的答案。然而，传统的基于文本的信息检索不能回答这个问题。因此，迫切需要理解图像内容，建立图像的文本索引（关键词），从而通过文本检索关联到用户最需要的图像。建立图像的文本索引的过程称为图像标注（Image Annotation），通过图像的视觉特征（Visual Feature）理解图像的内容，并为其贴上标签以备检索需要。

图像标注数据集的规模通常较大，所用的视觉特征较多且通常是高维数据。因此，本节采用在线非负矩阵分解算法 OR-NMF 从图像数据集中提取特征，即通过训练得到低维空间基向量。然后把视觉特征投影到低维空间，再用 JEC（Joint Equal Contribution）模型为每幅图像指派新的标签。本节在三种典型数据集（Corel 5K、IAPR TC12 和 ESP Game）上评估 OR-NMF 的图像标注性能，并与已有在线非负矩阵分解算法 ONMF、INMF 和 OMF 进行比较。Corel 5K、IAPR TC12 和 ESP Game 共含有 15 种视觉特征，因为试验条件所限，本节选用两类维数较低的视觉特征，即 100 维的“DenseHue”和 100 维的“HarrisHue”，低维空间维数分别取$\{10\%,\cdots,90\%\}\times\min\{m,200\}$，其中 m 是视觉特征维数。

表 8.7 图像标注测试数据集情况

数据集	Corel 5K	IAPR TC12	ESP Game
训练样本数	4500	17825	19659
测试样本数	500	1980	2185
字典规模	260	291	269
平均单词数	3.5	4.7	4.6

在图像标注领域，JEC 模型通过训练图像传递关键词的方式得到给定图像的标签。具体而言，JEC 根据训练图像按照联合距离排序，联合距离是基于各种视觉特征的距离的线性组合，排序后的训练图像记为 $\mathrm{IM}_1,\cdots,\mathrm{IM}_n$。然后，把最近邻训练图像 IM_1 的所有关键词按照它们在训练集中出现的频率降序排列，JEC 把前 k 个关键词作为给定图像的标签。如果 $\#\mathrm{IM}_1 < k$（$\#\mathrm{IM}_1$ 是 IM_1 中关键词数量），JEC 把剩余的训练图像 $\mathrm{IM}_1,\cdots,\mathrm{IM}_n$ 的所有关键词按照出现频率降序排列，从中挑选前 $k-\#\mathrm{IM}_1$ 个关键词完成给定图像的标注。关于 JEC 模型详细讨论见文献[21]，本节把图像标注关键词 k 设置为 5。

与文献[21]不同的是，本文把训练集和测试集图像的视觉特征投影到 OR-NMF、MOR-NMF、WOR-NMF、ONMF、INMF、OMF 和 OMF-DA 算法得到的低维空间，投影公式为 $\boldsymbol{h}_i=\boldsymbol{W}^{\dagger}\boldsymbol{v}_i$，其中 $\boldsymbol{v}_i$ 表示视觉特征，试验中用 $\boldsymbol{h}_i$ 和 $\boldsymbol{h}_i$ 之间的距离代替 $\boldsymbol{v}_i$ 和 $\boldsymbol{v}_j$ 之间的距离。与文献[21]类似，本节使用贪婪标签传递方式为测试图像指派关键词，用三种方法评估图像标注性能，即准确率（AC）、召回率（RC）和归一化分值（NS），其定义如下

$$\mathrm{AC}=\frac{r}{r+w},\mathrm{RC}=\frac{r}{n},\mathrm{NS}=\frac{r}{n}-\frac{w}{N-n} \tag{8.2}$$

式中，r 和 w 分别是测试图像中正确和错误标注的关键词数量，n 和 N 分别是测试图像和字典中的关键词数量。

8.4.1 Corel 5K 数据集

Corel 5K 数据集由从 Corel CD 集中收集的 5000 幅图像组成，已经成

为图像标注的标准测试集。Corel 5K 数据集中的每幅图像被人工标记 1 到 5 个关键词，平均每幅图像有 3.5 个关键词。这些图像被归为 50 类，每类有 100 幅相似的图像，如“beach”、“air-craft”和“tiger”。字典由 260 个关键词组成。本书从 Corel 5K 数据集中选择 4500 幅图像组成训练集，其余图像组成测试集。

如图 8.11 所示，OR-NMF 的图像标注 AC、RC 和 NS 值高于 ONMF、INMF、OMF 和 OMF-DA 算法。从图 8.11 中的曲线可以看出，低维空间维数越大，OR-NMF 的标注性能比 ONMF、INMF、OMF 和 OMF-DA 算法越好。这是因为 OR-NMF 算法直接优化期望目标函数，从而在低维空间维数增加时引入更多的语义信息，使图像标注效果更好。表 8.8 举例说明 Corel 5K 数据集上 OR-NMF 算法预测的关键词和人工标注关键词，可以看出通过 OR-NMF 算法得到的低维空间正确预测示例图像的大多数关键词。因为某些图像的真实关键词数量小于预设的关键词数（5），所以某些图像可能被标注以错误的关键词，如“sky”出现在表 8.8 的前 3 列中。

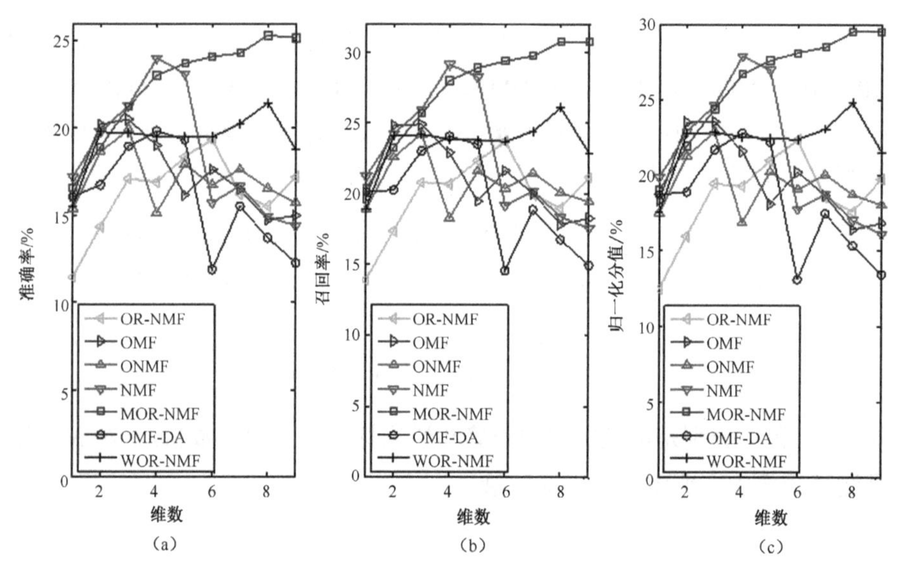

图 8.11　Corel 5K 数据集上 OR-NMF、MOR-NMF、WOR-NMF、ONMF、INMF、OMF 和 OMF-DA 算法的 AC、RC 和 NS 曲线：（a）AC 曲线；（b）RC 曲线；（c）NS 曲线。

表 8.8 Corel 5K 数据集上 OR-NMF 预测的关键词和人工标注关键词比较

词类型					
预测关键词	sky, cars, tracks, turn, prototype	foals, sky, field, horses, mountain	branch, birds, nest, sky, mountain	sky, tree, fence, ice, frost	sky, people, plane, coral, ocean
人工标注词	cars, tracks, turn, prototype	field, horses, foals	branch, birds, nest	sky, tree, ice, frost	sky, water, ships

8.4.2 IAPR TC12 数据集

IAPR TC12 数据集由 20000 幅自然场景图像组成，包括不同的运动和行为、人的照片、动物、城市、地面景观和生活其他方面的图景。通过“part-of-speech tagger”去除有树形标记的关键词，文献[21]构建了包含 291 个关键词的字典，平均每幅图像对应 4.7 个关键词。训练集包含 17825 幅图像，其余图像组成测试集。

图 8.12 给出 IAPR TC12 数据集上 OR-NMF、MOR-NMF、WOR-NMF、ONMF、INMF、OMF 和 OMF-DA 算法的 AC、RC 和 NS 曲线，可以看出 OR-NMF 的标注性能优于其他算法，而且低维空间维数越大，OR-NMF 的优势越明显。表 8.9 举例说明 IAPR TC12 数据集上 OR-NMF 算法预测的关键词和人工标注关键词，可以看出 OR-NMF 算法得到的低维空间正确预测示例图像的所有关键词。此外，某些额外标注的关键词也有语义解释，如第 1、2 和 4 列图像预测关键词“man”“adult”“horizon”。

表 8.9 IAPR TC12 数据集上 OR-NMF 预测的关键词和人工标注关键词比较

词类型					
预测关键词	base, horse, man, statue, building	adult, court, man, player, tennis	forest, sky, snow, tree, railing	sun, range, horizon, landscape, mountain	adult, cloud, gray, sea, sky

续表

词类型					
人工标注词	base, horse, statue, building	court, man, player, tennis	forest, sky, snow, tree	range, sun, landscape, mountain	cloud, gray, sea, sky

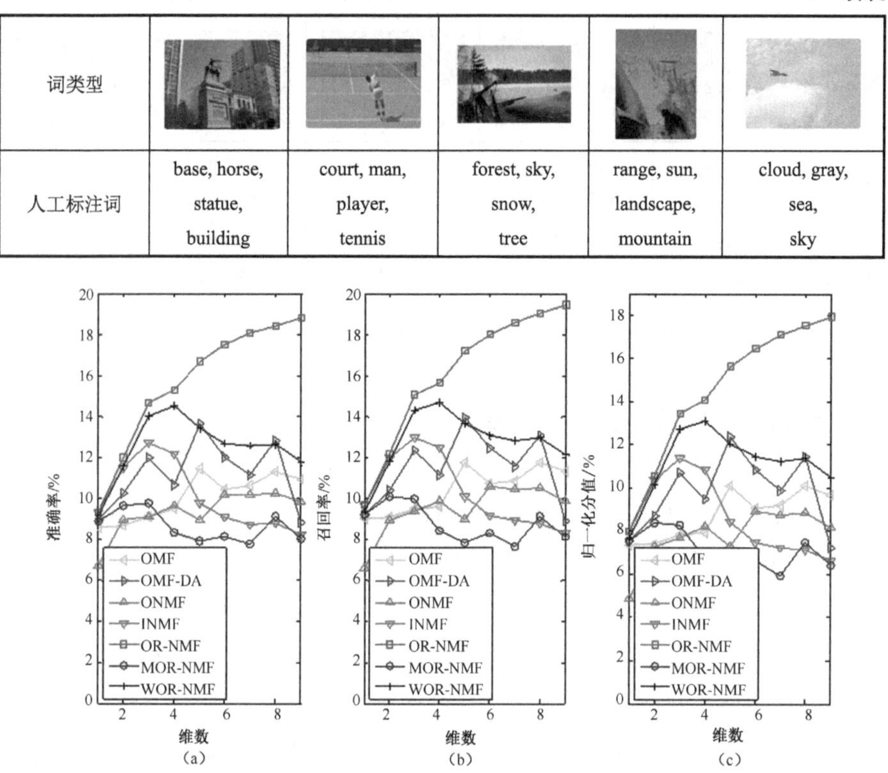

图 8.12　IAPR TC12 数据集上 OR-NMF、MOR-NMF、WOR-NMF、ONMF、INMF、OMF 和 OMF-DA 算法的 AC、RC 和 NS 曲线：(a) AC 曲线；(b) RC 曲线；(c) NS 曲线。

8.4.3　ESP Game 数据集

ESP Game 数据集是标注难度较大的数据集，它由在线 ESP 合作图像标注游戏（ESP Game）收集的 21884 幅图像组成。该游戏中，两名选手独立为同一幅图像指派标签。字典由 269 个关键词组成，每幅图像最多标记 15 个关键词，平均每幅图像标记 4.6 个关键词。ESP Game 数据集分成两个子集：训练集包含 19659 幅图像，测试集包含 2185 幅图像。

图 8.13 给出测试集图像的标注结果，可以看出在大多数维数的低维空间 OR-NMF 的 AC、RC 和 NS 值高于 ONMF、INMF、OMF 和 OMF-DA 算

法，而且低维空间维数越高，OR-NMF 相对于 ONMF 和 INMF 算法的优势越明显。虽然某些维度的低维空间，INMF 或 OMF 的标注效果比 OR-NMF 略好，但是 OR-NMF 的标注性能更健壮。这是因为本节使用 RSA 算法保证以 $O\left(1/\sqrt{k}\right)$ 的收敛速度收敛到新的基向量的最优解，使得 OR-NMF 算法得到的基向量张成的低维空间在大多数情况下都含有较丰富的语义信息。表 8.10 举例说明 ESP Game 数据集上 OR-NMF 算法预测的关键词和人工标注关键词，可以看出 OR-NMF 算法得到的低维空间正确预测示例图像的所有关键词。某些额外标注的关键词，如第 1、3、4 和 5 列的“wing”“cartoon”“rock”“people”具有语义解释。

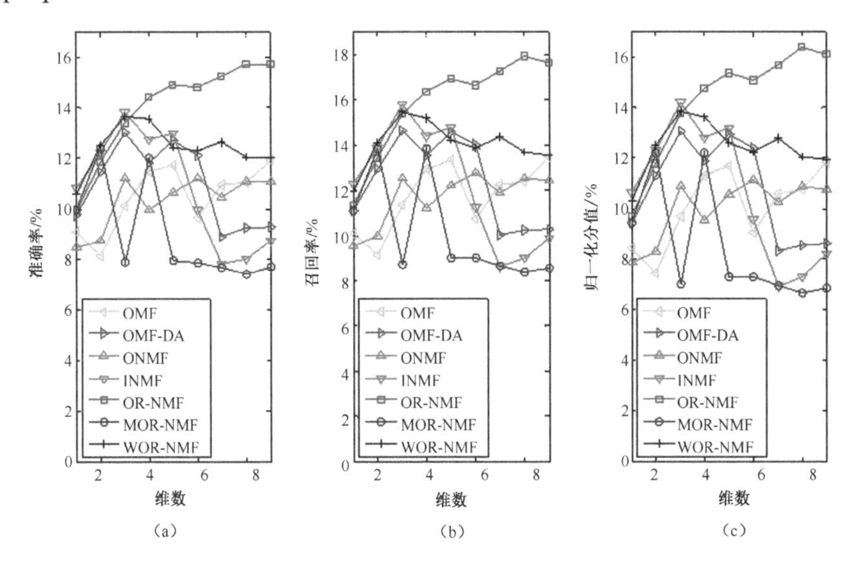

图 8.13　ESP Game 数据集上 OR-NMF、MOR-NMF、WOR-NMF、ONMF、INMF、OMF 和 OMF-DA 算法的 AC、RC 和 NS 曲线：（a）AC 曲线；（b）RC 曲线；（c）NS 曲线。

表 8.10　ESP Game 数据集上 OR-NMF 预测的关键词和人工标注关键词比较

词类型					
预测关键词	fly, plane, red, sky, wing	band, man, music, red, guitar	black, people, sign, yellow, cartoon	green, plant, rock, tree, leaf	band, group, man, red, people

续表

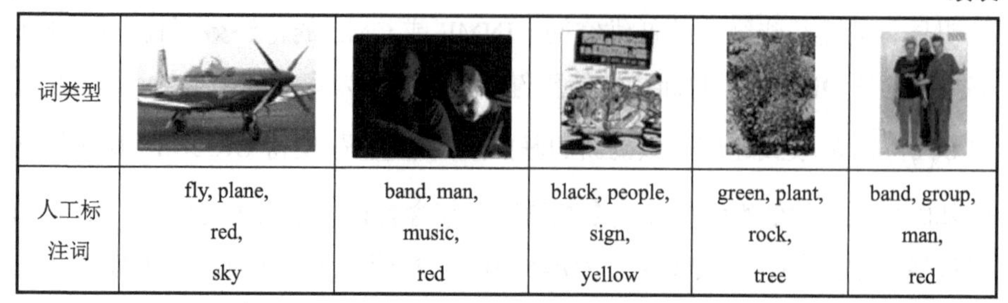

词类型					
人工标注词	fly, plane, red, sky	band, man, music, red	black, people, sign, yellow	green, plant, rock, tree	band, group, man, red

由图 8.11～图 8.13 可以看出，MOR-NMF 的标注性能较差，这是因为受缓冲池的容量限制，MOR-NMF 不能从稀疏数据中有效提取语义信息，而 OR-NMF 可以健壮地得到相对理想的语义空间。因此，本节所提 OR-NMF 算法的图像标注性能优于其他在线非负矩阵分解算法，且低维空间维数越高 OR-NMF 算法学习的低维空间含有的语义信息越丰富，图像标注性能优势越明显，说明 OR-NMF 算法的健壮性优于其他在线非负矩阵分解算法。

8.5　本章小结与讨论

本章讨论所提的高维数据非负矩阵分解方法的应用问题。首先，本章将改进 NDLA（MNDLA）模型用于人脸识别，在四种常用数据集上的测试表明 MNDLA 的识别准确率高于其他非负数据降维算法。同时，给出一种参数选择方法，并用人脸识别准确率验证该方法。其次，本章将 NeNMF 用于文本聚类，在两种典型的文本数据集上的测试表明 NeNMF 的聚类效果优于其他非负矩阵分解优化算法，说明在相同的终止条件下，NeNMF 的目标函数值最低，近似误差最小。固定目标函数值，比较各算法的 CPU 时间，试验结果表明 NeNMF 以最少的 CPU 时间得到与其他算法相同的聚类效果，说明 NeNMF 在实际应用中的效率最高。然后，本章将基于健壮随机近似的在线非负矩阵分解优化算法（OR-NMF）用于图像标注，在三种常用测试集上的试验结果表明，OR-NMF 的标注效果优于其他在线非负矩阵分解算法且健壮性较强。

图像标注试验只使用了两类视觉特征，如果使用更多的视觉特征，可能提高标注效果，但是本章所得的结论保持一致。非负块配准的其他派生模型（如非负 PCA、非负 LLE 和非负 LTSA）也可用于某些应用领域，如在线监控、图像处理、盲信号处理、生物信息处理、医学图像处理和光谱数据分析等，本书后续工作将利用非负块配准框架设计适用于这些领域的派生模型，并详细讨论其应用问题。

附录 A　辅助函数技术

辅助函数技术（Auxiliary Function）最早出现在 EM 算法[298]的证明中，附录 A 介绍其定义及其在非负矩阵分解中的应用。

A.1　辅助函数的定义

定义（辅助函数）：给定函数 $F(x)$，如果函数 $G(x,x')$ 满足 $G(x,x') \geqslant F(x)$ 且 $G(x',x') = F(x')$，那么 $G(x,x')$ 是 $F(x)$ 的辅助函数。

A.2　辅助函数应用

根据辅助函数的定义，可得出如下结论：

引理 A.1：如果 $G(x,x')$ 是函数 $F(x)$ 的辅助函数，那么下面的更新规则不增加 $F(x)$ 的函数值：

$$x = \arg\min_{x} G(x,x')$$

证明：$F(x) \leqslant G(x,x') \leqslant G(x',x') = F(x')$。

Lee 和 Seung[29,36]首次将辅助函数技术用于证明非负矩阵分解乘法更新规则算法的收敛性，其过程是固定一个矩阵因子 $\boldsymbol{W}$（或 $\boldsymbol{H}$），构造目标函数如 $D_{\mathrm{KL}}(\boldsymbol{V}\,|\,\boldsymbol{WH})$（或 $D_{\mathrm{EUC}}(\boldsymbol{V}\,|\,\boldsymbol{WH})$）的辅助函数，然后通过求辅助函数的最小值推导出更新矩阵因子的乘法更新规则，根据引理 A.1 证明目标函数的单调不增性质。

附录 B　一阶优化方法与收敛速度

B.1　收敛速度的定义

收敛速度（Rate of Convergence）是衡量收敛序列收敛到序列极限的速度，它是数值分析领域尤其是迭代化方法的重要概念。迭代化方法产生一条由渐进近似点组成的序列（称为近似点序列），每次迭代产生一个近似点。收敛速度越快，近似点序列长度越小，迭代次数越少。实际应用中，收敛速度不同的方法的迭代次数有上万量级的差异。

假设序列$\{x_k\}$收敛到极限L，若存在$\mu \in (0,1)$，使得$\lim_{k\to\infty}\dfrac{|x_{k+1}-L|}{|x_k-L|}=\mu$，则称序列$\{x_k\}$线性收敛到$L$，$\mu$是收敛速度。若$\mu=0$，则称序列$\{x_k\}$超线性收敛（Superlinear Convergence）；若$\mu=1$，则称序列$\{x_k\}$亚线性收敛（Sublinear Convergence）。给定常数$q>1$和$\mu>0$，若$\lim_{k\to\infty}\dfrac{|x_{k+1}-L|}{|x_k-L|^q}=\mu$，则称序列$\{x_k\}$以$q$阶收敛速度收敛到$L$。当$q=2$时，称为二阶收敛（Quadratic Convergence）；当$q=3$时，称为三阶收敛（Cubic Convergence）。

在某些情况下，序列快速收敛，但是收敛速度μ是变化的。此时，需要拓展收敛速度的定义。若存在序列$\{\varepsilon_k\}$和常数q，使得$x_k-L\leqslant\varepsilon_k$且$\{\varepsilon_k\}$以$q$阶速度收敛到 0，则序列$\{x_k\}$以至少$q$阶速度收敛到$L$，称为 R-线性（$q=1$）、R-二阶（$q=2$）和 R-三阶（$q=3$）收敛。

B.2　一阶优化方法假设

假设（B.1[275]）：迭代优化方法$\boldsymbol{\mathcal{M}}$生成一系列测试点 x_k 满足

$$x_k \in x_0 + \mathrm{Lin}\left\{f'_{(x_0)}, \cdots, f'_{(x_{k-1})}\right\}, k \geqslant 1$$

其中，$\mathrm{Lin}\{\cdots\}$ 表示线性子空间。

B.3　一阶优化方法的最优收敛速度

定理 B.1[275]：对于任意的 $k\left(1 \leqslant k \leqslant \frac{1}{2}(m-1)\right)$ 和任意的 $x_0 \in \mathbb{R}^m$，存在函数 $f \in \mathcal{F}_L^{\infty,1}(\mathbb{R}^m)$ 使对于任意满足假设 B.1 的一阶优化方法$\boldsymbol{\mathcal{M}}$，有

$$f(x_k) - f_* \geqslant \frac{3L\|x_0 - x_*\|_2^2}{32(k+1)^2}$$

$$\|x_0 - x_*\| \geqslant \frac{1}{32}\|x_0 - x_*\|_2^2$$

参考文献

[1] BELLMAN R. Adaptive Control Processes: A Guided Tour[M]. Princeton, NJ:Princetion University Press, 1961.

[2] DUDA R, HART P, STOCK D. Pattern Classification[M]. Wiley Interscience, 2001.

[3] HOTELLINGS H. Analysis of a Complex of Statistical Variables into Principal Components[J]. British Journal of Educational Psychology, 1933, 24: 417-441.

[4] FISHER R A. The Use of MultipleMeasurements in Taxonomic Problems[J]. Annals of Eugenics, 1936, 7: 179-188.

[5] COMON P. Independent Component Analysis, A New Concept?[J]. Signal Processing, 1994, 36(3): 287-314.

[6] SHAWE-TAYLOR J, BARTLETT P L. Structural Risk Minimization over Data-dependent Hierarchies[J]. IEEE Transactions on Information Theory, 1998, 44(5): 1926-1940.

[7] SCHÖLKOPF B, SMOLA A, MÜLLER K R. Nonlinear Component Analysis as a Kernel Eigenvalue Problem[J]. Neural Computation, 2008, 10(5): 1299-1319.

[8] BACH F R, JORDAN M I. Kernel Independent Component Analysis[J]. Journal of Machine Learning Research, 2003, 3(1): 1-48.

[9] MIKA S, RÄTSCH G, WESTON J, et al. Constructing descriptive and discriminative nonlinear features: Rayleigh coefficients in kernel feature spaces[J]. IEEE Trans-actions on Pattern Analysis and Machine Intelligence,

2003, 25(5): 623-628.

[10] SEUNG H, LEE D D. The manifold ways of perception[J]. Science, 2000, 290(5500): 2268-2269.

[11] ROWEIS S, SAUL L. Nonlinear Dimensionality Reduction by Locally Linear Embedding[J]. Science, 2000, 29: 2323-2326.

[12] TENENBAUM J, SILVA V, LANGFORD J. A Global Geometric Framework for Nonlinear Dimensionality Reduction[J]. Science, 2000, 290: 2319-2323.

[13] BELKIN M, NIYOGI P. Laplacian Eigenmaps and Spectral Techniques for Embedding and Clustering[C]. In Advances in Neural Information Process Systems, 2002: 585-591.

[14] ROWEIS S, SAUL L. Global coordination of local linear models[C]. In Advances in neural information, 2002.

[15] DONOHO D, GRIMES C. Hessian Eigenmaps: New Locally Linear Embedding Techniques for High-dimensional Data[C]. In National Academy of Sciences, 2003: 5591-5596.

[16] WEINBERGER K Q, SHA F, SAUL L K. Learning a Kernel Matrix for Nonlinear Dimen-Sionality Reduction[C]. In Twenty-first International Conference on Machine Learning. New York, USA, 2004: 106-113.

[17] ZHANG Z, ZHA H. Principal Manifolds and Nonlinear Dimension Reduction via Local Tangent Space Alignment[J]. SIAM Journal of Scientific Computing, 2005, 26(1): 313-338.

[18] ZHANG T, LI X, TAO D, et al. Local Coordinates Alignment and Its Linearization[C]. In Neural Information Processing System, 2008: 643-652.

[19] HE X, CAI D, YAN S. Neighborhood Preserving Embedding[C]. In ICCV, 2005.

[20] KOKIOPOULOU E, SAAD Y. Orthogonal Neighborhood Preserving Projections[J]. IEEE Transactions on Pattern Analysis and Machine

Intelligence, 2005, 29(12): 21, 43-56.

[21] HE X F, NIYOGI P. Locality Preserving Projections[C]. In Advances in Neural Information Process Systems, 2003: 1-8.

[22] XU D, YAN S, TAO D, et al. Marginal Fisher Analysis and Its Variants for Human Gait Recognition and Content-Based Image Retrieval[J]. IEEE Transactions on Image Processing, 2007, 16(11): 2811-2821.

[23] ZHANG T, TAO D, YANG J. Discriminative Locality Alignment[C]. In The 10th European Conference on Computer Vision, 2008: 725-738.

[24] SIMARD P, LE C Y, DENKER J. Efficient Pattern Recognition Using a New Transformation Distance[C]. In Advances in Neural Information Processing Systems,1992.

[25] CHANG H, YEUNG D, XIONG Y. Super-Resolution Through Neighbor Embedding[C]. In International Conference on Computer Vision and Pattern Recognition, 2004.

[26] CHAN T, ZHANG J. An Improved Super-Resolution with Manifold Learning and Histo gram Matching[C]. In International Conference on Pattern Biometric, 2006.

[27] ELGAMMAL A, LEE C. Separating Style and Content on a Nonlinear Manifold[C]. In International Conference on Computer Vision and Pattern Recognition, 2004.

[28] ZHANG Q, SOUVENIR R, PLESS R. Segmentation Informed by Manifold Learning[C]. In EMMCVPR, 2005.

[29] LEE D D, SEUNG H S. Learning the Parts of Objects by Nonnegative Matrix Factorization[J]. Nature, 1999, 401(6755): 91-788.

[30] LI S, HOU X, ZHANG H, et al. Learning Spatially Localized, Parts-based Representation[C]. In IEEE Conference on Computer Vision and Pattern Recognition, 2001: 207-212.

[31] ZAFEIRIOU S, TEFAS A, BUCIU I, et al. Exploiting Discriminant Information in Nonnegative Matrix Factorization with Application to

Frontal Face Verification[J]. IEEE transactions on neural networks, 2006, 17(3): 95-683.

[32] CAI D, HE X, WU X, et al. Nonnegative Matrix Factorization on Manifold[C]. In IEEE International Conference on Data Mining, 2008: 63-72.

[33] LEE J S, LEE D D, CHOI S, et al. Application of Nonnegative Matrix Factorization to Dynamic Positron Emission Tomography[C]. In 3rd International Conference on Independent Component Analysis and Blind Signal Separation, 2001: 629-632.

[34] DONOHO D, STODDEN V. When Does Nonnegative Matrix Factorization Give a Correct Decomposition into Parts?[C]. In Advances in Neural Information Process Systems, 2004: 1141-1148.

[35] HOYER P. Nonnegative Matrix Factorization with Sparseness Constraints[C]. In Journal of Machine Learning Research, 2004: 1457-1469.

[36] LEE D D, SEUNG H. Algorithms for Nonnegative Matrix Factorization[C]. In Advances in Neural Information Process Systems, 2001: 556-562.

[37] FÉVOTTE C, BERTIN N, DURRIEU J L. Nonnegative Matrix Factorization with the Itakura-Saito Divergence: With Application to Music Analysis[J]. Neural computation, 2009, 21(3): 793-830.

[38] CICHOCKI A, LEE H, KIM Y D, et al. Nonnegative Matrix Factorization with α-Divergence[J]. Pattern Recognition Letters, 2008, 29(9): 1433-1440.

[39] CICHOCKI A, CRUCES S, AMARI S I. Generalized Alpha-Beta Divergences and Their Application to Robust Nonnegative Matrix Factorization[J]. Entropy, 2011, 13(1): 134-170.

[40] DING C, XIAO F H, SIMON D H. On the Equivalence of Nonnegative Matrix Factorization and Spectral Clustering[C]. In SIAM Data Mining Conference, 2006: 606-610.

[41] DING C, LI T, PENG W. On the Equivalence Between Nonnegative Matrix Factorization and Probabilistic Latent Semantic Indexing[J]. Computational Statistics &Data Analysis, 2008, 52(8): 3913-3927.

[42] VAVASIS S A. On the Complexity of Nonnegative Matrix Factorization[J]. SIAM Journal on Optimization, 2009, 20(3): 1364-1377.

[43] LIN C J. Projected Gradient Methods for Nonnegative Matrix Factorization[J]. Neural computation, 2007, 19(10): 2756-2779.

[44] KIM J, PARK H. Toward Faster Nonnegative Matrix Factorization: A New Algorithm and Comparisons[J]. 2008 Eighth IEEE International Conference on DataMining, 2008: 353-362.

[45] MOUSSAOUI S, BRIE D, MOHAMMAD D A, et al. Separation of Non-negative Mixture of Nonnegative Sources Using a Bayesian Approach and MCMC Sampling[J]. IEEE Transactions on Signal Processing, 2006, 54(11): 4133-4145.

[46] CEMGIL A T. Bayesian Inference for Nonnegative Matrix Factorisation Models[J]. Computational Intelligence and Neuroscience, 2009: 785152.

[47] KANJANI K, TEXAS A. Parallel Nonnegative Matrix Factorization for Document Clustering[J]. Technical Report, Texas A & M University, 2007.

[48] BUCAK S S, GUNSEL B. Incremental Subspace Learning via Non-negative Matrix Factorization[J]. Pattern Recognition, 2009, 42: 788-797.

[49] MAIRAL J, BACH F, PROJECT-TEAM I W, et al. Online Learning for Matrix Factorization and Sparse Coding[J]. Journal of Machine Learning Research, 2010, 11: 19-60.

[50] CAI D, HE X, WANG X. Locality Preserving Nonnegative Matrix Factorization[J]. International Joint Conference on Artificial Intelligence, 2008: 1010-1015.

[51] OWEN A B, PERRY P O. Bi-cross-validation of the SVD and the Non-negative Matrix Factorization[J]. Annals of Applied Statistics, 2009, 3(2): 564-594.

[52] KANAGAL B, SINDHWANI V. Rank Selection in Lowrank Matrix Approximations : A Study of Cross-Validation for NMFs[C]. In Advances in Neural Information Systems, 2010.

[53] YANG J, YAN S, FU Y, et al. Nonnegative Graph Embedding[C]. In IEEE Conference on Computer Vision and Pattern Recognition, 2008: 1-8.

[54] CAI D, HE X, MEMBER S, et al. Graph Regularized Nonnegative Matrix Factorization for Data Representation[J]. IEEE Transactions on Pattern Analysis and Machine Intelligence, 2011, 33(8): 1548-1560.

[55] YAN S, XU D, ZHANG B, et al. Graph Embedding and Extensions: A General Framework for Dimensionality Reduction[J]. IEEE Transactions on Pattern Analysis and Machine Intelligence, 2007, 29(1): 40-51.

[56] CAI D, HE X, HAN J. Spectral Regression for Efficient Regularized Subspace Learning[C]. In 11th IEEE International Conference on Computer Vision, 2007.

[57] CAI D, HE X, HAN J. SRDA: An Efficient Algorithm for Large-Scale Discriminant Analysis[J]. IEEE Transactions on Knowledge and Data Engineering, 2008, 20(1): 1-8.

[58] GUILLAMET D, VITRIA J, SCHIELE B. Introducing a Weighted Non-negative Matrix Factorization for Image Classification[J]. Pattern Recognition Letters, 2003, 24(14): 2447-2454.

[59] HO N, VANDOOREN P. Nonnegative Matrix Factorization with Fixed Row and Column sums[J]. Linear Algebra and its Applications, 2008, 429(5-6): 1020-1025.

[60] CYBENKO G, CRESPI V. Learning Hidden Markov Models using Non-negative Matrix Factorization[J]. IEEE Transactions on Information Theory, 2011, 57(6): 3963-3970.

[61] FINESSO L, GRASSI A, SPREI J P. Two-step Nonnegative Matrix Factorization Algo-rithm for the Approximate Realization of Hidden Markov Models[C]. In 19th International Symposium on Mathematical Theory of Networks and Systems. Bu-dapest, Hungary, 2010: 369-374.

[62] LAKSHMINARAYANAN B, RAICH R. Nonnegative Matrix Factorization for Parameter Estimation in Hidden Markov Models[C]. In IEEE International

Workshop on Machine Learning for Signal Processing. Kittila, 2010: 89-94.

[63] YANG Z, ZHANG H, YUAN Z, et al. Kullback-Leibler Divergence for Nonnegative Matrix Factorization[J]. International Conference on Artificial Neural Networks, 2011: 250-257.

[64] CICHOCKI A, ZDUNEK R, PHAN A, et al. Nonnegative Matrix and Tensor Factorizations: Applications to Exploratory Multiway Data Analysis and Blind Source Separation[M]. Chichester, UK: John Wiley, 2009.

[65] KOMPASS R. A generalized divergence measure for nonnegative matrix factorization[J]. Neural computation, 2007, 19(3): 780-791.

[66] CICHOCKI A, ZDUNEK R, AMARI S I. Csiszar's Divergences for Non-negative Matrix Factorization: Family of New Algorithms[J]. Independent Component Analysis and Blind Signal Separation, 2006(3889): 32-39.

[67] DHILLON I S, SRA S. Generalized Nonnegative Matrix Approximations with Bregman Divergences[C]. In Advances in Neural Information Process Systems, 2005.

[68] GUILLAMET D, VITRIA J. Evaluation of Distance Metrics for Recognition based on Nonnegative Matrix Factorization[J]. Pattern Recognition Letters, 2003, 24(9-10): 1599-1605.

[69] SANDLER R, LINDENBAUM M. Nonnegative Matrix Factorization with Earth Mover's Distance Metric[C]. In IEEE Conference on Computer Vision and Pattern Recognition, 2009: 1873-1880.

[70] OLSHAUSEN B, FIELD D. Sparse Coding with an Overcomplete BasisSet: A Strategy Employed by V1?[J]. Vision Research, 1997, 37(23): 3311-3325.

[71] HOYER P. Nonnegative Sparse Coding[C]. In 2th IEEE Workshop on Neural Networks for Signal Processing, 2002: 557-565.

[72] STADLTHANNER K, THEIS F J, LANG E W, et al. Sparse Nonnegative

Matrix Factorization Applied to Microarray Data Sets[J]. Computational Intelligence and Bioinspired Systems, 2005(3512): 249-256.

[73] KIM H, PARK H. Nonnegative Matrix Factorization Based on Alternating Nonnegativity Constrained Least Squares and Active Set Method[J]. SIAM Journal on Matrix Analysis and Applications, 2008, 30(2): 713-730.

[74] KIM J, PARK H. Sparse Nonnegative Matrix Factorization for Clustering[J]. CSE Technical Reports, Georgia Institute of Technology, 2008.

[75] KIM D, SRA S, DHILLON I S. Fast Newton-type Methods for the Least Squares Nonnegative Matrix Approximation Problem[C]. In IEEE International Conference on Data Mining, 2007: 343-354.

[76] KIM H, PARK H. Sparse Nonnegative Matrix Factorizations via Alternating Nonnegativity-Constrained Least Squares for Microarray Dataanalysis[J]. Bioinformatics, 2007, 23(12): 1495-502.

[77] PEHARZ R, STARK M, PERNKOPF F. Sparse Nonnegative Matrix Factorization Using 0-constraints[C]. In IEEE International Workshop on Machine Learning for Signal Processing(MLSP). Kittila, 2010: 83-88.

[78] HEILER M, SCHNORR C. Learning Sparse Representations by Non-negative Matrix Factorization and Sequential Cone Programming[J]. Journal of Machine Learning Research, 2006(7): 1385-1407.

[79] LIU H, PALATUCCI M, ZHANG J. Blockwise Coordinate Descent Procedures for the Multi-task Lasso, with Applications to Neural Semantic Basis Discovery[C]. In 26th Annual International Conference on Machine Learning. New York, USA, 2009.

[80] TANDON R, SRA S. Sparse Nonnegative Matrix Approximation: New for Mulations and Algorithms[J]. Max Planck Institute for Biological Cybernetics, Technical Report, 2010.

[81] GILLIS N, GLINEUR F. Using Underapproximations for Sparse Non-negative Matrix Factorization[J]. Pattern Recognition, 2010, 43(4): 1676-1687.

[82] KIM W, CHEN B, KIM J, et al. Sparse Nonnegative Matrix Factorization for Protein Sequence Motif Discovery[J]. Expert Systems with Applications, 2011, 38(10): 13198-13207.

[83] WEYRAUCH B V B, HUANG J, HEISELE B. Component-based Face Recognition with 3D Morphable Models[C]. In IEEE Workshop on FaceProcessing in Video.Washington, D.C., 2004.

[84] SAMARIA F, HARTER A. Parameterisation of a Stochastic Model for Human Face Iden-tification[C]. In IEEE Workshop on Applications of Computer Vision. Sarasota FL, 1994: 138-142.

[85] FENG T, LI S Z, SHUM H Y, et al. Local Nonnegative Matrix Factorization as a Visual Representation[C]. In 2nd International Conference on Development and Learning. ICDL, 2002: 178-183.

[86] GAO Y, CHURCH G. Improving Molecular Cancer Class Discovery through Sparse Nonnegative Matrix Factorization[J]. Bioinformatics, 2005, 21(21): 5, 3970.

[87] PAUCA V P, SHAHNAZ F, BERRY M W, et al. Text Mining using Non-negative Matrix Factorization[C]. In 4th SIAM International Conference on Data Mining, 2004: 452-456.

[88] SCHMIDT M N, LAURBERG H. Nonnegative Matrix Factorization with Gaussian Process priors[J]. Computational Intelligence and Neuroscience, 2008.

[89] LIAO S, LEI Z, LI S Z. Nonnegative Matrix Factorization with Gibbs Random Field modeling[J]. IEEE 12th International Conference on Computer Vision Workshops, 2009: 79-86.

[90] DING C, LI T, PENG W, et al. Orthogonal Nonnegative Matrix Tri-factorizations for Clustering[C]. In 12th ACMSIG KDD International Conference on Knowledge Discovery and Data Mining. New York, USA, 2006: 126-135.

[91] LI Z, WU X, PENG H. Nonnegative Matrix Factorization on Orthogonal

Sub-space[J]. Pattern Recognition Letters, 2010, 31(9): 905-911.

[92] CHOI S. Algorithms for Orthogonal Nonnegative Matrix Factorization[C]. In IEEE International Joint Conference on Neural Networks, 2008: 1828-1832.

[93] YOO J, CHOI S. Nonnegative Matrix Factorization with Orthogonality Constraints[J]. Journal of Computing Science and Engineering, 2010, 4(2): 97-109.

[94] MIRZAL A. Converged Algorithms for Orthogonal Nonnegative Matrix Factorizations[J]. arXiv: 1010.5290v2, 2011.

[95] LIN C J. On the Convergence of Multiplicative Update Algorithms for Nonnegative Matrix Factorization[J]. IEEE Transactionson Neural Networks, 2007, 18(6): 1589-1596.

[96] LIU C, HE K, ZHOU J, et al. Generalized Discriminant Orthogonal Non-negative Matrix[J]. Journal of Computational Information Systems, 2010, 6(6): 1743-1750.

[97] ZAFEIRIOU S, TEFAS A, PITAS I. Discriminant NMF-faces for Frontal Face Verification[C]. In IEEE Workshop on Machine Learning for Signal Processing, 2005: 355-359.

[98] WANG Y, TURK M. Fisher Nonnegative Matrix Factorization for Learning Local Features[C]. In Asian Conference on Computer Vision, 2004: 27-30.

[99] XUE Y, TONG C S, CHEN W S. A Modified Non-negative Matrix Factorization Algorithm for Face Recognition[J]. 18th International Conferenceon Pattern Recognition, 2006: 495-498.

[100] ZAFEIRIOU S, TEFAS A, BUCIU I, et al. Class-Specific Discriminant Nonnegative Matrix Factorization for Frontal Face Verification[C]. In Lecture Notes in Computer Science, 2005: 206-215.

[101] BELKIN M. Problems of Learning on Manifolds[D]. University of Chicago, Chicago, IL, 2003.

[102] BELKIN M, NIYOGI P, SINDHWANI V. Manifold Regularization: A Geometric Framework for Learning from Labeled and Unlabeled Examples[J]. Journal of Machine Learning Research, 2006(7): 2399-2434.

[103] BIAN W, TAO D. Manifold Regularization for SIR with Rate Root-n Convergence[C]. In Advances in Neural Information Process Systems, 2009: 1-8.

[104] AN S, YOO J, CHOI S. Manifold-respecting Discriminant Nonnegative Matrix Factorization[J]. Pattern Recognition Letters, 2011, 32(6): 832-837.

[105] GU Q, ZHOU J. Local Learning Regularized Nonnegative Matrix Factorization[C]. In 21st International Joint Conference on Artificial Intelligence, 2009: 1046-1051.

[106] BOTTOU L, VAPNIK V. Local Learning Algorithms[J]. Neural Computation, 1992, 4(6): 888-900.

[107] WU M, SCHOLKOPF B. A Local Learning Approach for Clustering[C]. In Advances in Neural Information Processing Systems, 2006: 1529-1536.

[108] SHEN B, SI L. Nonnegative Matrix Factorization Clustering on Multiple Manifolds[C]. In 24th AAAI Conference on Artificial Intelligence, 2010: 575-580.

[109] DING C, LI T, JORDAN M I. Convex and Semi-nonnegative Matrix Factorizations[J]. IEEE Transactionson Pattern Analysis and Machine Intelligence, 2010, 32(1): 45-55.

[110] WANG H, NIE F, HUANG H, et al. Fast Nonnegative Matrix Tri-factorization for Large-scale Data Coclustering[C]. In International Joint Conference on Artificial Intelligence, 2009: 1553-1558.

[111] GUILLAMET D, BRESSAN M, VITRIA J. A Weighted Nonnegative Matrix Factorization for Local Representations[C]. In IEEE Computer Society Conference on Computer Vision and Pattern Recognition. CVPR 2001, 2001: 942-947.

[112] KIM Y D, CHOI S. Weighted Nonnegative Matrix Factorization[J]. 2009

IEEE International Conference on Acoustics, Speech and Signal Processing, 2009: 1541-1544.

[113] ZHANG S, WANG W, FORD J, et al. Learning from Incomplete Ratings Using Nonnegative Matrix Factorization[C]. In SIAM International Conference on DataMining, 2006: 548-552.

[114] GU Q, ZHOU J, DING C. Collaborative Filtering: Weighted Nonnegative Matrix Factorization Incorporating User and Item Graphs[C]. In SIAM International Conference on Data Mining, 2008: 199-210.

[115] YOO J, CHOI S. Weighted Nonnegative Matrix Co-tri-factorization for Collaborative Prediction[J]. Lecture Notes in Computer Science, 2009, 5828: 396-411.

[116] LEE H, YOO J, CHOI S. Semi-supervised Nonnegative Matrix Factorization[J]. IEEE Signal Processing Letters, 2010, 17(1): 4-7.

[117] LAURBERG H, HANSEN L K. On Affine Nonnegative Matrix Factorization[C]. In ICASSP, 2007: 653-656.

[118] YUAN Z, OJA E. Projective Nonnegative Matrix Factorization for Image Compression and Feature Extraction[C]. In International Symposium on Independent Component Analysis and Blind Signal Separation, 2004: 1-8.

[119] YANG Z, OJA E. Linear and Nonlinear Projective Nonnegative Matrix Factorization[J]. IEEE Transactions on Neural Networks, 2010, 21(5): 734-749.

[120] PAN B, LAI J, CHEN W S. Nonlinear Nonnegative Matrix Factorization Based on Mercerkernel Construction[J]. PatternRecognition, 2011, 44(10-11): 2800-2810.

[121] ZHANG D, ZHOU Z H, CHEN S. Nonnegative Matrix Factorization on Kernels[J]. Trends in Artificial Intelligence, 2006(4099): 404-412.

[122] BUCIU I, NIKOLAIDIS N, PITAS I. Nonnegative Matrix Factorization in Polynomial Feature Space[J]. IEEE Transactions on Neural Networks, 2008, 19(6): 1090-1100.

[123] ZAFEIRIOU S, PETROU M. Nonlinear Nonnegative Component Analysis Algorithms[J]. IEEE Transactions on Image Processing, 2010, 19(4): 1050-1066.

[124] ZHANG Z, LI T, DING C, et al. Binary Matrix Factorization with Applications[C]. In IEEE International Conference on Data Mining, 2007.

[125] ZDUNEK R. Data Clustering with Semi-Binary Nonnegative Matrix Factorization[C]. In Artificial Intelligence and Soft Computing, 2008.

[126] LU H, VAIDYA J, ATLURI V, et al. Extended Boolean Matrix Decomposition[C]. In IEEE International Conference on Data Mining, 2009: 317-326.

[127] KAMEOKA H, ONE N, KASHINO K, et al. Complex NMF: A New Sparse Representation for Acoustic Signals[C]. In IEEE International Conference on Acoustics, Speech and Signal Processing, 2009: 3437-3440.

[128] OZEROV A, FEVOTTE C. Multichannel Nonnegative Matrix Factorization in Convolutive Mixtures. With Application to Blind Audio Source Separation[C]. In IEEE International Conference on Acoustics, Speech and Signal Processing, 2009: 3137-3140.

[129] OZEROV A, FÉVOTTE C. Multichannel Nonnegative Matrix Factorization in Convolutive Mixtures for Audio Source Separation[J]. IEEE Transactions on Audio, Speech, and Language Processing, 2010, 18(3): 550-563.

[130] WANG W. Squared Euclidean Distance based Convolutive Nonnegative Matrix Factorization with Multiplicative Learning Rules for Audio Pattern Separation[C]. In IEEE International Symposium on Signal Processing and Information Technology, 2007: 347-352.

[131] LEE H, CHOI S. Group Nonnegative Matrix Factorization for EEG Classification[C]. In International Conference on Machine Learning, 2009: 320-327.

[132] LEE H, CICHOCKI A, CHOI S. Kernel Nonnegative Matrix Factorization

for Spectral EEG Feature Extraction[J]. Neurocomputing, 2009, 72(13-15): 3182-3190.

[133] GILLIS N, PLEMMONS R J. Sparse Nonnegative Matrix Underapproximation and its Application to Hyperspectral Image Analysis[C]. In Hyperspectral Image and Signal Processing: Evolution in Remote Sensing, 2011.

[134] LAURBERG H, CHRISTENSEN M G, PLUMBLEY M D, et al. Theoremson Positive Data: On the Uniqueness of NMF[J]. Computational Intelligence and Neuroscience, 2008(2): 764206.

[135] WELLING M, CHEMUDUGUNTA C, SUTTER N. Deterministic Latent Variable Models and their Pitfalls[C]. In SIAM International Conference on Data Mining, 2008.

[136] XU W, LIU X, GONG Y. Document Clustering Based on Nonnegative Matrix Factorization[C]. In The 26th Annual International ACM SIGIR Conference on Research and Development in Informaion Retrieval. New York, USA, 2003: 267-273.

[137] GAUSSIER E, GOUTTE C. Relation between PLSA and NMF and Implications Categories and Subject Descriptors[C]. In 28th annual international ACM Special Interest Group on Information Retrieval, 2005: 601-602.

[138] DING C, LI T, PENG W. Nonnegative Matrix Factorization and Probabilistic Latent Semantic Indexing: Equivalence, Chi-square Statistic, and a Hybrid Method[C]. In 21st National Conference on Artificial Intelligence, 2006: 342-347.

[139] LI T, DING C. The Relationships Among Various Nonnegative Matrix Factorization Methods for Clustering[J]. Sixth International Conference on Data Mining, 2006: 362-371.

[140] PENG W, LI T. On the Euivalence Btween Nonnegative Tensor Factorization and Tensorial Probabilistic Latent Semantic Analysis[J]. Applied Intelligence, 2010.

[141] WILD S, CURRY J, DOUGHERTY A. Improving Nonnegative Matrix Factorizations Through Structured Initialization[J]. Pattern Recognition, 2004, 37(11): 2217-2232.

[142] LANGVILLE A N, MEYER C D, ALBRIGHT R. Initializations for the Nonnegative Matrix Factorization[C]. In ACM SIGKDD International Conference on Knowledge Discovery and Data Mining, 2006.

[143] ZHENG Z, YANG J, ZHU Y. Initialization Enhancer for Nonnegative Matrix Factorization[J]. Engineering Applications of Artificial Intelligence, 2007, 20(1): 101-110.

[144] XUE Y, TONG C, CHEN Y, et al. Clustering-based initialization for Non-negative Matrix Factorization[J]. Applied Mathematics and Computation, 2008, 205(2): 525-536.

[145] BOUTSIDIS C, GALLOPOULOS E. SVD Base Dinitialization: A Head Start for Nonnegative Matrix Factorization[J]. Pattern Recognition, 2008, 41(4): 1350-1362.

[146] JANECEK A, TAN Y. Using Population Based Algorithms for Initializing Nonnegative Matrix Factorization[J]. Advances in Swarm Intelligence, 2011(6729): 307-316.

[147] REZAEI M, BOOSTANI R. An Efficient Initialization Method for Nonnegative Matrix Factorization[J]. Journal of Applied Science, 2011, 11(2): 354-359.

[148] WILD S. Seeding Nonnegative Matrix Factorizations with the Spherical K-Means Clustering[D]: University of Colorado, 2003.

[149] GONZALEZ E F, ZHANG Y. Accelerating the Lee-Seung Algorithm for Nonnegative Matrix Factorization[R], 2005.

[150] GILLIS N, GLINEUR F. Accelerated Multiplicative Updates and Hierarchical ALS Algorithms for Nonnegative Matrix Factorization[J]. Neural computation, 2011, 23(9): 156-242.

[151] BERTIN N, BADEAU R, VINCENT E. Fast Bayesian nmf Algorithms

Enforcing Harmonicity and Temporal Continuity in Polyphonic Music Transcription[J]. IEEE Workshop on Applications of Signal Processing to Audio and Acoustics, 2009: 29-32.

[152] BADEAU R, BERTIN N, VINCENT E. Stability Analysis of Multiplicative Update Algorithms and Application to Nonnegative Matrix Factorization[J]. IEEE Transactions on Neural Networks, 2010, 21(12): 1869-1881.

[153] SRA S. Block-Iterative Algorithms for Nonnegative Matrix Approximation[C]. In IEEE International Conference on Data Mining, 2008: 1037-1042.

[154] BERRY M, BROWNE M, LANGVILLE A, et al. Algorithms and Applications for Approximate Nonnegative Matrix Factorization[J]. Computational Statistics & Data Analysis, 2007, 52(1): 155-173.

[155] CICHOCKI A, ZDUNEK R, AMARI S I. Hierarchical ALS Algorithms for Nonnegative Matrixand 3D Tensor Factorization[J]. Lecture Notesin Computer Science, 2007(4666): 169-176.

[156] CICHOCKI A, PHAN A H, CAIAFA C. Flexible HALS Algorithms for Sparse Nonnegative Matrix/Tensor Factorization[C]. In IEEE Workshop on Machine Learning for Signal Processing, 2008: 73-78.

[157] HO N D, DOOREN P V, BLONDEL V D. Descent Methods for Nonnegative Matrix Factorization[J]. Numerical Linear Algebra in Signals, Systems and Control, 2011(80): 251-293.

[158] LIU H, ZHOU Y. Rank-two Residue Iteration Method for Nonnegative Matrix Factorization[J]. Neurocomputing, 2011.

[159] BIGGS M, GHODSI A, VAVASIS S. Nonnegative Matrix Factorization via Rank-one Downdate[J]. 25th International Conference on Machine Learning, 2008: 64-71.

[160] BONETTINI S. Inexact Block Coordinate Descent Methods with Application to the Nonnegative Matrix Factorization[J]. IMA Journal of Numerical Analysis, 2011.

[161] GRIPPO L, SCIANDRONE M. On the Convergence of the Block Nonlinear GaussSeidel Method Under Convex Constraints[J]. Operations Research Letters, 2000, 26(3): 127-136.

[162] MERRIT M, ZHANG Y. Interior-Point Gradient Method for Large-Scale Totally Nonnegative Least Squares Problems[J]. Journal of Optimization Theory and Applications, 2005, 126(1): 191-202.

[163] HAN L, NEUMANN M, PRASAD U. Alternating Projected Barzilai-Borwein Methods for Nonnegative Matrix Factorization[J]. Electronic Transactions on Numerical Analysis, 2009, 36(06): 54-82.

[164] ZDUNEK R, CICHOCKI A. Nonnegative Matrix Factorization with Quasi-Newton Optimization[C]. In Lecture Notes in Artificial Intelligence, 2006: 2309-2320.

[165] ZDUNEK R, CICHOCKI A. Nonnegative Matrix Factorization with Quasi-Newton Optimization[C]. In The 8th International Conference on Artificial Intelligence and Soft Computing, 2006: 870-879.

[166] HSIEH C J, DHILLON I S. Fast Coordinate Descent Methods with Variable Selection for Nonnegative Matrix Factorization[R], 2011.

[167] SCHMIDT M N, WINTHER O, HANSEN L K. Bayesian Nonnegative Matrix Factorization[J]. Lecture Notes in Artificial Intelligence, 2009(5441): 540-547.

[168] WANG F, LI P. Efficient Nonnegative Matrix Factorization with Random Projections[C]. In The 10th SIAM International Conference on Data Mining, 2009: 281-292.

[169] CICHOCKI A, AMARI S I, HORI G, et al. Extended SMART Algorithms for Nonnegative Matrix Factorization[J]. Lecture Notes in Artificial Intelligence, 2006, 4029: 548-562.

[170] CICHOCKI A, ZDUNEK R. Multilayer Nonnegative Matrix Factorization using Projected Gradient Approaches[J]. International Journal Neural Systems, 2007, 17(6): 431-446.

[171] GILLIS N, GLINEUR F. A Multilevel Approach for Nonnegative Matrix Factorization[J]. CORE Discussion Paper, 2010.

[172] DONG C, ZHAO H, WANG W. Parallel Nonnegative Matrix Factorization Algorithmon the Distributed Memory Platform[J]. International Journal of Parallel Programming, 2009, 38(2): 117-137.

[173] CAO B, SHEN D, SUN J T, et al. Detect and Track Latent Factors with Online Nonnegative Matrix Factorization[C]. In The 20th International Joint Conference on Artificial Intelligence. San Francisco, 2007: 2689-2694.

[174] WANG F, TAN C, KNOIG A C, et al. Efficient Document Clustering via Online Nonnegative Matrix Factorization[C]. In IEEE International Conference on Data Mining, 2010.

[175] ROBILA S, MACIAK L. Considerations on Parallelizing Nonnegative Matrix Factorization for Hyperspectral Data Unmixing[J]. IEEE Geoscience and Remote Sensing Letters, 2009, 6(1): 57-61.

[176] LIU C, YANG H C, FAN J, et al. Distributed Nonnegative Matrix Factorization for Webscale Dyadic Data Analysis on Mapreduce[C]. In 19th International Conference on World Wide Web. New York, USA, 2010.

[177] SUN Z, LI T, RISHE N. Large-Scale Matrix Factorization Using MapReduce[J]. IEEE International Conference on Data Mining Workshops, 2010: 1242-1248.

[178] GAUTAM B P, SHRESTHA D, IAENG M. Document Clustering Through Nonnegative Matrix Factorization: A Case Study of Hadoop for Computational Time Reduction of Large Scale Documents[C]. In 26th Annual International ACM SIGIR Conference on Research and Development in Informaion Retrieval, 2010: 1-6.

[179] SHAHNAZ F, BERRY M, PAUCA V, et al. Document Clustering Using Nonnegative Matrix Factorization[J]. Information Processing & Management, 2006, 42(2): 373-386.

[180] PARK S, AN D U, CHAR B, et al. Document Clustering with Cluster Refinement and Nonnegative Matrix Factorization[J]. Lecture Notes in Computer Science, 2009(5864): 281-288.

[181] HU C, ZHANG B, YAN S, et al. Mining Ratio Rules Via Principal Sparse Nonnegative Matrix Factorization[J]. Fourth IEEE International Conference on Data Mining, 2004: 407-410.

[182] PSORAKIS I, ROBERTS S, EBDEN M, et al. Overlapping Community Detection Using Bayesian Nonnegative Matrix Factorization[J]. Physical Review. E, Statistical, Nonlinear, and Soft Matter Physics, 2011, 83(6-2): 066114.

[183] NEWMAN M. Networks: An Introduction[M]. Oxford: Oxford University Press, 2010.

[184] KERSTING K, WAHABZADA M, THURAU C, et al. Convex NMF on Non-Convex Massiv Data[J]. Knowledge Discovery and Machine Learning Cone, Technical Report, 2005.

[185] LI T, DING C, JORDAN M I. Solving Consensus and Semi-supervised Clustering Problems Using Nonnegative Matrix Factorization[J]. Seventh IEEE International Conference on Data Mining, 2007, 2(1): 577-582.

[186] CHEN Y, REGE M, DONG M, et al. Nonnegative Matrix Factorization for Semi-supervised Data Clustering[J]. Knowledge and Information Systems, 2008, 17(3): 355-379.

[187] CHEN Y, WANG L, DONG M. Nonnegative Matrix Factorization for Semi-supervised Heterogeneous Data Co-clustering[J]. IEEE Transactions on Knowledge and Data Engineering, 2010, 22(10): 1459-1474.

[188] GUILLAMET D, SCHIELE B, VITRIA J. Analyzing Nonnegative Matrix Factorization for Image Classification[J]. Object Recognition Supported by User Interaction for Service Robots, 2002(2): 116-119.

[189] GUILLAMET D, VITRIA J. Nonnegative Matrix Factorization for Face Recognition[J]. Lecture Notes in Artificial Intelligence, 2002(2504): 336-344.

[190] OKUN O G. Nonnegative Matrix Factorization and Classifiers: Experimental Study[C]. In Fourth IASTED International Conference Proceedings, Visualization, Imaging, and Image Processing, 2004.

[191] KIM H, PARK H. Discriminant Analysis Using Nonnegative Matrix Factorization for Nonparametric Multiclass Classification[C]. In IEEE International Conference on Granular Computing, 2006: 182-187.

[192] GUILLAMET D, VITRIA J. Determining a Suitable Metric when Using Nonnegative Matrix Factorization[C]. In 16th International Conference on Pattern Recognition, 2002: 128-131.

[193] KIM J, CHOI J, YI J, et al. Effective Representation Using ICA for Face Recognition Robust to Local Distortion and Partial Occlusion[J]. IEEE Transactions on Pattern Analysis and Machine Intelligence, 2005, 27(12): 1977-1981.

[194] NEO H F, TEOH B J, NGO C L. A Novel Spatially Confined Nonnegative Matrix Factorization for Face Recognition[C]. In IAPR Conference on Machine Vision Applications, 2005: 502-505.

[195] ZHANG D, CHEN S, ZHOU Z H. Two-Dimensional Nonnegative Matrix Factorization for Face Representation and Recognition[J]. Lecture Notes in Computer Science, 2005(3723): 350-363.

[196] BUCIU I, NIKOLAIDIS N, PITAS I. A Comparative Study of NMF, DNMF, and LNMF Algorithms Applied for Face Recognition[C]. In The European Association for Signal Processing, 2006.

[197] CHEN W S, PAN B, FANG B, et al. Incremental Nonnegative Matrix Factorization for Face Recognition[J]. Mathematical Problems in Engineering, 2008.

[198] OH H, LEE K, LEE S. Occlusion Invariant Face Recognition Using Selective Local Non-negative Matrix Factorization Basis Images[J]. Image and Vision Computing, 2008, 26(11): 1515-1523.

[199] ZHANG T, FANG B, TANG Y Y, et al. Topology Preserving Nonnegative Matrix Factorization for Face Recognition[J]. IEEE Transactions on Image Processing, 2008, 17(4): 574-584.

[200] YIN H, LIU H. Nonnegative Matrix Factorization with Bounded Total Variational Regularization for Face Recognition[J]. Pattern Recognition Letters, 2010, 31(16): 2468-2473.

[201] BUCIU I, PITAS I. Application of Nonnegative and Local Nonnegative Matrix Factorization to Facial Expression Recognition[J]. International Conference on Pattern Recognition, 2004(1): 288-291.

[202] ZHI R, FLIERL M, RUAN Q, et al. Graph-preserving Sparse Non-negative Matrix Factorization with Application to Facial Expression Recognition[J]. IEEE transactions on Systems, Man, and Cybernetics. Part B, Cybernetics, 2011, 41(1): 38-52.

[203] TEOH A, NEO H, NGO D. Sorted Locally Confined Nonnegative Matrix Factorization in Face Verification[C]. In International Conference on Communications, Circuits and Systems, 2005.

[204] YUAN L, MU Z C, ZHANG Y. Ear Recognition Using Improved Non-negative Matrix Factorization[C]. In 18th International Conference on Pattern Recognition, 2006: 501-504.

[205] SOUKUP D, BAJLA I. Robust Object Recognition Under Partial Occlusions Using NM-F[J]. Computational Intelligence and Neuroscience, 2008.

[206] BARMAN P C, LEE S Y. Document Classification with Unsupervised Nonnegative Matrix Factorization and Supervised Percetron Learning[C]. In 2007 International Conference on Information Acquisition, 2007: 182-186.

[207] CHIKHI N F, ROTHENBURGER B, AUSSENAC G N, et al. Authoritative Documents Identification Based On Nonnegative Matrix Factorization[C]. In IEEE International Conference on Information Reuse

and Integration, 2008: 262-267.

[208] BERRY M W, GILLIS N, GLINEUR F. Document Classification Using Nonnegative Matrix Factorization and Underapproximation[C]. In IEEE International Symposium on Circuits and Systems, 2009: 2782-2785.

[209] BEN A J, CAICEDO J C, GONZALEZ F A, et al. Multimodal Image Annotation Using Nonnegative Matrix Factorization[C]. In IEEE/WIC/ACM International Conference on Web Intelligence and Intelligent Agent Technology, 2010: 128-135.

[210] OKUN O, PRIISALU H. Nonnegative Matrix Factorization for Pattern Recognition[C]. In 5th International Conference on Visualization, Imaging, and Image Processing. Benidorm, Spain, 2005: 546-551.

[211] OKUN O, PRIISALU H. Fast Nonnegative Matrix Factorization and Its Application for Protein Fold Recognition[J]. EURA SIP Journalon Advancesin Signal Processing, 2006: 1-9.

[212] LI Y, CICHOCKI A. Nonnegative Matrix Factorization and Its Application in Blind Sparse Source Separation with Less Sensors than Sources[J]. The International Journal for Computation and Mathematics in Electrical and Electronic Engineering, 2005, 24(2): 695-706.

[213] CICHOCKI A, ZDUNEK R, AMARI S. New Algorithms for Non-Negative Matrix Factorization in Applications to Blind Source Separation[C]. In IEEE International Conference on Acoustics Speed and Signal Processing Proceedings, 2006: 621-624.

[214] ZHANG J, WEI L, FENG X, et al. Pattern Expression Nonnegative Matrix Factorization: Algorithm and applications to blind source separation[J]. Computational intelligence and neuroscience, 2008: 168-177.

[215] MOURI M, FUNASE A, CICHOCKI A, et al. Applying Nonnegative Matrix Factorization for Global Signal Elimination from Electromagnetic Signals[C]. In 15th European Signal Processing Conference. Poznan, Poland, 2007: 2444-2448.

[216] SMARAGDIS P, BROWN J C. Nonnegative Matrix Factorization for Polyphonic Music Transcription[C]. In IEEE Workshop on Application of Signal Processing to Audio and Acoustics, 2003: 177-180.

[217] BENETOS E, KOTTI M, KOTROPOULOS C. Applying Supervised Classifiers Based on Nonnegative Matrix Factorization to Musical Instrument Classification[J]. IEEE International Conference on Multimedia and Expo, 2006: 2105-2108.

[218] BERTIN N, BADEAU R, VINCENT E. Enforcing Harmonicity and Smoothness in Bayesian Nonnegative Matrix Factorization Applied to Polyphonic Music Transcription[J]. IEEE Transactions on Audio, Speech, and Language Processing, 2010, 18(3): 538-549.

[219] CHENG C C, HU D J, SAUL L K. Nonnegative Matrix Factorizatino for Real Time Musical Analysis and Sight-Reading Evaluation[C]. In IEEE International Conference on Acoustics, Speech and Signal Processing, 2008: 2017-2020.

[220] HOLZAPFEL A, STYLIANOU Y. Musical Genre Classification Using Nonnegative Matrix Factorization-Based Features[J]. IEEE Transactions on Audio, Speech, and Language Processing, 2008, 16(2): 424-434.

[221] COSTANTINI G, TODISCO M, SAGGIO G, et al. Musical Onset Detection by means of Nonnegative Matrix Factorization[C]. In Latest Trends on Systems, 2010: 206-209.

[222] BEHNKE S. Discovering Hierarchical Speech Features Using Convolutional Nonnegative Matrix Factorization[C]. In International Joint Conference on Neural Networks, 2003: 2758-2763.

[223] SHA F, SAUL L K. Real-Time Pitch Determination of One or More Voices by Nonnegative Matrix Factorization[J]. Advances in Neural Information Processing Systems, 2005, 17.

[224] KELLIS E, GALANIS N, NATSIS K, et al. Nonnegative Matrix Factorization for Note Onset Detection of Audio Signals[C]. In 16th IEEE

Signal Processing Society Workshop on Machine Learning for Signal Processing, 2011: 447-452.

[225] VIRTANEN T. Monaural Sound Source Separation by Nonnegative Matrix Factorization With Temporal Continuity and Sparseness Criteria[J]. IEEE Transactions on Audio, Speech and Language Processing, 2007, 15(3): 1066-1074.

[226] STOUTEN V, DEMUYNCK K, VAN H H. Discovering Phone Patterns in Spoken Utterances by Nonnegative Matrix Factorization[J]. IEEE Signal Processing Letters, 2008(15): 131-134.

[227] OGRADY P, PEARLMUTTER B. Discovering Speech Phones Using Convolutive Nonnegative Matrix Factorisation with a Sparseness Constraint[J]. Neurocomputing, 2008, 72(1-3): 88-101.

[228] SCHULLER B, WENINGER F. Discrimination of Speech and Non-linguistic Vocalizations by Nonnegative Matrix Factorization[C]. In IEEE International Conferenceon Acoustics Speech and Signal Processing. Dallas, TX, 2010: 5054-5057.

[229] WENINGER F, SCHULLER B, BATLINER A, et al. Recognition of Nonprototypical Emotions in Reverberated and Noisy Speech by Nonnegative Matrix Factorization[J]. EURASIP Journal on Advances in Signal Processing, 2011: 1-16.

[230] MIAO L, QI H. Endmember Extraction From Highly Mixed Data Using Minimum Volume Constrained Nonnegative Matrix Factorization[J]. IEEE Transactions on Geoscience and Remote Sensing, 2007, 45(3): 765-777.

[231] JIA S, QIAN Y. Constrained Nonnegative Matrix Factorization for Hyperspectral Unmixing[J]. IEEE Transactions on Geoscience and Remote Sensing, 2009, 47(1): 161-173.

[232] SAJDA P, DU S, BROWN T R, et al. Nonnegative Matrix Factorization for Rapid Recovery of Constituent Spectra in Magnetic Resonance Chemical Shift Imaging of the Brain[J]. IEEE transactions on medical

imaging, 2004, 23(12): 1453-1465.

[233] HAMZA A, BRADY D. Reconstruction of Reflectance Spectra Using Robust Nonnegative Matrix Factorization[J]. IEEE Transactions on Signal Processing, 2006, 54(9): 3637-3642.

[234] PAUCA V, PIPER J, PLEMMONS R. Nonnegative Matrix Factorization for Spectral Data Analysis[J]. Linear Algebra and its Applications, 2006, 416(1): 29-47.

[235] LIU W, YUAN K, YE D. Reducing Microarray Data via Nonnegative Matrix Factorization for Visualization and Clustering Analysis[J]. Journal of biomedical informatics, 2008, 41(4): 602-606.

[236] WANG R, ZHANG S, WANG Y, et al. Clustering Complex Networks and Biological Networks by Nonnegative Matrix Factorization with Various Similarity Measures[J]. Neurocomputing, 2008, 72(1-3): 134-141.

[237] FOGEL P, YOUNG S S, HAWKINS D M, et al. Inferential, Robust Non-negative Matrix Factorization Analysis of Microarray Data[J]. Bioinformatics, 2007, 23(1): 44-49.

[238] FUJIWARA T, ISHIKAWA S, HOSHIDA Y, et al. Nonnegative Matrix Factorization of Lung Adenocarcinoma Expression Profiles[C]. In Conference on Genome Informatics, 2005: 3-4.

[239] CHEN Z, CICHOCHI A, RUTKOWSKI T M. Constrained Nonnegative Matrix Factorization Methods for EEG Analysis In Early Detection of Alzheimer Disease[C]. In IEEE International Conference on Acoustics, Speechand Signal Processing, 2006.

[240] KIM S P, RAO Y N, ERDOGMUS D, et al. Determining Patterns in Neural Activity for Reaching Movements Using Nonnegative Matrix Factorization[J]. EURASIP Journal on Advances in Signal Processing, 2005(19): 3113-3121.

[241] LEE J S, LEE D D, CHOI S, et al. Nonnegative Matrix Factorization of Dynamic Images in Nuclear Medicine[C]. In IEEE Nuclear Science

Symposium Conference Record, 2002: 2027-2030.

[242] LOHMANN G, VOLZ K G, ULLSPERGER M. Using Nonnegative Matrix Factorization for Single-trial Analysis of fMRI Data[J]. NeuroImage, 2007, 37(4): 1148-1160.

[243] DRAKAKIS K, RICKARD S, FREIN R D, et al. Analysis of Financial Data using Nonnegative Matrix Factorization[C]. In International Mathematical Forum, 2008: 1853-1870.

[244] RIBEIRO B, SILVA C, VIEIRA A, et al. Extracting Discriminative Features Using Nonnegative Matrix Factorization in Financial Distress Data[J]. Lecture Notes in Artificial Intelligence, 2009(5495): 537-547.

[245] XU B, LU J, HUANG G. A Constrained Nonnegative Matrix Factorization in Information Retrieval[C]. In Fifth IEEE Workshop on Mobile Computing Systems and Applications, 2003: 273-277.

[246] TSUGE S, SHISHIBORI M. Dimensionality Reduction Using Non-negative Matrix Factorization for Information Retrieval[C]. In IEEE International Conference on Systems, Man, and Cybernetics, 2001: 960-965.

[247] BERRY M W, BROWNE M. Email Surveillance Using Nonnegative Matrix Factorization[J]. Computational and Mathematical Organization Theory, 2006, 11(3): 249-264.

[248] SZUPILUK R, WOJEWNIK P, ZABKOWSKI T. Ensemble Methods with Nonnegative Matrix Factorization for Nonpayment Prevention System[C]. In 11th WSEAS International Conference on SYSTEMS. Agios Nikolaos, Crete Island, Greece, 2007: 385-388.

[249] GUAN X, WANG W, ZHANG X. Fast Intrusion Detection Based on a Nonnegative Matrix Factorization Model[J]. Journal of Network and Computer Applications, 2009, 32(1): 31-44.

[250] WACHSMUTH E, ORAM M, PERRETT D. Recognition of Objects and Their Component Parts: Responses of Single Units in the Temporal Cortex

of the Macaque[J]. Cerebral Cortex, 1994(4): 509-522.

[251] LOGOTHETIS N, SHEINBERG D. Visual Object Recognition[J]. Annual Review of Neuroscience, 1996(19): 577-621.

[252] PALMER S. Hierarchical Structure in Perceptual Representation[J]. Cognitive Psychology, 1977(9): 441-474.

[253] ZHANG T, TAO D, LI X, et al. Patch Alignment for Dimensionality Reduction[J]. IEEE Transactionson Knowledge and Data Engineering, 2009, 21(9): 1299-1313.

[254] BERTSEKAS D. Nonlinear Programming[M]. 2nd ed. Belmont. MA: Athena Scientific, 1999.

[255] SAUL L K, ROWEIS S T. Think Globally, Fit Locally: Unsupervised Learning of Low Dimensional Manifolds[J]. Journal of Machine Learning Research, 2003(4): 119-155.

[256] GRAHAM D, ALLINSON N. Characterising Virtual Eigensignatures for General Purpose Face Recognition[M]. Berlin: Springer, 1998.

[257] LECUN Y, BOTTOU L, YOSHUA B, et al. Gradient-Based Learning Applied to Document Recognition[J]. IEEE Conferences on Intelligent Signal Processing, 1998, 86(11): 2278-2324.

[258] ALPAYDIN E. Combined 5 × 2 cv F Test for Comparing Supervised Classification Learning Algorithms[J]. Neural Computation, 1999(11): 1885-1892.

[259] FUKUNAGA K. Introduction to Statistical Pattern Recognition[M]. New York, USA: Academic Press, 1990.

[260] GUAN N, TAO D, LUO Z, et al. Nonnegative Patch Alignment Framework[J]. IEEE Transactions on Neural Networks, 2011, 22(8): 1218-1230.

[261] BERMAN A, PLEMMONS R J. Nonnegative Matrices in the Mathematical Sciences[M]. New York, USA: Academic Press, 1994.

[262] ALEFELD G, SCHNEIDER N. On Square Roots of M-Matrices[J]. Linear Algebra and Its Applications, 1982, 42(4): 119-132.

[263] GUAN N, TAO D, LUO Z, et al. Manifold Regularized Discriminative Nonnegative Matrix Factorization with Fast Gradient Descent[J]. IEEE Transactions on Image Processing, 2011, 20(7): 2030-2048.

[264] DIETTERICH T. Approximate Statistical Tests for Comparing Supervised Classifiation Learning Algorithms[J]. Neural Computation, 1998(10): 1895-1923.

[265] LIANG Z, LI Y, ZHAO T. Projected Gradient Method for Kernel Discriminant Nonnegative Matrix Factorization and the Applications[J]. Signal Processing, 2010, 90(7): 2150-2163.

[266] KIM H, PARK H. Cancer Class Discovery Using Nonnegative Matrix Factorization Based on Alternating Non-negativity-Constrained Least Squares[J]. Lecture Notes in Biology Information, 2007(4463): 477-487.

[267] HORN R, JOHNSON C. Matrix Analysis[M]. Cambridge: Cambridge University Press, 1985.

[268] WOODBURY M A. Inverting Modified Matrices[M]. New Jersey: Princeton University Press, 1950.

[269] BERTSEKAS D P. On the Goldstein-Levitin-Polyak Gradient Projection Method[J]. IEEE Transactions on Automatic Control, 1976, 21(2): 174-184.

[270] BELHUMEOUR P, HESPANHA J, KRIEGMAN D. Eigenfaces vs. Fisherfaces: Recognition Using Class Sepcific Linear Projection[J]. IEEE Transactions on Pattern Analysis and Machine Intelligence, 1997, 19(7): 711-720.

[271] NESTEROV Y E. A Method of Solving A Convex Programming Problem with Convergence Rate $O(1/k^2)$[J]. Soviet Mathematics Doklady, 1983, 27(2): 372-376.

[272] BECK A, TEBOULLE M. A Fast Iterative Shrinkage-Thresholding

Algorithm for Linear Inverse Problems[J]. SIAM Journal of Imaging Sciences, 2009, 2(1): 183.

[273] JI S, YE J. An Accelerated Gradient Method for Trace Norm Minimization[C]. In The 26th Annual International Conference on Machine Learning. New York, USA, 2009: 457-464.

[274] ZHOU T, TAO D. Fast Gradient Clustering[C]. In NIPS 2009 Workshop on Discrete Optimization in Machine Learning: Submodularity, Sparsity & Polyhedra, 2009.

[275] NESTEROV Y. Introductory lectures on convex optimization: A Basic Course[M]. Dordrecht: Kluwer Academic Publishers, 2003.

[276] DUCHI J. Adaptive Subgradient Methods for Online Learning and Stochastic Optimization[C]. In COLT, 2010.

[277] TSENG P. On Accelerated Proximal Gradient Methods for Convex-Concave Optimization[J]. SIAM Journal on Optimization, 2008.

[278] NESTEROV Y. Smooth Minimizationof Nonsmooth Functions[J]. Mathematical Programming, 2005, 103(1): 127-152.

[279] LIN X. Dual Averaging Methods for Regularized Stochastic Learning and Online Optimization[C]. In NIPS, 2009.

[280] ROCKAFELLAR R. Convex Analysis[M]. New Jersey: Princetion University Press, 1970.

[281] LEWIS D, YANG Y, ROSE T, et al. RCV1: A New Benchmark Collection for Text Categorization Research[J]. Journal of Machine Learning Research, 2004(5): 361-397.

[282] CIERI C, GRAFF D, LIBERMAN M, et al. The TDT-2 Text and Speech Corpus[C]. In DARPA Broadcast News Workshop, 1999.

[283] NEMIROVSKI A, JUDITSKY A, LAN G, et al. Robust Stochastic Approximation Approach to Stochastic Programming[J]. SIAM Journal on Optimization, 2009, 19(4): 1574-1609.

[284] CAO S, LIU L. Nonnegative Matrix Factorization and its Applications to

Gene Expression Data Analysis[J]. Journal of Beijing Normal University (Natural Science), 2007, 43(1): 30-33.

[285] BOTTOU L, BOUSQUET O. The Trade-offs of Large Scale Learning[C]. In Advances in Neural Information Process Systems, 2008: 161-168.

[286] STRASSEN V. The Existence of Probability Measures with Given Marginals[J]. Annals of Mathematical Statistics, 1965(38): 423-439.

[287] VAART A. Asymptotic Statistics[M]. New Jersey: Cambridge University Press, 1998.

[288] FISK D L. Quasi-martingales[J]. Transactions of the American Mathematical Society, 1965, 120(3): 369-389.

[289] DUCHI J, CHANDRA T, COM T G. Efficient Projectionsontothe l1-Ball for Learningin HighDimensions[C]. InInternational Conferenceon Machine Learning. Helsinki, Finland, 2008.

[290] TURK M A, PENTLAND A P. Face Recognition Using Eigen Faces[C]. In IEEE Computer Society Conference on Computer Vision and Pattern Recognition. Maui, Hawaii, 1991: 586-591.

[291] SIM T, BAKER S, BSAT M. The CMU Pose, Illumination, and Expression Database[J]. IEEE Transactions on Pattern Analysis and Machine Intelligence, 2003, 25(12): 1615-1618.

[292] LOVASZ L, PLUMMER M. Matching Theory[M]. North Holland: Elsevier, 1986.

[293] DUYGULU P, FREITAS N, BARNARD K, et al. Object Recognition as Machine Translation: Learning a Lexicon for a Fxed Image Vocabulary[C]. In The 7th European Conference on Computer Vision, 2002: 97-112.

[294] GRUBINGER M, CLOUGH P D, HENNING M, et al. The IAPR Benchmark: a New Evaluation Resource for Visual Information Systems[C]. In International Conference on Language Resources and Evaluation. Genoa, Italy, 2006.

[295] AHN J H, KIM S K, OH J H, et al. Multiple Nonnegative Matrix

Factorization of Dynamic Pet Images[C]. In International Conference on Computer Vision, 2004.

[296] MAKADIA A, PAVLOVIC V, KUMAR S. A New Baseline for Image Annotation[C]. In The 10th European Conference on Computer Vision. Berlin, 2008: 316-329.

[297] BARNARD K, DUYGULU P, FREITAS N, et al. Matching Words and Pictures[J]. Journal of Machine Learning Research, 2003(3): 1107-1135.

[298] DEMPSTER A, LAIRD N, RUBIN D. Maximum Likelihood from Incomplete Data via the EM Algorithm[J]. Journal of the Royal Statistical Society, Series B, 1977, 39(1): 1-38.

后 记

1. 工作总结

非负数据降维算法是研究人员根据自身需要和经验而设计的，本书提出非负块配准框架，从统一的角度分析非负数据降维算法的数学模型，并帮助设计新算法。本书主要工作分为以下五个方面：

（1）提出非负块配准框架，开发乘法更新规则优化算法。从统一的角度分析已有非负数据降维算法，可以看出其本质差异。利用非负块配准框架，研究人员可以根据应用需要设计新的非负数据降维算法。

（2）根据非负块配准框架的分析结果，提出非负局部块配准模型。通过最小化类间样本距离保持局部几何结构，规避数据高斯分布假设。通过最大化类间边界引入判别信息，提高了分类效果。

（3）提出快速梯度下降算法，加速乘法更新规则算法的收敛。提出多步长快速梯度下降算法，解决快速梯度下降算法可能退化为乘法更新规则的问题。提出平衡多步长快速梯度下降算法，降低多步长快速梯度下降算法的时间开销。

（4）提出非负矩阵分解最优梯度法，证明最优梯度法优化 NLS 问题的二阶收敛速度。分析非负块配准子问题的性质，用最优梯度法优化非负块配准框架，得到非负块配准框架的局部最优解。

（5）研究非负矩阵分解的在线优化问题，提出基于健壮随机近似的在线优化算法，增强在线优化算法的健壮性。根据准鞅理论，证明基于健壮随机近似的在线非负矩阵分解算法的收敛性。

2. 工作不足与展望

虽然本书的研究工作取得了一些成果，但是非负块配准框架对于高维数据非负矩阵分解还有很大探索空间，各章的小结与讨论部分已经给出了较为详细的探讨。未来的研究问题大致分为以下三个方面：

（1）某些应用中数据可能表现为控制变量强相关的形式，即数据分布是非线性的，通常情况下使用核思想实现数据的非线性降维。非负块配准也能实现非线性降维，然而若能结合核方法，开发基于核的非负块配准框架可能是很有前景的发展方向。

（2）非负块配准框架把数据矩阵分解成两个低维矩阵的乘积，而多个矩阵乘积的形式甚至张量分解的形式在某些应用中往往取得较好的效果。因此，如何建立其他分解形式的非负数据降维算法的框架仍然是具有挑战性的问题。

（3）非负矩阵分解在线优化算法的目标函数值在某一时刻之后几乎保持不变。如何自适应改变低维空间维数，使得训练得到的低维空间不断“容纳”新到达的样本信息，即自动维数选择问题，是非常具有挑战性的课题。

反侵权盗版声明

举报电话：（010）88254396；（010）88258888

传　　真：（010）88254397

E-mail：　dbqq@phei.com.cn

通信地址：北京市万寿路 173 信箱

　　　　　电子工业出版社总编办公室

邮　　编：100036